Mikronährstoffe als Motor der Evolution

Hans Konrad Biesalski

Mikronährstoffe als Motor der Evolution

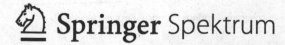
Springer Spektrum

Hans Konrad Biesalski
Department of Biological Chemistry
and Nutrition
University of Hohenheim
Stuttgart
Deutschland

ISBN 978-3-642-55396-7   ISBN 978-3-642-55397-4 (ebook)
DOI 10.1007/978-3-642-55397-4

Die Deutsche Nationalbibliothek verzeichnet diese Publikation in der Deutschen
Nationalbibliografie; detaillierte bibliografische Daten sind im Internet über ▶ http://
dnb.d-nb.de abrufbar.

Planung: Merlet Behncke-Braunbeck
Satz: Crest Premedia Solutions (P) Ltd., Pune, India

Gedruckt auf säurefreiem und chlorfrei gebleichtem Papier

Springer-Verlag ist Teil der Fachverlagsgruppe Springer Science+Business Media

www.springer.com

Vorwort

Vitamine – jeder braucht sie, manche halten sie für giftig, andere können nicht genug davon bekommen. Sicher ist, dass wir ohne Vitamine, die zusammen mit den Mineralien und Spurenelementen zu den Mikronährstoffen gezählt werden, krank werden, und gelegentlich kann ein Mangel auch tödlich enden. Nun haben wir in den wohlhabenden Nationen eigentlich kein Problem mit einem Vitaminmangel, sofern wir uns ausgewogen ernähren. In ärmeren Schwellenländern oder auch Ländern der Dritten Welt dagegen ist der Mangel an einzelnen Vitaminen, aber auch an anderen Mikronährstoffen wie Eisen und Zink, weit verbreitet und für eine Vielzahl von Todesfällen, vor allem bei Kindern, verantwortlich. Ursache sind eine unzureichende Versorgung mit Nahrungsmitteln, die Mikronährstoffe enthalten, und ein fehlendes Wissen über eine gesunde Ernährung.

Wenn es darum geht, den Hunger zu stillen, sind Mensch und Tier sehr erfinderisch. Hauptsache es kann etwas gekaut und geschluckt werden, was das quälende Gefühl des Hungers beseitigt. Einen Hunger auf gesunde Nahrung gibt es allerdings ebenso wenig, wie einen Hunger auf Vitamine. Jedenfalls ist kein Sinnesorgan oder Sinnesreiz bekannt, der gezielt auf Mikronährstoffe ausgerichtet wäre. Der Hunger zielt einzig und alleine auf die Energiezufuhr.

Makronährstoffe – Fett, Protein, Kohlenhydrate – liefern Energie, wohingegen Mikronährstoffe keine Energie für den Körper bereitstellen. Da der Körper in Zeiten des Überschusses eigene Energiereserven anlegt, können wir eine Zeit lang auf einzelne Makronährstoffe verzichten. Mit welchen Nahrungsmitteln wir dann aber unseren Hunger stillen, ist dem Organismus zunächst einmal egal. Ihn scheint nicht zu interessieren, ob er neben der Energie auch genügend Vitamine erhält, um seine Funktionalität sicherzustellen. Und überhaupt: Vitamine kennen wir erst seit etwas mehr als 100 Jahren und können erst frühestens seit dieser Zeit darauf achten, dass wir über unsere Nahrung genug davon erhalten.

Unsere Urahnen haben weder gewusst, was ein Vitamin ist, noch wo sie es herbekommen könnten. Nun gibt es den Menschen bzw. seine Urahnen seit etwa 7 Mio. Jahren und es stellt sich die Frage, wie die Evolution es fertiggebracht hat, dass er immer ausreichend mit allem, das heißt mit genügend Energie aus Makronährstoffen und genügend essenziellen Mikronährstoffen versorgt war – und dies auch in Zeiten, als sich durch den Klimawandel das Nahrungsangebot nachhaltig veränderte. Wird die Energie über lange Zeit knapp, so führt dies letztlich zum Verhungern. Aber welchen Einfluss hatten Mikronährstoffe, die mal ausreichend, mal nur in geringer Menge in der Nahrung vorhanden waren oder die gelegentlich auch gar nicht zur Verfügung standen, auf die Evolution des Menschen? Hat der Mensch den Sprung an die Spitze der Säugetiere geschafft, weil er besser als andere Lebewesen mit Mikronährstoffen versorgt war, und wenn ja, was können wir daraus lernen? Mit diesen Fragen wird sich das Buch auseinandersetzen und damit auch das Verständnis für die Bedeutung der Mikronährstoffe für den heutigen Menschen vertiefen.

Danksagung

Im Jahr 2008 hatte ich das Glück, zusammen mit Randolph Nesse, Professor für Psychologie und Psychiatrie der University of Michigan und Direktor des Evolution and Human Adaptation Program, als Fellows des Wissenschaftskollegs Berlin am Arbeitsschwerpunkt »Evolutionäre Medizin« teilnehmen zu dürfen. Mit ihm habe ich damals intensiv über Fragen des Zusammenhangs zwischen der Ernährung und der Evolution des Menschen und über die Lehren, die wir heute daraus ziehen können, diskutiert. Dieser konstruktive Austausch, für den ich ihm an dieser Stelle herzlich danken möchte, hat den Grundstein für dieses Buch gelegt. Meiner Frau danke für die unermüdliche Korrektur von kleinen und grossen Mißverständnissen. Frau Dr. Christine Lambert danke ich für ihre wertvolle Hilfe bei der Zusammenstellung der unterschiedlichen und manchmal exotischen Nahrungsmittel. Mein besonderer Dank gilt Frau Dr. Birgit Jarosch, die als kompetente und auch konsequente Lektorin viele Scharten erkannt und ausgewetzt hat und nicht müde wurde, immer wieder nachzuhaken. Ich danke auch allen, die die Kapitel korrekturgelesen und mit kritischen Anmerkungen versehen und damit verbessert haben. Nicht zuletzt danke ich dem Springer-Verlag, allen voran Merlet Behncke-Braunbeck und Anja Groth, der sich auf das Wagnis eines solchen Buches eingelassen hat.

Inhaltsverzeichnis

Serviceteil

Evolution

H. K. Biesalski, *Mikronährstoffe als Motor der Evolution*,
DOI 10.1007/978-3-642-55397-4_1, © Springer-Verlag Berlin Heidelberg 2015

1

» Nothing in biology makes sense except in the light of evolution. (Dobzhansky 1973)

Der Begriff Evolution, abgeleitet von dem lateinischen *evolvere*, bedeutet »entwickeln«. Damit ist die ständige Weiterentwicklung einer Spezies gemeint, ein fortschreitender Prozess, der es der Spezies erlaubt, sich an die sich stetig verändernden Umweltbedingungen optimal anzupassen. Dabei bedeutet eine optimale Anpassung, dass die Mitglieder der Spezies ihre Gene austauschen und sich so unter den vorherrschenden Bedingungen vermehren können. Gelingt dies nicht in ausreichendem Umfang (beispielsweise durch eine niedrige Populationsdichte), so wird die Spezies nicht überleben können. Damit ist fast alles erwähnt, was die Evolution antreibt: Die Umweltveränderung führt zur natürlichen Selektion eines Genotyps einer Spezies, der Merkmale vermittelt, die unter den gegebenen Umständen günstig sind und die mit einer ausreichenden Reproduktionsrate weiter verbreitet werden.

Die Prinzipien der Evolution liefern einige Beispiele, die zeigen, dass die Verfügbarkeit einzelner Mikronährstoffe einen Vorteil für die Individuen brachte, der im Rahmen der natürlichen Selektion zur Weiterentwicklung geführt hat. Um dies zu verstehen, beginnen wir mit einem Exkurs in die Evolutionstheorie.

Auf unserem Planeten leben etwa 2 Mio. uns bekannte Tier- und Pflanzenarten. Die Zahl der tatsächlich auf der Erde existierenden Arten dürfte jedoch viel höher sein. Je nach Quelle und Zählart könnten es bis zu 5 Mio. sein. Tiere und Pflanzen besiedeln nahezu jeden Ort und sei er noch so lebensfeindlich, wobei die Regionen mit den extremsten Umweltbedingungen wie heiße Quellen oder Salzseen Mikroorganismen vorbehalten sind. Obgleich der Mensch sicherlich nicht überall auf der Erde leben und sich entwickeln kann, vermag er dennoch aufgrund seiner Intelligenz, mit deren Hilfe er sich eine entsprechende technische Ausrüstung konstruieren kann, an fast jeden Ort zu gelangen – letztlich bis zum Mond und in Zukunft sicherlich auch darüber hinaus. Der Mensch ist jedoch, wie alles Leben auf dem Planeten, ein Zwischenergebnis – eine Art Momentaufnahme – des stetigen Prozesses der Evolution.

1.1   Was ist eigentlich Evolution?

Entscheidend den Begriff der Evolution geprägt hat der englische Naturforscher Charles Darwin (1808–1882). Darwin hatte bereits in jungen Jahren seine Begeisterung für die Natur entdeckt, absolvierte aber zunächst ein Theologiestudium, bis er schließlich im Dezember 1881 seine legendäre Reise auf der HMS Beagle antrat, die ihn einmal um die Welt, unter anderem zu den Galapagos-Inseln, führte. Darwin widmete sich bei seinen Landausflügen der Geologie, beschrieb aber auch sehr detailliert zahlreiche Tier- und Pflanzenarten und nahm eine große Zahl an Proben, die er konservierte und sorgfältig katalogisierte. Am Ende seiner fast fünfjährigen Reise füllten seine Eindrücke schließlich Hunderte von Seiten in seinen Notizbüchern. Darwins Beobachtungen, insbesondere das Studium der Finken auf den Galapagos-Inseln, bildeten die Grundlage für seine Überlegungen zur Entstehung der Arten. Er entwickelte radikale Thesen zur Anpassung an den Lebensraum durch genetische Variation und natürliche Selektion und verfasste schließlich mehrere grundlegende Werke zur Diversität des Lebens, darunter sein berühmtes Werk *On the origin of species by means of natural selection, or the preservation of favoured races in the struggle for life*, kurz *On the origin of species* (Über die Entstehung der Arten).

Die zentralen Aussagen der von Darwin formulierten Evolutionstheorie sind bis heute gültig:

- Lebewesen innerhalb einer sich vermehrenden Population unterscheiden sich in Verhalten und Morphologie
- Nachkommen erben morphologische und Verhaltenseigenschaften von ihren Eltern
- die Individuen einer Art tragen nicht mit derselben Anzahl von Nachkommen zum Fortbestehen ihrer Art bei

Wesentlich für die Evolution sind das Überleben einzelner Individuen und ihre Reproduktion. Beides wird unter anderem beeinflusst von der natürlichen Selektion. Diese verschafft Individuen mit bestimmten Merkmalen unter bestimmten Umweltbedingungen einen Reproduktions- und Überlebensvorteil gegenüber anderen, die diese Merkmale nicht besitzen – diese Merkmale steigern also die Fitness ihres Trägers. Folge ist, dass die unter den gegebenen Bedingungen vorteilhaften Merkmale häufiger an die nächste Generation weitergegeben werden, als unvorteilhafte, und so mit der Zeit immer mehr Individuen über diese günstigen Merkmale verfügen. Über Generationen hinweg kann es so zu Anpassungen (Adaptationen) an bestimmte Umweltbedingungen kommen. Die natürliche Selektion beeinflusst also die Fitness der Individuen in ihrem jeweiligen Habitat.

Definition

Fitness: Fähigkeit, innerhalb eines Lebensraums (Habitat) Nachkommen zu zeugen, die überleben und sich weiter fortpflanzen können

---

Betrachtet man nun das verfügbare Nahrungsangebot in einem Lebensraum, dann kann eine entsprechend angepasste (adaptierte) Population das Angebot optimal für Überleben und Reproduktion nutzen. Bei einer Veränderung des Nahrungsangebots kann jedoch über einen langen Zeitraum hinweg eine evolutionäre Anpassung stattfinden. Aufgrund der genetischen Variabilität unter den Vertretern einer Spezies verfügen einzelne Individuen über genetische Eigenschaften oder Verhaltensstrategien, die es ihnen erlauben, das veränderte Nahrungsangebot zu nutzen und sich einen Selektionsvorteil zu verschaffen. Ihre Fitness wird im Vergleich zur Fitness anderer Individuen erhöht, sodass sich ihre Eigenschaften häufiger in den folgenden Generationen wiederfinden werden. Neben der natürlichen Selektion, beispielsweise in Form einer metabolischen Anpassung, kann, zumindest beim Menschen, allerdings auch eine kulturelle oder soziale Coevolution erfolgen. So gibt es in verschiedenen Ethnien eine Reihe von Nahrungstabus, die die Menschen schützen. Ein Beispiel ist das Tabu für schwangere Frauen, bittere Lebensmittel zu verzehren, um sie so vor unverträglichen Nahrungsmitteln zu bewahren. Dies wiederum kann zur Ausprägung eines Typus mit besonders sensitiver Bitterwahrnehmung führen.

Der Einfluss der Umwelt auf die Evolution wurde von Ernst Mayr, einem der großen Evolutionsbiologen des vergangenen Jahrhunderts, als adaptive Radiation, also adaptive Ausbreitung oder Auffächerung, bezeichnet. Zu dieser Aufspaltung einer Art in neue Arten kommt es beispielsweise, wenn sich Populationen durch die Anpassung an neue Umweltbedingungen stärker spezialisieren und neue ökologische Nischen besetzen. Dies kann der Fall sein, wenn einzelne Individuen in andere geografische Regionen abwandern und sich damit anderen Umweltbedingungen aussetzen, oder wenn sich die Bedingungen im Lebensraum einer Population verändern. Werden die Lebensräume von Populationen einer Art, sei es durch natürliche

1

Barrieren oder schlicht zu große räumliche Distanzen, voneinander getrennt, werden die Gene der Teilpopulationen nicht mehr ungehindert ausgetauscht und die Teilpopulationen entwickeln sich unabhängig voneinander weiter. Da in den verschiedenen Lebensräumen zudem unterschiedliche Selektionsfaktoren auf die Teilpopulationen wirken, nehmen ihre genetischen Unterschiede weiter zu, bis schließlich verschiedene Arten entstanden sind, die miteinander keine fruchtbaren Nachkommen hervorbringen können. Sind die Bedingungen in getrennten Habitaten für die Teilpopulationen jedoch gleich, so können sich unabhängig voneinander ähnliche Phänotypen entwickeln, die sich auch miteinander fortpflanzen können, falls die Trennung aufgehoben werden sollte.

Definition

ökologische Nische: »die Gesamtheit der Beziehungen zwischen einer Art und ihrer Umwelt, wobei sowohl biotische Faktoren (andere Organismen, z. B. Nahrung, Konkurrenten, Feinde, Symbionten, Parasiten) als auch abiotische Faktoren (physikalische Faktoren, wie Temperatur, Feuchtigkeit, Salinität und andere) berücksichtigt werden« (▶ http://www.Spektrum.de/lexikon/biologie; Zugriff: 10.11.2014)

Arten können neue ökologische Nischen besetzen. Dies kann als Reaktion auf ein konstant reduziertes Energieangebot passieren, oder als Folge einer Verknappung oder gänzlichem Fehlen eines oder mehrerer essenzieller Nährstoffe in dem bisherigen Lebensraum. Eine solche »Neubesiedlung« kann mithilfe der natürlichen Selektion erfolgen, indem beispielsweise Eigenschaften begünstigt werden, die es gestatten, auf einen oder mehrere Mikronährstoffe zu verzichten, die im neuen Habitat möglicherweise fehlen, bzw. solche, die mit weniger Energie auszukommen. Ebenso kann es sich um Eigenschaften handeln, die es erlauben, Nahrungsquellen zu erkennen, welche die knapp gewordenen Stoffe enthalten, oder auch diese effizienter aufzunehmen und zu metabolisieren. Auch solche Eigenschaften können im Zuge der natürlichen Selektion begünstigt werden, das heißt, sie üben einen entsprechend großen Selektionsdruck aus.

Oft werden Nischen durch Klimaveränderungen verursacht und können so zu neuen Spezies führen, die durch die natürliche Selektion an die veränderten Lebensbedingungen angepasst wurden. Da Klimaveränderungen einen direkten Einfluss auf die Ernährung haben, erfolgen solche Anpassungen häufig verhältnismäßig rasch und untermauern somit die Theorie des Punktualismus (*punctuated equilibrium*). Nach dieser Theorie führt eine neue Anpassung nach einer langen Phase mit nur sehr wenigen Veränderungen, das heißt der genetischen Stabilität, zu einer in evolutionären Maßstäben gemessen raschen Entwicklung einer neuen Art, der wiederum eine längere Phase der gleichmäßigen und geringen Entwicklung folgt. Dem gegenüber beschreibt die Theorie des Gradualismus einen mit gleichmäßiger Geschwindigkeit fortschreitenden Wandel mit nur geringen, aber dafür stetigen Veränderungen und genetischen Anpassungen. Immer wieder auftretende Klimaveränderungen können so zur Trennung von Populationen beitragen und damit die Bildung neuer Arten begünstigen oder auch verhindern bzw. zu Parallelentwicklungen in getrennten Lebensräumen führen. Dies spielt gerade im Zusammenhang mit der Ernährung eine ganz wesentliche Rolle, wie noch an verschiedenen Beispielen erläutert wird.

1.2   Was treibt Evolution bis heute an?

» The environment presents challenges to living species, to which the latter may respond by adaptive genetic changes. (Dobzhansky 1973)

Die Umwelt der Lebewesen fordert diese durch ihren ständigen Wandel immer wieder heraus, sich an neue Bedingungen anzupassen, um nicht unterzugehen. Wird zum Beispiel durch Temperaturänderung eine lebenswichtige Ressource knapp, so muss die genetische Adaptation Wege finden, den Bedarf an dieser Ressource zu verringern bzw. ganz darauf verzichten zu können oder sie gegen eine andere auszutauschen, die deren Funktion übernimmt. Das bedeutet, es werden nur die Individuen überleben und sich erfolgreich reproduzieren, die bereits über die entsprechende genetische Ausstattung für derartige Anpassungen verfügen und das Fehlen der Ressource kompensieren können (*survival of the fittest*). Eine weitere Möglichkeit besteht darin, dass einzelne Individuen oder ganze Populationen aus dem vom Ressourcenmangel betroffenen Gebiet auswandern. Dabei ist der stärkste Antrieb zum Verlassen des Lebensraums der Hunger. Umgekehrt können sich einwandernde, bereits an den Lebensraum adaptierte Individuen einer Art mit den dort lebenden Individuen derselben Art kreuzen und die genetische Vielfalt der lokalen Population und damit auch ihre »Fitness« erhöhen.

Der Organismus der meisten lebenden Arten ist so programmiert, dass bei der Nahrungssuche Nahrung mit einem hohen Energiegehalt favorisiert wird – Nahrungssuche ist in erster Linie eine Suche nach Energie. Der Energiebedarf kann entweder durch kontinuierliche oder auch durch zeitlich begrenzte Nahrungsaufnahme gedeckt werden. Energiemangel löst Hunger und damit Nahrungssuche aus.

Zur Auswahl der Nahrung gebrauchen wir alle unsere fünf Sinne, in erster Linie den Geschmackssinn. Was nicht schmeckt, bleibt liegen, es sei denn, der Hunger zwingt es hinein. Wer nun aber denkt, das Überleben sei gesichert, wenn der Hunger gestillt ist, der irrt. Zum Leben ist Energie in Form von Fett, Protein oder Kohlenhydraten notwendig. Organismen benötigen jedoch zusätzlich eine ganze Reihe von Stoffen, die zwar keine Energie liefern, aber dafür sorgen, dass der Motor läuft – die sogenannten Mikronährstoffe. Da wir sie von ganz wenigen Ausnahmen abgesehen nicht in unserem Stoffwechsel herstellen können, müssen wir sie mit unserer Nahrung aufnehmen. Man bezeichnet sie daher als essenzielle Mikronährstoffe. Wie oft und in welcher Menge wir sie brauchen hängt davon ab, wie rasch sie verbraucht werden und ob sie gespeichert werden können oder nicht. Fehlt ein Mikronährstoff über längere Zeit, werden wir krank oder unsere Fähigkeit zur Reproduktion ist beeinträchtigt. Damit aber sind die wesentlichen Faktoren betroffen, die die Evolution antreiben: Überleben und Reproduktion.

Definition

essenzielle Nährstoffe: Substanzen, die vom Organismus nicht selbst hergestellt und daher über die Nahrung aufgenommen werden müssen und für die Funktion des Organismus benötigt werden
Makronährstoffe: Kohlenhydrate, Fett, Protein
Mikronährstoffe: Vitamine, Mineralien, Spurenelemente

Wer oder was gibt aber das Signal zur Aufnahme von Mikronährstoffen? Möglicherweise ist ein solches Signal aber auch gar nicht nötig, denn die erforderlichen Mikronährstoffe könnten auch in der entsprechenden Menge in der Nahrung vorhanden sein, die das besiedelte Habitat zur Verfügung stellt. Was aber, wenn durch Veränderungen der Umwelt ein Nahrungsmittel knapp wird oder verschwindet, das einen oder mehrere der essenziellen Mikronährstoffe enthält? Machen sich die betroffenen Populationen gezielt auf die Suche danach?

In diesem Zusammenhang stellt sich auch die Frage, ob es einen Sensor, das heißt eine Sinnesempfindung, für Mikronährstoffe gibt, mit dem der Gehalt der Nahrung an Mikronährstoffen erkannt werden kann, und ob selektiv nach entsprechenden Nahrungsmitteln gesucht wird. Forschungen aus jüngerer Zeit haben Hinweise erbracht, dass der Stoffwechsel des Menschen auf eine Verknappung an Mikronährstoffen mit einer Steigerung des Verzehrs an Makronährstoffen reagiert, um so eventuell auch wieder mehr Mikronährstoffe zu erhalten. Letztendlich, so die Theorie, würde dann eine Unterversorgung an Mikronährstoffen zur Entwicklung des Übergewichts beitragen.

Ist es Zufall, dass unsere sich entwickelnden Vorfahren, angefangen von den reinen Frugivoren bis hin zu den Omnivoren, immer bedarfsgerecht ernährt haben, oder ist es den jeweiligen Spezies gelungen, sich an die sich immer wieder verändernden Habitate und das darin vorhandene Nahrungsangebot anzupassen? Die Entwicklung zeigt, dass in den meisten Fällen eine Anpassung an die durch das Nahrungsangebot des Habitats mögliche Versorgung mit Makro- und Mikronährstoffen erfolgt ist. Allerdings ist dies nicht immer gelungen, beispielsweise wenn sich die Versorgung akut verschlechterte (Verlust eines Mikronährstoffs durch klimatische Veränderungen) oder wenn die Anpassung auf dem Weg der natürlichen Selektion nicht erfolgreich war. Viele Verzweigungen des menschlichen Stammbaums haben sich im Nachhinein als Sackgasse erwiesen – die vorhandenen Spezies (d.h. ihre genetische Variabilität) konnten sich den sich verändernden Umweltbedingungen nicht entsprechend anpassen und neue ökologische Nischen besetzen, weil etwas Grundlegendes fehlte, das zum Fortbestand der Art unentbehrlich war.

Ob eine Spezies überlebt, hängt unter anderem von der Populationsdichte innerhalb des Habitats sowie der Menge und Art an verfügbarer Nahrung ab. Hinsichtlich der Versorgung mit Mikronährstoffen entscheiden demnach zwei Dinge über das Überleben der Population:
- die Verfügbarkeit von Mikronährstoffen in ausreichender Menge zur Sicherung des Überlebens und der Reproduktion
- die Fähigkeit zur Anpassung an sich verändernde Umweltbedingungen bzw. an einen fehlenden bzw. selten vorkommenden Mikronährstoff

Vor diesem Hintergrund soll in diesem Buch versucht werden, folgende Fragen zu beantworten:
- Wie sah die Versorgung unserer frühen Vorfahren mit Mikronährstoffen aus?
- In welchen Habitaten haben unsere Vorfahren gelebt und welche Mikronährstoffe haben sie dort vorgefunden?
- Wie haben sich die Umweltbedingungen in diesen Habitaten mit der Zeit verändert?
- Welche Auswirkungen hatten solche Veränderungen auf die Verfügbarkeit von Mikronährstoffen und welche Rolle spielte diese Verfügbarkeit bei der Menschwerdung?
- Welche Möglichkeiten der Kompensation fehlender Mikronährstoffe gab es und wie haben diese die menschliche Entwicklung beeinflusst?

Wenn im Folgenden die Frage erörtert werden soll, welche Rolle Mikronährstoffe in der Evolution des Menschen gespielt haben, so mögen Sie sich fragen, warum dies überhaupt von Bedeutung sein könnte. Sofern ausreichend Nahrung zur Verfügung stand, sollte die Versorgung mit diesen Mikronährstoffen kein Problem gewesen sein. Das ist in der Tat richtig, wenn die angebotene Nahrung die Bedürfnisse des Individuums hinsichtlich der ausreichenden Versorgung mit diesen Mikronährstoffen dauerhaft sicherstellt. Dafür sprechen das Überleben und die erfolgreiche Fortpflanzung einer Art innerhalb eines Lebensraums. Dies gilt bis heute für viele Arten, so auch für den modernen Menschen, solange er in seinem Lebensraum über ein Angebot an Nahrungsmitteln verfügt, das in seiner Menge und Qualität (Vorkommen aller essenzieller Mikronährstoffe) ausreicht, ihn adäquat zu ernähren.

Vor welchem Hintergrund ist vorstellbar, dass Mikronährstoffe die Entwicklung einer Art innerhalb ihres angestammten Lebensraums beeinflussen? Wodurch wird ein ausreichend hoher Selektionsdruck erzeugt, der so grundlegende Veränderungen im Geno- und Phänotyp hervorruft, die die Versorgung und Wirkung der Mikronährstoffe betreffen?

> **Definition**
>
> **Gen:** Abschnitt auf der DNA, der eine Vererbungseinheit darstellt
> **Genotyp:** individuelle Ausstattung eines Organismus mit Genen; bestimmt den Phänotyp
> **Phänotyp:** Ausprägung physiologischer und morphologischer Merkmale wie auch Verhaltensweisen eines Individuums

Wesentlich beeinflusst wird die Evolution von den Umweltbedingungen des Habitats, in dem eine Art lebt. Ernährung ist die wichtigste Verbindung zwischen Individuum und Umwelt. Bei dieser Aussage ist allerdings zu berücksichtigen, dass die Umgebungstemperatur und andere physikalische Parameter, die die Umweltbedingungen beschreiben, die Nahrungsqualität bzw. die Ernährung direkt beeinflussen. Damit ist bereits der Rahmen gesteckt, in dem Mikronährstoffe eine Rolle spielen. Veränderungen der Umweltbedingungen führen zu Veränderungen des Nährstoffangebots und somit zu Veränderungen des vorhandenen Spektrums an Mikronährstoffen.

Ändert sich das Nahrungsangebot im angestammten Lebensraum einer Population, müssen zumindest einzelne Individuen der Population, um überleben zu können, entweder den Lebensraum verlassen oder sich an das veränderte Nahrungsangebot anpassen. Eine Population wird den Lebensraum immer dann verlassen, wenn nicht genügend Nahrung vorhanden ist, das heißt, wenn sie unter ständigem Hunger leidet und keine alternativen Nahrungsquellen erschlossen werden können. Ähnliches gilt auch, wenn Umwelteinflüsse die Verfügbarkeit wichtiger Mikronährstoffe verringern. Die Population wird sich daran anpassen bis hin zur Selektion einer neuen Art, die diesen Mikronährstoff nicht oder nur in sehr geringer Menge braucht. Alternativ stirbt die Population bzw. die Art aus.

Eine Art ist in ihrem Lebensraum, dem Habitat, an das verfügbare quantitative und qualitative Nahrungsangebot angepasst. Solange sich die Bedingungen nicht gravierend ändern und die Nahrungsquelle Bestand hat, also beispielsweise nicht durch eine steigende Zahl an Nahrungskonkurrenten oder Klimaveränderungen gefährdet ist, ist das Überleben der Art gesichert. Eine nachhaltige Veränderung des Nahrungsangebots kann einen erheblichen Selektionsdruck ausüben und damit zur Weiterentwicklung der Art beitragen.

Literatur

Dobzhansky T (1973) Nothing in biology makes sense except in the light of evolution. Am Biol Teach 35:125–129

Ernährung

H. K. Biesalski, *Mikronährstoffe als Motor der Evolution*,
DOI 10.1007/978-3-642-55397-4_2., © Springer-Verlag Berlin Heidelberg 2015

Jedes Lebewesen ist, vereinfacht ausgedrückt, eine Kraft-Wärme-Maschine. Damit es in der Umwelt überleben und sich fortpflanzen kann, ist die Zufuhr von Energie notwendig. Diese Energie stammt aus unterschiedlichen Quellen, sei es aus dem Sonnenlicht oder auch aus energiereichen Verbindungen in der Nahrung. Im Organismus wird sie in Energieformen umgewandelt, die vom Körper universell einsetzbar sind und dazu dienen, den Organismus in seiner Funktion zu erhalten bzw. ständig zu erneuern. Hierzu werden aber neben der Energie auch noch zahlreiche weitere Stoffe gebraucht, die mit der Nahrung aufgenommen und als Mikronährstoffe bezeichnet werden. Damit Lebewesen überleben und sich fortpflanzen können, brauchen sie genau diese Mikronährstoffe in einem ausgewogenen Verhältnis.

Bei der Beurteilung unserer Nahrung müssen wir zwei Kriterien unterscheiden: ihre Quantität und ihre Qualität. Der Begriff Quantität bezieht sich auf die Menge an Energie, die ein Mensch je nach körperlicher Belastung für ein gesundes Leben benötigt. Diese Energie wird mit den Makronährstoffen zugeführt. Die Qualität beschreibt die Menge an nicht-energie-liefernden essenziellen Stoffen in der Nahrung, die notwendig ist, damit die zugeführten Makronährstoffe so verarbeitet werden können, dass sie sowohl Energie als auch Bausteine für den gesamten Organismus liefern.

2.1   Makronährstoffe

Zu den Makronährstoffen zählen Proteine, Fett und Kohlenhydrate. Der Begriff »Makronährstoff« hat sich für diese Verbindungen eingebürgert, da es sich um Moleküle handelt, die aus kleineren Einzelbausteinen zusammengesetzte, große Verbindungen bilden. Eine andere Bezeichnung für Makronährstoffe – »energieliefernde Nährstoffe« – beschreibt direkt eine wichtige Funktion dieser Verbindungen. Was geschieht nun mit den Makronährstoffen, wenn wir sie verzehren?

2.1.1   Protein als Makronährstoff

Protein pflanzlicher oder tierischer Herkunft wird nach dem Verzehr in seine Bausteine, die Aminosäuren, zerlegt, die im Darm absorbiert werden und wiederum die Basis für die Herstellung körpereigener Proteine sind. Diese katalysieren Reaktionen des Stoffwechsels (Enzyme), dienen dem Transport von Stoffen wie Glucose, Vitamin A oder Kupfer oder werden für den Aufbau von Muskelmasse benötigt, um nur einige Beispiele zu nennen. Einige der insgesamt 20 Aminosäuren, die in Proteinen des menschlichen Körpers vorkommen, sind essenziell, das heißt, sie können nicht durch andere Bausteine ersetzt und müssen daher mit der Nahrung zugeführt werden (◘ Tab. 2.1). Der gesunde erwachsene Mensch muss acht Aminosäuren mit der Nahrung aufnehmen, um das Stickstoffgleichgewicht zu erhalten: Leucin, Lysin, Methionin, Phenylalanin, Threonin, Tryptophan und Valin. Streng genommen sind bei sechs dieser Aminosäuren nur die korrespondierenden Kohlenstoffskelette der Ketosäuren essenziell, da der Körper diese über eine Transaminierung in Aminosäuren umwandeln kann. Für Lysin und Threonin gilt dies nicht, da sie irreversibel transaminiert werden und folglich als eigentlich essenzielle Aminosäuren bezeichnet werden. Beide kommen vor allem in tierischem Protein, aber auch in Leguminosen vor. Darüber hinaus gibt es bedingt essenzielle Aminosäuren. Dazu gehören solche, die in einem bestimmten Alter oder bei Vorliegen von Erkrankungen

Tab. 2.1 Für den Menschen essenzielle, bedingt essenzielle und nichtessenzielle Aminosäuren	
Kategorie der Aminosäure	**Beschreibung**
Essenziell	
Threonin, Lysin	Absolut essenziell
Valin, Leucin, Isoleucin, Phenylalanin, Tryptophan, Methionin	Nur das Kohlenstoffskelett der jeweiligen Aminosäure
Phenylalanin, Tryptophan, Methionin, Histidin	Für Säuglinge und Kleinkinder
Bedingt essenziell	
Arginin	Für Säuglinge, Kleinkinder, Schwerkranke
Serin	Bei chronischem Nierenversagen
Tyrosin	Bei Phenylalaninmangel, Sepsis, Phenylketonurie; für Frühgeborene
Cystein	Bei Methioninmangel, Leberzirrhose
Nichtessenziell	
Alanin, Glycin, Prolin, Asparaginsäure, Asparagin, Glutaminsäure, Glutamin	

vorübergehend oder dauerhaft essenziell werden können. Beim Neugeborenen sind beispielsweise während der ersten Lebenstage Arginin, Cystein, Histidin und Tyrosin bedingt essenzielle Aminosäuren, da diese noch nicht aus anderen Aminosäuren gebildet werden können.

Das Nahrungsprotein erfüllt zwei wichtige Aufgaben: die Versorgung mit allen Aminosäurebausteinen, die der Mensch nicht selbst herstellen kann, und die Versorgung mit Stickstoff, den der Organismus für die Bildung von Aminosäuren und anderen Stickstoffverbindungen benötigt. In einer normalen Mischkost kommen alle Aminosäuren in ausreichender Menge vor. Dies gilt auch für eine vegane Ernährung, wenn sie richtig zusammengestellt ist. Kritisch wird es, wenn Protein im Wesentlichen über Getreide zugeführt wird, da in diesem Fall ein Mangel an den zwei wichtigen Aminosäuren Lysin und Threonin entstehen kann. Den pflanzenfressenden Urahnen in den afrikanischen Regenwäldern konnte das wegen der Vielfalt der aufgenommenen pflanzlichen Nahrung wahrscheinlich nicht passieren.

Als Energielieferant sind Proteine weniger tauglich als Fett oder Kohlenhydrate, da die Zerlegung in die kleinen Bausteine im Darm vor der Aufnahme und das Wiederzusammenfügen im Organismus Energie verbraucht.

2.1.2 Fett als Makronährstoff

Pflanzliches oder tierisches Fett ist die wichtigste gut speicherbare Energiequelle des menschlichen Körpers. Neben ihrer Funktion als Energielieferant liefern Nahrungsfette jedoch auch Bausteine für die Zellmembranen in Form von Cholesterin und Phospholipiden, und enthalten Omega-(ω-)6- und Omega-3-Fettsäuren, die eine wichtige Rolle im Immunsystem spielen. Eine Fettsäure, die Linolensäure, ist für den Menschen essenziell, muss also mit der Nahrung zugeführt werden. Sie ist vorwiegend in Fisch und einigen Ölsaaten enthalten. Fett wird nach der Aufnahme über den Darm rasch gespeichert und nur in Ausnahmefällen als sofortige Energiequelle eingesetzt.

2.1.3   Kohlenhydrate als Makronährstoff

Kohlenhydrate (Saccharide) sind der Hauptenergielieferant für den menschlichen Körper und dienen, anders als Fette, der raschen Energieversorgung. Die Mono-, Di- und Polysaccharide (Einfach-, Zweifach und Mehrfachzucker) sind in großer Menge allen Arten von Knollen, Hülsenfrüchten, Wurzeln, Getreide, Obst, Gemüse und auch in Blättern, die für unsere Ahnen das Gemüse gewesen sein dürften, enthalten. Sie stellen unter anderem den für den Menschen wichtigen Kohlenhydratbaustein, die Glucose, bereit.

Nach der Nahrungsaufnahme gelangt die Glucose über die Wand des Dünndarms in das Blut, woraufhin der Glucosespiegel im Blut steigt. Als Reaktion darauf schüttet die Bauchspeicheldrüse das Hormon Insulin aus, welches das Signal für Zellen verschiedener Gewebe ist, Glucose aus dem Blut aufzunehmen. In den Zellen wird die Glucose entweder in Energie umgewandelt oder in Leber und Muskulatur in Form von Glykogen gespeichert. Gleichzeitig sorgt Insulin dafür, dass der Aufbau von Körpermasse (Fett, Protein) gesteigert und der Abbau gehemmt wird, weshalb es auch als anaboles, also aufbauendes, Hormon bezeichnet wird.

Durch diesen Effekt von Insulin wirkt sich der Verzehr von Kohlenhydraten besonders deutlich auf die Zunahme an Körpermasse aus, wenn gleichzeitig Fett und Protein aufgenommen werden. Die anabole Wirkung einer Aufnahme von Fett und Protein allein ist weitaus geringer, da diese den Blutglucosespiegel nicht so deutlich ansteigen lassen wie Kohlenhydrate.

Die Glucose steht der Muskulatur und anderen Geweben als rasche Energiequelle zur Verfügung. Besonders wichtig ist sie aber für das Gehirn, das ohne Glucose seine Leistungsfähigkeit nicht aufrechterhalten kann. Da das Gehirn den Energiestoffwechsel des Körpers sogar zu seinem Vorteil zu lenken vermag, bezeichnet man es auch als »selbstsüchtig« (*selfish brain*-Theorie; ▶ Abschn. 10.1, ▶ Abschn. 10.2).

Sinkt der Blutzuckerspiegel, wird weniger Insulin freigesetzt und ein Hungergefühl stellt sich ein. Bleibt dann allerdings eine Nahrungsaufnahme aus, werden zunächst die Glykogenspeicher abgebaut, es folgt ein Umbau einiger Proteinbausteine aus der Muskulatur zu Glucose und zuletzt werden auch Speicherfette geopfert, um den Blutzuckerspiegel wieder anzuheben. Drastische Folgen eines dauerhaft zu geringen Blutzuckerspiegels sind eine Kachexie (Abmagerung), wie sie bei schweren Erkrankungen auftritt, oder eine deutliche Unterernährung (▶ Abschn. 8.2). Aber selbst in solchen Fällen ist das Gehirn häufig noch recht gut versorgt und bedient sich bei einer Unterernährung zur Not an der Körpermasse, sodass die betroffenen Menschen meist lange Zeit noch geistig rege sind, obwohl der Körper schon lange nicht mehr mitspielt (▶ Abschn. 10.1, ▶ Abschn. 10.2).

Letztlich entscheidet die Zusammensetzung der Nahrung über Entwicklung und Belastbarkeit eines Individuums. Eine ausgewogene Versorgung mit Makronährstoffen ist die Basis. Die Makronährstoffe wären aber nutzlos, wenn sie nicht gleichzeitig die »Transporter« der Mikronährstoffe wären. Das heißt, mit jedem Makronährstoff werden auch spezielle Mikronährstoffe aufgenommen. Fehlt eine Makronährstoffkomponente, so fehlen auch die in den Nahrungsmitteln ebenfalls enthaltenen Mikronährstoffe. Eine ausreichende Ernährung ist also keinesfalls nur eine Frage der Quantität, sondern der Qualität, und einen wesentlichen Anteil daran haben die Mikronährstoffe.

2.2 Mikronährstoffe

Mikronährstoffe werden, mit Ausnahme einer Fettsäure und zwei Aminosäuren, auch als nicht energieliefernde Nährstoffe bezeichnet und haben eine Vielzahl wesentlicher Funktionen, die Wachstum und Entwicklung ebenso sicherstellen wie Fortpflanzung und Überleben. Zu diesen Funktionen gehört beispielsweise ihre Rolle im Energiestoffwechsel, der aus den Makronährstoffen die Energie gewinnt, die wir brauchen, damit die Zell- und Organfunktionen ordnungsgemäß ablaufen können. Auch für das Immunsystem sind sie von Bedeutung, vor allem die fettlöslichen Vitamine A und D sowie Zink, Eisen und Selen.

Während die Makronährstoffe zumindest hinsichtlich ihrer Energiebereitstellung in gewisser Weise austauschbar sind, denn alle liefern verwertbare Energie, wenn auch nicht in derselben Menge, übernehmen einzelne Mikronährstoffe eher spezielle Aufgaben und sind nicht einfach gegeneinander auszutauschen. Ein über längere Zeit andauernder Mangel an einem Mikronährstoff hat daher Konsequenzen für die Gesundheit. Der Mangel an einigen Mikronährstoffen führt durch direkte Wirkung auf den Organismus zum Tod, der Mangel an anderen wiederum ist Ursache von Erkrankungen, die chronisch sein können.

Mikronährstoffe lassen sich grob einteilen in solche, die als Cofaktoren im Stoffwechsel wichtig sind – dabei handelt es sich vor allem um die wasserlöslichen Vitamine und viele Spurenelemente –, und in solche, die ähnlich wie ein Hormon (Prähormon) oder auch als wichtiger Teil eines Hormons wirken (Vitamin A, D, Jod), sowie in eine Gruppe von Verbindungen, die als Antioxidantien bezeichnet werden bzw. als antioxidative Cofaktoren (Vitamin C, E, Selen, Kupfer). Für die wasserlöslichen Vitamine gilt, dass ihre Wirkungen oft eng vernetzt sind bzw. sie an den unterschiedlichsten Stellen in den Energiestoffwechsel eingebunden sind. Hierbei können sie sich teilweise ergänzen bzw. auch kompensieren, wenn die Versorgung mit dem betreffenden Vitamin vorübergehend kritisch wird. Bei den fettlöslichen Vitaminen dagegen finden sich zwar auch gemeinsame Aktivitäten, allerdings mit Ausnahme von Vitamin K viel stärker auf zellulärer Ebene und weniger in speziellen Stoffwechselprozessen.

Je nach Mikronährstoff ist die Menge, die wir täglich benötigen, sehr unterschiedlich. Im Vergleich zu den Makronährstoffen, von denen wir täglich mehr als 500 g aufnehmen, um je nach Alter mit der notwendigen Mengen an Energie versorgt zu sein, sind bei den Mikronährstoffen nur sehr geringe Mengen zwischen 5 µg (Vitamin B_{12} und D) und 100 mg (Vitamin C) erforderlich, um unseren Bedarf zu decken, d.h. alle abhängigen Funktionen zu gewährleisten. Ob sich daraus oder aus der Tatsache, dass die meisten Mikronährstoffe als Moleküle auch klein sind, der Name Mikronährstoffe ableitet, ist unklar und auch nicht wirklich von Bedeutung.

Wichtig ist allerdings, dass die meisten Mikronährstoffe mit einer gewissen Regelmäßigkeit auf dem Speiseplan stehen müssen und keinesfalls in allen Nahrungsmitteln vorkommen. Dennoch es ist ein Trugschluss anzunehmen, wir müssten alle Mikronährstoffe täglich aufnehmen, denn einige werden nur langsam abgebaut oder verbraucht (sie haben eine lange Halbwertszeit) und andere können im Körper gespeichert werden. Zu Letzteren gehören Vitamin A, Vitamin B_{12}, Jod und Eisen, sodass eine nur geringe Versorgung über längere Zeiträume – bei Eisen und Jod sind es Wochen, bei Vitamin A und B_{12} Monate – ohne sichtbare gesundheitliche Folgen bleibt, sofern nicht eine Erkrankung oder eine besondere körperliche Belastung (z. B. eine Schwangerschaft) den Verbrauch erhöhen. Das Gros der Mikronährstoffe wird jedoch nicht in körpereigene Speicher verfrachtet und besitzt zudem eine geringe Halbwertszeit von nur wenigen Tagen bis Wochen.

Manche Mikronährstoffe können also gespeichert werden, andere nicht. Die Ursache dafür könnte darin liegen, dass die Mikronährstoffe, die nicht gespeichert werden oder eine geringe Halbwertszeit besitzen – die wir also mit großer Regelmäßigkeit aufnehmen müssen –, in der Nahrung unserer Vorfahren sehr viel häufiger und in größerer Menge vertreten waren. Solche, die gespeichert werden können oder eine lange Halbwertszeit besitzen, nehmen wir seltener auf, weil es weniger Nahrungsquellen für sie gibt. Und in der Tat sieht es so aus, dass die Mikronährstoffe mit kurzen Halbwertszeiten und fehlender Speicherfähigkeit vor allem in Blättern, Früchten und Wurzeln enthalten sind, während andere, also solche mit langer Halbwertszeit oder Speichermöglichkeit, in großer Menge in Fleisch und tierischer Nahrung vorkommen. Um an Fleisch zu gelangen, mussten unsere Vorfahren jagen, was energie- und zeitaufwendig war, während pflanzliche Lebensmittel leicht und ohne große Anstrengung zu erhalten waren. Nun kann man davon ausgehen, dass unsere sehr frühen Vorfahren, die in den dichten Blättern der Baumwipfel lebten und sich von Früchten ernährten, eher selten auf Jagd gingen. Vielmehr wurde wahrscheinlich eher beiläufig von Zeit zu Zeit ein kleineres Wirbeltier oder auch Insekten verzehrt, sow wie das bei heute lebenden Affen zu beobachten ist.

Die ◻ Tab. 2.2 soll dazu dienen, bei den in den folgenden Kapiteln dargestellten Mikronährstoffquellen abschätzen zu können, inwieweit diese Quellen zur Versorgung beitragen können. Bezogen auf die Fragestellung der Versorgung unserer Ahnen sollte mindestens der EAR (*estimated average requirement*; geschätzter mittlerer Bedarf) erreicht werden, um Defizite zu vermeiden.

Referenzwert

Der Referenzwert, auch als empfohlene Tagesdosis bezeichnet, gibt die Menge eines Mikronährstoffs an, die ausreicht, um den Bedarf an diesem Mikronährstoff zu sichern. Der Bedarf kann allerdings nur geschätzt werden und wird daher im englischen Sprachraum auch EAR (*estimated average requirement*; geschätzter mittlerer Bedarf) genannt. Beim EAR handelt sich um die Menge, bei der (bei Normalverteilung) 50 % der gesunden Menschen ausreichend mit dem Mikronährstoff versorgt sind und die anderen 50 % nur unzureichend. Nimmt man zum EAR zwei Standardabweichungen des EAR hinzu, so erhält man einen Referenzwert (empfohlene Tagesdosis), bei dem 97,5 % aller Personen ausreichend versorgt sind. Der individuelle Bedarf hängt ab von Alter, Geschlecht, Schwangerschaft, Stillzeit, chronischen Erkrankungen, Lebensstil (Sport, Rauchen, Alkohol u. a.).

2.2.1   Wie wird eine ausgewogene Versorgung mit Mikronährstoffen sichergestellt?

Fehlt uns Energie, so verspüren wir ein Hungergefühl, das uns schließlich dazu bringt, etwas zu essen. Ist der Energiebedarf gedeckt, dann vergeht auch das Hungergefühl, wir sind satt. Fehlen uns dagegen Mikronährstoffe, so passiert, je nach Mikronährstoff, zunächst einmal nichts. Es stellt sich, anders als mal erwarten würde, kein besonderer Appetit auf Mikronährstoffe ein. Das ist verwunderlich, kann ein Mangel an Mikronährstoffen doch schwerwiegende gesundheitliche Folgen haben. Der Betreffende wird irgendwann krank und kann bei weiterer Unterversorgung sogar sterben. Erstaunlicherweise reagiert der Körper auf einen Mangel nicht mit einem selektiven Appetit auf den fehlenden Mikronährstoff, sondern es zeigen sich eher

⊡ **Tab. 2.2** Geschätzter mittlerer Bedarf (EAR)* und Referenzwert (R)** der Menge eines Mikronährstoffs, die täglich zugeführt werden sollte. Der Referenzwert wird auch als empfohlene Tagesdosis bezeichnet. (*Institute of Medicine 2012, **Deutsche Gesellschaft für Ernährung 2014)

Mikronährstoff	Bis zum 10. Lebensjahr	Erwachsener	Schwangerschaft	Stillzeit
	EAR/R	EAR/R	EAR/R	EAR/R
Vitamine				
Vitamin A (ug)	275/900	500/1000	550/1100	900/1500
Vitamin D (ug)	10/10	10/20	10/10	10/20
Vitamin E (mg)	12/12	12/15	12/15	16/17
Vitamin C (mg)	22/50	75100	70/110	100/150
Thiamin (mg)	0,5/0,8	1,0/1,3	0,9/1,3	0,9/1,4
Riboflavin (mg)	0,5/0,9	1,1/1,5	1,2/1,5	1,3/1,6
Niacin (mg)	6/10	12/17	14/15	13/17
Vitamin B_6 (mg)	0,5/0,5	1,1/1,5	1,6/1,9	1,7/1,9
Folsäure (ug)	160/300	320/400	520/600	450/600
Vitamin B_{12} (ug)	1/1,5	2/3	2,2/3,5	2,4/4
Mineralien				
Kupfer (ug)	340/700	700/1200	800/1200	1000/1200
Jod (ug)	65/120	95/200	160/230	209/260
Elsen (mg)	4/10	8/15	23/30	7/20
Zink (mg)	4/8	9/10	10,5/10	10,9/11
Calcium (mg)	800/900	1000/1000	1000/1000	1000/1000
Magnesium	110/150	300/400	300/310	300/390

EAR estimated average requirement

unspezifische Symptome wie Schmerzen in Muskeln und Knochen bei einer Unterversorgung mit Vitamin D oder auch Zahnfleischbluten, Erschöpfung und Infektanfälligkeit bei Vitamin-C-Mangel.

Es stellt sich die Frage, wie die Natur sichergestellt hat, dass neben dem Energiebedarf auch der Bedarf an eben diesen essenziellen Mikronährstoffen gedeckt wird. Wie erkennen Lebewesen – angefangen bei den Herbivoren (Pflanzenfresser), über die Carnivoren (Fleischfresser) bis hin zu den Omnivoren (Allesfresser; der Mensch) – Nahrung, die alle für sie wichtigen Mikronährstoffe enthält?

Es ist schwer zu verstehen, wie eine Spezies all die essenziellen Stoffe mit einer gewissen Regelmäßigkeit aufnehmen kann, die Leben und Überleben überhaupt erst möglich machen. Immerhin beläuft sich die Zahl der Verbindungen, auf die der Mensch nicht verzichten kann, auf 49.

Eine mögliche Erklärung ist ein Vorgang, der auch als Nischenkonstruktion bezeichnet wird. Lebewesen, die eine ökologische Nische mit einem bestimmten Angebot an Mikronährstoffen besiedeln, haben sich dieser Nische durch natürliche Selektion angepasst, wobei der Genotyp der einzelnen Individuen wie in allen Populationen nicht identisch ist. Tritt in dem Lebensraum beispielsweise plötzlich eine Pflanzenkrankheit auf, die bedeutende Futterpflanzen zumindest teilweise vernichtet, oder Nahrungskonkurrenten finden sich ein, kann sich ein Mangel an einem Mikronährstoff einstellen. Dieser Mangel übt einen Selektionsdruck auf die Population aus. Welche Szenarien sind nun denkbar? Keinesfalls erfolgt eine aktive Veränderung des Genotyps von Individuen als Anpassung an den Nährstoffmangel – die Veränderung des genetischen Materials ist kein aktiver Vorgang und nicht zielgerichtet. Einige Mitglieder der Population werden möglicherweise auswandern und einen Lebensraum mit einem passenden Angebot an Mikronährstoffen besiedeln, nicht, weil sie dort den Mikronährstoff selbst, sondern weil sie dort die verschwundene Futterquelle oder einen passenden Ersatz antreffen. Andere sind möglicherweise aber auch Träger einer Mutation und damit von besonderen Merkmalen, die unter den ursprünglichen Bedingungen keine Rolle spielte, nun aber einen entscheidenden Überlebensvorteil darstelle, und zwar mit einem geringeren Angebot des Mikronährstoffs auszukommen oder auch ganz darauf verzichten zu können. Diese Individuen werden nun mehr Nachkommen hervorbringen als andere, sodass die positiven Merkmale verstärkt an die folgenden Generationen weitergegeben werden. Dieser als natürliche Selektion bezeichnete Vorgang kann im Zusammenhang mit der Nahrung und ihren spezifischen Inhaltsstoffen oft beobachtet werden. Dabei kann die Anpassung durch natürliche Selektion des Nischenbewohners ebenso erfolgen, wie durch Veränderung des Nahrungsangebots durch direkten Einfluss des Bewohners auf seinen Lebensraum. Letzteres kann geschehen, indem sich der Nischenbewohner eine neue Nahrungsquelle sucht, beispielsweise Früchte. Über die in ihnen enthaltenen Samen, die den Verdauungstrakt des Tieres unbeschadet passieren, und seine Ausscheidungen trägt der Nischenbewohner zu einer Verbreitung dieser Pflanzenart bei und kann sich so auch eine Nische konstruieren.

Damit stellt sich die Frage, ob sich die Entwicklung des Menschen mit Änderungen des Nährstoffangebots und damit der Nahrungsqualität in unterschiedlichen Nischen erklären lässt und wie solche Nischen ausgesehen haben könnten. Wenn man annimmt, dass die Vorfahren des Menschen vor 6–8 Mio. Jahren in Regenwäldern lebten und sich vorwiegend von Blättern und Früchten ernährten, so müsste eine Veränderung des Nahrungsangebots, der ökologischen Nische, zu einer natürlichen Selektion einer Spezies geführt haben, die sich der neuen Nische anpassen konnte und von dieser Veränderung profitiert hat. Man kann sich aber auch vorstellen, dass sich der Mensch ganz nach dem Prinzip der adaptiven Radiation an mehreren Orten gleichzeitig entwickelt hat, wobei die Besonderheiten der verfügbaren Nahrungsqualität in den verschiedenen Lebensräumen die Entwicklung unterschiedlich beeinflusst haben können. Waren alle essenziellen Mikronährstoffe, neben der erforderlichen Energie, in ausreichendem Masse vorhanden, so war es gleichgültig, aus welchen Nahrungsquellen diese entstammten. Das heißt, die unterschiedlichen Habitate müssen nicht zwingend das gleiche Nahrungsspektrum bereitgestellt haben, um eine adaptive Radiation zu ermöglichen.

Einige »Anpassungen« an die Sicherung der Mikronährstoffversorgung lassen sich gerade bei den kritischen Mikronährstoffen erkennen.

2.2.2 Kritische Mikronährstoffe

> **kritische Mikronährstoffe**
>
> Mikronährstoffe, deren ausreichende Verfügbarkeit nicht sichergestellt ist; vor allem solche, die nur in wenigen Nahrungsmitteln in ausreichender Menge vorkommen (◘ Tab. 2.3)

◻ Tab. 2.3 Mikronährstoffe, die in nur wenigen Lebensmitteln in größerer Menge vorkommen. Von den Lebensmitteln muss daher nur eine recht geringe Menge (eine übliche Portionsgröße) verzehrt werden, um den täglichen Bedarf an dem betreffenden Mikronährstoff zu decken

Mikronährstoff	Lebensmittel	Menge des Lebensmittels, die aufgenommen werden muss, um die empfohlene Tagesdosis (Erwachsener) zu decken (g)	In der angegebenen Menge enthaltener Anteil an der empfohlenen Tagesdosis (Erwachsener) (%)
Vitamin A	Leber	10–25	>100
Vitamin D	Seefisch	50–100, je nach Fettgehalt	>100
Vitamin B_{12}	Leber Seefisch	100	>100
Eisen	Leber Muskelfleisch	100 200–500	100 15–50
Jod	Seefisch	100	100–200
Zink	Leber Keimlinge Nüsse	100 100 100	100 >100 100

Für den Menschen kritische Mikronährstoffe sind in erster Linie Vitamin D und Vitamin B_{12}. Andere Mikronährstoffe sind dagegen scheinbar im Überfluss vorhanden, manche werden jedoch aus pflanzlichen Lebensmitteln schlecht aufgenommen (Eisen, Zink, Folsäure), oder sie müssen aus pflanzlichen Quellen umgewandelt werden (Provitamin A) und können daher ebenfalls als kritisch gelten. Jod ist ein Sonderfall, da die Konzentration in Lebensmitteln regional schwanken kann. Die Versorgung mit wiederum anderen Mikronährstoffe unterliegt saisonalen Schwankungen (Vitamin C, Vitamin E) oder die Mikronährstoffe müssen wegen kurzer Halbwertszeiten mit großer Regelmäßigkeit aufgenommen werden (z. B. Niacin, Vitamin C).

Die Angaben der Empfehlung beziehen sich auf den modernen Menschen. Für unsere Vorfahren ist anzunehmen, dass diese aufgrund ihrer geringeren Körpergröße weniger des jeweiligen Mikronährstoffs benötigt haben.

Der Mensch hat sich seit seiner »vormenschlichen« Existenz als reiner Frugivore im Verlauf der Jahrmillionen dauernden Entwicklung langsam an ein breiteres Nahrungsangebot angepasst und sich zu einem Omnivoren entwickelt. Dies verdankt er der hohen Variabilität seiner Gene, die eine solche Anpassung im Zuge der natürlichen Selektion ermöglichte. Dazu gehört auch, dass sich im Verlauf der Evolution des Menschen für genau die kritischen Nährstoffe alternative Quellen oder auch andere Mechanismen etabliert haben, die die Versorgung auch in Zeiten knapper Zufuhr aus der primären Quelle sicherstellten (◻ Tab. 2.4).

Die Speicherung wichtiger Mikronährstoffe ist wie die Energiespeicherung die einfachste Lösung, eine kontinuierliche Versorgung sicherzustellen, und im gesamten Tierreich weit verbreitet. Zusätzliche Quellen bedeuten eine weitere Sicherheit und am Ende steht, als seltene Ausnahme, die Synthese durch den Körper selbst. Alle anderen Mikronährstoffe können entweder gar nicht oder nur für kurze Zeit gespeichert werden. An sie ist allerdings auch leichter heranzukommen, da die meisten in Wurzeln, Blüten und Früchten vorkommen.

Tab. 2.4 Mikronährstoffe, die nur in wenigen und nicht beliebig zugänglichen Quellen vorhanden sind, und ihre alternative Bereitstellung

Mikronährstoff	Primäre Quelle	Alternative Bereitstellung
Vitamin D	Fisch	Synthese in der Haut
Vitamin A	Leber	Speicherung über 6–12 Monate (Provitamin A)
Niacin	Fleisch, einige Pflanzen	kann teilweise durch Tryptophan ersetzt werden
Vitamin B_{12}	Leber	Speicherung über 1–3 Jahre
Eisen	Fleisch	Speicherung über Wochen
Jod	Seefisch, Wasser	Speicherung über Wochen

Die Dauer der Speicherung kann stark davon abhängen, wie viel und wie schnell das einzelne Individuum unter den gegebenen Bedingungen von den unterschiedlichen gespeicherten Mikronährstoffen verbraucht, das heißt, welchen Bedarf es hat. Über den individuellen Bedarf wissen wir allerdings wenig. Er schwankt durch eine individuelle genetische Variabilität des Verbrauchs im Stoffwechsel und wird außerdem bestimmt durch Alter, Geschlecht, Gesundheitszustand, Körpermasse und die täglich verbrauchte Menge an Energie. Vor allem die genetische Ausstattung des Individuums hat einen Einfluss darauf, welche Mengen an Mikronährstoffen benötigt werden, damit seine Enzyme ihre Funktion im Stoffwechsel optimal erfüllen können. Zwischen den Individuen einer Population gibt es kleinste genetische Unterschiede (Polymorphismen), die sich wiederum auch auf die Ausprägung von Merkmalen niederschlagen, also eine Vielfalt von Phänotypen, bedingen können. Von diesen Polymorphismen können einige auch die Aufnahme und den Bedarf an Mikronährstoffen betreffen und genau diese Polymorphismen sind es dann, die es Individuen einer Art erlauben, sich an ein verändertes Angebot an einem oder mehreren Mikronährstoffen anzupassen oder eben auch nicht.

Polymorphismus

Obgleich der genetische Code bei allen Menschen gleich ist und wir alle die gleichen Gene besitzen, können unsere Gene in verschiedenen Varianten vorkommen und morphologische Unterschiede zwischen einzelnen Individuen hervorrufen, die beispielsweise die Haarfarbe aber auch Stoffwechselvorgänge betreffen. Diese Varianten haben wir über Generationen von unseren Vorfahren geerbt, oder sie haben sich neu entwickelt.

Betrifft die Variation nur ein einzelnes Nucleotid in einem Gen, wird sie auch als Einzelnucleotidaustausch, kurz SNP (*single nucleotide polymorphism*), bezeichnet. Bisher sind mehr als 1 Mio. solcher SNPs bekannt und jeder von uns besitzt bis zu 50.000 von ihnen. In vielen Fällen bleibt der SNP ohne messbaren bzw. funktionellen Effekt. Liegt er jedoch in einer Region, in der die DNA für die Herstellung eines bestimmten Proteins abgelesen wird, also in einem Gen, dann wird möglicherweise eine falsche Aminosäure in das Protein eingebaut. Dadurch kann dessen Funktion verändert werden. Ist zum Beispiel ein Enzym betroffen, dann kann es vollkommen inaktiviert werden, seine Aktivität kann aber auch gesteigert oder mehr oder weniger gehemmt werden. Hat ein solches Enzym einen Cofaktor (z. B. ein Vitamin), der seine Funktion unterstützt, dann kann dies bedeuten, dass das Enzym weniger oder mehr von diesem Cofaktor benötigt, um ordnungsgemäß arbeiten zu können.

Ein solcher Polymorphismus kann demnach einen starken Einfluss auf den Stoffwechsel haben, wie wir am Beispiel der Folsäure noch sehen werden. Einige, aber sicher noch nicht alle SNPs, die den Bedarf an einzelnen Vitaminen (Vitamin C, Vitamin D, Vitamin K, Folsäure) erhöhen, sind in letzter Zeit beschrieben worden. Solange die Zufuhr an diesen Vitaminen so weit gesichert ist, dass auch der höhere Bedarf gedeckt wird, wird ein derartiger Polymorphismus ohne Konsequenzen bleiben. Ist jedoch die ausreichende Versorgung mit den jeweiligen Vitaminen nicht mehr gewährleistet, werden zunächst die Betroffenen mit dem erhöhten Bedarf einen mehr oder weniger ausgeprägten Mangel mit den entsprechenden Symptomen erleiden. Solange dies aber die Reproduktionsleistung und das Überleben nicht beeinträchtigt, wird es keine Konsequenzen für die Evolution haben.

Nun haben unsere Vorfahren ja immerhin viele Millionen Jahre in ihren Lebensräumen überlebt und sich auch erfolgreich fortgepflanzt. Ein schwerwiegendes Problem mit der Versorgung mit Mikronährstoffen scheinen sie also offensichtlich nicht gehabt zu haben. Und doch waren es gerade die Mikronährstoffe, die sowohl das Aussterben einzelner Linien als auch die rasante Entwicklung verursacht haben, welche letztlich zum modernen Menschen geführt hat.

2.2.3 Mikronährstoffe – Bedeutung für Überleben und Fortpflanzung

Überleben bedeutete zur Zeit unserer frühen Vorfahren einen täglichen Kampf mit Nahrungskonkurrenten um die verfügbare Nahrung oder die Flucht vor Raubtieren, da sie, anders als heute, nicht an der Spitze der Nahrungskette standen. Mikronährstoffe sorgen dafür, dass der Organismus gesund und fit ist, das heißt, dass er mit ausreichend Muskulatur und stabilem Skelett ausgestattet ist sowie Stresshormone bilden kann, die ihn zur Flucht oder zum Angriff bzw. zur Abwehr befähigen. Ist der Organismus jedoch krank bzw. geschwächt – ein typisches frühes Zeichen für einen Mangel an Mikronährstoffen –, so stirbt der Organismus an Unterernährung, an Krankheiten oder er wird eben ein leichtes Opfer für die in der Nahrungskette über ihm stehenden Spezies.

Immunsystem Eine wichtige Voraussetzung für das Überleben ist ein gut funktionierendes Immunsystem, das vor verschiedenen Krankheiten schützen kann. Zwar hält sich allgemein die Vorstellung, dass die beste Unterstützung für das Immunsystem eine ausreichende Zufuhr von Vitamin C sei, einen viel größeren Einfluss haben allerdings Vitamin A und Vitamin D. Beide Vitamine aktivieren als Liganden nukleäre Rezeptoren (Kernrezeptoren). Die Vitamine gelangen in die Zelle, binden an ihren jeweiligen Rezeptor, der in den Kern transportiert wird und wiederum an spezielle Genabschnitte auf der DNA bindet. Über diese Bindung an die DNA wird das Ablesen einer Erbinformation initiiert und schließlich ein neues Protein mit spezieller Funktion hergestellt. Solche Proteine können als Botenstoffe wirken, indem sie die Bildung von Immunzellen anregen bzw. diese Immunzellen für die Abwehr von Eindringlingen vorbereiten. Bemerkenswert dabei ist, dass beide Vitamine über ihre nukleären Rezeptoren, von denen es eine Vielzahl unterschiedlicher Art gibt, oft gleichzeitig ihre Wirkung entfalten. Nur in wenigen Fällen agieren Vitamin D oder auch Vitamin A alleine am Rezeptor. Beide Liganden müssen ihre nukleären Rezeptoren aktivieren, die dann gemeinsam an den abzulesenden Genabschnitt binden. Diese Form der Genregulation findet sich besonders häufig bei Komponenten des Immunsystems.

◘ Tab. 2.5   Faktoren des Immunsystems und ihre Regulation durch Vitamin A und Vitamin D

Betroffene Komponenten des Immunsystems	Wirkung der Vitamine		
Monocyten/Makrophagen	Synthese↑ von: Interleukin 1 Cathelicidin Vitamin-D-Rezeptor Cytochrom P450	–	–
Dendritische Zellen	Synthese↑ von: Interleukin 10	Synthese↓ von: Interleukin 12	Reifung↓ MHC-II-Expression↓
T-Lymphocyten	Synthese↑ von: Interleukin 10	Synthese↓ von: Interleukin 2 Interleukin 17	Cytotoxizität↓ Proliferation↓ CD4:CD8-Verhältnis↓ wird gesenkt
B-Lymphocyten	–	Synthese↓ von: IgM und IgG	Cytotoxizität↓ Proliferation↓

Die aktiven Metaboliten von Vitamin A (all-*trans*- und 9-*cis*-Retinsäure) sowie von Vitamin D (1,25(OH)2D$_3$) regulieren als Liganden ihrer Kernrezeptoren gemeinsam die Bildung wichtiger Faktoren des Immunsystems (◘ Tab. 2.5).

Diese gestufte und in vielen Schritten regulierte Wirkung der beiden Vitamin auf das Immunsystem sichert vor allem die adäquate Antwort auf neu aufgenommene Antigene und schützt auch vor Autoimmunerkrankungen, also Krankheiten, die durch einen fehlgeleiteten Angriff des Immunsystems auf körpereigene Zellen verursacht werden.

Es gibt eine Vielzahl von Studien, die zeigen, dass eine unzureichende Versorgung mit Vitamin D oder A die Infektanfälligkeit vor allem der Atemwege erhöht, was unter anderem einer der wesentlichen Gründe für die hohe Kindersterblichkeit in Mangelgebieten ist.

Schleimhäute von Atemwegen und Darm   Von besonderer Bedeutung ist die Rolle der Vitamine und einiger Spurenelemente in den Schleimhäuten der Atemwege und des Darms. Diese stellen wichtige Barrieren dar, die verhindern müssen, dass Bakterien durch sie hindurchwandern und so in den Organismus gelangen können. Hier sind es wieder Vitamin A und Vitamin D, aber auch Vitamin E, Selen und Kupfer, die diese Barriere stabilisieren.

Dass auch andere Vitamine, die in den Schleimhäuten vorkommen, auf originelle Art eine Rolle bei der Abwehr von Bakterien spielen, konnte kürzlich gezeigt werden (Kjer-Nielsen et al. 2012). Wenn eingedrungene Bakterien in der Schleimhaut dort vorhandene Vitamine (Vitamin B$_2$ und Folsäure) metabolisieren, entstehen Abbauprodukte, die wiederum als Liganden, ganz wie Antigene, eine Klasse von Immunzellen aktivieren, die sogenannten MAIT (*mucosa associated invariant T-cells*), die diese Bakterien dann auf verschiedenen Wegen abwehren.

Letztendlich ist das dauerhafte Fehlen eines essenziellen Mikronährstoffs ein Zustand, der die Überlebenswahrscheinlichkeit einer Spezies deutlich verschlechtert, wenn nicht gar eine dauerhafte Existenz unmöglich macht. Dabei kann die Unterversorgung der Organismen lange verborgen bleiben und wird auch als »verborgener Hunger« bezeichnet, da die Symptome eher unspezifisch sind, ein Mangel an Mikronährstoffen kann das Überleben aber dennoch ernsthaft bedrohen, auch wenn er sich nicht unbedingt in einem typisch klinischen Bild zeigt (◘ Tab. 2.6).

☐ Tab. 2.6 Beispiele für Mikronährstoffe, deren unzureichende Versorgung die Überlebenswahrscheinlichkeit von Menschen, insbesondere aber von Kindern, verschlechtern kann

Mikronährstoff	Unspezifische Wirkung[a]	Folgen einer Unterversorgung
Vitamin A	Störung des Immunsystems Störung der Schleimhautbarriere, besonders in der Lunge	Infektanfälligkeit (z. B. Masern) Atemwegserkrankungen, besonders bei Kindern
Vitamin D	Knochen- und Muskelschmerzen eingeschränkte Mobilität bei Erwachsenen Störung des Immunsystems	Infektanfälligkeit besonders Tuberkulose
Vitamin B_{12}	Diffuse Gangstörungen Lähmungserscheinungen	Gestörte Beweglichkeit
Eisen	Störung des Immunsystems	Erhöhte Infektanfälligkeit erhöhte Sterblichkeit
Zink	Störung des Immunsystems	Erhöhte Infektanfälligkeit häufige Durchfälle

[a]Wirkung, die sich nicht als typisches klinisches Zeichen des jeweiligen Mangels zu erkennen gibt; man spricht deshalb auch von verborgener Wirkung bzw. verborgenem Hunger

Unsere Vorfahren hatten jedoch weder Kenntnis von Mikronährstoffen, noch konnten sie eine Unterversorgung als solche wahrnehmen oder mit einem fehlenden Stoff in Verbindung bringen. Zudem müssen wir die Lebensbedingungen unserer Vorfahren berücksichtigen. Beispielsweise hatte ein verminderter Aktionsradius infolge einer eingeschränkten Mobilität, die durch eine Mangelversorgung hervorgerufen wurde, einen erheblichen Einfluss auf die Überlebenswahrscheinlichkeit. Im Lebensraum konnte nicht mehr ausreichend Nahrung gesammelt werden, was wiederum das Defizit verstärkte und die Unterversorgten auch rasch zum Opfer von Räubern werden ließ. Lebt also eine ganze Population innerhalb eines Habitats, in dem ein Mikronährstoff fehlt oder nur selten verfügbar ist, so hat dies Konsequenzen für die gesamte Population. Dabei muss kein ausgeprägter Mangel bestehen, es reicht bereits eine Unterversorgung über längere Zeit.

Grundsätzlich beeinflusst jedes Defizit an Mikronährstoffen die Körperfunktion – seien es die wasserlöslichen Vitamine, die für den Energiestoffwechsel von besonderer Bedeutung sind, Mikronährstoffe, die direkt oder indirekt für die antioxidative Abwehr wichtig sind und damit auch für die Regulation der Immunantwort, oder solche, die für die Muskelfunktion Bedeutung haben. Und die Körperfunktion wirkt sich wiederum auf den Gesundheitszustand und die Überlebenswahrscheinlichkeit aus. Letztlich aber entscheidet für das Überleben einer Art aber die Fähigkeit zur Fortpflanzung und damit zum Erhalt einer Populationsdichte, die den Mindestanforderungen genügt.

2.3 Nährstoffe mit Einfluss auf die Reproduktionsrate

Eine ausreichende Versorgung mit Makro- und Mikronährstoffen ist eine wichtige Grundlage für die Reproduktion einer Art. Eine zu geringe Fortpflanzungsrate, egal auf welche Ursache sie zurückgeht, führt mittelfristig zum Aussterben der Spezies. Dies hängt jedoch nicht nur

2

☐ **Tab. 2.7**   Funktion von Makronährstoffen und Folgen ihres Mangels für die Entwicklung des menschlichen Fetus

Makronährstoff	Funktion im fetalen Organismus	Folgen eines Mangels
Kohlenhydrate	Wichtigste Energiequelle alleinige Energiequelle für rote Blutkörperchen wichtig für die Synthese vieler Hormone und Enzyme	Wachstumsstörung neurologische Schäden Anämie intestinale Motilitätsstörung
Fett (besonders ungesättigte Fettsäuren)[a]	Energiequelle für viele Organe Grundlage für die Entwicklung des visuellen Systems und des Gehirns Transmitterfunktion	Wachstumsstörung fetaler Organe, besonders des Gehirns Störungen des Membranaufbaus
Protein[b]	wichtig für den Aufbau von Organen und des Immunsystems Synthese von Hormonen, Neurotransmittern usw	Wachstumsstörung neurologische Schäden Fehlfunktion von Organen

[a]Im unreifen fetalen Organismus können, anders als bei einem Kind, viele ungesättigte Fettsäuren in nur sehr begrenztem Maß aus den verfügbaren Vorstufen gebildet werden
[b]Für einen Erwachsenen sind nur zwei Aminosäuren essenziell: Threonin und Lysin. Für Säuglinge und Neugeborene sind es sechs: Histidin, Lysin, Phenylalanin, Tryptophan, Methionin, Threonin. Für den Fetus sind es dagegen neun: Histidin, Isoleucin, Leucin, Lysin, Methionin, Phenylalanin, Threonin, Tryptophan und Valin

---

von der Fertilität (Fruchtbarkeit) der Individuen ab, sondern auch davon, ob die Mütter und Neugeborenen überleben.

2.3.1 Makronährstoffe

Ein zugegebenermaßen schwer vorstellbarer völliger Verzicht auf einen Makronährstoff hat gravierende Konsequenzen für die Entwicklung des Kindes im Mutterleib (☐ Tab. 2.7), aber auch für die werdende Mutter selbst. Solche Defizite könnten entstehen, wenn durch ausgeprägte klimatische Veränderungen oder plötzliches Auftreten von Nahrungskonkurrenten eine wesentliche Nahrungsquelle, wie für unsere sehr frühen Urahnen z.B. Früchte, nicht mehr verfügbar war.

Die Symptome einer Unterversorgung mit einem Makronährstoff betreffen in erster Linie das körperliche Wachstum und das Wachstum von einzelnen Organen. Auf die Fertilität hat die Unterversorgung mit einem einzelnen Makronährstoff, soweit bisher bekannt, keinen Einfluss. Vielmehr schränkt starkes Übergewicht ebenso wie Untergewicht die Fertilität ein. Die Symptome einer Unterversorgung mit einem Makronährstoff sind allerdings eher unspezifisch und können nicht direkt einem Makronährstoff zugeordnet werden. Hinzu kommt, dass Makronährstoffe als Träger der Mikronährstoffe die Schwangere und den Fetus versorgen. Es ist also nicht auszuschließen, dass bei Fehlen von Kohlehydraten oder Protein die damit ebenfalls fehlenden Vitamine den beobachteten Effekt auf die fetale Entwicklung erklären.

Mikronährstoff	Wirkung auf die...
Vitamin A	Spermienaktivität
Vitamin D	Stimulation der Sexualhormonbildung der Frau Reifung von Spermien
Vitamin E	Implantation
Vitamin B_{12}	Spermienentwicklung und Aktivität
Calcium	Implantation
Zink	Spermienentwicklung und Aktivität

◘ Tab. 2.8   Mikronährstoffe, die für die Erhaltung der Fertilität essenziell sind

2.3.2 Mikronährstoffe

Anders sieht die Situation bei den Mikronährstoffen aus. Hier kann das Fehlen eines einzelnen Mikronährstoffs aufgrund meist typischer klinischer Zeichen besser erfasst werden. Die Auswirkungen eines Mikronährstoffdefizits auf die Reproduktion sind folglich auch weitaus besser untersucht. Eine unzureichende Versorgung wirkt sich sowohl direkt auf die Fertilität aus (◘ Tab. 2.8) als auch auf die kindliche Entwicklung (◘ Tab. 2.9).

Nun wirkt sich ein Defizit, wie die Erfahrung aus Ländern, in denen eine Unterversorgung die Regel ist, bestätigt, offenbar nicht so stark auf die Fortpflanzung aus, dass diese vollkommen unterbunden würde. Zur Zeit unserer Urahnen, die eine geringe Populationsdichte aufwiesen, konnte ein Rückgang der Fertilität aber durchaus den Bestand der Art gefährden.

Die unterschiedlichen Störungen der fetalen Entwicklung als Folge einer unzureichenden Aufnahme von Mikronährstoffen (◘ Tab. 2.9) machen deutlich, dass eine qualitativ minderwertige Nahrung für das Überleben einer Spezies ein hohes Risiko darstellt. Die Mangelernährung der Mutter hat für das sich entwickelnde Kind Folgen. Häufig werden betroffene Kinder, wenn sie überhaupt im Mutterleib überleben, untergewichtig geboren, wodurch sich ihre Überlebenschancen verringern, oder aber sie bleiben schwach, was ebenfalls unter den Bedingungen unserer Vorfahren nicht sehr günstig war.

Eine nachhaltige Störung der Fertilität und auch der Entwicklung des Kindes dürften eine Population jedoch erst dann gefährden, wenn in der Nahrung einer oder mehrere Mikronährstoffe über lange Zeit nicht mehr vorkommen. Wenn es darum geht, das Überleben einer Art innerhalb eines Lebensraums zu erklären, kann die Verfügbarkeit von Mikronährstoffen allerdings eine wesentliche Rolle spielen und ein Fehlen kann einen erheblichen Selektionsdruck bewirken.

Wir wissen noch viel zu wenig über einzelne Mikronährstoffe, um sicher sagen zu können, wie stark die Wirkung auf die Überlebenswahrscheinlichkeit und die Reproduktionsrate ist. In beiden Fällen ist, je nach Ausmaß, der Fortbestand der Art besonders dann gefährdet, wenn kleine Populationen von dem Mangel betroffen sind. Können sich jedoch einzelne Individuen durch ihre besondere genetische Ausstattung an eine veränderte Verfügbarkeit von einem oder mehreren Mikronährstoffen im Habitat anpassen und bleiben von den Folgen einer Mangelsituation verschont, dann werden diese selektiert und sie geben ihre Merkmale vermehrt an Nachkommen weiter. Durch die Adaptation an eine nutritive Nische entsteht dann wieder für längere Zeit ein stabiler, an das Habitat angepasster Phänotyp.

◘ Tab. 2.9 Vorkommen und Bedeutung von Mikronährstoffen für eine gesunde Entwicklung des Fetus und Folgen eines Mangels an Mikronährstoffen für die Gesundheit der Mutter und die Entwicklung des menschlichen Fetus. (Nach: Ashworth and Antipatis 2001; Wu et al. 2012)

Mikro-nährstoff	Hauptquelle	Funktion im Orga-nismus	Vorgänge, die ein Mangel negativ beeinflusst	Folgen eines Mangels
Mineral				
Calcium	Knochen Eier	Knochenaufbau Signalmolekül	Implantation Plazentabildung	Frühgeburt
Kupfer	Fleisch[a]	Cofaktor für viele Enzyme	Fetaler Energie-stoffwechsel in Mitochondrien fetales Wachstum	gestörte körperli-che Entwicklung
Jod	Seefische Meeresfrüchte	Cofaktor der Schild-drüsenhormone	Entwicklung des fetalen zentralen Nervensystems	Kretinismus angeborene Taubheit
Eisen	Fleisch Leguminosen	Sauerstofftransport Energiestoffwechsel	Fetaler Blutbildung	Frühgeburt höhere Mütter-sterblichkeit
Magnesium	Fleisch	Cofaktor für Protein- und Glucosestoff-wechsel	Fetaler Energiebil-dung in Erythro-cyten	Frühgeburt
Zink	Fleisch Leguminosen	Immunsystem Cofaktor für viele Enzyme	Fetale Organent-wicklung und Wachstum	Wachstumsstö-rung Störung der Immunfunktion
Kalium Natrium	Fleisch Eier manche Pflan-zen und Wurzeln	Zelluläre und extra-zelluläre Salz-Was-ser-Homöostase	Fetales Wachstum und Organfunk-tionen	Wachstumsstö-rung Frühgeburt
Vitamin				
Vitamin A	Fleisch Eier	Expression von Genen, die Steroid-hormone codieren Immunfunktion	Fetale Organ-bildung und Wachstum fetale Morphoge-nese und Hirnent-wicklung	Gestörte Immun-funktion Missbildungen gestörte Lungen-reife
Folsäure	Pflanzen Fleisch	DNA-Synthese DNA-Methylierung	Bildung des Neu-ralrohrs fetale Blutbildung	Neuralrohrdefekt Spaltbildungen
Vitamin B$_1$	Fleisch Sprossen	Glucosestoffwechsel Proteinstoffwechsel	Fetaler und mütter-licher Energiestoff-wechsel fetales Nerven-system	Neurologische Entwicklungsstö-rung Wachstumsstö-rung
Vitamin B$_2$	Fleisch Leguminosen Eier	Redoxstoffwechsel	Fetales Wachstum	Wachstumsstö-rung

◧ Tab. 2.9   Fortsetzung

Mikro-nährstoff	Hauptquelle	Funktion im Organismus	Vorgänge, die ein Mangel negativ beeinflusst	Folgen eines Mangels
Vitamin				
Niacin	Fleisch manche Pflanzen	Redoxstoffwechsel Proteinstoffwechsel	Fetales Wachstum	Wachstumsstörung
Pantothensäure	Fleisch Pflanzen Sprossen	Fettsäuresynthese Steroidhormonsynthese	Fetales Wachstum	Wachstumsstörung
Vitamin C	Früchte Pflanzen	Proteinstoffwechsel Neurotransmitterstoffwechsel Antioxidans	Fetale Bindegewebebildung fetales Immunsystem	Bindegewebsschwäche Störung des Immunsystems
Vitamin D	Fetter Seefisch Synthese in der Haut	Expression von Genen, die Steroidhormone codieren Immunfunktion	Fetales Wachstum fetale Hirnentwicklung	Wachstumsstörung
Vitamin E	Früchte Sprossen	Membranbestandteil Antioxidans	Implantation Stabilität der fetalen Erythrocyten	Fetale Anämie

[a]das ganze Tier wird verzehrt

Literatur

Ashworth C, Antipatis C (2001) Micronutrient programming of development throughout gestation. Reproduction 122:527–535

Deutsche Gesellschaft für Ernährung (2014) Referenzwerte für die Nährstoffzufuhr, 5. Aufl. Umschau, Neustadt Weinstraße

Institute of Medicine of the National Academies, Food and Nutrition board (2012) Dietary reference intakes (DRIs): estimated average requirement (EAR). National Academic Press, Washington, DC

Kjer-Nielsen L et al (2012) MR1 presents microbial vitamin B metabolites to MAIT. Nature 491:717–721

Wu G et al (2012) Biological mechanism for nutritional regulation of maternal health and fetal development. Ped Perinat Epid 26:4–26

Nutritive Nischen und Nischenkonstruktionen

H. K. Biesalski, *Mikronährstoffe als Motor der Evolution*,
DOI 10.1007/978-3-642-55397-4_3, © Springer-Verlag Berlin Heidelberg 2015

3

Die Metabolisierung von Energie zum Erhalt der Körperfunktionen ist bei vielen Lebewesen ähnlich und genetisch fixiert. Hier hat die Evolution ein bewährtes Prinzip konserviert und es finden sich erstaunliche Ähnlichkeiten zwischen sehr einfachen und hoch komplexen Organismen. Dies gilt ganz besonders für die Umwandlung der in der Nahrung enthaltenen Energie in Energieformen (Adenosintriphosphat, ATP), damit diese Energie in Stoffwechselprozessen genutzt werden kann. Steht einem Lebewesen über längere Zeit keine oder für seine Aktivität zu wenig Energie zur Verfügung, so wird es Körpersubstanz abbauen und schließlich sterben. Ähnlich verhält es sich mit der Versorgung mit Mikronährstoffen, die ein Lebewesen in unterschiedlicher Zahl und Menge braucht. Fehlen einer oder mehrere, so kann dies kurzfristig kompensiert werden, langfristig werden die betroffenen Individuen oder sogar die ganze Art aussterben. Warum aber hat der Mensch, der in seiner Entwicklung immer wieder mit einem Mangel an einem oder mehreren Mikronährstoffen in seiner Nahrung konfrontiert wurde, überlebt und sich sogar weiterentwickelt?

Lebende Organismen erfüllen zwei Aufgaben innerhalb der Evolution: Sie verfügen über Gene und sie überleben und reproduzieren sich durch natürliche Selektion oder durch Zufall innerhalb ihrer Umwelt. Organismen interagieren aber auch mit ihrer Umwelt, indem sie Ressourcen entnehmen, diese Ressourcen, sofern es Nahrung ist, durch den Verdauungsprozess verändern und wieder dem Habitat zuführen, das Habitat unter Berücksichtigung der Umweltbedingungen auswählen, Lebensräume gestalten (Nestbau, Bau von Höhlen usw.) und letztlich darin sterben und so auch wieder das Habitat gestalten. Damit aber beeinflussen Organismen Prozesse der natürlichen Selektion in ihrem aber auch in anderen Habitaten. Dieser Vorgang wird als Nischenkonstruktion bezeichnet. Nie ist dies deutlicher geworden als heute, wenn man sich den Einfluss des Menschen auf die Umwelt ansieht. Der Verlust an Biodiversität hat unweigerlich Einfluss auf die Arten, die in betroffenen Habitaten leben.

Der Mensch verfügt über eine schier unglaubliche Anpassungsfähigkeit an nahezu alle Lebensräume auf der Erde wie marine Ökosysteme, Wüsten, Savannen, Wälder, Tundra und Taiga. Dank seiner sozialen und kulturellen Fähigkeiten sowie seiner genetischen und epigenetischen Variabilität ist es ihm möglich geworden, durch entsprechende Nischenkonstruktionen in zahlreichen ökologischen Nischen zu überleben.

Die Zusammensetzung der Nahrung beeinflusst die körperliche Entwicklung eines Individuums, seine Überlebenswahrscheinlichkeit, die sozialen Beziehungen und die Möglichkeiten zur Anpassung an sich ändernde Umweltbedingungen grundlegend.

Bildung nutritiver Nischen   Verschiedene Ursachen können zur Bildung nutritiver Nischen führen. Das Klima kann dazu beitragen, dass Pflanzen nicht mehr ausreichend wachsen, die zur Nahrungsgrundlage einer Spezies gehören, bzw. die Konzentration eines essenziellen Mikronährstoffs innerhalb der Pflanze ändert sich. Weitere Ursache können Nahrungspräferenzen der Spezies sein, die sich im Zuge ihrer Entwicklung verändern. Solche Präferenzen, die entweder über den Geschmack, aber auch über den Geruchs- oder den visuellen Sinn gehen, können dazu führen, dass das Nahrungsspektrum gewechselt wird und damit eine nutritive Nische bzw. eine Nischenkonstruktion entsteht. Nicht zuletzt kann eine nutritive Nische auch innerhalb einer Spezies entstehen, indem beispielsweise ein bis dato nichtessenzieller Wirkstoff plötzlich dadurch essenziell wird, dass sich die Enzymausstattung oder der Stoffwechsel durch Mutationen verändern.

> **Definition**
>
> **ökologische Nische:** Gesamtheit aller natürlichen Faktoren, die einen Selektionsdruck auf eine Population ausüben
>
> **nutritive Nische:** Gesamtheit aller Faktoren, die die Verfügbarkeit, die Aufnahme, die Verwertung und die Vollständigkeit (Energie und essenzielle Stoffe) von Nahrung betreffen und einen Selektionsdruck auf eine Population ausüben können

Reaktion einer Spezies auf ein verändertes Angebot an Mikronährstoffen Eine Art kann sich dadurch an ein verändertes Angebot an Mikronährstoffen anpassen, wenn bereits genetische Eigenschaften (z. B. Polymorphismen) existieren, die zum Beispiel den fehlenden Mikronährstoff kompensieren können. Des Weiteren kann eine Art, wenn es sich um einen Effekt handelt, der von ihr als krankhaft und damit als bedrohlich wahrgenommen wird (z. B. Skorbut oder Rachitis), aus dem Habitat auswandern. Eine solche Auswanderung kann wiederum dazu führen, dass es zu Vermischung mit anderen Populationen kommt, die über adäquate Kompensationsmechanismen (genetisch oder auch nicht genetisch) verfügen und auf diese Weise das Überleben gesichert werden kann.

Nischenkonstruktion Verändert sich eine Nische (kurzfristig, saisonal oder langfristig, z. B. durch Klimaänderungen), kann es zu einer kompensatorischen oder adaptiven Anpassung in Form einer Nischenkonstruktion kommen. Dabei kann die Anpassung einerseits vom Individuum ausgehen, das die Umweltbedingungen aktiv verändert (spezieller Bau von Unterkünften, Nahrungsspeicher, Werkzeug usw.), oder aber es finden sich innerhalb der Spezies Individuen, die durch entsprechende Mutationen (spezielle Sinneswahrnehmung von Nahrung, optimierte Verdauung, Entgiftung von Nahrung u. a.) der Nische besser angepasst sind und damit einen Selektionsdruck erfahren. Die Nischenkonstruktion kann zur Verbesserung der Lebenssituation im Habitat führen, wie auch zur Bildung eines neuen, besser angepassten Phänotyps. Wenn also Organismen ihr Habitat aktiv modifizieren und damit die verfügbaren Nahrungsressourcen und deren Verwertung beeinflussen, dann kann sich dies auf den Selektionsdruck auf die eigene wie auch auf andere Arten auswirken. Eine Nischenkonstruktion wird jedoch nur dann zu einer dauerhaften Selektion einer Spezies führen, wenn die selektierten Individuen auch überleben und sich ausreichend reproduzieren.

Neben den Mutationen, die zu einer nachhaltigen Veränderung führen, kann eine Nischenkonstruktion auch auf epigenetischer Ebene, also durch eine reversible Modifikation der DNA-Struktur, erfolgen. Solche epigenetischen Modifikationen können durch Umweltfaktoren aber auch durch Ernährung, beispielsweise Methylgruppenüberträger (Folsäure, Vitamin B_{12}) beeinflusst werden. Sie können dann nachhaltig werden, wenn dadurch ein eindeutiger Vorteil für die Art entsteht.

Je instabiler die Nische oder je plötzlicher und umfassender die Veränderung, desto mehr muss ein Organismus zur Adaptation befähigt sein, um überleben zu können. Ist er das nicht, beispielsweise weil (epi-)genetische Veränderungen bei einer Nischenveränderung nicht rasch genug erfolgen bzw. wieder verschwinden, oder die Nische kompensierende Mutationen nicht vorliegen, so kann dies zu chronischen Krankheiten bzw. einer negativen demografischen Entwicklung führen, bis die Population oder sogar die Art ausstirbt.

Der Organismus nutzt für diese Anpassungen sehr unterschiedliche Strategien und insbesondere die Mechanismen, die geeignet sind, um den Bedarf an essenziellen Nährstoffen zu decken, sind vielfältig. So wird eine kurzzeitige unzureichende Zufuhr in den meisten Fällen über Anpassungen des Stoffwechsels, die die Versorgung und damit die Funktion sicherstellen, abgefangen. Dies geschieht beispielsweise kurzfristig durch eine Reduktion des Verbrauchs, eine Umverteilung zwischen verschiedenen Geweben oder auch durch eine vorübergehende Umstellung auf einen anderen Nährstoff innerhalb eines metabolischen Netzwerks. Der Organismus sichert sich also eine, so weit möglich, optimale Funktion auch bei nichtoptimaler Zufuhr der betreffenden Nährstoffe. Kurz andauernde Veränderungen der Umwelt können aber auch durch Veränderungen des Verhaltens (z. B. die Wahl anderer, bisher eher verschmähter Nahrung) oder der physiologischen Reaktion (Steigerung der Bioverfügbarkeit bei einem De-

---

Definition

Adaptation: dauerhafte genetische Anpassung an veränderte Umweltbedingungen

Akklimatisierung: individuelle Anpassung auf der Grundlage der genetischen Möglichkeiten, die zu dauerhafter Anpassung führen kann; beispielsweise die vorübergehende Zunahme der Zahl der roten Blutkörperchen in großer Höhe, die bei Gruppen, die in dieser Höhe leben, vererbt wird

Homöostase: Aufrechterhaltung des Gleichgewichtszustands in einem offenen dynamischen System

---

fizit – z. B. Vitamin A, Eisen u. a.) kompensiert werden.

Die Nischenkonstruktion ist ein wesentlicher Faktor der Evolution. Sie beschreibt die Anpassung einer Spezies an eine Nische, die auch als eigenständiger Faktor der Evolution neben der natürlichen Selektion verstanden werden kann. Diese Anpassung kann auch aktiv durch die Spezies erfolgen und damit Teil des Selektionsmaterials für die eigene Evolution sein. Ein solcher Vorgang wird auch als Coevolution (z. B. Gen-Kultur-Coevolution) bezeichnet. Ein Beispiel dafür ist die Etablierung der Milchwirtschaft und die sich dadurch verbreitende Lactosetoleranz. Indem der Mensch Vieh züchtete, hatte er Zugang zu Milch, die der Erwachsene eigentlich nicht verträgt, da das dafür notwendige Enzym in der Jugend abgeschaltet wird. Die Tatsache, dass einige wenige Individuen auch in höherem Alter über ein funktionelles Enzym verfügten und Milch vertrugen, hat zur natürlichen Selektion eines milchvertragenden Typs geführt (siehe auch ▶ Abschn. 12.3).

Letztlich hängt aber das Überleben einer Art davon ab, ob es ihren Vertretern gelingt, sich einer solchen Nische dauerhaft anzupassen – entweder durch Kompensation des in zu geringer Menge vorhandenen Mikronährstoffs oder durch einen Vorteil gegenüber anderen Individuen beim Auffinden dieses Mikronährstoffs. Dabei kann eine Art auch das Wachstum der kritischen Nahrung beeinflussen, indem beispielsweise Samen bestimmter Pflanzen stärker verbreitet werden, oder aber es bilden sich neue soziale Gefüge, die die Versorgung mit Nährstoffen verbessern.

Für solche Nischenkonstruktionen gibt es Beispiele aus der frühen Zeit unserer Vorfahren, die bis heute für uns von Bedeutung sind. Begonnen hat all dies in einem über viele Millionen Jahre stabilen Habitat, dem Regenwald.

3.1   Leben und ernähren im Regenwald

In den klima- und damit habitatstabilen Regenwäldern unserer sehr frühen Vorfahren haben sich Arten entwickelt, deren Mikronährstoffversorgung offensichtlich über lange Zeit ausreichend war. Die Arten haben sich durch natürliche Selektion optimal an das Habitat angepasst. Die Nahrung aus süßen Früchten einschließlich ihrer Samen sicherte die Versorgung mit Provitamin A, Vitamin C und Vitamin E (besonders in Samen). Blätter lieferten die wichtige Folsäure und verschiedenen B-Vitamine, Insekten waren wichtige Quellen für Eisen und Zink. Dies darf aber nicht darüber hinwegtäuschen, dass die Versorgung mit einzelnen Mikronährstoffen immer wieder auch einmal kritisch knapp werden konnte.

3.1.1 Der Regenwald und seine Bewohner

Vor 145–65 Mio. Jahren, in der Kreidezeit, dem geologischen Erdmittelalter, in dem auch die Dinosaurier lebten, verbreitete sich eine neue Klasse von Samenpflanzen, die Angiospermen (Bedecktsamer, Blütenpflanzen im engeren Sinne). Vor dieser Zeit dominierten die Gymnospermen (Nacktsamer, nichtblühende Pflanzen wie Koniferen, Palmen). Durch die rasante Entwicklung der Angiospermen stieg das Angebot an pflanzlicher Nahrung wie Blüten, Früchte, Samen, Nüsse und Nektar wie auch die Zahl von Insekten- und Vogelarten, die die Blüten bestäubten, die Samen verbreiteten und so zu einer weiteren Ausbreitung der unterschiedlichen Pflanzenarten beitrugen. Dadurch entwickelten sich neue und sehr vielfältige Nahrungsnischen. Eine solche Entwicklung war unseren frühen Vorfahren – kleinen Säugetieren, die wahrscheinlich in den Baumkronen lebten und einen diurnalen Rhythmus hatten, also in der Nacht schliefen und am Tag Nahrung sammelten – vermutlich sehr willkommen, denn sie ernährten sich von Insekten. Mit der Zeit erweiterten diese Insektivoren jedoch ihren Speiseplan und begannen, auch Blüten und süße Früchte zu verzehren, wobei sie die Früchte mithilfe ihrer spachtelartigen Schneidezähne schälten, um so an das wertvolle Fruchtfleisch und die darin liegenden Samen zu gelangen.

> **Definition**
>
> **Insektivoren:** Säugetiere, die sich von Insekten ernähren

Die meisten heute noch lebenden Insektivoren bewohnen den Waldboden wie zum Beispiel Igel und Spitzmaus

Richard G. Klein hat in seinem Buch *Menschliche Karriere* die Schritte bis zum Auftauchen des ersten Hominini, der Australopithecinen, als adaptive Radiation in mehreren Schritten beschrieben (◨ Abb. 3.1):

1. Eine initiale Ausbreitungswelle unserer frühen Vorfahren könnte vor 65–98 Mio. Jahren erfolgt sein, als sich in den Regenwäldern lebende Insektivoren (die Plesiadapiformes, ein ausgestorbenes Schwestertaxon der Primaten) entschlossen, neben Insekten auch Früchte, Blätter und andere pflanzliche Nahrung zu konsumieren. Ausschlaggebend könnte die Häufigkeit sein, mit der Insekten mittlerweile auf reifen Früchten anzutreffen waren. Aber auch die Insekten selbst waren eine gute und dauerhaft verfügbare Quelle für Vitamine und Mineralstoffe, die sie aus den Blüten und Früchten aufnahmen.
2. Eine zweite Ausbreitungswelle erfolgte vor 58–65 Mio. Jahren, in der sich Greifhände und Füße mit Nägeln statt der Klauen entwickelten, wie man sie bei Lemuren und Koboldmakis antrifft. Mit den Händen und Füßen war es möglich, gezielt nach Früchten zu greifen bzw. diese in den Baumwipfeln zu erreichen. Der Speiseplan wurde erweitert, indem nun neben den Insekten vermehrt energie- und mikronährstoffliefernde Früchte verfügbar

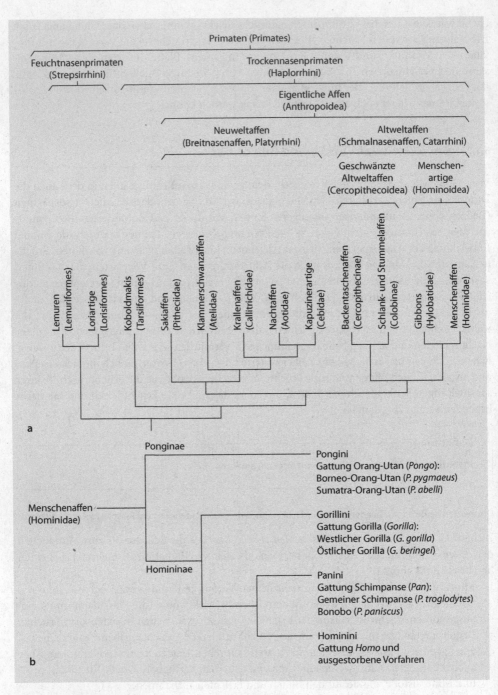

■ **Abb. 3.1**   **a** Stammbaum der Primaten. **b** Stammbaum der Menschenaffen mit ihren rezenten Vertretern. (Nach: Geissmann 2003)

waren und aufgrund des zunehmend angepassten Phänotyps auch vermehrt verzehrt wurden.

Vor 45 Mio. Jahren tauchten dann die ersten primitiven Primaten auf, die – so die Vorstellung der Wissenschaftler – mehr Früchte und weniger Insekten verzehrten und bei denen das visuelle System noch stärker entwickelt war, als bei ihren Vorgängern. Nun konnte gezielter nach Früchten und jungen Blättern gesucht werden, wodurch sich das Nahrungsspektrum vor allem hinsichtlich der Qualität veränderte.

3. Vor 20–30 Mio. Jahren fand dann eine weitere Ausbreitung statt. Höhere Primaten, die bereits Ähnlichkeiten mit den späteren Menschenaffen und Affen besaßen, entwickelten sich. Ihr Gebiss war für den Verzehr von Blättern als Hauptnahrungsquelle geeignet. Der reichliche Verzehr von Blättern und Pflanzen, wie er zum Beispiel auch für die heute existierenden Gorillas typisch ist, lieferte scheinbar eine große Menge an Energie, sodass der Körperbau zunehmend größer werden konnte. In diesem Zeitraum fanden weitere Anpassungen an Nischen statt, die im Folgenden noch erörtert werden.

4. Vor 15–17 Mio. Jahren schließlich tauchten durch die Aufspaltung der Menschenartigen (Hominoidea) in die Gibbons (Hylobatidae) und die Menschenaffen (Hominidae, Hominiden) auf, die bereits viele Merkmale aufwiesen, welche die spätere Entwicklung einer aufrechten Körperhaltung begünstigten. Die Veränderungen des Gebisses weisen darauf hin, dass die Nahrung dieser Menschenaffen aus harten Früchten, Nüssen oder Wurzeln bestanden hat. Dies hat den eigentlich Frugivoren (Fruchtfressern) über ein Problem hinweggeholfen, das durch die Entwicklung von Jahreszeiten entstanden ist: die saisonale Verfügbarkeit von Früchten. Dieser Zahnapparat findet sich dann bei den ersten Hominini, den Australopithecinen, wieder. Die nun verfügbare Nahrung zeichnet sich nicht nur durch einen hohen Energiegehalt (Blätter, Wurzeln) aus, sondern auch durch eine zunehmend bessere Qualität (Insekten, Früchte, Nüsse).

┌─ **Definition** ───

adaptive Radiation: adaptive Ausbreitung (Ernst Mayr); die genetische Anpassung an eine durch Klimawandel oder Separierung einer Spezies neu entstandene Nische; diese Nische muss, wenn sie einen Vorteil für die Art darstellen soll, ein für diese Art besonderes und ausreichendes Nahrungsangebot haben. Vergleichbare, aber voneinander getrennte Nischen können zu ähnlichen Entwicklungen der Spezies führen.

Das Leben in den Bäumen und der Verzehr nicht nur von Insekten, sondern auch Blüten und Früchten hat, wie man annimmt, zur Entwicklung der Primaten beigetragen. Kennzeichen waren Hände und Füße zum Festhalten, eine Augenstellung, die zur Fixierung geeignet war, ein nur schwach ausgeprägter Geruchssinn und ein größeres Gehirn, als das der Vorfahren. So ausgestattet waren unsere Ahnen an das Leben im Wald optimal angepasst. Ein Leben, welches schnelles und sicheres Greifen notwendig machte und die visuelle Suche von Nahrung eine bessere Basis für das Überleben bot, als eine rein am Geruch orientierte. Das größere Gehirn ermöglichte es, die komplexen Bewegungsabläufe zu koordinieren, die zur Nahrungssuche nötig waren.

Insekten halten sich gerne in der Nähe von süßen Früchten auf, wodurch sich möglicherweise eine besondere Vorliebe unserer Vorfahren für süße Früchte entwickelt hat. Wahrscheinlich waren die ersten Primaten Frugivoren mit einer ausgeprägten Vorliebe und einem möglicherweise bereits angepassten Geschmackssinn für Süßes. Vom Opossum ist genau diese Ernährungsweise – Früchte und Insekten – bekannt. Eine solche Nahrungssymbiose ist durchaus attraktiv, denn beide Komponenten werden meist in Kombination angeboten: Finde ich die Früchte, habe ich auch die Insekten, und umgekehrt.

Außerdem können Insekten Mikronährstoffe von Blüten und Früchten effektiv aufnehmen und speichern (◘ Tab. 3.1). Insekten enthalten zudem, anders als Pflanzen, Vitamin A, von dem viel weniger – etwa 1/12 der Menge – nötig ist, um den Bedarf zu decken, als von der Vorstufe Provitamin A der Pflanzen. Auch ist Eisen in teilweise hoher Konzentration enthalten, das außerdem besser bioverfügbar ist als das der Pflanzen. Auch der Calciumbedarf kann, ebenso wie der an Vitamin B$_2$, das in Pflanzen nur in geringer Menge vorkommt, durch Insektenverzehr gut gedeckt werden.

Eine umfangreiche Analyse der Zusammensetzung von Insekten (Hausfliegen, Schaben), wie sie von Insektivoren verzehrt werden, ist kürzlich veröffentlicht worden (Finke 2013). Demnach enthalten diese Insekten je nach Art Calcium, Eisen, Zink, Vitamin E, B-Vitamine, einschließlich Vitamin B$_{12}$, die für kleine Nager ausreichen können, ihren Bedarf zu decken. Vitamin A und Vitamin D sind wie Jod allerdings nur in geringer Menge enthalten.

Unsere Vorfahren werden zwar nicht die in der ◘ Tab. 3.1 aufgeführten Insektenarten vertilgt haben, dennoch konnten sie ihren Bedarf an Mikronährstoffen vermutlich zumindest weitestgehend über die Aufnahme von Insekten decken, da sich die Zusammensetzung der Blüten, die die Insekten mit Mikronährstoffen versorgten, kaum wesentlich geändert haben dürfte. Welche Mikronährstoffe unsere Vorfahren benötigt haben und in welcher Menge sie diese zu sich nehmen mussten, ist nicht eindeutig geklärt. Sicher ist jedoch, dass Säugetiere heute wie auch damals die meisten Vitamine nicht herstellen können und so auf die Zufuhr über die Nahrung angewiesen sind. Es ist aber nicht auszuschließen, dass bereits die Darmflora unserer Vorfahren einzelne Vitamine synthetisiert (z. B. Biotin, Vitamin K, Vitamin B$_{12}$ u. a.) und dem Organismus zur Verfügung gestellt hat, eine Vitaminquelle, die für den heute lebenden Menschen keine Rolle mehr spielt.

Die Mikrobiota als Vitaminquelle

Die Darmflora, genauer die Mikrobiota, die unseren Darm besiedelt, besteht aus mehr als 100 Brillionen Bakterien und übersteigt damit die Zahl der Zellen des menschlichen Körpers um das Zehnfache. Das Mikrobiom, die genetische Information dieser Mikrobiota, enthält 100-mal mehr Gene als das menschliche Genom. Die Besiedlung des Darms mit Bakterien war bei herbivoren Säugetieren eine wichtige Voraussetzung dafür, dass diese die aufgenommene Nahrung metabolisieren konnten, denn Säugetieren fehlen viele Enzyme, die für die Aufspaltung und Verwertung von Ballaststoffen notwendig sind. Die verschiedenen Bakterienstämme sind an der Fermentierung von Lebensmitteln (besonders Stärke und Ballaststoffe) ebenso beteiligt wie am Energiestoffwechsel und an der Vitaminsynthese. Die Bakterien metabolisieren die mit der Nahrung aufgenommenen Polysaccharide zu Monosacchariden und kurzkettigen Fettsäuren (Monocarbonsäuren). Es besteht eine mutualistische Beziehung, indem die Bakterien ihren Wirt mit Energie und Kohlenstoff versorgen und selbst in einem anaeroben, geschützten Raum, dem unteren Dünndarm und dem Dickdarm, mit einem reichlichen Angebot von Glykanen versorgt werden. Je mehr Pflanzen und damit Polysaccharide verzehrt werden, desto umfangreicher muss die Fermentierung sein. Nicht umsonst verfügen Herbivoren über 14 verschiedene Bakterienstämme, während es bei Carnivoren sechs und Omnivoren zwölf Stämme sind (Ley et al. 2008). Die reinen Folivoren unter den Primaten (Colobus, Languren) haben mit vier Stämmen die geringste Zahl.

☐ **Tab. 3.1** Vitamin- und Mineraliengehalt der von der indigenen Bevölkerung in Westnigeria verzehrten Insekten. (Nach: Banjo et al. 2006)

Insektenart	Mikronährstoff (pro 100 g)						
	Vit. A (µg)	Vit. B_2 (mg)	Vit. C (mg)	Ca (mg)	P (mg)	Fe (mg)	Mg (mg)
Macrotermes bellicosus	2,89	1,98	3,41	21	136	27	0,15
Macrotermes notalensis	2,56	1,54	3,01	18	114	29	0,26
Brachytrypes spp.	0	0,03	0	9,21	126,9	0,68	0,13
Cytacanthacris aeruginosus unicolor	1,00	0,08	1	4,40	100,2	0,35	0,09
Zonocerus variegatus	6,82	0,07	8,64	42,16	131,2	1,96	8,21
Analeptes trifasciata	12,54	2,62	5,41	61,28	136,4	18,2	6,14
Anaphe infracta	2,95	2,00	4,52	8,56	111,3	1,78	1,01
Anaphe reticulata	3,40	1,95	2,24	10,52	102,4	2,24	2,56
Anaphe spp.	2,78	0,09	3,20	7,58	122,2	1,56	0,96
Anaphe venata	3,12	1,25	2,22	8,57	100,5	2,01	1,56
Cirina forda	2,99	2,21	1,95	8,24	111,0	1,79	1,87
Apis mellifera	12,44	3,24	10,25	15,4	125,5	25,2	5,23
Oryctes boas	8,58	0,08	7,59	45,68	130,2	2,31	6,62
Rhynchoforus phoenicis	11,25	2,21	4,25	39,38	126,4	12,24	7,54

Neben dieser Funktion kann die Mikrobiota eine ganze Reihe von Vitaminen synthetisieren: Vitamin K, B_1, B_2, B_6, B_{12}, Biotin, Folsäure, Niacin, Pantothensäure und, wie jüngst gezeigt wurde, können spezielle Bakterien auch das Provitamin-A-spaltende Enzym bilden und so Vitamin A herstellen (Le Blanc et al. 2012; Culligan 2014). Was aber passiert mit diesen Vitaminen? Aus dem Dickdarm, in dem sich die Mehrheit der vitamin-synthetisierenden Bakterienstämme befindet, werden die hergestellten Vitamine kaum aufgenommen. Dies lässt sich am einfachsten an den multiplen Vitamindefiziten erkennen, die bei Patienten auftreten, die über längere Zeit vollständig parenteral, also über einen venösen Zugang, ohne oder nur mit unzureichenden Vitaminzusätzen ernährt wurden. Das bedeutet nicht, dass die gebildeten Vitamine für den Wirt wertlos sind. Vielmehr gibt es gute Belege dafür, dass die Zellen des Dickdarms die Vitamine gezielt (mittels Carrier) aufnehmen und verwerten. Die Vitamine werden aber nicht dem systemischen Kreislauf zugeführt und sind somit nur für die Dickdarmzellen eine gute Quelle (Said 2013). Inwieweit unsere Vorfahren die im Darm synthetisierten Vitamine aufnehmen und verwerten konnten, lässt sich nicht sagen. Sollten die vitaminsynthetisierenden Stämme auch höhergelegene Abschnitte des Dünndarms besiedelt haben, so ist vorstellbar, dass diese Vitamine zur allgemeinen Versorgung des Organismus beitrugen. Da die Ernährung die Zusammensetzung der Mikrobiota stark beein-

3

flusst, könnten Unterschiede im Gehalt der Mikronährstoffe der aufgenommenen Nahrung zu einer Steigerung der Synthese durch diese Bakterien beigetragen haben, die damit eine Quelle für die Versorgung gewesen sein könnten.

Der Verzehr von Insekten möglicherweise auch die Darmflora haben somit früh die Verfügbarkeit wichtiger Nährstoffe gesichert und damit die Qualität des Nahrungsangebots bestimmt.

Die Früchte des heute noch in Westafrika weit verbreiteten Baumes *Tieghemella africana* enthalten geringe Mengen an Provitamin A sowie Vitamin E (im Kern) und Folsäure. Eine andere Baumart, die den Ureinwohnern der Regenwälder möglicherweise wichtige Nährstoffe geliefert hat, ist *Cynometra siliqua* (Johannisbrotbaum). Die Früchte sind proteinreich und enthalten vorwiegend B-Vitamine, aber auch Calcium, Eisen und Zink in höherer Menge. Insgesamt gab es im Regenwald eine deutlich größere Vielfalt an verschiedenen Früchten als in den trockeneren Waldgebieten, sodass seine Bewohner gut versorgt waren.

Sicherlich hat auch der Verzehr von Honig eine wesentliche Rolle gespielt, wie Untersuchungen an heute lebenden Pygmäen im Ituri-Wald ergeben (Terashima 1998).

Welche Früchte und wie viele Insekten unsere Urahnen genau verzehrt haben, lässt sich nicht sicher sagen. Die Beobachtung von Schimpansen und anderen Waldbewohnern gibt zwar gute Hinweise, lässt aber gerade hinsichtlich der genauen Qualität der Nahrung viele Fragen offen. Grundsätzlich gilt: Je reifer die Früchte und je jünger die Blätter, desto höher ist die Qualität, das heißt der Gehalt an Mikronährstoffen und Protein. Ältere Blätter wie auch sehr junge Früchte sind ballaststoffreich und daher weniger wertvoll. Dies hat möglicherweise die natürliche Selektion von Arten begünstigt, die über die besondere Fähigkeit verfügten, im Halbdunkel des Regenwaldes die jungen Blätter und reifen Früchte besser erkennen und aussortieren zu können als andere.

3.1.2 Nischen und Nischenkonstruktionen im Regenwald

Werden die Ressourcen an bestimmten Nahrungsmitteln knapp, gilt es Strategien zu entwickeln, um das eigene Überleben zu sichern. Eine Möglichkeit ist, die betreffende Nahrung rascher und effizienter als die Konkurrenten aufzutreiben, wobei eine spezifische Wahrnehmung, die der von anderen Spezies überlegen ist, durchaus hilfreich sein kann. Und tatsächlich – vor etwa 30 Mio. Jahren hat eine Coevolution von Nahrungssuche und der Wahrnehmung von Farbinformation über das trichromatische Sehen stattgefunden, sodass wir das trichromatische Sehen heute als Nischenkonstruktion betrachten können.

3.2 Di- und trichromatisches Sehen

Das trichromatische Sehen wird durch drei Photopigmente (Absorptionsmaxima bei 430, 535 und 562 nm) in der Netzhaut (Retina) des Auges ermöglicht. Ein Photopigment besteht aus einem Proteinanteil (dem Opsin) und Retinal (das Aldehyd von Vitamin A). Bei Dichromaten kommen sensitive Photorezeptoren für den langwelligen (L) und kurzwelligen (S) Bereich vor.

L-Photopigmente erfassen den Rot-Grün-, S-Photopigmente den Blau-Violett-Bereich. Rottöne können daher nur schlecht von Grüntönen unterschieden werden. Trichromaten haben einen weiteren sensitiven Bereich für mittlere Wellenlängen (M), das heißt für Grüntöne. Eine Unterscheidung von Rot und Grün ist daher, besonders wenn diese gleichzeitig vorkommen, weitaus besser möglich.

Die Fähigkeit zum trichromatischen Sehen ist durch Duplikation und Sequenzdivergenz des auf dem X-Chromosom codierten Opsingens entstanden.

Das trichromatische Sehen kommt nur bei Altweltaffen, den Catharrini (zu denen die geschwänzten Altweltaffen, die Familie der Cercopithecoidea, sowie die Menschenartigen, Familie der Hominoidea, gehören) sowie bei den bunten Mandrillen, den Beutelratten (Opossum), einigen Beuteltieren und dem Menschen vor.

Bei den Altweltaffen dient die Fähigkeit des trichromatischen Sehens dazu, Informationen aus dem Farbmuster zu entnehmen. So leuchtet beispielsweise bei männlichen Vertretern der Cercopithecoidea und bei einigen Beutelratten das Skrotum auffällig blau. Die sexuelle Selektion kann hier durch die eindeutige Signalfarbe erfolgen. Gleichzeitig signalisiert die Blauintensität des Skrotums die soziale Stellung. Die leuchtend rote Nase und die blauen Seitenpartien des Mandrills sind ein anderes Beispiel. Kaum ein Säugetier weist eine so intensive Färbung auf wie der Mandrill. Nicht nur die Gesichtspartie, sondern auch der Perianal- und Genitalbereich sind farbig. Die Farbe stellt ein Merkmal der Geschlechtsreife und der sozialen Stellung dar. Während bei Vögeln und Insekten die Farbgebung der sichtbaren Oberfläche weit verbreitet ist, ist sie bei Säugetieren eine Besonderheit.

Ob sich das trichromatische Sehen zunächst entwickelt hat, damit bestimmte Informationen zwischen den Mitgliedern einer Spezies ausgetauscht werden konnten, oder ob es einen Überlebensvorteil darstellte, da hierdurch spezielle Nahrung besser aufgefunden werden konnte, und es im Sinne einer Coevolution auch für den gegenseitigen nicht nahrungsrelevanten Informationsaustausch genutzt wurde, ist ungeklärt. Von Mandrillen und *Cercopithecus* (der Meerkatze im engeren Sinne) kann die blaue Farbe gegen den blaugrünen Hintergrund des bewaldeten Lebensraums nur durch das trichromatische Sehen diskriminiert werden. Die Tatsache, dass sich eine farbige Haut nur bei solchen Tieren entwickelt hat, die auch über ein trichromatisches Sehen verfügen, könnte auch ein Hinweis darauf sein, dass zunächst die Nahrungssuche Auslöser dieser Besonderheit war. Bezüglich der Ernährung ergibt sich die interessante Hypothese, dass das trichromatische Sehen den Spezies, die dazu befähigt waren, im Sinne der Evolution eine bessere Fitness verlieh, wenn es um das gezielte Auffinden der richtigen Nahrung ging.

3.2.1 Wahrnehmung von Provitamin-A-haltiger Nahrung

Provitamin A (auch als β-Carotin bezeichnet) ist eine der ältesten bekannten Verbindungen (>500 Mio. Jahre), die als essenziell angesehen werden kann und deren Mangel lebensbedrohlich ist. In Pflanzen stellt Provitamin A neben anderen Carotinoiden, so die Familie dieser Verbindungen, ein wichtiges Antioxidans dar. Gleiches gilt für Bakterien und Algen, die sich vor allem dieser Carotinoide bedienen, um sich vor den schädlichen Wirkungen von UV-Licht und Sauerstoff zu schützen. Das Prinzip des antioxidativen Schutzes durch Carotinoide wurde im Tierreich übernommen. Auch die Nutzung von Provitamin A bzw. seines wichtigsten Metaboliten, Vitamin A, zur visuellen Wahrnehmung (dem skotopischen Sehen zur Orientierung bei

Dämmerung oder schwachen Lichtverhältnissen) existiert bereits seit Urzeiten und Bakterien haben dieses Prinzip ebenso zur Orientierung im Raum genutzt wie die verschiedenen frühen Einzeller und Algen.

Frugivoren benötigen wie alle Vertebraten, einschließlich Säugetiere, das für sie essenzielle Vitamin A, welches neben seiner Bedeutung für das Sehen auch für Wachstum und Entwicklung unentbehrlich ist, selbst wenn Insekten auf dem Speiseplan stehen. Wie die Herbivoren müssen sie Vitamin A, das nur in tierischer Nahrung vorkommt, aus Provitamin A in der Nahrung herstellen, das in einigen wenigen Beeren und Früchten, teilweise auch in jungen grünen Blättern enthalten ist.

Provitamin A steht allerdings nicht dauerhaft, sondern nur saison- und klimaabhängig zur Verfügung. Ausweg aus diesem Dilemma böte eine Nischenkonstruktion, mit deren Hilfe sich die Versorgung sicherstellen ließe. Und tatsächlich: Eine solche Lösung hat sich im Fall von Provitamin A in besonderer Form – durch eine adaptive Anpassung an Umweltsignale – etabliert. Die regelmäßige Aufnahme von Carotinoiden zur Stärkung der antioxidativen Abwehr und des Immunsystems wie auch als Lieferant von Vitamin A setzt voraus, dass Carotinoide erkannt und gezielt ausgewählt werden können. Für Provitamin A gilt außerdem, dass es die einzige Vitamin-A-Quelle darstellt, sofern Vitamin A selbst nicht in der Nahrung enthalten ist. Ein Selektionsvorteil gegenüber anderen im Lebensraum existierenden Spezies konnte sich also nur ergeben, wenn Provitamin A in der Nahrung selektiv erkannt werden konnte. Hier trat das trichromatische Sehen auf den Plan, denn um orangefarbene und damit carotinoidreiche Nahrung erkennen zu können ist die Fähigkeit zum trichromatischen Farbensehen unbestritten von Vorteil. Mit dem Vermögen, Rot und Grün auseinanderhalten zu können, lassen sich rote oder auch orangefarbene, reife Früchte sowie junge Blätter, die häufig deutlich wahrnehmbare Rottöne haben, vor einem grünen Blatthintergrund gut erkennen, eine Fähigkeit, die Dichromaten fehlt.

Die Fähigkeit, carotinoidreiche Früchte zu erkennen, ist aber vor allem dann wichtig, wenn diese nur in geringer Zahl (z. B. durch Nahrungskonkurrenz) oder zeitlich begrenzt (saisonal) verfügbar sind (Dominy und Lucas 2001). Eine besondere Rolle spielen die rötlich und violett leuchtenden Palmfrüchte und Feigen, die wegen ihrer besonders guten Qualität als Keystone-Lebensmittel bezeichnet werden. Palmfrüchte und Feigen waren und sind in den Wäldern, in denen die Frugivoren leben, häufig vertreten. Die Früchte haben aber nicht nur einen hohen Anteil an Carotinoiden (besonders Provitamin A) und Vitamin C, sondern sie sind auch eine, wenn nicht gar die wichtigste, Quelle für Vitamin E (Palmfrucht).

Palmfrüchte vereinen mehrere Eigenschaften, die sie zum Keystone-Lebensmittel machen:

- Sie liefern Energie in Form von gesättigten und ungesättigten Fettsäuren (ca. 50 % gesättigte, 40 % einfach ungesättigte und 10 % mehrfach ungesättigte Fettsäuren).
- Sie gehören zu den an Antioxidantien reichsten Lebensmitteln, was nicht zuletzt auf den hohen Gehalt an Provitamin A, Vitamin E (30 % α-Tocopherol, 70 % γ-Tocopherol) und Vitamin C zurückzuführen ist.

Das trichromatische Sehen ist, bezogen auf die Ernährung, als eine Form der Adaptation oder Nischenkonstruktion zu interpretieren, die zur natürlichen Selektion einer neuen Art beigetragen bzw. das Überleben der Träger dieser Eigenschaft im Vergleich zu nahen Verwandten ohne diese Fähigkeit verbessert hat. Dies war von besonderer Bedeutung, als vor 35 Mio. Jahren Klimaveränderungen die Temperatur sinken ließen und besonders die Zahl an Feigen- und Palmfruchtbäumen zurückging (Morley 2000). Diese besondere Form des Farbensehens wird gerade dann wichtig, wenn andere Primaten mit dichromatischem Sehen die Nahrung streitig machen. Wie kürzlich gezeigt, können Dichromaten durchaus rote Früchte gegen grünen Blatthintergrund erkennen (Riba-Hernandez et al. 2004). Allerdings versagt diese Sinneswahrnehmung, wenn es um den Reifegrad vieler Früchte geht. Je reifer eine Frucht, desto intensiver ist in vielen Fällen die Rot- bzw. Orangefärbung. Hier haben die Trichromaten, wie Untersuchungen an heute lebenden Altweltaffen gezeigt haben, eindeutig einen Vorteil. Sie erkennen diese Früchte besser (Sumner und Mollon 2000). Je reifer eine Frucht, desto mehr Glucose und damit mehr Energie für das Gehirn liefert sie auch.

Ein weiterer Vorteil des trichromatischen Sehens ergibt sich aus der Tatsache, dass proteinreiche Blätter eine stärkere Rotfärbung aufweisen und besonders dann als Nahrungsquelle dienen, wenn süße Früchte knapp werden (Dominy und Lucas 2004). Gerade in Regenwäldern wird eine verzögerte Blattreifung beobachtet, das heißt, die Blätter sind aufgrund der in ihnen enthaltenen farbgebenden Carotinoide sowie Anthocyane länger rot oder gelb und werden erst spät grün, als Zeichen einer zunehmenden Menge an Chlorophyll.

Grüne Blätter sind allerdings auch reich an Tanninen. Das sind phenolische Verbindungen, die nicht nur einen bitteren und unangenehmen Geschmack haben können, sondern je nach Menge und Art äußerst giftig sind. Nicht umsonst hat auch der Mensch Bitterrezeptoren, die als Giftsensoren gelten und ihn schützen. Dass die Frugivoren die eher bitter schmeckenden Blätter überhaupt akzeptieren, lässt sich zum einen dadurch erklären, dass Blätter dann verzehrt werden, wenn die bevorzugte Nahrung, süße Früchte, knapp wird. Zum anderen hat sich der Geschmackssinn an die tanninreichen, grünen Blätter angepasst. In der Speicheldrüse wird ein Protein gebildet, das selektiv Tannine bindet. Diese Bindung führt zu einer Reduktion der Speichelproduktion, wodurch wiederum der Verzehr erschwert wird, eine Erfahrung, die uns von dem Genuss sehr tanninreicher Weine bekannt ist und als adstringierende Wirkung bezeichnet wird. Dass Tannine auch ein pelziges Gefühl auf den Zähnen hinterlassen, liegt an den tanninbindenden Proteinen, die auf den Zähnen eine Schicht bilden. Diese besondere Form der Tanninwahrnehmung – die Wahrnehmung einer Bitternote ohne direkte Aktivierung der Bitterrezeptoren – wird auch als frühe Anpassung an den Verzehr von Blättern interpretiert (Dominy et al. 2003).

3.2.2　Wahrnehmung von sexuell attraktiven Farbsignalen

Die Entwicklung des trichromatischen Sehens ist ein Beispiel für eine Nischenkonstruktion, die nicht nur über die Auswahl der Nahrung das Überleben des einzelnen Individuums begünstigt hat, sondern durch die Etablierung sexuell attraktiver Farbsignale auch die Fortpflanzung. Es gibt in der Tierwelt, zum Beispiel bei Vögeln und manchen Fischen, eine Vielzahl von Beispielen dafür, dass Männchen die farbigen Carotinoide einsetzen, um Weibchen anzulocken. Ebenso erhalten die Weibchen über die Farbgebung auch Informationen über den Gesundheitszustand des potenziellen Geschlechtspartners (Blount 2004). Carotinoide sind sowohl als Antioxidantien als auch als Metabolite für das Immunsystem von Bedeutung. Vogelmännchen mit guter Gesundheit benötigen weniger Carotinoide als Antioxidantien bzw. für das Immunsystem und können sie daher für die Gefiederfärbung einsetzen. Allerdings kann eine gemessen an den verfügbaren Nahrungsressourcen übermäßige Färbung auch ein Hinweis darauf sein, dass zu wenig Carotinoide für das Immunsystem »geopfert« werden. Folge: Das allzu bunte Männchen wird in diesem Fall abgewiesen und das schlichter gefärbte vorgezogen.

Die Entwicklung des trichromatischen Sehens begünstigte jedoch nicht primär die Fortpflanzung wie man immer wieder lesen kann. Rotfärbungen der Haut und ihre Wirkung als sexuelles Signal, wie das rote Gesicht der Uakari-Männchen oder das rote Hinterteil einiger Primatenweibchen, sind, so haben verschiedene Studien aus jüngerer Zeit ergeben (Fernandez und Morris 2007), eine spätere coevolutionäre Entwicklung. Triebkraft für die Entwicklung des trichromatischen Sehens war tatsächlich die selektive Wahrnehmung von Carotinoiden in der Nahrung. Das bedeutet aber auch, dass Nahrungswahl und der Einfluss der darin enthaltenen Nährstoffe bei Trichromaten einen wesentlichen evolutionären Vorteil mit sich brachten, der im Sinne der Evolution sowohl für das Überleben als auch für die Fortpflanzung von Bedeutung war.

Dies lässt sich exemplarisch am Verhalten der Guppies im Amazonas zeigen. Männchen tragen einen intensiv orangefarbenen Fleck, der Weibchen anlockt, die nur schwach gefärbt sind. Die Orangefärbung wird durch einen Verzehr von Provitamin-A-synthetisierenden Algen hervorgerufen, die in Gewässern mit Sonnenlicht als Energiequelle gedeihen. Da Testosteron die Bioverfügbarkeit von Provitamin A deutlich erhöht, haben die Männchen eine intensivere Färbung. Verabreicht man Weibchen Testosteron, so entwickeln auch diese einen orangefarbenen Fleck. In Gebieten mit geringer Sonneneinstrahlung nehmen Guppies orangefarbene Früchte auf, die von Bäumen ins Wasser fallen. Unabhängig davon, ob es sich bei den orangefarbenen Flecken im Wasser um reale Früchte oder gleichfarbige kleine Plastikkugeln handelt, werden diese von den Weibchen den Männchen mit orangefarbenem Fleck vorgezogen. Weibchen suchen demnach nicht den Kontakt zu den Männchen, sondern zum Futter. Männchen dagegen zeigen kein Interesse an den Plastikkugeln. Es ist also primär der Hunger nach Carotinoiden und weniger die Fortpflanzung, der die Weibchen auf den orangefarbenen Fleck prägt, da sie eher reale Früchte oder Plastikkugeln als Männchen wählen. Männchen dagegen, die nicht auf die Farbe Orange geprägt sind, können die dadurch möglicherweise geringere Aufnahme carotinoidreicher Nahrung durch eine deutliche Verbesserung der Bioverfügbarkeit von β-Carotin durch ihr Hormon Testosteron kompensieren.

3.3   Vitamin-C-Synthese

Vitamin C (Ascorbinsäure) ist nicht nur ein wichtiges wasserlösliches Antioxidans, sondern auch an der Kollagensynthese, der Synthese von Neurotransmittern und einer Reihe von wichtigen Stoffwechselwegen beteiligt. Besonders im Gehirn ist Vitamin C ein wichtiger Schutz vor oxidativen Schäden durch reaktive Sauerstoffverbindungen (*reactive oxygen species*, ROS).

Vitamin C kann im Körper nicht gespeichert werden. Es wird von den meisten Vertebraten und einigen Invertebraten in sechs Schritten aus Glucose synthetisiert, wobei der letzte Schritt von dem Enzym L-Gulonolacton-Oxidase (GLO) katalysiert wird. Primaten sind nicht zur Vitamin-C-Synthese fähig. Ursache dafür sind Mutationen im GLO-codierenden Gen (bei Primaten der Verlust von sieben der zwölf Exons), sodass kein funktionelles GLO-Protein mehr gebildet werden kann.

Wie Berechnungen zeigen (Challem und Taylor 1998; Zhang et al. 2010), ging bei den Primaten die Fähigkeit zur Vitamin-C-Synthese vor 30–40 Mio. Jahren durch eine Mutation des GLO-Gens verloren, während beim Meerschweinchen ein Zeitraum vor 15 Mio. Jahren angenommen wird. Dass die Fähigkeit zur Vitamin-C-Synthese nur bei Mensch und Meerschweinchen verloren ging und insofern etwas Besonderes sei, wird immer wieder gerne berichtet, trifft jedoch nicht ganz zu (◘ Tab. 3.2). Auch die höher entwickelten fliegenden Säugetiere wie große Fledermäuse (*Pteropus medius*, der Fliegende Fuchs, und *Pipistrellus nathusii*, die Rauhautfledermaus) sowie Affen haben diese Fähigkeit verloren. Einige Vogelarten vermögen in der Niere Vitamin C herzustellen, die höher entwickelten Sperlingsvögel (Passeriformes) bilden Vitamin C in der Leber, die noch höher entwickelten Vögel können dagegen häufig kein Vitamin C mehr produzieren. Auch Insekten, die meisten Invertebraten und die Knochenfische haben die Fähigkeit verloren, bei Knorpel- und Nichtknochenfischen ist sie dagegen noch vorhanden, wie auch bei den Lurchen, die beträchtliche Mengen in der Niere bilden können.

◨ Tab. 3.2 Leistung und Ort der Ascorbinsäuresynthese in verschiedenen Spezies. (Nach: Cahtterjee 1973)

Art	Syntheserate (µg pro mg Protein pro h)		synthetisierte Menge (mg pro kg KG)
	Nieren	Leber	
Amphibien			
Kröte (*Bufo melanosticus*)	144 ± 10	0	n. b.
Frosch (*Rana tigrina*)	115 ± 10	0	n. b.
Reptilien			
Wasserschildkröte (*Lissemys punctata*)	98 ± 8	0	7,7
Blutegel (*Caloter versicolor*)	50 ± 5	0	9,6
Gecko (*Hemidactylus flaviviridis*)[a]	46 ± 6	0	10,0
Waran (*Varanus monitor*)	32 ± 4	0	10,6
Eidechse (*Mabuya carinata*)	25 ± 4	0	10,7
Schlange (*Natrix piscator*)	18 ± 2	0	10,3
Landschildkröte (*Testudo eleguns*)	14 ± 2	0	6,6
Säugetiere			
Ziege	0	68 ± 6	190
Kuh	0	50 ± 6	110
Schaf	0	43 ± 4	70
Ratte	0	38 ± 4	150
Maus	0	35 ± 4	275
Eichhörnchen	0	30 ± 4	N. b.
Wüstenrennmaus	0	26 ± 4	N. b.
Kaninchen	0	23 ± 2	226
Katze	0	5 ± 1	40
Hund	0	5 ± 1	40
Meerschweinchen	0	0	0

[a]es wurden die Nieren von zwölf Tieren vereinigt; vier Messungen wurden durchgeführt
KG Körpergewicht, *n. b.* nicht bestimmt

Tabelle 3.2 gibt eine Übersicht über die wichtigsten Spezies, die Vitamin C zu synthetisieren vermögen. Bemerkenswert sind die quantitativen Unterschiede. Unter den Säugetieren sind es gerade die Herbivoren, die große Mengen bilden, also genau diejenigen, die über ihre pflanzliche Nahrung gut mit dem Mikronährstoff versorgt sein sollten. Die Carnivoren wie Katze und Hund produzieren dagegen vergleichsweise wenig Vitamin C. Sie brauchen zwar sicherlich nicht weniger Vitamin C als die Herbivoren, allerdings sind sie über ihre potenziellen Nahrungsquellen (Mäuse, Ratten, Hasen oder andere Kleintiere) ebenfalls recht gut damit versorgt.

Wie ◘ Tab. 3.2 zeigt, waren die kleinen Nager für die frühen Primaten eine hervorragende Vitamin-C-Quelle. Zu dem Zeitpunkt, als diese Primaten die Vitamin-C-Synthese aufgaben, vor etwa 30–40 Mio. Jahren, lebten sie noch auf Bäumen und waren bevorzugte Früchtefresser (Frugivoren). Das Überleben mit Vitamin-C-reicher Kost war also in dieser Zeit gesichert. Vitamin-C-synthetisierende Spezies konnten genauso wie die, denen diese Fähigkeit abhanden gekommen war, überleben.

Ausschlaggebend für diese Entwicklung könnte der Rückgang der Palmen und der Feigenbäume durch die Abkühlung des Erdklimas vor 30 Mio. Jahren sein. Der Vorteil des trichromatischen Sehens erlaubt die selektive Wahl der Palmfrüchte und Feigen, die nicht nur reich an Provitamin A, sondern auch an Vitamin C sind, sodass die eigene Vitamin-C-Produktion für das Überleben nicht mehr so wichtig war. Aber auch der umgekehrte Weg ist denkbar: Zunächst vermochten einzelne Individuen kein Vitamin C mehr herzustellen, eine sich anschließende Entwicklung des trichromatischen Sehens und die damit einhergehende effizientere Auswahl Vitamin-C-reicher Nahrung bedeutete dann einen Selektionsvorteil. Wann genau das trichromatische Sehen auftrat, das nur bei Altweltaffen (Catarrhini) und nur bei einer Neuweltaffenart, den Brüllaffen (*Alouatta*), vorkommt, ist unbekannt. Allerdings wird die Entwicklung des trichromatischen Sehens sehr früh angesiedelt, also vor 20–30 Mio. Jahren. Damit waren die Trichromaten den Dichromaten unter den herrschenden Bedingungen überlegen und hatten im Gegensatz zu diesen, trotz Verlustes der Synthese, ein unverändert gutes Vitamin-C-Angebot.

Eine Erklärung für den Verlust der Vitamin-C-Synthese und für das Überleben der betreffenden Spezies könnte eine Nischenkonstruktion sein: Dadurch, dass unseren Vorfahren plötzlich große Mengen an Vitamin C zur Verfügung standen, konnten sie auf die Synthese verzichten.

Gegen die Annahme, dass das reichlich vorhandene Vitamin C die GLO dauerhaft gehemmt hat, spricht allerdings, dass die Fähigkeit zur Synthese nur bei wenigen Spezies wie einigen Insekten, Fischen, wenigen Vögeln, Fledermäusen, Meerschweinchen, vielen, aber nicht allen Primaten, jedoch auch beim Menschen verloren ging, aber mehr als 4000 Säugetierspezies (Tiere mit einem Körpergewicht wie der Mensch) zwischen 2 und 15 g Vitamin C pro Tag synthetisieren. Unter Stressbedingungen kann diese Synthese nochmals erheblich gesteigert werden. Gleichzeitig nehmen diese Tiere große Mengen an Vitamin C durch die Nahrung auf. Es ist also kaum denkbar, dass alleine die Verfügbarkeit Vitamin-C-reicher Nahrungsmittel die Ursache für den Verlust der endogenen Synthese war.

Bemerkenswert ist, dass der Verlust der Fähigkeit zur Vitamin-C-Synthese einzig auf einer Mutation im GLO-codierenden Gen beruht und nicht etwa auf Mutationen in anderen Genen, die andere Enzyme des Vitamin-C-Synthesewegs codieren, zurückgeht. Eine mögliche Erklärung dafür ist, dass Individuen mit Mutationen in anderen Genen dieses Weges stark beeinträchtigt sein könnten, weil neben der Vitamin-C-Synthese womöglich auch andere Stoffwechselwege betroffen sind. Individuen mit derartigen Mutationen konnten sich dann nicht so stark vermehren wie andere oder waren vielleicht auch gar nicht lebensfähig.

Noch immer nicht geklärt ist allerdings die Frage, worin der selektive Vorteil liegt, über keine eigene Vitamin-C-Synthese zu verfügen. Was hat die natürliche Selektion solcher Spezies bewirkt? Ein echter Vorteil scheint durch den Verlust nicht gegeben, wenn man von der geringen Einsparung an Energie im letzten Syntheseschritt einmal absieht. In einer Gruppe Vitamin-C-synthetisierender oder auch -nichtsynthetisierender Individuen wäre es jedoch von Vorteil, über Mechanismen zu verfügen, mit deren Hilfe sich mit dem nicht speicherbaren Vitamin C haushalten ließe, vor allem vor dem Hintergrund zurückgehender Vitamin-C-reicher Nahrungsressourcen.

Vitamin C kann nicht gespeichert werden und hat eine relativ kurze Halbwertszeit von etwa 14 Tagen. Diese verkürzt sich bei Erkrankungen oder chronischen Entzündungen. Trotz des in der Nahrung vorhandenen Vitamin C muss eine Mindestmenge halbwegs regelmäßig aufgenommen werden, um Gesundheitsschäden zu vermeiden. Blockiert man die Vitamin-C-Synthese bei Mäusen oder Ratten, so müssen diese 200 bzw. 300 mg Vitamin C pro kg Körpergewicht aufnehmen, um einen adäquaten Plasmaspiegel aufrechtzuerhalten. Die Empfehlung für den Menschen liegt aber bei ca. 1–2 mg pro kg Körpergewicht. Das entspricht in etwa auch der Menge, die er bei entsprechender Mischkost aufnehmen kann. Aus den Angaben lässt sich schließen, dass entweder die für den Menschen empfohlene Menge viel zu niedrig ist, wofür wenig spricht, denn Mangelsymptome treten nicht auf, oder aber die Vitamin-C-Versorgung wird über einen Mechanismus sichergestellt, über den die synthetisierenden Spezies nicht verfügen. In der Tat scheint Letzteres der Fall zu sein, wie kürzlich gezeigt wurde. Spezies, die kein Vitamin C mehr synthetisieren können, weisen eine Besonderheit auf: einen selektiven Transportmechanismus für oxidierte Ascorbinsäure (Dehydroascorbat, DHA; Montel-Hagen et al. 2008) über Glucosetransporter.

Glucosetransporter (GLUT) sind Proteine aus zwölf membrandurchspannenden Abschnitten, die in der Plasmamembran eine Pore bilden, durch die Glucose und auch andere hydrophile Moleküle die Membran passieren können. Die Integration einiger Transporter wie GLUT3 und GLUT4 in die Membran wird durch Insulin gesteuert, andere wie GLUT1 sind konstitutiv, also immer, in der Membran vorhanden. Auch Erythrocyten tragen auf ihrer Oberfläche Glucosetransporter – bei Vitamin-C-synthetisierenden Spezies ist es ausschließlich GLUT4, bei nichtsynthetisierenden Spezies ist es neben GLUT4 auch GLUT1. Bei Ersteren ist die Glucoseaufnahme in die Erythrocyten also von der Insulinmenge im Blut abhängig, bei Letzteren nicht. Neben Glucose kann GLUT1 aber auch DHA in die Erythrocyten transportieren und zwar 30-mal besser als die reduzierte Form, das Ascorbat. Diese gemeinsame Nutzung des GLUT1 für Vitamin C und Glucose ist eine Form der Adaptation, über die die Vitamin-C-synthetisierenden Spezies nicht verfügen.

Das bei den vielfältigen, auch außerhalb von Zellen stattfindenden Redoxreaktionen entstehende DHA kann in den Erythrocyten von Spezies, die nicht zur Vitamin-C-Synthese in der Lage sind und auch GLUT1 in der Erythrocytenmembran besitzen, wieder recycelt werden. Es ist also denkbar, dass die Expression von GLUT1 in der Erythrocytenmembran den Verlust der Vitamin-C-Synthese kompensiert und Erythrocyten so etwas wie einen transienten Vitamin-C-Speicher darstellen, indem sie im Stoffwechsel entstehendes DHA aufnehmen und zu Ascorbat reduzieren und das damit wieder für Stoffwechselfunktionen zur Verfügung steht. Dafür spricht, dass ebenfalls nur die Erythrocyten von nicht-Vitamin-C-synthetisierenden Lebewesen über das Protein Stomatin verfügen, welches an GLUT1 andockt und auf diese Weise die Aufnahme von Glucose zugunsten des DHA stark vermindert (Montel-Hagen et al. 2008). Damit aber kann das aus dem Gewebe ins Blut abgegebene DHA, das ansonsten rasch abgebaut (Halbwertszeit 6 min) und ausgeschieden würde, effektiv in die Erythrocyten aufgenommen und dort zu Ascorbat reduziert werden. Inwieweit Stomatin mit dieser Funktion auch anderen Zellen, die ebenfalls GLUT1 tragen, wie die Zellen der Blut-Hirn-Schranke oder die Astrocyten, enthalten ist, ist bisher nicht bekannt.

Durch die Möglichkeit, DHA in Erythrocyten aufzunehmen und zu Ascorbat zu reduzieren, wurde also ein im Blutstrom zirkulierender Vitamin-C-Speicher etabliert, mit dessen Hilfe sich Zeiten mit geringerer Zufuhr an Vitamin C überbrücken lassen. Für eine solche Speicherfunktion spricht auch, dass die Aufnahme des DHA in die Erythrocyten mit abnehmender Vitamin-C-Konzentration im Blut offensichtlich ansteigt (Lykkesfeldt 2002). Junge Meerschweinchen, denen, wie bereits erwähnt, die Fähigkeit zur Vitamin-C-Synthese fehlt, zeigen bei unzureichender Versorgung mit Vitamin C einen erhöhten oxidativen Stress, das heißt, die wichtige Redoxfunktion des Vitamin C ist unzureichend. Genau dies kann aber geschehen, wenn bei ausreichender Versorgung und oxidativem Stress die Konzentration des dabei entstehenden DHA zunimmt, welches rasch ausgeschieden wird. Es kommt zu einem Vitamin-C-Defizit, das wiederum den oxidativen Stress verstärkt. Durch die Aufnahme von DHA in die Erythrocyten wird die rasche Ausscheidung verhindert und durch die Reduktion zu Ascorbat steht nun wieder Vitamin C zur Verfügung, welches freigesetzt und von verschiedenen Geweben und auch den Zellen des Immunsystems (Makrophagen) genutzt werden kann.

Der Verlust der Fähigkeit zur Vitamin-C-Synthese hat durch natürliche Selektion also die Individuen begünstigt, die über GLUT1 in der Erythrocytenmembran verfügen. Sie waren auch bei geringer Zufuhr an Vitamin C über die Nahrung vor einem Mangel bei Rückgang der Ressourcen besser geschützt.

Die Tatsache, dass die Erythrocyten DHA aus dem Blut und auch aus Geweben, zum Beispiel dem Knochenmark, in dem die Erythrocyten gebildet werden, aufnehmen, ist der Grund dafür, dass der DHA-Spiegel im menschlichen Blut so gering ist ($<2\ \mu M$).

Die Vitamin-C-Konzentration im Blut ist bei synthetisierenden Lebewesen wesentlich höher als bei den nichtsynthetisierenden, dagegen ist die zelluläre Konzentration bei den nichtsynthetisieren Lebewesen höher als bei denen, die die Fähigkeit zur Synthese verloren haben. Damit sind Letztere weitaus besser vor oxidativen Schäden geschützt. Dieser Schutz ist in den meisten Fällen mehr an lipidlösliche Verbindungen wie Vitamin E oder die verschiedenen Carotinoide als an Vitamin C gebunden, da diese besonders die oxidationslabilen Fettsäuren in den Membranen der Zellen schützen. Dagegen sind wasserlösliche Antioxidantien, von Vitamin C einmal abgesehen, eher selten. Diese sind allerdings in den wasserlöslichen Kompartimenten im Zellinneren als auch in der wässrigen Umgebung der Zellen wichtig. Dies mag dazu beigetragen haben, dass eine Verbesserung eines Schutzes vor oxidativen Schäden durch wasserlösliche Verbindungen ebenfalls über eine natürliche Selektion stattgefunden hat.

3.4   Urat-Oxidase

Im Kontext mit dem »Abschalten« der Vitamin-C-Synthese ist der Verlust der Urat-Oxidase (auch als Uricase bezeichnet) eine interessante Kompensation. Harnsäure entsteht durch das Enzym Xanthin-Oxidase aus Xanthin. Die Urat-Oxidase katalysiert anschließend die Oxidation der Harnsäure, die bei den meisten Lebewesen am Ende des Purinstoffwechsels steht, zu Allantoin. Folglich ist bei diesen auch der Harnsäurespiegel niedrig (0,2–2 mg pro dl). Beim Menschen besitzt das Enzym keine Aktivität. Als Folge der fehlenden Aktivität des Enzyms ist der Harnsäurespiegel im menschlichen Blut bis zu 50-mal höher als der Spiegel im Blut anderer Säugetiere.

Die Tatsache, dass sowohl Altwelt- wie auch einige Neuweltaffen eine Minderung der Urat-Oxidase-Aktivität zeigen, weist darauf hin, dass hier ein starker Selektionsdruck bestanden haben muss. Die verringerte Enzymaktivität geht auf eine Mutation zurück, die zu einem schrittweisen Silencing (Stilllegen) des Gens und damit auch des Enzyms geführt hat. Das könnte sich, als sich mit der Abkühlung von ca. 15 Mio. Jahren das Klima änderte und eine Nahrungsverknappung, besonders an süßen Früchten eintrat, als vorteilhaft erwiesen haben, da der Mangel an Fructose und Vitamin C teilweise kompensiert werden konnte (Johnson et al. 2011).

Es stellt sich auch hier wieder die Frage, wo der Vorteil für die betroffenen Spezies liegt.

Die Bildung von Harnsäure beim Abbau von Protein ist mit verschiedenen Effekten in Verbindung gebracht worden, die im Wesentlichen aus Tierversuchen abgeleitet wurden (Johnson et al. 2009).

- Harnsäure steigert den Blutdruck und trägt zur Retention von Salz bei, was bei einer mageren und salzarmen Kost ein Vorteil gewesen sein könnte.
- Der Harnsäurespiegel im Blut steigt immer dann stark an, wenn Protein abgebaut wird. Dies geschieht beispielsweise in Hungerphasen oder auch bei Tieren im Winterschlaf, wenn die Fettspeicher weitgehend aufgebraucht worden sind. Da Harnsäure aufgrund ihrer koffeinähnlichen Struktur die Aufmerksamkeit erhöht und so auch zum Erwachen aus dem Winterschlaf beiträgt, könnte sie bei Nicht-Winterschläfern die Reaktionsfähigkeit verbessern, was dem Jäger sicherlich entgegenkommt.
- Ein hoher Harnsäurespiegel ist oft mit Diabetes und Übergewicht assoziiert. Die Steigerung der Harnsäurekonzentration geht, so die Annahme, der Gewichtszunahme voraus. Dabei wird die Fructose (Fruchtzucker) verdächtigt, für den erhöhten Spiegel verantwortlich zu sein. Im Gegensatz zur Glucose wird Fructose, wenn sie nach der Aufnahme über den Darm in die Leber gelangt, dort nahezu vollständig und ohne Feedback-Hemmung phosphoryliert, was zu einem starken Verbrauch des ATP mit Bildung von AMP führt. Durch die gleichzeitige Stimulation der AMP-Desaminase wird nun AMP zu Harnsäure metabolisiert. Dies erzeugt wiederum oxidativen Stress in der Zelle (Aktivität der Xanthin-Oxidase). Letzterer wird dafür verantwortlich gemacht, dass es zu einer verstärkten Bildung von Fett kommt (Fettsäuren sind Endprodukte des Fructosestoffwechsels, im Gegensatz zu Glucose, die als Glykogen gespeichert wird). Bei hoher Fructosezufuhr, wie sie in der typisch westlichen Ernährung vorliegt, wird dieser Mechanismus, neben anderen, dafür verantwortlich gemacht, dass es unter fructosereicher Ernährung zu Übergewicht und einer Fettleber kommen kann (Johnson et al. 2011).

Träfen all diese Effekte tatsächlich zu, dann hieße das vereinfacht ausgedrückt: Nach einer Phase des unfreiwilligen Fastens mit erhöhtem Proteinabbau und Anstieg des Harnsäurespiegels würde die durch die koffeinähnliche Wirkung der Harnsäure sehr effizient erjagte Beute verzehrt und die Inhaltsstoffe dieser Nahrung auch noch sehr effizient gespeichert. Gleichzeitig würde die Fructose, die mit den süßen Früchten aufgenommen wird, zu einer Verbesserung der Fettspeicherung beitragen und so zum Anlegen von Energiespeichern führen. Eine erhöhte Harnsäurekonzentration könnte zudem die fettspeichernde Wirkung von Fructose potenzieren und so eine verminderte Zufuhr kompensieren. Lebewesen mit inaktiver Urat-Oxidase hätten also bei Nahrungsverknappung durch Klimaveränderungen unzweifelhaft einen Überlebensvorteil gegenüber anderen mit aktivem Enzym.

3

Eine weitere Hypothese stellt eine interessante Verbindung zur Fähigkeit zur Vitamin-C-Synthese her. Vitamin C vermittelt einen Schutz vor oxidativen Schäden. Diese Wirkung fällt bei Lebewesen, die Vitamin C nicht synthetisieren können, durch den niedrigeren Vitamin-C-Spiegel im Blut geringer aus als bei solchen, die Vitamin C herstellen. Ein solcher Effekt könnte jedoch durch eine höhere Harnsäurekonzentration kompensiert werden. Harnsäure ist ebenso wie Vitamin C ein wichtiges wasserlösliches Antioxidans und für die Inaktivierung freier Radikale oder reaktiver Sauerstoffverbindungen in allen wässrigen extrazellulären Kompartimenten von Bedeutung. Während die Bildung der Harnsäure, wie oben beschrieben, intrazellulär oxidativen Stress verursacht, ist sie extrazellulär antioxidativ wirksam. Harnsäure und viele andere Verbindungen wie (bei den synthetisierenden Spezies) auch Vitamin C stehen am Ende von Stoffwechselketten, bei denen freie Radikale entstehen. So führt der Abbau des ATP (Endprodukt Harnsäure) ebenso zu einer vermehrten Bildung von reaktiven Sauerstoffverbindungen, wie auch die Metabolisierung der Glucose in der Zelle. Eine solche Kombination hat sich in der Evolution als sinnvoll erwiesen: Die Aufnahme von viel Glucose in die Zelle führt zum Anstieg der reaktiven Sauerstoffverbindungen aber eben auch gleichzeitig zur Bildung von Vitamin C als antioxidativem Schutzmechanismus. Die nichtsynthetisierenden Spezies setzen dem erhöhten oxidativen Stress die Aufnahme von DHA durch GLUT1 in die Zelle sowie die extrazellulär wirkende Harnsäure entgegen (siehe oben).

Tatsächlich führt eine experimentelle Reduktion des Harnsäurespiegels im Blut des Menschen zu einem deutlichen Anstieg des oxidativen Stresses und damit auch zu einer Zunahme oxidierter Verbindungen (Fabrini et al. 2014).

3.5   Die Energienische

Fehlende Nahrung, das bedeutet auch fehlende Energie, ist für alle Spezies eine Bedrohung und hat zu den unterschiedlichsten Strategien geführt, den Stoffwechsel so anzupassen, dass Energiedefizite zumindest für eine begrenzte Zeit überbrückt werden können, sei es durch das Anlegen von Fettdepots oder durch alternative Nutzung von Proteinreserven. Auch können verschiedene Stoffwechselwege auf Sparflamme schalten oder der Energieverbrauch wird eingeschränkt, indem die Muskelaktivität heruntergefahren wird. Gleiches gilt auch für energieverbrauchende Syntheseprozesse wie die Proteinsynthese in der Leber. All diese Sparmaßnahmen sind nur dann sinnvoll, wenn sie nur vorübergehend eingesetzt werden müssen, da sonst das Überleben der Art gefährdet wäre. Was aber, wenn in einem Habitat die Nahrung grundsätzlich knapp ist? Können sich Individuen an einen dauerhaft geringen Energiegehalt der Nahrung anpassen? Eine solche Anpassung müsste in einer Abnahme des Energieverbrauchs, zum Beispiel durch geringere Körpermasse bestehen. Dies würde einen starken Selektionsdruck auf die Individuen bedeuten, die die genetische Grundlage für eine solche Anpassung in sich tragen.

Die Menge an Energie, die zur Deckung des Bedarfs benötigt wird, hängt von verschiedenen Faktoren ab:

- Ruheumsatz (RMR; auch Grundumsatz): Energiemenge, die in Ruhe für Stoffwechsel und vitale Körperfunktionen gebraucht wird; steht in direkter Beziehung zur Körpermasse (je schwerer ein Organismus, desto höher der RMR)
- Leistungsumsatz: Energieumsatz, der sich durch die Aktivitäten des Organismus ergibt; kann je nach Spezies stark schwanken

— Energieumsatz, der durch Wachstum und Reproduktion definiert ist; von Bedeutung, wenn sich ein Organismus in einer Wachstumsphase befindet oder eine Schwangerschaft besteht

Die Summe aus Ruheumsatz und Leistungsumsatz ergibt den Gesamtenergieumsatz (*total energy expenditure*, TEE).

Die Kenntnis dieser Größen ist für das Verständnis der Anpassungsmechanismen der Individuen an eine sich ändernde Bereitstellung von Nahrungsenergie von Bedeutung. Ein erheblicher Selektionsdruck entsteht immer dann, wenn die verfügbare Energie zum Leben nicht ausreicht. Entweder die Spezies verlässt auf der Suche nach Nahrung ihr Habitat oder sie stirbt aus. Alternativ kann es, wenn die Energieverknappung langsam eintritt, zu einer natürlichen Selektion kommen, die beispielsweise darin besteht, dass kleinere Spezies mit niedrigerem Energiebedarf eine höhere Überlebenschance haben und damit der RMR und der TEE sinken. Allgemein gilt, dass kleine Säugetiere zwar einen hohen körpermassespezifischen Energiebedarf, aber einen geringen Gesamtenergiebedarf haben. Im Gegensatz dazu haben große Säugetiere einen eher niedrigen massespezifischen Energiebedarf, aber einen hohen Gesamtenergiebedarf (Snodgrass et al. 2009). Daraus lässt sich schließen, dass kleine Säugetiere eher eine energie- und nährstoffreiche Kost benötigen, während große Tiere mit nährstoff- und energiearmer Nahrung, die zudem noch schwer verdaulich ist, gut auskommen. Der Vergleich zwischen der Nahrungsqualität und dem Körpergewicht bei Affen und Menschen verdeutlicht dies noch einmal. Kleine Affen verzehren eine Kost mit höherer Qualität, etwa vergleichbar mit der Nahrung des Menschen, während die großen, schweren Affen, wie die Gorillas, eine deutlich geringere Qualität ihrer Ernährung tolerieren, dafür aber umso höhere Ansprüche an die Quantität stellen (Leonard 2010). Dennoch gilt auch für die großen Säuger, dass eine Ernährung unterhalb des durch den Stoffwechsel gegebenen Qualitätsstandards auf Dauer das Überleben und die Fortpflanzung gefährden.

3.6 Die Mangelnische

Bei vielen Tieren kann man beobachten, dass Qualität und Quantität der aufgenommenen Nahrung mit dem Körperwachstum und der Reproduktionsfähigkeit in einer direkten Beziehung stehen. Auch für den Menschen gilt, dass eine quantitativ aber auch qualitativ schlechte Ernährung der Mutter in der Schwangerschaft und des Kindes in den ersten Lebensjahren einen Kleinwuchs begünstigt.

Könnte der Phänotyp des Pygmäen Folge einer natürlichen Selektion sein, die in Habitaten mit eingeschränkter Energieversorgung erfolgt ist?

┌─ **Definition** ───────────────────────────────

Pygmäen: zählen zu den kleinsten Menschen weltweit; leben bis heute als Jäger und Sammler oft in Regenwäldern in der Nähe des Äquators; ihre Körpergröße übersteigt selten 150 cm

└──

Für ihren physiologischen Kleinwuchs der Pygmäen gibt es verschiedene Erklärungen:
— thermoregulatorische Anpassung an die Bedingungen des Regenwaldes

- verbesserte Mobilität im Regenwald
- reduzierter Energieverbrauch als dauerhafte Anpassung an eine geringere Verfügbarkeit von Energie

Die ersten beiden Punkte sind sicherlich für ein Leben im Regenwald von Vorteil, ob jedoch nur die Thermoregulation und die Mobilität die Entwicklung des Phänotyps begünstigt haben und einen so starken Selektionsdruck ausüben konnten, ist mehr als fraglich. Auch andere Vorfahren haben im Regenwald gelebt und diesen schließlich mit weitaus größerer Körperlänge verlassen, wobei ein größerer Wuchs im Buschland oder in der Savanne sicherlich vorteilhaft war.

Im Unterschied zum Stunting ist der Pygmäe nicht unbedingt deshalb klein, weil er in den ersten Lebensjahren mangelernährt war, sondern seine geringe Körpergröße wird vererbt. Der erbliche Pgymy-Phänotyp ist nicht nur in Afrika zu beobachten, sondern auch Asien und Südamerika. Das könnte zum einen darauf zurückzuführen sein, dass die Pygmäen zu irgendeiner Zeit aus ihrem Ursprungshabitat ausgewandert sind. Zum anderen könnte die Entwicklung dieses Phänotyps aber auch auf die Besiedlung einer neuen ökologischen Nische basieren, sodass der Kleinwuchs das Ergebnis der natürlichen Selektion ist, das heißt eine Anpassung an die Nische darstellt. Diese Anpassung liegt einige Zehntausend Jahre zurück, ihre möglichen Ursachen und Folgen lassen sich aber an aktuellen Beispielen erörtern.

Definition

Stunting:
- Kleinwuchs, der Folge einer Mangelernährung der Mutter in Schwangerschaft oder des Kindes im Verlauf der ersten zwei Lebensjahre ist
- es gilt: H/A < −2 SD): Kinder mit Stunting weichen von der mittleren Körpergröße normalentwickelter Gleichaltriger in ihrer Population um mehr als zwei Standardabweichungen ab (H = Körpergröße [*height*]; A = Alter [*age*]; SD = Standardabweichung)
- ebenso wie Untergewicht Folge einer chronischen Mangelernährung**Wasting**: Auszehrung; hier fehlt es der Nahrung nicht nur an Qualität, sondern auch an Quantität; die Betroffenen haben für ihr Alter ein zu niedriges Körpergewicht

---

Definition

Wasting: Auszehrung; hier fehlt es der Nahrung nicht nur an Qualität, sondern auch an Quantität; die Betroffenen haben für ihr Alter ein zu niedriges Körpergewicht

---

Mangelernährung – eine unzureichende Versorgung mit einem oder mehreren essenziellen Mikronährstoffen – in den ersten tausend Lebenstagen eines Kindes (1000-Tage-Fenster) führt zum Stunting. Die Kinder sind für ihr Alter zu klein und auch die kognitive Entwicklung ist eingeschränkt, und das, obwohl diese Mangelernährung durchaus ausreichend Energie liefern kann. Die betroffenen Kinder sind deswegen nicht unbedingt untergewichtig, sie können sogar übergewichtig sein. Genügend Energie und oft auch Protein sind meist vorhanden, was fehlt ist die regelmäßige Aufnahme der Mikronährstoffe, die in unterschiedlicher Menge in verschiedenen Nahrungsmitteln vorkommen.

Das 1000-Tage-Fenster

Das 1000-Tage-Fenster bezeichnet die ersten tausend Tage im Leben eines Kindes. Kinder, die während dieser Zeit mangelernährt sind, haben kaum noch eine Chance, den Mangel später aufzuholen. Der wesentliche Grund für Entwicklungsstörungen innerhalb dieses Fensters ist eine schlechte Ernährung der Mutter, die zu Neugeborenen mit geringem Geburtsgewicht führt. Sie betrifft in Entwicklungsländern zwischen 16 und 32 % aller Neugeborenen (WHO 2010).

Setzt eine Mangelernährung erst nach diesen tausend Tagen ein, so bleibt die Wachstumsverzögerung in den meisten Fällen aus. Umgekehrt können eine Wachstumsverzögerung sowie die weiteren Folgen der Mangelernährung durch eine Behebung der Mangelernährung am Ende der tausend Tage oft nicht mehr kompensiert werden. Das sichtbare Zeichen der Entwicklungsstörung in den ersten beiden Lebensjahren ist das Stunting.

Um die Ursachen der Mangelernährung zu verstehen, muss man wissen, welche Mikronährstoffe in der Versorgung kritisch sind und wo diese vorkommen. Für ein Drittel der Menschheit stellen Getreideprodukte (Reis, Mais, Weizen, Hirse u. a.) die tägliche Grundlage ihrer Ernährung dar. Bis zu 80 % der benötigten Energie und 60 % des täglichen Proteinbedarfs werden hierdurch gedeckt. Nun sind diese Getreidesorten zwar sättigend, weil sie vor allem Energie in Form von Kohlehydraten und Protein liefern, aber nicht sonderlich reich an Mikronährstoffen. Und die wenigen Mikronährstoffe, die diese stärkehaltigen Lebensmittel enthalten – Eisen, Zink Vitamin B_6 –, können anders als die Mikronährstoffe aus tierischen Quellen deutlich schlechter im Darm aufgenommen werden. Am Ende steht als Folge einer unausgewogenen oder qualitativ minderwertigen Ernährung trotz oft ausreichender Energiezufuhr der verborgene Hunger. »Verborgen« deshalb, weil der Mangel an Mikronährstoffen vom Menschen erst dann wahrgenommen wird, wenn sich typische Krankheitssymptome zeigen.

Zweifellos bedeutet eine frühe Geschlechtsreife bei kurzer Lebensspanne hinsichtlich der Evolution einen hohen Selektionsdruck. Pygmäen werden zwischen dem zehnten und zwölften Lebensjahr geschlechtsreif und junge Frauen, die mit zwölf Jahren ihr erstes Kind geboren haben, sind keine Seltenheit. Ebenso gesichert ist, dass die Körpergröße mit der Lebensspanne direkt korreliert (Migliano et al. 2007). Pygmäen werden auch unter optimalen Lebens- und Ernährungsbedingungen nicht älter als 45 Jahre. Die Beziehung zwischen Lebenserwartung und Körpergröße kann man bis in unsere Zeit verfolgen.

3.6.1 Beziehung zwischen Körpergröße und Sterblichkeit

Eine Beziehung zwischen Körpergröße und Sterblichkeit lässt sich heute noch auch in entwickelten Ländern (z. B. Norwegen, USA) erkennen. Bei einer Körpergröße von weniger als 160 cm nimmt die Sterblichkeit bis zum 2,5-Fachen (Körpergröße: 142 cm) zu. Dies gilt unabhängig vom Körpergewicht, das heißt, dass kleine Männer mit demselben BMI wie große Männer eine geringere Lebenserwartung haben. Tatsache ist, dass die chronische Mangelernährung im Kindesalter dazu einen wesentlichen Beitrag leistet, weil sie Krankheiten begünstigt, die wiederum den Nährstoffbedarf steigern und damit den Mangel verstärken. Dies konnte der Nobelpreisträger Robert William Fogel an einem Beispiel besonders eindrucksvoll dokumentieren. Kleine Männer werden seltener für die US-Army rekrutiert als große, da kleine Männer häufiger chronisch krank sind. Sie leiden bis zu dreimal häufiger an Kreislauferkrankungen, Parodontitis oder Leistenhernien, Erkrankungen als Folge schlechter, unzureichender Ernährung, ebenso wie an dadurch ausgelösten Entwicklungsstörungen. Die Daten der US-Army zur Rekrutierung in den Jahren 1985–1988 zeigen, dass Männer, die eine Körpergröße unter 160 cm haben, ein bis zu 2,5-fach höheres Risiko für einen schlechten Gesundheitszustand aufweisen (Fogel 1993). Fogel nennt in seinen Arbeiten, in denen er die Beziehung zwischen Stunting und Mortalität über einen langen Zeitraum untersucht hat, eine nicht an den Energiebedarf angepasste Ernährung, vor allem in Kindheit und Jugend, als wesentliche Ursache für das Auftreten späterer Erkrankungen, die die höhere Sterblichkeit verursachen. Fogel versteht unter Mangelernährung eine Ernährung, die quantitativ und qualitativ unzureichend ist, geht aber auf die Problematik der Qualität nicht ein. Stunting ist demnach auch ein Indikator für schlechtere Gesundheit und kürzere Lebenserwartung.

3.6.2   Wovon ernähren sich die Pygmäen?

Die Pygmäen sind Jäger und Sammler und finden im Regenwald vorwiegend pflanzliche Kost, die aus Samen und Wurzeln besteht. Insgesamt kennen sie bis zu 50 verschiedene essbare Pflanzen, die jedoch nicht alle auf dem Speiseplan stehen. Früchte werden nicht sehr häufig verzehrt und oft als Kindernahrung verschmäht (Hart und Hart 1986).

Diese pflanzliche Kost, so sie denn in ausreichender Menge verfügbar ist, enthält so viele Makronährstoffe, dass der Kalorienbedarf der Pygmäen von 1200–1600 kcal pro Tag gedeckt ist (◘ Tab. 3.3). Die Verfügbarkeit ist in den Trockenzeiten (Mitte September bis Mitte März), wenn unter Umständen nur sehr wenig Samen und Früchte vorhanden sind, jedoch geringer.

Der Regenwald, in dem die heutigen Pygmäen leben, besteht vorwiegend aus *Gilbertiodendron-dewevrei*-Bäumen (Leguminosen). Diese Bäume bilden große Samen (36 g), die den größten Anteil der täglichen Kost der Pygmäen ausmachen. Die Samen besitzen eine dünne aber stärkereiche Hülle und können in der Zeit von Oktober bis Dezember den ganzen Waldboden über Hunderte von Quadratkilometern bedecken. Als eher fettarme Saat dürfte der Gehalt an Vitamin E niedrig sein. Sie enthalten etwas Protein und viele Kohlenhydrate, sodass über den Verzehr von fünf Samenkörnern 1600 kcal zugeführt werden. Diese Menge mag ausreichen, den Hunger zu stillen, qualitativ ist diese Kost aber eher minderwertig. Wie andere Samen auch, liefern diese Samen verschiedene B-Vitamine sowie Zink, Eisen, Calcium und Magnesium in unterschiedlicher Menge. Allerdings dürfte die Absorption von Eisen und Zink, wie bei allen Getreidearten und pflanzlichen Samen, eher gering sein.

Neben Früchten und den verschiedenen Samen, die der Regenwald bietet, steht den Pygmäen, anders als den Urahnen im Regenwald, auch noch Fleisch als wichtiges und qualitativ hochwertiges Lebensmittel zur Verfügung (◘ Tab. 3.4).

Anhand der Menge der erlegten Tiere hat man errechnet, dass die heute lebenden Pygmäen täglich etwa 1 kg Fleisch verzehren (Hart und Hart 1986). Da der Hauptanteil auf die Blauducker entfällt, die über wenig Fett verfügen, hält sich die aufgenommene Energiemenge in Grenzen. Bei all den Schlussfolgerungen, die man aus den gesammelten Daten zieht, darf man allerdings nicht übersehen, dass die Ernährungsgewohnheiten heute lebender Pygmäen untersucht wurden. Diese Menschen finden ihre Nahrung im heutigen sekundären Regenwald, der sich infolge der landwirtschaftlichen Bearbeitung deutlich von dem primären Regenwald vor Urzeiten unterscheidet. Wir dürfen also bezüglich der Qualität der Ernährung nicht unbedingt direkte Rückschlüsse auf die Evolution unserer Vorfahren ziehen.

◘ Tab. 3.3 Von Pygmäen gesammelte pflanzliche Nahrung und ihre Zusammensetzung. (Nach: Wu Leung 1968; Tanno 1981)

Art	Menge in 100 g essbarem Anteil			
	Energie (kcal)	Fett (g)	Kohlenhydrate (g)	Protein (g)
gesammelte Pflanzen				
Irvingia gabonensis	670	68,9	16,6	7,5
Afrikanischer Brotfruchtbaum oder Okwabaum (*Treculia africana*)	377	5,6	70,4	12,6
Ricinodendron heudelotii	530	43,1	23,4	21,2
Gilbertiodendron dewevrei	353	0,6	82,3	4,8
Tetracarpidium conophorum	419	18,3	40,9	28,7
Ölpalme (Elaeis guineensis)	540	58,4	12,5	1,9
Canarium schweinfurthii	239	13,5	33,5	11,5
Diascorea spp.	112	0,1	26,5	1,5
angebaute Pflanzen				
Maniok (*Manihot esculenta*)	149	0,2	35,7	1,2
Banane (*Musa paradisiaca*)	135	0,3	32,1	0,3
Erdnuss (*Arachis hypogaea*)	549	44,8	23,2	23,2

Die Pygmäen im Ituri-Regenwald existieren seit mindestens 70.000 Jahren. Sicher ist, dass das Nahrungsangebot im Regenwald vor Beginn der Landwirtschaft sehr knapp gewesen sein muss. Die Samen von *Gilbertiodendron dewevrei* als primäre Kohlenhydratquelle gab es nur fünf Monate im Jahr. Zu verschiedenen Zeiten gab es Honig und auch Nüsse. Inwieweit wilde Süßkartoffeln vorhanden waren, ist unklar. Tierisches Protein stand durch die Jagd auf die verschiedenen, meist kleinen Antilopen in wechselnder Menge zur Verfügung. Diese Tiere lieferten zahlreiche Proteine, doch der Energiegehalt ist eher gering. Alles weist auf eine dauerhafte quantitative Mangelernährung in der Zeit der Entwicklung der Pygmäen hin, doch ist diese Annahme korrekt und wenn ja, war dies ein so starker Selektionsdruck, dass sich der Pygmy-Phänotyp genetisch durchsetzen konnte?

◘ Tab. 3.4 Tierische Kost der Pygmäen und ihre Masse. (Nach: Emmons und Freer 1997)

Art	Masse (kg)
Kleine Beutetiere	
Pygmäenantilope (*Neotragus batsei*)	2,4
Blauducker (*Cephalophus monticola*)	4,8
Mittelgroße Beutetiere	
Hirschferkel (*Hyemoschus aquaticus*)	11,6
Schwarzstirnducker (*Cephalophus nigrifrons*)	13,6
Weißbauchducker (*Cephalophus leucogaster*)	16,7
Petersducker (*Cephalophus callipygus*)	17,9
Schwarzrückenducker (*Cephalophus dorsalis*)	21,0
Große Beutetiere	
Gelbrückenducker (*Cephalophus sylvicultor*)	68,0

Kritische Mikronährstoffe bei den reinen Regenwaldbewohnern dürften vor allem Vitamin D (Mangel an Sonnenlicht und Seefisch) und Jod (Mangel an Seefisch und Algen) gewesen sein. Auch Vitamin C und Calcium können chronisch knapp gewesen sein. Die süßen Vitamin-C-haltigen Früchte hingen weit oben in wenig zugänglichen Regionen, die Calciumquellen, zum Beispiel am Boden wachsende Grünpflanzen – wenn im Regenwald überhaupt vorhanden –, dürften auch nicht zur Hauptmahlzeit gehört haben. Alle diese Mikronährstoffe wirken aber stark auf die Entwicklung des Skelettsystems und des Längenwachstums. Eine ausreichende Versorgung mit Vitamin D, vor allem in der Schwangerschaft, hat einen Einfluss auf das Längenwachstum in den ersten Lebensjahren (Roth et al. 2013). Gleiches gilt für Calcium, Kupfer, Zink und Vitamin C (Prentice et al. 2006).

Könnte der Pygmy-Phänotyp eine Anpassung an eine Mangelnische gewesen sein? Dies würde auch bedeuten, dass körperliches Wachstum mehr von der Nahrungsqualität als von ihrer Quantität abhängt. Solange sich die Qualität nicht verbessert, bleiben kleine Spezies eben im Rahmen ihrer Ernährung klein. Das würde aber auch bedeuten, dass eine reduzierte Energiezufuhr nicht mit einer vergleichbaren Minderung des Bedarfs an Mikronährstoffen einhergehen muss.

3.6.3　Gemeinsamkeiten von Stunting- und Pygmy-Phänotyp

Pygmäen haben sich in Afrika, aber auch an anderen Orten in Asien entwickelt und weisen neben der geringeren Körpergröße Besonderheiten bei der Bildung und Wirkung von Wachstumshormonen auf. Sie haben niedrige Blutkonzentrationen von GHBP (*growth hormone binding protein*) sowie in den Geweben eine geringere Zahl von Wachstumshormonrezeptoren (*growth hormone receptor*, GHR), wodurch die Reaktion der Zellen auf Wachstumshormone reduziert ist und das Längenwachstum geringer ausfällt. Gleiches gilt für das Wachstumshormon IGF-1 (*insulin-like growth factor 1*). IGF ist in seinem Aufbau dem Insulin ähnlich und regt in vielen Zellen und Geweben das Wachstum an. Es wirkt über Rezeptoren, die in die Zellmembran integriert sind (IGFR-1, IGFR-2) und wird im Blut gebunden an das Protein IGFBP (*IGF-*

binding protein) transportiert. Solange IGF daran gebunden ist, kann es seine Wirkung nicht entfalten. Daher kommt dem Verhältnis IGF:IGFBP eine besondere regulierende Bedeutung zu. Je höher die IGFBP-Konzentration, desto geringer ist daher die wachstumsstimulierende Wirkung von IGF-1.

Bei Pygmäen der Philippinen (hier der Negrito-Ethnie mit dem Namen Ati) wurden im Blut im Vergleich zu normal groß gewachsenen Personen erniedrigte Konzentrationen von Proteinen und Mikronährstoffen gefunden, die das Wachstum steuern, wie GHBP, IGF-1 sowie Zink, Eisen und Albumin. Dagegen war der IGFBP-1-Spiegel erhöht. Das bedeutet, dass die IGF-Wirkung verringert ist. Vergleichende genetische Untersuchungen zwischen afrikanischen Baka-Pygmäen und ihren normal großen Nachbarn, den Nzime, ergaben, dass die Pygmäen, nicht aber die Nzime, einen Polymorphismus der Gene aufwiesen, die den GHR und IGF-1 codieren (Becker et al. 2013). Der Effekt der reduzierten Wirkung von IGF-1 bleibt daher bei Pygmäen lebenslang bestehen.

Bei Kindern mit Stunting-Phänotyp ist das anders. Sie weisen wie Pygmäen einen höheren IGFBP-1- und niedrigeren IGF-1-Spiegel im Blut auf (Mendizabal et al. 2013). Der Effekt der reduzierten Wirkung des IGF-1 verschwindet bei Kindern mit Stunting, wie Untersuchungen gezeigt haben, jedoch nach dem dritten Lebensjahr, wodurch zumindest ein Teil des verzögerten Wachstums aufgeholt werden kann (Mamabolo et al. 2007).

Das frühkindliche Wachstum wird, wie Studien an mangelernährten Kindern aus Afrika zeigen, weniger durch die Energiezufuhr als vielmehr durch die Menge an Protein und Mikronährstoffen geregelt. Bei Kindern mit Kwashiorkor, einer Erkrankung, die auf eine chronische Energie-Protein-Mangelernährung zurückgeht, findet sich ein erhöhter Spiegel des Wachstumshormons HGH (*human growth hormone*, auch Somatotropin genannt) im Blut. Erhalten die Kinder Proteine, so kehrt der HGH-Spiegel zum Normalwert zurück. Offensichtlich versucht der Organismus als Überlebensstrategie durch eine Steigerung der HGH-Konzentration verstärkt Fett als Energiequelle zu nutzen. Kinder mit Marasmus, ein Krankheitsbild, das ebenfalls durch eine dauerhafte Energie-Protein-Mangelernährung hervorgerufen wird, haben ebenfalls einen erhöhten HGH-Spiegel im Blut. Dieser sinkt rasch ab, wenn Protein, nicht aber wenn proteinfreie Energie zugeführt wird (Pimstone et al. 1968). Protein, besonders tierisches, weniger aber Fett und Kohlenhydrate, sind die wichtigen Quellen für eine Reihe von Mikronährstoffen. Soweit es sich um Muskelfleisch handelt, findet sich hier im Wesentlichen Zink und Eisen als lebensnotwendiges Element. Wird Zink supplementiert, dann kommt es bei Kindern mit Stunting zu einem raschen Anstieg von IGF (Hamza et al. 2012; Ninh et al. 1996).

Sowohl eine Erniedrigung des IGF-1-Spiegels im zirkulierenden Blut, wie sie bei kindlicher Mangelernährung beobachtet wird, als auch eine Erhöhung der IGFBP-1-Konzentration resultieren in einer verminderten Wirkung des IGF-1 auf das Wachstum. Genau darin aber könnte ein adaptiver Mechanismus liegen, der die beiden kleinwüchsigen Phänotypen verbindet. Wird die Produktion von IGFBP-1 hoch- oder die von IGF-1 herunterreguliert, nimmt der Einfluss des Wachstumsfaktors auf das Wachstum von Knochen und Muskulatur ab und damit auch der Bedarf an Nährstoffen. Darüber hinaus werden so Ressourcen für andere wichtiger Stoffwechselprozesse wie die Proteinsynthese oder die Versorgung des Gehirns frei. Überleben ist allemal wichtiger als Körpergröße.

Es könnte sich demnach bei dem Pygmy-Phänotyp um eine Nischenkonstruktion handeln, die die Folgen einer chronischen Mangelernährung kompensiert. Bei Kindern mit Stunting liegt offensichtlich der gleiche Mechanismus hinter der zurückbleibenden Körpergröße, allerdings scheinen sich die metabolischen Veränderungen der Wachstumshormonachse wieder zu normalisieren, obwohl das reduzierte Längenwachstum nicht mehr aufgeholt werden kann. Ein niedriger IGF-Spiegel, wie er sich bei den Pygmäen und auch bei Kindern mit Stunting findet, hat durchaus auch einen metabolischen Vorteil. Er bewirkt offensichtlich eine bessere Speicherung von Fett (Mamabolo et al. 2014) was bei der geringeren Energieaufnahme des Pygmäen eine wichtige Überlebensstrategie des Organismus sein kann.

Bei einem besonderen Pygmy-Phänotyp, der vor ca. 20.000 Jahren ausstarb, dem *Homo floresiensis*, scheint jedoch auch die Hirnentwicklung nicht unerheblich beeinträchtigt gewesen zu sein.

3.7   Der Homo floresiensis

Im Jahr 2003 wurde auf der Insel Flores (Indonesien) in der Liang-Bua-Höhle ein Skelett entdeckt, dessen Alter man auf etwa 18.000 Jahre vor heute datierte. Das Besondere an diesem Skelett ist seine mit 100–106 cm geringe Körpergröße. Dieses Lebewesen war also noch deutlich kleiner als die heutigen Pygmäen und sein kleiner Wuchs trug ihm – nach den kleinwüchsigen, pelzigen Gestalten in J.R.R. Tolkiens Werken – die Bezeichnung »Hobbit« ein. Noch mehr erstaunte allerdings das Hirnvolumen von nur ca. 400 cm³. Vergleichende Untersuchungen mit Knochenfunden verschiedener Vertreter der Hominini ergaben, dass es sich bei dem Fund um Überreste einer bis dahin unbekannten Art der Gattung *Homo* handeln musste, die man schließlich als *Homo floresiensis* bezeichnete. Die Schädelform des *H. floresiensis* entspricht der des *H. erectus*, der vor ca. 1,8–0,2 Mio. Jahren existierte, Hirnvolumen und Skelett haben jedoch Ähnlichkeit mit dem vor 3 Mio. Jahren lebenden *Australopithecus afarensis*, zu dem auch die berühmte Lucy zählt. Auf Flores hatte man also offenbar eine neue Spezies Mensch gefunden, die in der Zeit zwischen 95.000 und 17.000 Jahren vor heute neben dem bereits an anderen Orten existierenden *H. sapiens* gelebt hat.

Die Entdecker sprachen euphorisch von einer neuen Art, die sich hier entwickelt hatte (Brown et al. 2004). Bis heute tobt allerdings eine Debatte darüber, ob es sich bei der Fundstätte, in der die Fossilien von insgesamt vier Individuen gefunden worden sind, nicht vielleicht doch um eine Grabstätte von verkümmerten Exemplaren einer Population mit normaler Körpergröße handelt, die aufgrund ihrer Kleinwüchsigkeit und wahrscheinlich auch geringen Intelligenz aus der Gruppe ausgesondert worden waren oder die sich wegen ihrer Andersartigkeit in Höhlen zurückgezogen hatten. Träfe diese Annahme zu, dann hätte man jedoch im selben Bodenhorizont auch hominine Knochenfunde entdecken müssen, die man dem *H. sapiens*, der ja bereits lange vorher eingewandert war, hätte zuschreiben müssen. Das ist jedoch nicht der Fall. Manches spricht tatsächlich für den *H. floresiensis* als eigene Art, doch was könnte die Ursache für seinen Kleinwuchs gewesen sein? Drei Theorien werden diskutiert, für alle gibt es Hinweise, aber keine ist letztendlich bewiesen:

- Der *H. floresiensis* ist ein Nachfahre eines auf der Insel Java lebenden *H. erectus* (Hirnvolumen 1000 cm³). Zwergwuchs und kleines Gehirn sind Folge des Inselphänomens.
- Der *H. floresiensis* ist entweder ein Nachfahre des *H. habilis* (Hirnvolumen 600 cm³) oder des *Australopithecus afarensis* (Hirnvolumen 400 cm³).
- Der *H. floresiensis* könnte ein Konvergent eines südostasiatischen Affen gewesen sein.

Definition

Konvergenz: zwei Spezies können einander ähnlicher sein, als ihre gemeinsamen Vorfahren

Gegen die zweite und dritte Hypothese spricht, dass der *H. floresiensis* alle Merkmale des *Homo* (aufrechter Gang, typisches Gebiss und Skelett) und nur sehr wenige (vom Hirnvolumen einmal abgesehen) der Affen bzw. der Australopithecinen aufweist. Bleibt die erste Hypothese, bei der allerdings mit der Verkleinerung des Gehirns etwas hätte eintreten müssen, was eigentlich gegen alle Erfahrung der Evolution spricht, das heißt gegen eine Rückentwicklung. Ganz ähnlich wie bei den Pygmäen könnte der Kleinwuchs aber auf einer dauerhaft geringen Energiezufuhr beruhen, also eine Adaptation an diese Bedingungen darstellen. In gleicher Weise könnte eine mindere Qualität der Nahrung zu einer langfristigen Reduktion des Gehirnwachstums geführt haben. Und in der Tat gibt es eine Beziehung zwischen Nahrungsqualität und Hirnvolumen (► Abschn. 10.1, 10.2). Große Hirnvolumina korrelieren mit einer guten Nahrungsqualität und umgekehrt. Stellt sich die Frage, ob die schlechte Nahrungsqualität auf der Insel zu einer langsamen Reduktion des Hirnvolumens geführt hat?

Definition

Inselverzwergung: die Körpergröße von Tieren, die auf einer Insel leben, nimmt über Generationen hinweg deutlich ab; der Grund sind vermutlich begrenzte Nahrungs- und Platzressourcen

Inselgigantismus: die Körpergröße von Tieren, die auf einer Insel leben, nimmt über Generationen hinweg deutlich zu; der Grund sind vermutlich fehlende Fressfeinde
Beides wird auch unter dem Begriff Inselphänomen zusammengefasst

---

Wie muss man sich die Flora und Fauna auf Flores zur damaligen Zeit vorstellen? Nach den Untersuchungen von Meijer et al. (2010) war die Fauna im späten Pleistozän (vor 0,13–0,012 Mio. Jahren) verarmt, was jedoch auch für andere Inseln zutraf. In der Analyse geht Meijer davon aus, dass für den Fall, dass der *H. floresiensis* eine Adaptation an eine verarmte Fauna darstellt, auch andere Spezies solche Adaptationen zeigen sollten. Aus Funden in den Höhlen in der Nähe der Hobbit-Fossile lässt sich schließen, dass im späten Pleistozän auf der Insel Tiere wie der Zwergelefant (Stegodon), verschiedene große Rattenarten, Fledermäuse und Komodowarane unterschiedlicher Größe lebten. Insgesamt zeigen die Fossilienfunde keine besonders vielfältige Fauna. Dies gilt besonders für das Gebiet Liang Bua mit der gleichnamigen Höhle, in der der Hobbit gefunden wurde. Aus den homininen und tierischen fossilen Belegen von einem weiter entfernt liegenden Fundort, die dem mittleren Pleistozän zuzuordnen sind, folgert Meijer, dass die Insel bereits lange vor dem Hobbit besiedelt war und alle taxonomischen Gruppen, die in Liang Bua gefunden wurde, bereits 700.000 Jahre vorher existierten.

Eine Form der Adaptation an diese Bedingungen auf der Insel ist eine Reduktion der Körpergröße, die mit einer Reihe von Veränderungen einhergeht, die unter den gegebenen Bedingungen von Vorteil waren, wie ein geringerer Energiebedarf und möglicherweise auch ein verminderter Bedarf an essenziellen Mikronährstoffen. Solche Größenveränderungen als Anpassung wurden schon häufig beschrieben und bestehen zum Beispiel in einer Verringerung der Körpergröße von Huftieren sowie umgekehrt einer Zunahme der Größe von kleinen Säugern (z. B. Riesenratten, wie sie auch auf Flores gefunden wurden).

Beim *H. floresiensis* könnte die Entwicklung durch die besondere Situation auf der Insel, die geprägt war von einer unzureichenden Versorgung mit Energie und essenziellen Mikronährstoffen, umgekehrt zur Evolution des modernen Menschen, des *H. sapiens*, verlaufen sein. So hat sich beispielsweise das energiehungrigste Organ, das Gehirn, verkleinert und auch seine Körpergröße und damit auch seine Muskelmasse haben sich verringert. Ähnliches ist von Tieren, die auf Flores und anderen Inseln unter ähnlichen Bedingungen leben, wie dem Zwergnilpferd auf Madagaskar oder dem Zwergelefant auf Flores bekannt. Eine starke Verringerung des Hirnvolumens im Vergleich zu den Festlandspezies ließ sich auch an Fossilien der Höhlenziege auf Mallorca feststellen. Es ist demnach nicht so unwahrscheinlich, dass die Verzwergung nicht nur die Körpergröße, sondern auch das Hirnvolumen betraf. Dass der *H. floresiensis* damit fähig war, zu überleben und sich Techniken der Jagd und der Nahrungsaufnahme anzueignen, wie sie bereits der *H. erectus* anwendete, zeigen die Funde von Feuerstätten und Jagdwaffen wie Pfeil- und Speerspitzen bzw. bearbeitete Steine, die zum Zerlegen des Fleisches genutzt wurden.

Verzwergung – Anpassung an eine Mangelnische?   Spuren des *H. erectus* finden sich im Raum der indonesischen Inseln vor ca. 800.000 Jahren. Der *H.erectus* war auf der Insel Flores (und nicht nur dort) auf die kraftraubende Jagd größerer Tiere und auf die Früchte, Wurzeln und Blätter des Regenwaldes angewiesen, um seine Ernährung zu sichern. Die pflanzliche Nahrung konnte ihn mit einer Reihe von Mikronährstoffen versorgen, stand jedoch nicht regelmäßig Fleisch auf dem Plan, so hatte er sicherlich Probleme, seinen Bedarf zu decken. Eisen war Mangelware ebenso wie Vitamin A oder VitaminB_{12} sowie Jod und Vitamin D, sofern keine Fische oder Seeschnecken verfügbar waren. Die Fauna auf Flores war zudem noch nicht sehr artenreich. Der *H. erectus* sah sich also mit einer chronischen Mangelernährung konfrontiert. Lässt sich mit ihr auch der Rückgang des Hirnvolumens und der Körpergröße erklären?

Eine moderate Mangelernährung, so die Untersuchungen an Ratten, führen zu einer selektiven und permanenten Reduktion des Hirngewichts und der Zahl an Neuronen (Dobbing und Sands 1973).

Sollte der Phänotyp des *H. floresiensis* das Ergebnis einer langanhaltenden Mangelernährung sowohl quantitativ wie auch qualitativ gewesen sein? Diese phänotypische Reaktion auf eine dauerhafte Mangelnische wäre damit eine Art metabolisch fixiertes Stunting, als Antwort auf eine chronische Mangelernährung. Im Gegensatz zum Pygmy-Phänotyp als Anpassung an eine dauerhaft geringe Energiezufuhr könnte beim *H. floresiensis* die geringe Körpergröße wie auch die Verkleinerung des Gehirns eine Folge der qualitativ *und* quantitativ unzureichenden Ernährung sein.

Die grundsätzliche Frage in Bezug auf die Entwicklung des *H. floresiensis* ist jedoch, ob die Folge einer dauerhaften Mangelernährung neben dem Rückgang der Körpergröße auch ein verringertes Hirnvolumen sein kann. Genau hierzu gibt es eine Reihe von interessanten Untersuchungen, bei denen Bonobos mit einer für sie üblichen Ernährung gefüttert wurden, die bei der Kontrollgruppe allerdings um 30 % kalorienreduziert war (Antonow-Schlorke et al. 2011). In dieser Studie konnte beobachtet werden, dass eine solche Kalorienreduktion bei trächtigen Bonobos zu nachweisbaren Veränderungen in der Gehirnentwicklung der Neugeborenen führt. Dazu gehört eine verminderte Verfügbarkeit des Wachstumsfaktors IGF-1 im Gehirn ebenso wie eine Verringerung des Gehirnvolumens. Damit steht dem Gehirn ein wesentliches wachstumsstimulierendes Protein nur in geringer Menge zur Verfügung, was offenbar auf Dauer in einer sukzessiven Abnahme des Hirnvolumens resultieren kann. Außerdem war die Bildung von Wachstumsfaktoren in der Leber reduziert, die für das körperliche Wachstum verantwortlich sind (Li et al. 2009). Geringeres Längenwachstum und eingeschränkte Hirnentwicklung können also Hand in Hand gehen.

Zwischen Körpermasse und Hirnvolumen besteht bei den Hominini eine direkte Beziehung (Kubo et al. 2013). Wenn die Reduktion der Körpergröße des *H. floresiensis* Folge einer energetisch unzureichenden Kost gewesen ist und der Vorfahre dieses Homininen, der *H.*

erectus, noch ein Hirnvolumen um die 1000 cm³ hatte, so sollte diese Beziehung auch beim *H. floresiensis* bestehen. Genau dies scheint aber nicht der Fall zu sein. Das ermittelte Gehirnvolumen des *H. floresiensis* ist im Verhältnis zur Körpermasse zu klein, das heißt, die Beziehung besteht nicht. Ob diese Feststellung für den *H. floresiensis* korrekt ist, wurde kürzlich in einer umfangreichen Analyse geprüft (Kubo et al. 2013). Die Wissenschaftler kamen zunächst zu dem Ergebnis, dass das Hirnvolumen nicht 400, sondern 426 cm³ betrug, was wieder mehr für diese Beziehung spricht. Sie folgerten weiter, dass der *H. floresiensis* ein Nachfahre des *H. erectus* ist und sich das Organ mit dem stärksten Energiebedarf (20 % des Gesamtenergiebedarfs), also das Gehirn, wegen der chronischen Nahrungsknappheit auf der Insel verkleinerte, um so Energie zu sparen und das Überleben zu sichern.

Untersuchungen an Fossilien verschiedener Primaten, die auf unterschiedlichen Inseln gefunden worden sind, zeigen, dass deren Körpermasse in keinem direkten Zusammenhang zum Gehirnvolumen steht, wie dies bei anderen Primaten ohne besagtes Inselphänomen beschrieben wird und auch bei *H. floresiensis* der Fall ist (Montgomery 2013). Das Gehirn dieser Primaten, wie auch das des *H. floresiensis*, hätte im Verhältnis zur Körpermasse größer sein müssen, legt man die Ergebnisse zahlreicher Studien an entsprechenden Fossilien zugrunde. Hinsichtlich der Einsparung von Energie ist es allerdings sehr viel effizienter, wenn sich das Gehirn an Stelle anderer Organe verkleinert, da es von allen Organen die meiste Energie verbraucht. Das reduzierte Hirnvolumen könnte demnach bei *H. floresiensis* ebenso wie bei den anderen Inselprimaten tatsächlich eine Anpassung an eine geringe Nahrungsqualität und -quantität sein.

Untersuchungen an Kindern unter zwei Jahren ($n = 157$) australischer Aborigines, die mit der Diagnose Mikrocephalie in einer Klinik vorgestellt wurden, ergaben einen direkten Bezug zwischen geringem Hirnvolumen und Mangelernährung (Skull et al. 1997).

Definition

Mikrocephalie: der Kopfumfang liegt mehr als zwei Standardabweichungen unter der altersentsprechenden Norm (95-%-Perzentile)

Der *H. floresiensis* lebte auf einer Insel mit einer Fauna, die sehr einseitig und wenig diversifiziert scheint (Meijer et al. 2010) und die offenbar einzigartig war. Die gesamte Fauna war an die Besonderheiten des Nahrungsangebots wie auch an das Vorkommen von Nahrungskonkurrenten wie auch Fressfeinde angepasst. Die Tatsache, dass sich die Fauna der Insel über eine lange Zeit hinweg kaum verändert hat, gehört ebenfalls zum Inselphänomen (Lomolino 2005).

Der Speiseplan von *H. erectus* auf Flores war quantitativ wie qualitativ dürftig, wenn man davon ausgeht, dass er in den tropischen Wäldern lebte und sich vorwiegend von Früchten und Blättern ernährte. Fleisch, zum Beispiel von diversen kleinen Nagern oder kleinen Säugetieren, wie sie im Regenwald vorkommen, war nur sehr begrenzt vorhanden. Über den Verzehr von Fisch liegen keine Daten vor, doch die Wahrscheinlichkeit, dass diese Bewohner des Regenwaldes Zugang zu Fisch hatten, erscheint eher gering. Zunehmende Trockenheit in der Zeit des mittleren bis späten Pleistozäns haben möglicherweise vorhandene Seen austrocknen lassen. Kein Fisch bedeutet aber auch kein Jod, kein Vitamin D, keine Omega-3-Fettsäuren. Jod und Vitamin D haben einen entscheidenden Einfluss auf das Körperwachstum und beeinflussen die Hirnentwicklung in der Schwangerschaft. Ist die Jodversorgung unzureichend, so kommt es zu Entwicklungsstörungen des fetalen Gehirns, ist sie sehr schlecht, so ist die gesamte Entwicklung des Kindes schwer gestört und führt zur Symptomatik des Kretinismus, mit Kleinwüchsigkeit und starker mentaler Einschränkung. Ob der *H. floresiensis* allerdings an Kretinismus litt, ist nach wie vor fraglich. Jüngste, sehr aufwendige Untersuchungen zur Schädelmorphologie haben eine Reihe von Belegen dafür erbracht, dass deutliche Unterschiede zu den heute an Kretinismus erkrankten Menschen bestehen (Kubo et al. 2013). Und doch könnten sowohl Jodmangel als auch die oben beschriebene Adaptation gemeinsam den besonderen Typus des *H. floresiensis* bedingt haben. Sollte der *H. floresiensis* an dieser Erkrankung gelitten haben, dann hätte er möglicherweise Schwierigkeiten gehabt, sich ausreichend zu ernähren, da er sowohl physisch als auch kognitiv beeinträchtigt gewesen wäre. Und da nicht nur Jod, sondern auch andere Mikronährstoffe einen Einfluss auf die Hirnentwicklung haben, können letztlich sowohl die quantitative als auch die qualitative Einschränkung der Nahrung, wie sie für eine solche Insel typisch sein kann (man bedenke, dass auch der Regenwald eine Art Insel darstellen kann), zum Phänotyp des Hobbits geführt haben.

Die Verkleinerung des Gehirns zur Einsparung von Energie mag vordergründig betrachtet eine sinnvolle Antwort der Evolution auf eine Energiemangelnische gewesen sein. Das würde aber bedeuten, dass Vertreter einer Art mit einem kleineren Gehirn einen Vorteil gegenüber solchen mit normal großen Gehirnen hatten und sich so im Zuge der natürlichen Selektion weiterentwickelten. Ob der Verlust an kognitiven Fähigkeiten, der damit einhergeht, tatsächlich ein Prinzip des *survival of the fittest* gewesen wäre, scheint fraglich. Vielmehr ist denkbar, dass zwar die Energieeinsparung den physisch kleineren Phänotyp begünstigt hat, der Mangel an Mikronährstoffen jedoch zu einer unzureichenden Hirnentwicklung beigetragen hat. Möglicherweise hätte der *H. floresiensis* ein ähnliches Gehirnvolumen wie der *H. erectus* behalten, wenn vor allem die Qualität und weniger die Quantität seiner Nahrung besser gewesen wäre, ganz wie es bei den heutigen Bewohnern des Regenwaldes, den Pygmäen, wohl der Fall ist.

Während sich die Ernährung von Homininen, die erst »vor Kurzem« ausgestorben sind, recht gut nachvollziehen lässt, da die Kenntnisse über deren Habitat weitaus verlässlicher sind und mit bestehenden Habitaten besser verglichen werden können, ist dies bei Fossilien, die Millionen Jahre alt sind, weitaus schwieriger. Hier bedient man sich spezieller analytischer Verfahren, die ganz besonders die Skelettteile untersuchen, die mit der Nahrungsaufnahme zu tun haben: Gebiss und Kieferform.

Literatur

Antonow-Schlorke I, Schwaba M et al (2011) Vulnerability of the fetal primate brain to moderate reduction in maternal global nutrient availability. Proc Natl Acad Sci U S A 108:3011–3016

Banjo AD, Lawal OA, Songonuga EA (2006) The nutritional value of fourteen species of edible insects in southwestern Nigeria. Afr J Biotechnol 5(3):298–301

Becker NS et al (2013) The role of GHR and IGF-1 genes in the genetic determination of African pygmies short stature. Eur J Hum Genet 21:653–658

Blount J (2004) Carotenoids and life history evolution in animals. Arch Biochem Biophys 430:10–15

Brown P et al (2004) A new small-bodied hominin from the Late Pleistocene of Flores, Indonesia. Nature 431:1055–1061

Cahtterjee IB (1973) Evolution and biosynthesis of ascorbic acid. Science 182:1271–1272

Challem JJ, Taylor EW (1998) Retroviruses, ascorbate and mutations in the evolution of *Homo sapiens*. Free Rad Biol Med 25:130–132

Culligan EP et al (2014) Metagenomic identification of a novel salt tolerance gene from the human gut microbiome which encodes a membrane protein with homology to a *brp/blh*-family β-carotene 15,15′-monooxygenase. Plos One 9: 1–9

Dobbing J, Sands J (1973) Quantitative growth and development of human brain. Arch Dis Child 48:757–767

Dominy NJ, Lucas PW (2001) Ecological importance of trichromatic vision to primates. Nature 410:363–366

Dominy NJ, Lucas PW (2004) Significance of color, calories and climate to the visual ecology of Catarrhines. Am J Primatol 62:189–207

Dominy NJ, Garber P, Bicca-Marques JC (2003) Do female tamarins use visual cues to detect fruit rewards more successfully than males? Anim Behav 66:824–837

Emmons L, Feer F (1997) Neotropical rainforest mammals: a field guide. University of Chicago Press, Chicago

Fabrini E et al (2014) Effect of plasma uric acid on antioxidant capacity, oxidative stress, and insulin sensitivity in obese subjects. Diabetes 63:976–981

Fernandez AA, Morris MR (2007) Sexual selection and trichromatic color vision in primates: statistical support for the preexisting bias hypothesis. Am Nat 170(1):10–20

Finke MD (2013) Complete nutrient content of four species of feeder insects. Zoo Biol 32:27–36

Fogel RW (1993) Economic growth, population theory, and physiology: the bearing of long term processes on the making of economic policy. Nobel lecture December 9. Univ. Chicago

Geissmann T (2003) Vergleichende Primatologie. Springer, Heidelberg

Hamza RT, Hamed AI, Sallam MT (2012) Effect of zinc supplementation on growth hormone insulin growth factor axis in short Egyptian children with zinc deficiency. Ital J Pediatr 38:21–31

Hart TB, Hart JA (1986) The ecological basis of hunter-gatherer subsistence in African rain forest: the Mbuti of eastern Zaire. Hum Ecol 14:29–56

Johnson RJ, Sautin Y, Oliver W et al (2009) Lessons from comparative physiology: could uric acid represent a physiologic alarm signal gone awry in western society? J Comp Physiol B 17:67–76

Johnson RJ et al (2011) Uric acid: a danger signal from the RNA world may have a role in the epidemic of obesity, metabolic syndrome and cardiorenal disease: evolutionary considerations. Semin Nephrol 31:394–399

Kubo D et al (2013) Brain size of *Homo floresiensis* and its evolutionary implications. Proc Royal Soc B 280:201–209

Le Blanc JG et al (2012) Bacteria as vitamin suppliers to their host: a gut microbiota perspective. Curr Opin Biotechnol 24:1–9

Leonard WR (2010) Science counts: revolutionary prospectives on physical activity and body size from early hominins to modern humans. J Phys Act Health 7:284–298

Ley LE et al (2008) Evolution of mammals and their gut microbes. Science 320:1647–1651

Li C et al (2009) Effects of maternal global nutrient restriction on fetal baboon hepatic insulin-like growth factor system genes and gene products. Endocrinology 150:4634–4642

Lomolino MV (2005) Body size evolution in insular vertebrates: generality of the island rule. J Biogeogr 32:1683–1699

Lykkesfeldt J (2002) Increased oxidative damage in vitamin C deficiency is accompanied by induction of ascorbic acid recycling capacity in young but not mature guinea pigs. Free Rad Res 36:567–574

Mamabolo R et al (2014) Association between insulin-like growth factor-1, measures of overnutrition and undernutrition and insulin resistance in black adolescents living in the North-West Province, South Africa. Am J Hum Biol 26(2):189–197

Meijer JM et al (2010) The fellowship of the hobbit: the fauna surrounding *Homo floresiensis*. J Biogeogr 37:995–1006

Mendizabal I et al (2013) Adaptive evolution of loci covarying with the human African Pygmy phenotype. Hum Genet 131:1305–1317

Migliano AB, Vinicius L, Lahr MM (2007) Life history trade-offs explain the evolution of human pygmies. Proc Natl Acad Sci U S A 104:20216–20219

Montel-Hagen A et al (2008) Erythrocyte GLUT1 triggers dehydrascorbic acid uptake in mammals unable to synthesize vitamin C. Cell 132:1039–1048

Montgomery SH (2013) Primate brains, the island rule and the evolution of *Homo floresiensis*. J Hum Evol 65:750–760

Morley RJ (2000) Origin and evolution of tropical rain forests. Wiley, Chichester

Ninh NX, Thissen JP, Collette L et al (1996) Zinc supplementation increases growth and circulating insulinlike growth factor I (IGF-I) in growth-retarded Vietnamese children. Am J Clin Nutr 63:514–519

Pimstone BL, Barbezat G, Hansen J et al (1968) Studies on growth hormone secretion in protein-calorie malnutrition. Am J Clin Nutr 21:482–487

Prentice A et al (2006) Nutrition and bone growth and development. Proc Nutr Soc 65(4):348–360

Riba-Hernandez P, Stoner KE, Osorio D (2004) Effect of polymorphic color vision for fruit detection in the spider monkey *Ateles geoffroyi* and its implication for maintenance of polymorphic color vision in platyrrhine monkeys. J Exp Biol 207:2465–2470

Roth DE et al (2013) Maternal vitamin D3 supplementation during the third trimester of pregnancy: effects on infant growth in a longitudinal follow-up study in Bangladesh. J Pediatr 163(6):1605–1611

Said HM (2013) Recent advances in transport of water-soluble vitamins in organs of the digestive system: a focus on the colon and the pancreas. Am J Physiol 305:601–610

Skull SA et al (1997) Malnutrition and microcephalie in Australian aboriginal children. Med J Aust 166:412–414

Snodgrass JJ, Leonard WR, Robertson ML (2009) The energetics of encephalization in early hominids. In: Hublin JJ, Richards MP (Hrsg) The evolution of hominin diets. Springer

Sumner P, Mollon JD (2000) Catarrhine photopigments are optimised for detecting targets against a foliage background. J Exp Biol 203:1963–1986

Tanno T (1981) Plant utilization of the Mbuti pygmies with special reference to the material culture and use of wild vegetable foods. Afr Study Monogr 1:1e53

Terashima H (1998) Honey and holidays: the interactions mediated by honey between Efe hunterer-gatherer and lese farmers in the Ituri forest. Afr Stud Monogr Suppl 25:123–134

WHO (2010) World Health report Primary Health care. WHO, Genf

Wu Leung WT (1968) Food composition table for use in Africa. Bethesda MD, US Dept of Health, Education and Welfare

Zhang ZD, Frankish A, Hunt T et al (2010) Identification and analysis of unitary pseudogenes: historic and contemporary gene losses in humans and other primates. Genome Biol 11:R26

Fingerabdrücke der Nahrung

H. K. Biesalski, *Mikronährstoffe als Motor der Evolution*,
DOI 10.1007/978-3-642-55397-4_4, © Springer-Verlag Berlin Heidelberg 2015

Es ist schwer vorstellbar, dass man aus versteinerten Relikten von Mensch und Tier auf ihre Ernährung schließen kann. Fossilfunde von Tieren und Pflanzen in den entsprechenden Bodenhorizonten geben zwar Hinweise darauf, was als Nahrung potenziell zur Verfügung stand, doch ob diese auch tatsächlich einen Platz auf dem Speiseplan unserer frühen Vorfahren hatte, ist daraus nicht abzulesen. Das Nahrungsspektrum von Arten, die vor Urzeiten gelebt haben, lässt sich jedoch mithilfe von Isotopenanalysen oder hochauflösender Mikroskopie von versteinerten Zähnen erfassen, die älter als 7 Mio. Jahre sein können.

Nahrung, die wir aufnehmen, wird im Körper metabolisiert und die verwertbaren Anteile in Energie oder Biomasse umgesetzt. So gelangt Protein in die Muskulatur oder das Gehirn bzw. in eine Vielzahl von Zellen, während Fett als Energiequelle gespeichert oder auch in verschiedene Gewebe eingebaut wird. Kohlenhydrate liefern in Form von Glucose ebenfalls eine energiereiche Verbindung. Alle diese Nährstoffe hinterlassen einen Fingerabdruck, den wir untersuchen können: von den Aminosäuren, die wir in Form von Proteinen aufgenommen haben, wird der Stickstoff in Knochen und Knorpel eingelagert, von den Kohlenhydraten ist es der Kohlenstoff, der sich ebenfalls in Knochen, Knorpel und den Zähnen wiederfindet.

4.1 C_3- und C_4-Pflanzen

Ein Großteil der Kohlenhydrate, die der Mensch zur Deckung seines Energiebedarfs benötigt, nimmt er über pflanzliche Nahrung – seien es Getreide oder auch Früchte oder Gemüse – auf. Die Pflanzen selbst erhalten den Kohlenstoff aus dem CO_2, das sie im Zuge der Photosynthese aus der Atmosphäre assimilieren und mithilfe der Lichtenergie in ihrem Stoffwechsel zu Kohlenhydraten reduzieren. Die photosynthetische Leistungsfähigkeit von Pflanzen wird durch die ökologischen Bedingungen in ihrem Standort wie die Lichtmenge und -qualität, aber auch Temperatur und die Verfügbarkeit von Wasser entscheidend beeinflusst. Entsprechend haben sie über Jahrmillionen hinweg strukturelle und funktionelle Anpassungen an die Bedingungen ihrer Umgebung entwickelt, die unter anderem den Photosyntheseapparat betreffen. Von den C_3-Pflanzen mit ihrer »konventionellen« Photosynthese unterscheidet man C_4- und CAM-Pflanzen (CAM für *crassulacean acid metabolism*, Crassulaceen-Säuremetabolismus), wobei alle drei Gruppen Vertreter aus verschiedenen Pflanzenfamilien enthalten.

> **Definition**
>
> **Photosynthese**: Umwandlung von Energie des Sonnenlichts in metabolisch nutzbare Energie

C_3-Pflanzen C_3-Pflanzen fixieren CO_2 durch Carboxylierung der C_5-Verbindung Ribulose-1,5-bisphosphat. Bei dieser Reaktion entstehen als erste stabile Produkte zwei C_3-Moleküle (3-Phosphoglycerat), die der Gruppe ihren Namen gegeben haben. Diese Reaktion wird von dem Enzym Ribulose-1,5-bisphosphat-Carboxylase/Oxygenase (Rubisco) katalysiert. Die Rubisco besitzt neben dieser Carboxylaseaktivität auch eine Funktion als Oxygenase und katalysiert die sogenannte Photorespiration, bei der CO_2 statt O_2 als Substrat dient und CO_2 freigesetzt wird. Die photosynthetische Carboxylierung und die photorespiratorische Oxygenierung sind konkurrierende Reaktionen, wobei die Photorespiration die Nettophotosyntheserate senkt, ein für die Pflanze ungünstiger Vorgang. In welchem Verhältnis die beiden Reaktionen ablaufen, wird von verschiedenen Faktoren bestimmt: den kinetischen Eigenschaften der Rubisco, der Konzentration der Substrate CO_2 und O_2 sowie der Temperatur. Je höher die Temperatur, umso stärker nimmt das Verhältnis der im Wasser gelösten CO_2- und O_2-Menge ab (auch durch das Verschließen der Stomata als Transpirationsschutz) und umso stärker wird die Oxygenierung gegenüber der Carboxylierung begünstigt. Kurzum: Je höher die Temperatur, umso geringer ist die Nettophotosyntheserate, das heißt, umso geringer der Zuwachs an Biomasse. Niedrige Temperaturen sind für C$_3$-Pflanzen demnach vorteilhaft, da sie die Carboxylasereaktion der Rubisco begünstigen. Heißes und trockenes Klima ist dagegen von Nachteil.

Aufgrund dieses ungünstigen Effekts höherer Temperaturen besiedeln C$_3$-Pflanzen eher mittlere bis hohe Breitengrade mit gemäßigtem Klima. Einige unserer wichtigsten Nutzpflanzen wie Reis, Weizen Roggen, Hafer, Zuckerrübe, Kartoffel, Sojabohne und Raps sind C$_3$-Pflanzen.

C$_4$-Pflanzen C$_4$-Pflanzen besitzen eine andere Blattanatomie als C$_3$-Pflanzen. Während Letztere hauptsächlich Mesophyll enthalten, zeichnen sich C$_4$-Pflanzen durch zwei chloroplastenhaltige Gewebe aus: Mesophyll und die Leitbündelscheide, die in einem engen Kontakt stehen. In C$_4$-Pflanzen erfolgt die primäre CO_2-Fixierung durch eine Carboxylierung von Phosphoenolpyruvat in den Mesophyllzellen. Dabei werden als erste stabile Produkte C$_4$-Dicarbonsäuren gebildet, auf die der Name der C$_4$-Pflanzen zurückgeht. Katalysiert wird diese Reaktion von der Phosphoenolpyruvat-(PEP-)Carboxylase. Die Dicarbonsäuren werden in die Leitbündelscheidenzellen transportiert, wo CO_2 abgespalten und von der Rubisco für die Carboxylierung von Ribulose-1,5-bisphosphat genutzt wird. Bei den C$_4$-Pflanzen hat sich also eine Art Vorfixierung von CO_2 durch die PEP-Carboxylase entwickelt. Der Vorteil ist, dass die CO_2-Konzentration am Ort der Carboxylierung durch die Rubisco wesentlich höher ist als bei den C$_3$-Pflanzen und so die Oxygenierung des Substrats und damit auch die Photorespiration unterdrückt wird. Der C$_4$-Mechanismus kann also, anders als der C$_3$ Fixierungsmechanismus, bei wesentlich höheren Temperaturen noch effizient ablaufen.

Nachteil dieses Mechanismus ist jedoch, dass er durch die CO_2-Anreicherung mehr Energie benötigt als der C$_3$-Mechanismus. Unter Bedingungen, die ungünstig für eine Photorespiration sind, also bei geringer Temperatur, sind C$_4$-Pflanzen auf eine höhere Lichtintensität angewiesen als C$_3$-Pflanzen, um effizient Photosynthese betreiben zu können. Steigt jedoch die Temperatur, dann nimmt der Anteil der Photorespiration bei den C$_3$-Pflanzen zu, die Nettophotosyntheserate sinkt. Unter solchen Bedingungen benötigen die C$_3$-Pflanzen dann eine höhere Lichtintensität, während der Quantenbedarf der C$_4$-Pflanzen relativ konstant bleibt. Allgemein gilt: C$_4$-Pflanzen sind den C$_3$-Pflanzen bei niedriger atmosphärischer CO_2-Konzentration, höherer Temperatur ($> 30\,°C$), höherer UV-Bestrahlung und längeren Trockenperioden überlegen.

C$_4$-Pflanzen haben sich an wärmere Regionen mit höherer Lichtintensität, also vorwiegend tropisches und subtropisches Klima, angepasst. Sie können bei hoher Lichteinstrahlung und hoher Temperatur in kürzerer Zeit mehr Biomasse aufbauen als C$_3$-Pflanzen. Entsprechend sind C$_4$-Pflanzen vorwiegend an trockenen Standorten zu finden. Zu den C$_4$-Pflanzen gehören vor allem Gräser und Nutzpflanzen wie Amarant, Hirse, Mais und Zuckerrohr.

CAM-Pflanzen Ein dritter Weg der CO_2-Fixierung hat sich bei CAM-Pflanzen entwickelt – der Crassulaceen-Säurestoffwechsel, der jedoch trotz seines Namens nicht auf die Crassulaceen beschränkt ist. Er ähnelt in vielerlei Hinsicht dem C$_4$-Mechanismus, doch während in den C$_4$-Pflanzen die primäre CO_2-Fixierung durch die PEP-Carboxylase und die Decarboxylierung der C$_4$-Dicarbonsäuren durch die besondere Blattanatomie getrennt sind, sind die Vorgänge in CAM-Pflanzen in erster Linie zeitlich separiert. Während der Nacht fixiert die

PEP-Carboxylase CO_2. Das schließlich entstehende Malat wird in der Vakuole gespeichert und tagsüber wieder in das Cytosol transportiert, wo es decarboxyliert wird. Das CO_2 diffundiert in die Chloroplasten und wird dort von der Rubisco für die Carboxylierung von Ribulose-1,5-bisphosphat genutzt. Vorteil hier ist, dass die Stomata tagsüber, wenn die Temperaturen hoch sind, geschlossen bleiben können, wodurch der Wasserverlust minimiert wird. Außerdem unterdrückt die erhöhte CO_2-Konzentration im Blattgewebe die Oxygenaseaktivität der Rubisco und damit die Photorespiration.

CAM-Pflanzen finden sich vor allem in trockenen Regionen, da sie durch ihre besondere Form des Wasserhaushalts gut vor Austrocknung geschützt sind, und haben dort einen Selektionsvorteil. Zu ihnen gehören neben den sukkulenten Dickblattgewächsen (Crassulaceen wie *Crassula*, *Kalanchoe*, *Sedum*) auch viele Pflanzen aus den Familien Cactaceae (Kakteengewächse), Agavaceae (Agavengewächse) und Euphorbiaceae (Wolfsmilchgewächse). Auch die Ananas nutzt die CAM-Photosynthese.

Definition

Sukkulenten: wasserspeichernde Pflanzen; lat.: *succulentus* = saftreich

---

Wie lassen sich nun Rückschlüsse auf das vor Urzeiten zur Verfügung stehende Nahrungsspektrum ziehen? Der Schlüssel ist die Isotopendiskriminierung von Enzymen des Stoffwechsels.

4.2   Kohlenstoffisotope

Definition

Isotope: Formen eines Elements, die dieselbe Anzahl an Protonen, aber eine unterschiedliche Zahl von Neutronen im Kern haben; besitzen dieselbe Ordnungszahl aber eine unterschiedliche Massenzahl

---

Das CO_2 der Atmosphäre enthält zu 98,89 % das Kohlenstoffisotop ^{12}C und zu 1,11 % das stabile Kohlenstoffisotop ^{13}C. Während das Isotop ^{14}C nur in Spuren vorkommt und daher keine physiologische Bedeutung hat, gilt für ^{13}C etwas anderes. Die chemischen Eigenschaften von $^{12}CO_2$ und $^{13}CO_2$ sind zwar identisch, doch ist der Massenunterschied offenbar so groß, dass pflanzliche Enzyme bei der Kohlenstofffixierung zwischen den beiden Isotopen unterscheiden können. Beide Isotope, ^{12}C und ^{13}C, werden zwar während der Photosynthese in pflanzliches Material eingebaut, bei C_3- und C_4-Pflanzen jedoch mit unterschiedlicher Intensität. Ein Grund dafür ist, dass die ersten in der jeweiligen Gruppe für die CO_2-Fixierung verantwortlichen Enzyme – bei C_3-Pflanzen die Rubisco, bei C_4-Pflanzen die PEP-Carboxylase – offenbar in unterschiedlichem Maß zwischen den beiden Kohlenstoffisotopen differenzieren. Untersuchungen haben gezeigt, dass die Rubisco bei der Carboxylierungsreaktion $^{12}CO_2$ gegenüber $^{13}CO_2$ bevorzugt, während eine solche Diskriminierung bei der PEP-Carboxylase nicht vorkommt. C_3-Pflanzen besitzen daher einen geringeren relativen ^{13}C-Gehalt (ausgedrückt als $\delta^{13}C$-Wert) als C_4-Pflanzen.

$$\delta^{13}C\,(‰) = \left(\frac{^{13}C/^{12}C \text{ der Probe}}{^{13}C/^{12}C \text{ des Standards}} - 1 \right) \times 1000$$

Dabei gibt der Standard das Kohlenstoffisotopenverhältnis einer Kalksteinformation in den USA an. Es gilt: Je negativer der $\delta^{13}C$-Wert, umso geringer ist der Anteil von ^{13}C. C_3-Pflanzen haben einen durchschnittlichen $\delta^{13}C$-Wert von $-28\,‰$, C_4-Pflanzen einen von $-14\,‰$ und fossile Brennstoffe einen von ca. $-30\,‰$, da sie sich zu Zeiten gebildet haben, als es ausschließlich Pflanzen mit einer C_3-Photosynthese gab. Das negative Vorzeichen gibt an, dass beide weniger ^{13}C enthalten als der Standard.

Der Gehalt an diesen Isotopen kann in einem Massenspektrometer sehr genau gemessen werden und der Nutzen einer Isotopenanalyse ist offenkundig. Zum einen lässt sich die Herkunft pflanzlichen Materials bzw. die Art der CO_2-Fixierung – durch C_3- und C_4-Pflanzen – an sehr kleinen und auch fossilisierten Proben zuverlässig bestimmen. Und es geht noch weiter: Da Herbivoren Pflanzenmaterial aufnehmen und die Kohlenstoffatome aus den Kohlenhydraten zumindest teilweise in ihre eigene Körpersubstanz einbauen, lässt das $^{13}C/^{12}C$-Verhältnis in ihrer Körpersubstanz Rückschlüsse auf ihre Ernährung zu. An Fett, Zähnen und Knochen von Herbivoren kann man erkennen, ob C_4- oder C_3-Pflanzen auf ihrem Speiseplan standen, und selbst in den in der Nahrungskette höher stehenden Raubtieren hinterlässt die pflanzliche Nahrung ihrer Beutetiere einen Fingerabdruck. Auch der Bodenhumus lässt sich entsprechend untersuchen. Die Bestimmung des Verhältnisses hat also vielfältige Anwendung im Bereich der Systematik, Ökologie und auch der Lebensmittelanalytik gefunden.

Bei CAM-Pflanzen ist die Variationsbreite des $^{13}C/^{12}C$-Verhältnisses aufgrund der physiologischen Flexibilität dieser Pflanzen recht hoch. Einige von ihnen können, abhängig von den äußeren Bedingungen, CO_2 sowohl über die PEP-Carboxylase fixieren als auch über die Rubisco. Ihre Funktion als Nahrungsquelle für herbivore Urahnen des Menschen ist daher nur schwer abzuleiten.

Pflanzen unterscheiden auch zwischen anderen Isotopen wie ^{18}O und ^{16}O oder ^{15}N und ^{14}N. Das Diskriminierungsmuster kann als Indikator für spezielle Stoffwechselwege herangezogen werden.

4.3 Klimaveränderung und Wandel des Nahrungsspektrums

Die Vegetation einer Region ist das Spiegelbild des dort herrschenden Klimas und der Bodenbeschaffenheit. Anders als viele Tiere, vermögen die sessilen Pflanzen ihren Standort nicht zu wechseln, wenn sich die lokalen Bedingungen ändern. Pflanzen müssen sich aber dennoch den sich ändernden äußeren Bedingungen anpassen und Extreme überdauern, um als Art bestehenzubleiben und nicht auszusterben. Auch besiedeln sie neue Lebensräume und erschließen sich neue ökologische Nischen. Wesentliche Aspekte, die die Zusammensetzung einer Pflanzengemeinschaft beeinflussen, sind die Verfügbarkeit von Wasser und die Temperatur.

Zunächst waren es C_3-Pflanzen, die die Erde besiedelten, und erst später entwickelten sich die C_4-Pflanzen, die sich vor 2 Mio. Jahren ausbreiteten und als Grasland ein Teil der Basis für die große Vielfalt der unterschiedlichen Ökosysteme wurden. Die Entwicklung der C_4-Pflanzen mit ihrem Mechanismus zu CO_2-Anreicherung in den Bündelscheidenzellen durch die PEP-Carboxylase war eine Anpassung an den sinkenden CO_2-Gehalt der Atmosphäre. C_4-Pflanzen traten über erdgeschichtliche Zeiträume hinweg immer dann auf, wenn der CO_2-Gehalt der Atmosphäre gering war.

Die Entwicklung der C_4-Photosynthese war ein wesentlicher Schritt für die Entwicklung des Lebens auf unserem Planeten. Die meisten C_4-Pflanzen sind Gräser (4500 Spezies), Sauergrasgewächse (Cyperaceae; ca. 1500 Spezies), dikotyle Pflanzen (ca. 1200 Spezies) und einige andere. Allerdings sind nur etwa 7500 von 250.000 Pflanzen C_4-Pflanzen.

Die globale Ausbreitung von C_4-Pflanzen ist erdgeschichtlich relativ jung und wird auf etwa 10 Mio. Jahre datiert. Im Zeitraum von 5–7 Mio. Jahre waren die Savannen von einer Pflanzengemeinschaft aus C_3- und C_4-Pflanzen bedeckt; vor 2–3 Mio. Jahren waren die Flächen in den afrikanischen und asiatischen Tälern fast ausschließlich von C_4-Pflanzen besiedelt (Sage et al. 2012).

Zu den Anteilen der C_4-Pflanzen, die der Mensch verzehren konnte, zählten Kerne, Samen, Wurzeln, Rhizome von Wasserpflanzen sowie grüne Äste, Rinde und Blätter. Aufgrund von Untersuchungen verschiedener Fossilien nimmt man an, dass C_4-Gräser und -Wasserpflanzen vor dem Auftreten von Stauden mit C_4-Blättern vorhanden waren. Letztere sind erst im späten Pleistozän nachweisbar (Peters und Vogel 2005), das heißt, die wichtigsten C_4-Pflanzen waren zunächst Wasserpflanzen, Binsen- und Sauergrasgewächse.

Gerade in Afrika hat noch ein weiterer Aspekt Bedeutung, wenn es um die Beurteilung der Ernährung unserer Vorfahren geht: Waldpflanzen betreiben fast ausschließlich C_3-Photosynthese, während die meisten Gräser in den Savannen und Buschgebieten C_4-Pflanzen sind. Als Folge haben Weidetiere wie Zebras oder auch kleine am Boden lebende Nager ein Isotopenmuster, das sich deutlich von dem von Tieren unterscheidet, die Blätter verzehren, wie Giraffen oder Kudus. Auch Omnivoren zeigen das typische C_4-Isotopenmuster, da sie sich ja von Tieren ernähren, die C_4-Gräser verzehren (Lee-Thorp 2000).

4.4   Zähne erzählen über Ernährung

Welche Nahrung haben unsere frühen Vorfahren aber nun verzehrt? Aufschluss über die Zusammensetzung der Nahrung ist die Analyse des Gebisses, das sich über viele Generationen hinweg an die verfügbare Nahrung angepasst hat. Es gibt verschiedene Wege, auf denen die Art und auch Zusammensetzung der Nahrung auch noch nach vielen Tausenden von Jahren bestimmt werden kann.

Die Art des Gebisses   Die Art des Gebisses, also die Stellung der Schneidezähne und Anordnung und Größe der Backenzähne, erlaubt eine Aussage über die Funktion. Mit scharfen Eckzähnen können Fleisch oder zähe Blätter zerrissen oder mit stark ausgeprägten Schneidezähnen zerschnitten werden. Für einen Schneidevorgang, der zum Beispiel bei zähen Blättern und Gräsern vorteilhaft ist, spricht, wenn die Schneidezähne beim Schließen des Kiefers wie zwei Scherenklingen aneinander vorbei gleiten. Mit großen Backenzähnen können dagegen eher Körner und Blätter zermahlen werden. Für die Beurteilung der Nahrung spielt auch noch die Größe der Kaumuskulatur eine wichtige Rolle. Eine starke Ausprägung kann das Zermahlen ebenso begünstigen wie das Zerschneiden. Dies hängt dann letztlich vom jeweiligen Gebiss ab.

Ausbildung des Zahnschmelzes   Der Zahnschmelz (Enamel) schützt die Zähne davor, bei der mechanischen Zerkleinerung von Nahrung Risse zu bilden oder gar zu zerbrechen. Zahnschmelz von Säugetieren ist ein stark mineralisiertes Gewebe, das eine sehr harte Schicht auf der Oberfläche der Zähne bildet, die das darunterliegende, weniger mineralisierte Dentin bedeckt. An der Basis der Zähne gibt es ein drittes mineralisiertes Gewebe, den Zement, der über dem Teil der Zähne liegt, der nicht durch den Schmelz geschützt wird, und die Zähne im Kiefer verankert. Die Dicke des Zahnschmelzes wird als Hinweis für den Grad der Belastung der Zähne beim Kauen, also auch für den Abrieb des Zahnschmelzes, interpretiert. Gleichzeitig schützt der Zahnschmelz die Zähne vor Schäden, wenn beispielsweise besonders harte Nüsse geknackt werden. Der Zahnschmelz ist bei Lebewesen, die nahezu ausschließlich sehr weiche Lebensmittel wie Früchte verzehren, vergleichsweise dünn.

Eine besonders starke Belastung für den Zahnschmelz ist die Nutzung als Mahlwerk bei der Zerkleinerung von Saaten. Jeder, der einmal versucht hat, unverarbeitete Weizenkörner oder Reiskörner zu zerkauen, weiß, was das bedeutet. Auch Kerne von Früchten können außerordentlich hart sein – die harte Schale soll sie schließlich auch vor dem Zerbeißen schützen, sodass sie unzerstört verschluckt, auf ganz natürlichem Weg ausgeschieden und über ein weites Gebiet verbreitet werden können (eine häufige Form der Ausbreitung von Pflanzen durch Vögel und andere Tiere).

Veränderung der Zahnoberfläche durch mechanische Belastung Die Nahrung kann schließlich auch durch das mechanische Einwirken Spuren an der Oberfläche der Zähne hinterlassen. Betrachtet man die Zahnoberfläche, also den Zahnschmelz, unter dem Mikroskop, so fallen typische Riefen auf, die auf die verzehrte bzw. mit den Zähnen bearbeitete Nahrung hinweisen. Tiefe und Größe der Riefen geben Hinweise auf die mechanischen Eigenschaften der Nahrung. Nüsse, harte Samen, Rinde und zähe Wurzeln hinterlassen andere Spuren als zarte Blätter, Früchte oder weiche Gewebe von Kleintieren.

Isotopenzusammensetzung des Zahnschmelzes Die Analyse der Nahrungsqualität auf der Basis von Zahnform, Stellung und Abrieb ist hinsichtlich der Ernährungsform nur sehr begrenzt aussagefähig. Eine starke Kaumuskulatur in Verbindung mit großen Backenzähnen muss nicht heißen, dass diese Spezies nur Wurzeln, Nüsse und zähe Blätter verzehrt hat, also Nahrung mit eher geringer Qualität. Es kann dazu durchaus auch weiche Nahrung wie Früchte, Mollusken, Insekten und Würmer auf dem Speiseplan gestanden haben.

Die zuverlässigsten Hinweise auf das Nahrungsspektrum unserer Vorfahren gibt die Isotopenanalyse des Zahnschmelzes. Wie oben schon beschrieben, besitzen C_3-Pflanzen einen sehr viel geringeren relativen ^{13}C-Gehalt als C_4-Pflanzen. Werden C_3- oder C_4-Pflanzen verzehrt, so werden die Kohlenstoffisotope ^{13}C und ^{12}C mit der pflanzlichen Nahrung aufgenommen und in körpereigene Substanz eingebaut, unter anderem auch in den Zahnschmelz. Dieser kann nun herangezogen werden, wenn es darum geht, anhand des relativen Gehalts an ^{13}C ($\delta^{13}C$-Wert in Promille) auf das Nahrungsspektrum zu schließen. Dieser Fingerabdruck des Nahrungsspektrums in der Körpersubstanz lässt sich auch noch über weitere Trophieebenen, wie bei Räubern, die wiederum die Pflanzenfresser jagen, verfolgen.

Die Isotopenanalyse gibt Hinweise darauf, ob sich ein Tier mehr von Gräsern und Pflanzen ernährt hat, die in der heißen Savanne gediehen (C_4-Pflanzen wie Gräser und Wurzeln), oder ob es vorgezogen hat, Früchte und Blätter im milden Klima eines Regenwaldes zu konsumieren (mehr C_3-Pflanzen wie Stauden und Laubbäume). Aquatische Pflanzen wie Binsen und Rhizome sowie besonders Algen und deren Konsumenten (Wassertiere, Fische) haben höhere $\delta^{13}C$-Werte als terrestrische C_4-Pflanzen, da zu den ursprünglichen C-Quellen auch gelöstes CO_2 und Carbonsäuren sowie Reste von Pflanzen gehören, die unter den Bedingungen der aquatischen Lebensräume zusätzlich von den Pflanzen aus dem Wasser aufgenommen werden und damit den ^{13}C-Anteil erhöhen.

Werden vorwiegend C_3-Pflanzen verzehrt, so ergibt sich ein typischer, sehr niedriger Gehalt an ^{13}C. Bei vorwiegendem Verzehr von C_4-Pflanzen sowie von Tieren, die sich bevorzugt von diesen Pflanzen ernähren, ist der ^{13}C-Gehalt dagegen deutlich höher. Auf diese Weise kann in grober Näherung das Nahrungsspektrum ermittelt werden. Allerdings ist es schwierig den Anteil der verzehrten Tiere, die sich von C_3- bzw. C_4-Pflanzen ernähren, auszumachen. Hilfreich ist hier die Kenntnis der Flora und Fauna im Lebensraum der untersuchten Vorfahren.

Der $\delta^{13}C$-Wert wird auch verwendet, um Böden und in versteinerten Relikten von Tieren und Pflanzen die Flora und Fauna der Zeiträume zu analysieren, in denen unsere Vorfahren gelebt haben. Auf diese Weise lässt sich ein ungefähres Muster verfügbarer C_3- und C_4-Ressourcen, die für die Ernährung zur Verfügung standen, erhalten. Ausgehend von einer weitgehenden Bedeckung des Gebiets, in dem unsere frühen Vorfahren lebten (Turkana-Becken vor 4,5 Mio. Jahren), mit Wald und Buschland, finden sich sehr niedrige $\delta^{13}C$-Werte im Zahnschmelz (*Au. anamensis*), die dann mit zunehmender Savannenbildung bis vor 1,5 Mio. Jahren deutlich ansteigen. Beim *Au. anamensis* spricht dies für eine vorwiegende C_3-Kost. Bei den Hominini späterer Zeiten zeigt sich mit zunehmendem ^{13}C-Gehalt ein größer werdender Anteil aus C_4-Pflanzen (Gräser, Stauden, Wurzeln Wasserpflanzen) bzw. Tieren (z. B. Weidetieren), die C_4-Pflanzen verzehrten (Cerling et al. 2013). Lebewesen einschließlich der Hominini, die sich von Wassertieren und Wasserpflanzen ernähren, weisen einen hohen $\delta^{13}C$-Wert auf, der mit einer reinen C_4-Nahrung einhergeht. Demzufolge ist die Kenntnis des Lebensraums der untersuchten Spezies von besonderer Bedeutung zur Abschätzung des Nahrungsmusters.

Während viele C_4-Pflanzen eine geringe Mikronährstoffdichte, dafür aber einen hohen Kohlenhydratanteil aufweisen und daher sättigend sind (z. B. Wurzeln, Wasserpflanzen), haben die tierischen Lebensmittel eine weitaus höhere Mikronährstoffdichte, können aber durchaus ein schwächeres C_4-Signal als die Pflanzen abgeben, da die verzehrten Tiere selbst sowohl von C_3- als auch von C_4-Ressourcen gelebt haben können. Erst unter Berücksichtigung anderer Indikatoren wie Zahn- und Gebissform, Kaumuskulatur und Abrieb an den Zähnen lässt sich bei Kenntnis des Habitats grob auf die Art der Ernährung schließen. Sind die verfügbaren Nahrungsquellen aus fossilen Funden bekannt, so kann daraus in grober Annäherung auch auf die Mikronährstoffversorgung geschlossen werden.

Literatur

Cerling TE et al (2013) Stable isotope-based diet reconstructions of Turkana Basin hominins. Proc Natl Acad Sci U S A 26:1050–1056

Lee-Thorp JA (2000) Preservation of biogenic carbon isotopic signals in plio-pleistocene bone and tooth mineral. In: Ambros SH, Katzenberg MA (Hrsg) Biogeochemical approaches to paleo dietary analysis. Plenum, New York, PB 89–115

Peters CR, Vogel JC (2005) Africa's wild sea C_4 plant foods and possible early hominid diets. J Hum Evol 48:219–236

Sage RF, Sage TL, Kocacinar F (2012) Photorespiration and the evolution of C_4 photosynthesis. Annu Rev Plant Biol 63:19–47

Wynn JG, Sponheimer M, Kimble WH (2013) Diet of Australopithecus afarensis from the Pliocene Haddar formation. Ethiopia PlosOne 10: 1–6

Unsere frühesten Vorfahren

H. K. Biesalski, *Mikronährstoffe als Motor der Evolution*,
DOI 10.1007/978-3-642-55397-4_5, © Springer-Verlag Berlin Heidelberg 2015

Der Mensch und seine heute lebenden nächsten Verwandten, die afrikanischen Menschenaffen, haben einen gemeinsamen Vorfahren. Zu den Zeiten, als Darwin diese Verwandtschaft postulierte, passte diese Erkenntnis nicht in das Weltbild der Naturwissenschaften und wurde daher lange angezweifelt. Wie aber muss man sich das heute vorstellen? Wann und warum haben sich die Entwicklungslinien von Schimpanse und Mensch – die Linien der Panini und der Hominini – getrennt (s. ▶ Abb. 3.1)? Warum haben sich die ersten Homininen über Jahrmillionen weiterentwickelt und sich anatomisch und auch kognitiv so weit von der Entwicklungslinie der Panini mit ihren Arten Gemeiner Schimpanse (*Pan troglodytes*) und Bonobo (*Pan paniscus*) entfernt? Damit stellt sich auch die Frage, warum wir keine Weiterentwicklung bei den Schimpansen feststellen, wenn man davon absieht, dass sich die Linie der Schimpansen vor ca. 1,5 Mio. Jahren, also in einer Zeit, in der der Mensch bereits Werkzeug und Waffen benutzt hat, nochmals in die beiden rezenten Arten aufgetrennt hat. War es die Unfähigkeit des Vorfahren der Schimpansen, auf ein verändertes Nahrungsangebot zu reagieren, anders als dies die Vorfahren des modernen Menschen konnten, oder war es ihre geringere genetische Variabilität?

Unsere Vorfahren werden als Hominini bezeichnet (s. ▶ Abb. 3.1). Von vielen frühen Hominini, auch gerne Vormenschen genannt, finden sich – von Ausnahmen abgesehen, bei denen mehrere Teile eines zusammengehörenden Skeletts entdeckt wurden – oft nur fossile Schädelfragmente, Zähne oder einzelne Knochen. Es gehört eine beträchtliche Fantasie dazu, sich ein ganzes Lebewesen vorzustellen oder sogar sein Verhalten und die Art seiner Nahrung. Und doch gelingt es mit modernen Methoden immer besser, die Fragmente zusammenzusetzen und so zu erkennen, mit wem wir es da zu tun haben. Letztlich sind es die modernen Methoden der genetischen Analyse, die in jüngster Zeit dazu beigetragen haben, nicht nur das Genom des Neandertalers zu entschlüsseln, sondern auch aus verschiedenen Mutationen mit komplizierten Berechnungen nähere Hinweise auf unsere unmittelbaren Vorfahren zu erhalten.

Aus den fossilen Funden und genetischen Daten lässt sich ableiten, dass sich die Linie des gemeinsamen Vorfahren der Panini und Hominini teilte und so zur Entwicklung des Gemeinen Schimpansen (*Pan troglodytes*) und des Bonobos (*Pan paniscus*) auf der einen Seite und auf der anderen zum Menschen führte. Viele Beobachtungen sprechen dafür, dass Schimpansen heute ein Verhalten aufweisen, das dem der frühen Menschen ähnlich gewesen sein könnte. Schimpansen bauen sich Schutzbehausungen in Bäumen und verwenden Werkzeug, mit dessen Hilfe sie Wurzeln ausgraben. Ebenso sind sie Jäger und Sammler. Im Gegensatz zu den Vertretern in der Entwicklungslinie des Menschen sind die Panini allerdings auf dieser Stufe stehengeblieben. Vereinfacht ausgedrückt ist der Schimpanse bis heute so geblieben, wie er schon zur Zeit der Trennung der Entwicklungslinien war, während sich der Vorfahre des Menschen zum heutigen modernen Menschen weiterentwickelt hat. Der Grund dafür könnte sein, dass die Vorfahren der Schimpansen vor 7–8 Mio. Jahren, als die Trennung erfolgte, die nutritive Nische nicht besetzen konnten oder wollten, die einer der Vorfahren der Hominini schließlich besiedelte. Die natürliche Selektion könnte die Entwicklung einer Spezies begünstigt haben, die sich hinsichtlich ihrer Nahrung an ein Angebot anpassen konnte, dessen Komponenten die Weiterentwicklung förderten. Das Mikronährstoffangebot in der Nahrung des Schimpansen ist, wie wir sehen werden, weitaus geringer als das in der Nahrung des heutigen Menschen. Der einzige Unterschied in der Ernährung der rezenten Arten beider Linien ist, dass Schimpansen süße Früchte und Blätter bevorzugen und selten einmal Fleisch verzehren, der Mensch als Omnivor dagegen ein viel breiteres Nahrungsspektrum nutzt und auch regelmäßig Fleisch zu sich nimmt.

Eine für eine Population ausreichende Breite des Nahrungsspektrums ändert sich immer dann, wenn das Angebot durch Klimaveränderungen oder durch Zunahme von Nahrungskonkurrenten knapp wird. Betrachten wir unsere Vorfahren vor 30–40 Mio. Jahren (gegen Ende des Eozän) und ihre heute lebenden Verwandten, so sind die meisten von ihnen bevorzugt Herbivoren, jedoch verzehrten viele von ihnen durchaus auch tierische Kost (Hohmann 2009), in erster Linie alle Arten von Insekten (Termiten, Grashüpfer, Ameisen usw.). Diese Insekten sind gute Quellen für diverse Mikronährstoffe. Selbst Tiere, die an Flussufern oder im flachen Wasser leben, wurden nicht verschmäht. Dieses Verhalten gilt jedoch nur für wenige Primaten wie Bonobos, Makaken und einige Kapuzinerartigen. Bei Bonobos, Schimpansen und Kapuzinerartigen steht aber von Zeit zu Zeit auch Fleisch anderer Spezies auf dem Speiseplan. Die Zufuhr von Energie, Proteinen, Provitamin A, Vitamin C, Folsäure sowie einigen B-Vitaminen wird durch den Verzehr von Blättern und Früchten sichergestellt. Die wichtigen Mineralstoffe Eisen und Zink können offensichtlich in ausreichender Form aus den wenigen tierischen Nahrungsmitteln aufgenommen werden. Die Herbivoren und Frugivoren hatten sich gut an ihr Habitat angepasst. Es wurde ihnen alles bereitgestellt, was sie für Überleben und Fortpflanzung brauchten. Der Wald bot zudem Schutz und sichere Schlafplätze. Dies gilt für viele Primaten heute noch, mit Ausnahme des Menschen.

Die im Regenwald vor 10 Mio. Jahren lebenden primären Herbivoren und Frugivoren hatten sich an das Habitat angepasst, sowohl was den eigentlichen Lebensraum und die in ihm vorhandene Nahrung angeht als auch in Bezug auf die vom Geschmack gesteuerte Wahl dieser Nahrung. Umgekehrt hatte sich das Habitat an die dort lebenden Spezies adaptiert. Dieses wichtige Gleichgewicht ist eine bedeutende Voraussetzung für Überleben und Fortpflanzung der jeweiligen Art. Das Klima war recht stabil, der Jahreszeitenwechsel kaum wirklich spürbar, und damit war auch die stete Verfügbarkeit an Blüten, Früchten und Insekten und so eben auch das Angebot an essenziellen Mikronährstoffen sichergestellt. Sicherlich lag der Bedarf deutlich unter dem, den wir heute für den Menschen annehmen, die verzehrte Menge war allerdings auch deutlich geringer als die, die wir heute brauchen. Das bedeutet aber auch, dass sich dieses Angebot an Mikronährstoffen nicht über einen längeren Zeitraum ändern durfte, wenn der Bestand der Art nicht gefährdet sein sollte. Das heißt, weder saisonale Schwankungen des Angebots noch eine deutliche Veränderung der Biodiversität führten zu einer kurzfristigen Veränderung des Nährstoffangebots. Das Nahrungsspektrum änderte sich offenbar über viele Millionen Jahre nicht und hat so das Leben im Habitat bis heute bestimmt. Im Hinblick auf die Ernährung unserer nächsten Verwandten, der rezenten Schimpansen, scheint es so zu sein, dass diese zwar bevorzugte Herbivoren mit einer starken Ausrichtung auf süße Früchte sind, dennoch tierische Nahrung nicht nur auswählen, sondern auch vertragen. Selbst wenn saisonal bedingt die süßen Früchte knapp werden, versuchen heutige Schimpansen, bevor sie sich anderer Nahrung (Wurzeln, Blätter) zuwenden, die noch verbliebenen Früchte zu finden, im Gegensatz zu anderen Primaten, die rascher auf andere, weniger süße Kost ausweichen. Dies spricht für eine frugivore Geschmackspräferenz. Solange diese Präferenz bedient wird, besteht für die Spezies keine Notwendigkeit, das Habitat zu verlassen oder die Präferenz zu ändern. Heutige Schimpansen ernähren sich vorwiegend von C_3-Pflanzen und sie geben diese Gewohnheit auch nur sehr selten auf. Sie bewahren demnach offensichtlich das Nahrungsspektrum, das ihre Vorfahren bereits vor der Trennung von der menschlichen Linie präferierten.

Die Entwicklung der Arten hätte im Regenwald eigentlich so weitergehen können. Es hat scheinbar an Nichts gefehlt und an die Nischen mit ihrem speziellen Angebot an Energie oder auch Mikronährstoffen haben sich die Arten erfolgreich angepasst. Bis heute leben viele Primaten wie Schimpansen im Regenwald und dies, obwohl sich das Klima dramatisch verändert hat und damit auch die Lebens- und Ernährungsbedingungen der Waldbewohner. Dies mag als Zeichen dafür gewertet werden, dass unter den heute noch im Regenwald herrschenden Bedingungen eben eine Weiterentwicklung der Hominini zum *Homo erectus* und damit weiter zum modernen Menschen offensichtlich nicht möglich war. Und ein Grund dafür könnte die Verfügbarkeit aller notwendigen Mikronährstoffe in bestimmten Zeiträumen und Mengen gewesen sein. Was könnte die Trennung der Entwicklungslinien von Schimpanse und Mensch bewirkt haben? Welchen Anteil spielte dabei die Nahrung?

Während des mittleren, vor allem aber während des späten Miozäns (vor 5–7 Mio. Jahren) kam es zu nachhaltigen Klimaveränderungen, die in Ostafrika zu einer Zunahme der Trockenzeiten geführt haben. Gleichzeitig ging durch tektonische Verschiebungen der afrikanische Regenwald zurück und mehr offene Flächen entstanden. Die Erwärmung des Kontinents hat auch dazu beigetragen, dass sich Pflanzen ausbreiteten, die ihre Photosynthese der höheren Temperatur anpassten, die C_4-Pflanzen.

5.1   Die Ernährung unserer Ahnen und ihre Folgen

Die Zeit der Trennung der Entwicklungslinien der Panini und der Hominini fällt mit dem Auftreten der C_4-Pflanzen zusammen. Dies mag Zufall sein, allerdings hat gerade die zunehmende Verbreitung von C_4-Gräsern neue und bisher nur selten vertretene Nahrungsquellen wie kleine Weidetiere, die bisweilen gejagt werden konnten, erschlossen. Offensichtlich hat der Schimpanse (bis heute) keinen Weg gefunden, sich an C_4-Pflanzen anzupassen und sie als Nahrung zu nutzen, während den sich nach und nach entwickelnden Vertretern der Hominini dies gelang. Der neu entstehende Typus muss ein oder mehrere Merkmale gehabt haben, die zu einer natürlichen Selektion führten und es ihm erlaubten, sich getrennt von den Schimpansen weiterzuentwickeln.

Der Stammbaum unserer Vorfahren (◨ Abb. 5.1) zeigt die angenommene »Lebensdauer« und die Beziehung der Arten untereinander. Dabei muss berücksichtigt werden, dass man von einzelnen Exemplaren nur sehr wenige Fossilbelege gefunden hat, die zudem nur einem Zeitraum zugeordnet werden können, von anderen gibt es dagegen sehr viele Funde, die über unterschiedliche Zeiten verteilt sind.

Um die verschiedenen Entwicklungen in den unterschiedlichen Habitaten und die Rolle der dort verfügbaren Ernährung verstehen zu können, müssen wir weit zurückgehen. Hier begegnet uns vor etwa 7 Mio. Jahren der *Sahelanthropus tchadensis*.

5.2   Der *Sahelanthropus tchadensis*

Wie so oft war es ein Zufallsfund, als ein Student in der Djurab-Wüste am Rande des prähistorischen Tschad-Sees, der damals fast 100-mal größer war als heute, fossile Schädelfragmente entdeckte. Datiert wurde der Schädel auf ein Alter von 6–7 Mio. Jahre. Der Fundort legt nahe, dass diese Art am Ufer des Sees gelebt hat. Ihr Lebensraum war, nach allem was man von fossilen Funden von Flora und Fauna weiß, ein am Wasser liegendes Waldgebiet, gesäumt von offener Savanne, Buschland und darin verteilten kleinen Waldarealen. Der Uferbereich selbst dürfte flach und sumpfig gewesen sein. Am Rand wuchsen dichte Binsen- und Sauergrasgewächse wie auch weitere Wasserpflanzen. Weitere Funde belegen, dass die Bezeichnung *Sahelanthropus*, von griechisch *anthropus* = Mensch, durchaus zutreffend ist, wenngleich sein Gehirn mit ca. 320–380 cm^3 eher klein ausgefallen war.

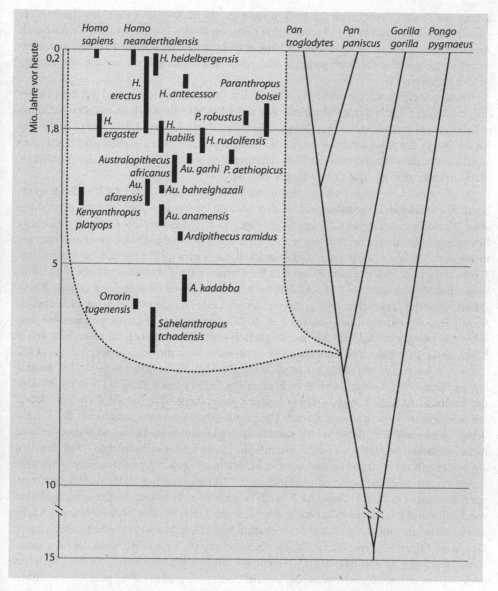

☐ Abb. 5.1   Stammbaum der Hominini. Der schwarze Balken gibt das Zeitfenster an, für das es entspre-chende Fossilbelege gibt. Die einzelnen Arten können durchaus schon früher, aber auch noch später gelebt haben, als in dieser Abbildung angegeben. (Nach: Caroll (2003))

Wie sah er aus, der *S. tchadensis*? Er war, so die Analyse des Schädels, weniger mit den zu dieser Zeit lebenden großen afrikanischen Affen verwandt. Aus dem von ihm erhalte-nen Schädelfragment lässt sich aufgrund der Lage des Hinterhauptslochs (Foramen magnum) schließen, das sein Skelett dem eines aufrecht gehenden Homininen entspricht. Der *S. tcha-densis* lässt sich den Homininen zuordnen und könnte zu den letzten gemeinsamen Vorfahren der Hominini und der Panini gehört haben. Einige Merkmale weisen darauf hin, dass er sich von diesen Vorfahren jedoch bereits entfernt hat (Brunet et al. 2002). Die Schneidezähne des

S. tchadensis waren zierlicher als die der Schimpansen, die Backenzähne eher klein, hatten aber einen kräftigen Zahnschmelz und waren daher geeignet, Blätter, Früchte und Körner, aber auch weichere Fleischteile zu zerlegen. Hierfür hatte er recht gut ausgebildete Eckzähne. Die Kiefermorphologie war also durchaus geeignet, das breite Nahrungsangebot innerhalb des Habitats am See zu nutzen.

Weitere Skelettfunde eines anderen Homininen (des *Orrorin tugenensis*) aus dem Gebiet um den Baringo-See in Kenia, die auf eine Zeit vor 5,7–6 Mio. Jahren datiert werden, scheinen ebenfalls einen aufrechten Gang zu belegen (Richmond und Jungers 2008). Der *O. tugenensis* hat im Gebiet des *Sahelanthropus* und auch in einem vergleichbaren Habitat gelebt. Manches spricht dafür, dass *O. tugenensis* der Stammvater respektive die Stammmutter der Australopithecinen und damit des späteren *Homo* gewesen ist.

Es gibt eine interessante Diskussion, inwieweit der *S. tchadensis* tatsächlich in den Stammbaum des Menschen eingeordnet werden darf oder ob er eher ein Überrest eines Menschenaffen ist. Anders ausgedrückt stellt sich die Frage, ob sich der aufrechte Gang als dauerhafte Bewegungsform sowohl beim Menschen als auch bei Affen, die nach der Trennung vom gemeinsamen Vorfahren aufgetreten sind, entwickelt hat. Vieles spricht für eine Zuordnung von *S. tchadensis* zu den Homininen, sodass man die Trennung der Entwicklungslinien von Schimpanse und Mensch auf etwa 7 Mio. Jahren vor heute bzw. davor datieren kann (Klages 2008). Eine Analyse der genetischen Divergenz von Mensch und Schimpanse und der anschließenden Berechnung der Divergenzzeit (Patterson et al. 2006) ergab, dass der letzte gemeinsame Vorfahre vor weniger als 6,3 Mio. Jahren, möglicherweise auch vor noch kürzerer Zeit, gelebt haben muss. In diesem Zusammenhang ist interessant, dass die Schädelmorphologie des *S. tchadensis* der von *Homo* ähnlicher ist als die der 2 Mio. Jahre später auftretenden Australopithecinen, deren Gesichtsschädel mehr dem des Schimpansen ähneln. Da es ein Prinzip der Evolution ist, dass komplexe Entwicklungen irreversibel sind, ist eine Rückentwicklung der Schädelform nahezu ausgeschlossen. Die Physiognomie des Gesichtsschädels des *S. tchadensis* verschwand offensichtlich – sie kann beim Schimpansen und beim *Australopithecus* so nicht beobachtet werden –, um dann später beim *Homo* wieder aufzutauchen. Dies lässt sich am besten mit einer adaptiven Radiation in unterschiedlichen, aber voneinander getrennten Habitaten mit möglicherweise unterschiedlichem Nahrungsangebot erklären. Angenommen, der *S. tchadensis* existierte in etwa zur Zeit der beginnenden Trennung der Entwicklungslinien von Panini und Hominini, so könnte er ein Exemplar gewesen sein, das bereits menschliche Merkmale zeigte und daher als Teil des menschlichen Stammbaums angesehen werden kann. Das ist wichtig, weil genau dieses Habitat des *Sahelanthropus* im Uferbereich des Sees ideale Voraussetzungen für eine quantitativ wie qualitativ ausgewogene Ernährung für das Überleben der Art geboten hat. Möglicherweise hat sich der *Sahelanthropus* in einer optimalen nutritiven Nische entwickelt, die sich den (durch adaptive Radiation) parallel aber in getrennten Habitaten entwickelnden Hominini so erst viel später geboten hat.

Divergenzzeit

Zeit, die seit der genetischen Aufspaltung der Entwicklungslinien bis heute vergangen ist
---

5.2.1 See- und Flussuferhabitate

Ein reich gedeckter Tisch

Das Seeuferhabitat ist ein ausgesprochen reichhaltiges Ökosystem, das nicht nur eine Vielzahl von Wasserpflanzen, sondern auch Kleintiere aller Art wie Insekten beheimatet, die in die Nahrungskette unserer Vorfahren gehört haben. Bei den Wasserpflanzen finden sich aquatische Makrophyten, flache auf dem Wasser treibende Blattpflanzen, die sich je nach Intensität des Sonnenlichts mehr oder weniger stark ausbreiten. Dazwischen wachsen die verschiedensten Arten der Wasserlilien aus verschiedenen Gattungen wie *Iris* oder *Nymphaea*, deren Rhizom, abhängig von der Art, bis zu 80 % der Biomasse ausmachen kann und die besonders stark in Trockenzeiten wachsen. Das Rhizom selbst ist eine horizontal wachsende, unterirdische Sprossachse. Typische Beispiele für Pflanzen mit einem Rhizom sind Wasserlilien, verschiedener Wassergräser (*Cyperus esculentus*) aber auch Ingwer, Lotus und Gelbwurzel. Im Wesentlichen setzt sich das Rhizom aus Proteinen und Kohlenhydraten sowie einigen besonderen Stoffen wie Curcumin in der Gelbwurzel zusammen. Bei einigen wenigen Arten kommen Vitamin C und β-Carotin in unterschiedlichen Mengen vor, wobei der Gehalt an β-Carotin pro 100 g bis zu 5 mg betragen kann (Kuhnlein und Turner 1991), was der heute empfohlenen Tagesdosis für β-Carotin entspricht. Rhizome von Wasserpflanzen stellen heute noch eine wichtige Nahrungsquelle verschiedener indigener Völker dar. Wegen ihres oft süßen Geschmacks werden sie zur Verbesserung verschiedener Speisen ebenso genutzt, wie auch als traditionelle Heilpflanzen (Kuhnlein und Turner 1991).

Je nach Wasserqualität und Lokalisierung der Wasserpflanzen können diese unterschiedlich hohe Mengen an Mineralien enthalten. Heute wird die Eigenschaft der Makrophyten, Metalle und andere Stoffe anzureichern, genutzt, um über den Metallgehalt in den Wasserpflanzen Aufschluss über den Metallgehalt des Wassers zu erhalten. Der Nachschub von Mineralien wie Eisen kann beispielsweise infolge von Vulkanausbrüchen über lange Zeit anhalten und die mit diesen Mineralien angereicherten Makrophyten können eine wichtige Quelle für die Eisenversorgung darstellen. Rhizome verschiedener Wasserlilien werden auch heute noch von den Menschen, die an den afrikanischen Seen leben, in unterschiedlicher Form zubereitet und verzehrt.

Daneben gibt es semiaquatische Makrophyten. Zu ihnen gehören verschiedene Sauergrasgewächse wie die Vertreter der Gattung *Cyperus* (Zypergräser), beispielsweise *Cyperus papyrus* (Echter Papyrus), Rohrkolbengewächse (Typhaceae) oder auch Froschlöffelgewächse (Alismataceae; z. B. die Gattung *Sagittaria*). Diese wachsen vor allem in flachem Wasser an Ufer von Seen und Flüssen und verfügen über unterschiedlich große Rhizome. Ähnlich wie die Wasserlilien (*Iris*) gedeihen diese semiaquatischen Makrophyten besonders stark in den Trockenzeiten.

Die Rhizome dieser teilweise in großer Individuenzahl vorkommenden semiaquatischen Makrophyten bestehen in erster Linie aus Kohlenhydraten mit Spuren von Vitaminen und Mineralien und sind daher zwar sättigend, aber auf Dauer nicht wirklich nährend. Die Populationen aus Jägern und Sammlern nutzten diese Rhizome und auch Wurzeln von anderen aquatischen Makrophyten regelmäßig als Nahrung, ganz so wie wir heute Kartoffeln als Sättigungsbeilage bezeichnen. Diese Pflanzenteile sind leicht zu ernten und jederzeit verfügbar. Wenn sie jedoch auf Dauer einen Großteil der Nahrung ausmachen, besteht die Gefahr, dass zwar eine Sättigung eintritt, sich aber gleichzeitig eine mehr oder weniger ausgeprägte Mangelernährung entwickeln kann. Damit ergeben sich bei unseren Vorfahren Ähnlichkeiten zum heutigen Problem der Mangelernährung, das im Wesentlichen darauf beruht, dass Getreide als wichtiges Grundnahrungsmittel zwar Kohlenhydrate und Protein, aber nur sehr wenige Mikronährstoffe liefert.

Die Flora des Seeuferhabitats kann durchaus mit einer idealen landwirtschaftlichen Anlage verglichen werden. Es konnte in großem Maßstab das ganze Jahr geerntet werden, die geerntete Nahrung musste nicht weiter zubereitet werden und kam geschmacklich den Süßpräferenzen der Hominini entgegen, das heißt, sie wurde bevorzugt verzehrt, wenn beispielsweise süße Früchte oder saftige junge Blätter fehlten, um den Hunger zu stillen. Solche Nahrungsmittel werden als Fallback-Nahrung bezeichnet, und heute noch greifen die verschiedenen Affenarten, besonders aber Schimpansen und Bonobos, nach Fallback-Nahrung, zu der auch andere Nahrung gehört wie Wurzeln usw., wenn sie ihre bevorzugten süßen Früchte nicht erhalten können.

Die im Uferbereich von Seen oder Flüssen lebenden Homininen sind sicherlich nicht ständig seegrasrupfend oder blättererntend durch das Wasser gewatet, sondern haben sich immer wieder in den schützenden Wald zurückgezogen, um die bevorzugten süßen Früchte zu suchen.

Frühe Formen der Sesshaftigkeit

Im Bereich des Seeufers wachsen verschiedene Pflanzenspezies, die ganzjährig verfügbar sind und aufgrund ihrer besonderen Wuchsformen Rhizome und Wurzeln liefern, die reich an Kohlenhydraten und damit an Energie sind. Bei den dort lebenden Hominini könnte die ständige Verfügbarkeit dieser Nahrung zu einer gewissen Sesshaftigkeit geführt haben, durch die in Zeiten knapper Ressourcen am Seeufer immer noch etwas sättigende Nahrung zu finden war. Zwar wurden Pflanzen mit Rhizomen nicht aktiv angebaut, dennoch lassen sich Strukturen erkennen, die Ähnlichkeit mit der Landwirtschaft (Sesshaftigkeit) haben, deren Ziel es wiederum war, unter geeigneten Bedingungen Nahrung zu produzieren, um so vor Hunger geschützt zu sein. Allerdings musste die Nahrung aus Wurzeln und Rhizomen durch Früchte, Nüsse, aber auch Kleintiere und Insekten ergänzt werden, da sonst ein dauerhaftes Überleben nicht möglich gewesen wäre. Anders als die Hypothese zur Fallback-Nahrung, die postuliert, dass Fallback-Nahrung eine wesentliche Grundlage für die Ernährung der Hominini war (Laden und Wrangham 2005), haben Rhizome, Wurzeln und Knollen keine hohe Nährstoffqualität, sondern lediglich eine hohe Energiedichte. Das heißt, sie machen satt aber auf Dauer können sie keine wesentliche Nahrungsggrundlage sein.

An Flüssen und Seen gelegene Waldgebiete können immer wieder einmal großflächig überschwemmt werden, wobei das Wasser jedoch nur eine geringe Tiefe hat und daher durchwatet werden kann bzw. zum Fischfang einlädt. Jenseits der Wälder befinden sich Savanne oder Buschland. Gerade Waldgebiete mit häufigen Überschwemmungen bilden ein ideales Habitat. Sie liefern vielfältige Nahrung und vor allem auch Schutz vor den großen Raubtieren der Savanne und des Graslands. Der Abstand zwischen Waldzone und Fluss kann sich immer wieder verändern und je nach Größe des Flusses können Sedimentablagerungen zur Bildung von Inseln führen.

Flora und Fauna des Habitats von *Sahelanthropus* haben ihre versteinerten Spuren hinterlassen, die auf das verfügbare Nahrungsangebot schließen lassen. Im Sediment des Tschad-Sees können Spuren verschiedener Samen sowie Algen (Diatomeen, einzellige Kieselalgen) nachgewiesen werden. Aus der Verteilung dieser Algen lässt sich schließen, dass der Verlauf des Seeufers schwankte, das heißt, es gab einen Bereich, der zeitweise mit Wasser bedeckt war, zeitweise aber auch trocken lag. Der Waldbewohner *Sahelanthropus* musste also je nach Wasserstand mehr oder weniger weit laufen, bis er das Wasser erreichte. Diese Schwankungen des Wasserpegels erklären auch die sehr vielfältige Fauna, die um das Skelett von *Sahelanthropus* herum gefunden wurde und die sowohl dem Seeufer- wie auch dem Waldhabitat zugeordnet werden kann. Insgesamt sprechen die zahlreichen Fossilien dafür, dass das Habitat von *Sahelanthropus* ein Waldgebiet am Seeufer war, das von Grasland und teilweise auch von trockener Savanne umgeben war. Dies belegen fossile Funde von Antilopen sowie Tieren, die zwischen den Habitaten wanderten, wie Nager, Schweine und Säbelzahntiger, also von Beutetieren und ihren Jägern.

Die sich *Sahelanthropus* am Rand des Tschad-Sees bietende tierische Nahrung ist durch fossile Funde recht gut belegt (Vignaud et al. 2002). Man hat eine Vielzahl von fossilen Tieren gefunden, deren Lebenszeitraum in die Zeit des *Sahelanthropus* datiert werden konnte, darunter mehr als zehn verschiedene Süßwasserfische, Schildkröten, Eidechsen, Schlangen und Krokodile. Auch die vorkommenden Carnivoren waren sehr vielfältig – Hyänen, verschiedene Arten von Raubkatzen und Marder, daneben eine Reihe von Fossilien verschiedener Affenarten (Cercopithecoidea) sowie verschiedene Nager und Schweine. Auch das Angebot an pflanzlicher Nahrung war vielfältig. Das Ufer war allem Anschein nach flach und sumpfig, worauf auch das Vorkommen der Gattung der Eigentlichen Flösselhechte (*Polypterus*) hinweist, die in Gewässern mit geringer Sauerstoffversorgung leben können. Gleiches gilt für *Gymnarchus niloticus*, den Großnilhecht. Und noch viele weitere fossile Skelette wie die von Flusspferden und anderen Tieren belegen, dass es sich um ein flaches Seeufer mit Sandbänken gehandelt haben muss. Wie fossile Rinder zeigen, war aber auch Grasland vorhanden. Damit war der *Sahelanthropus* optimal versorgt. Im Vergleich zu den reinen Waldbewohnern, die an Flussufern lebten und deren Habitat weit weniger vielfältig war, stand dem *S. tchadensis* ein deutlich besseres Angebot an Mikronährstoffen zur Verfügung, besonders durch die Möglichkeit, auf aquatische Kost zugreifen zu können.

Mikronährstoffe in der Nahrung des Seeufers

Wald und Waldrand bieten Blätter, Früchte, Wurzeln und Blüten neben einer Vielzahl von Insekten und Kleintieren, die mit Ausnahme von Vitamin D und Jod alles enthalten, was die frühen Formen der Hominini zum Leben brauchten. Durch die Seenähe gab es Wasserschildkröten, Mollusken, Fisch und Algen, die ebenfalls hervorragende Lieferanten von Mikronährstoffen sind. Nicht zuletzt waren es die verschiedenen Binsen- und Sauergrasgewächse sowie andere dort wachsende Pflanzenarten, die die Bewohner des Seeufers mit einigen sonst in der Nahrung eher seltenen Mikronährstoffen versorgten.

■ Binsen- und Sauergrasgewächse

Binsen- und Sauergrasgewächse und deren Rhizome stellen eine wichtige Grundlage der Ernährung dar (■ Tab. 5.1, 5.2), da sie sättigen und im Fall der Rhizome leicht und ganzjährig geerntet werden können.

Das Mark der Papyrus-Stengel (*Cyperus papyrus*) ist sehr faserreich und kann nur mit einem starken Gebiss zermahlen werden. Neben den überirdischen Anteilen bildet die Pflanze knollenähnliche Verdickungen oberhalb der Wurzel, die sehr lipidreich sind, allerdings ebenfalls ein gutes Gebiss verlangen, um sie ungeschält verzehren zu können.

Bis heute kann man die Erdmandel (*Cyperus esculentus*), ein anderes Sauergrasgewächs, am Tschad-See im flachen Gewässer finden. Die am See lebenden Hominini haben sicher-

Tab. 5.1 Nährwerte von rohen Rhizomen des Echten Papyrus (*Cyperus papyrus*) und der Stengel (wurzelnaher Teil) im Vergleich zu rohen Knolle der Kartoffel (*Solanum tuberosum*). (Nach: van der Merwe et al. 2008)

Nährstoff/Nährwert	Menge (pro 100 g)		
	Papyrus-Rhizom	*Papyrus*-Stengel	Kartoffel
Kohlenhydrate (berechnet)	18 g	6,5 g	20 g
Fett (saure Hydrolyse)	0,3 g	0,05 g	0,15 g
Protein	0,75 g	0,25 g	2,5 g
Energiegehalt	70 kcal (292 kJ)	22 kcal (92 kJ)	86 kcal (359 kJ)

Tab. 5.2 Mikronährstoffe in der Erdmandel *Cyperus esculentus* (ein Sauergrasgewächs). (Nach: Ekeanyanwu und Ononogbu 2010)

Mikronährstoff	Gehalt (mg pro 100 g Trockenmasse)	In 100 g enthaltener Anteil an der empfohlenen Tagesdosis (Erwachsener) (%)
Vitamin A[a]	0,2	20
Vitamin C	8,0	10
Vitamin E	0,7	< 10
Calcium	100	15
Eisen	4,0	30
Zink	4,0	50
Magnesium	95	30
Kupfer	1,0	50

[a]berechnet als Retinoläquivalent; entspricht 2,4 mg Provitamin A

lich bevorzugt die unterirdischen Ausläufer (Stolonen) verzehrt, die sich bei entsprechendem Gebiss gut kauen ließen. Die Ausläufer bilden immer wieder knollige Verdickungen (die der Pflanze ihren Namen verliehen haben und auch als Tigernüsse bezeichnet werden), welche angenehm süß schmecken und so sicherlich der Süßpräferenz von *Sahelanthropus* entgegen kamen. Die Erdmandel ist faserreich (30 %) und enthält ca. 25 % Kohlenhydrate und 20 % Fett. Der Proteinanteil ist mit 8 % eher gering. Allerdings sind die Knollen eine gute Quelle für Minerale und auch einige Vitamine (**Tab. 5.2**; Ekeanyanwu und Onongobu 2010).

Der Vitamin-C-Gehalt der Erdmandel dürfte die Eisenresorption erleichtert haben, die hohe Zinkkonzentration war gut für das Immunsystem der Konsumenten. Die überirdisch wachsenden Anteile dieser Sauergrasgewächse sind gute Quellen für Eisen (35 mg pro 100 g) und Zink (2 mg pro 100 g) und damit für zwei häufig kritische Mikronährstoffe.

Besonders interessant ist Fettsäurezusammensetzung der Rhizome von Sauergrasgewächsen (Cyperaceae). In diesen sind 90 % der Fettsäuren einfach und mehrfach ungesättigt (Bogucka-Kocka und Janyszek 2010). Damit ist das Rhizom dieser Sauergrasgewächse nach heutigem Verständnis als ganz besonders gesund anzusehen.

Die Fettsäurezusammensetzung der Erdmandelknolle ist hochwertig und entspricht der des Olivenöls. Unsere Analysen bei der käuflich erhältlichen Erdmandel haben die folgende Fettsäureverteilung ergeben: 66 % Ölsäure, 10 % Linolsäure, 17 % der gesättigten Fettsäure Palmitinsäure und sechs weitere Fettsäuren in geringer Menge – aus heutiger Sicht also ein wahrhaft gesundes Fett.

■ **Algen und Bakterien als wichtige Quelle für Mikronährstoffe**

Fing *Sahelanthropus* einen Fisch, pflückte er Binsen oder verzehrte auf dem Wasser treibende Blätter, so nahm er auch immer Algen und Bakterien mit der Nahrung auf. Die Gattung *Spirulina*, die zu den Cyanobakterien gehört, welche früher als Blaualgen bezeichnet wurden, ist wie die meisten Bakterien reich an Vitamin B_{12}. Das Vitamin B_{12} von *Spirulina* wird zwar sehr schlecht vom Körper resorbiert, da es nicht vollständig identisch mit dem eigentlichen Vitamin B_{12} ist, es könnte dennoch eine Vitamin-B_{12}-Quelle gewesen sein. Im Gegensatz zu Meeresalgen enthält *Spirulina*, wenn überhaupt, nur Spuren von Jod. Das Bakterium wächst typischerweise in den stark alkalischen Salzseen der Tropen und Subtropen, dem Lebensraum der frühen Homininen. Bis heute finden sich diese Organismen im Tschad-See und werden von den dort lebenden Menschen für die Herstellung einer Soße, Dihe genannt, verwendet.

Sollten die frühen Homininen tatsächlich Zugang zu Algen und Bakterien gehabt und diese auch in größerer Menge verzehrt haben, erklärt dies, warum sie offensichtlich mit vielen Mikronährstoffen, einschließlich der essenziellen Aminosäuren, gut versorgt waren (■ Tab. 5.3).

■ **β-Carotin durch Salz und Sonne**

Je nachdem, wie viele Bakterien der Gattung *Spirulina* als Zugabe zum Sauergrasgericht verzehrt wurden, entsprach die Menge der aufgenommenen Vitamine und Mineralien fast der in einer heute im Handel erhältlichen Tablette. Die einzellige, grüne Mikroalge *Dunaliella salina* könnte einen wesentlichen Beitrag zur Versorgung mit Vitamin A geleistet haben. Auch diese gedeiht in alkalinen stark und salzhaltigen Seen und verfügt über eine Reihe von Eigenschaften, die sie bis heute für den Menschen interessant macht. *Dunaliella salina* kann β-Carotin in großen Mengen synthetisieren und speichern. Dies geschieht in Abhängigkeit von der jeweiligen Lichtintensität, der die Alge ausgesetzt ist. Bei einer bestimmten Lichtintensität innerhalb ihres Lebensbereichs unter der Wasseroberfläche beginnt sie, in großen Mengen β-Carotin zu synthetisieren, und baut so einen Schutz gegen die schädliche Wirkung der reaktiven Sauerstoffverbindungen auf. Diese entstehen vor allem dann, wenn UV-Licht und Sauerstoff an organischen Verbindungen reagieren und so zur Oxidation von wichtigen Proteinbausteinen oder der DNA führen.

Wird das Wasser, in dem sich *Dunaliella* aufhält, zum Beispiel durch Wind bewegt oder verkürzt sich der Abstand zur Wasseroberfläche beispielsweise durch Austrocknen, sodass die UV-Intensität in ihrer Umgebung zunimmt, so reduziert sich die Synthese des β-Carotins. Die Algen bilden dann Flagellen aus und tauchen gerade soweit ab, dass sie den schädigenden Lichtquanten entgehen, gleichzeitig aber noch genug Licht zur Energieversorgung erhalten. Damit zeigen sie einen Phototropismus, der es diesen Einzellern erlaubt, aktiv auf die Suche nach Nahrung – Licht – zu gehen, ohne Gefahr zu laufen, durch eben dieses Licht geschädigt zu werden. Somit stand *Sahelanthropus* und andere Lebewesen je nach Wetterlage eine zusätzliche und je nach verzehrter Algenmenge auch reichliche Vitamin-A-Quelle zur Verfügung.

▣ **Tab. 5.3** Algen (*Spirulina*) und in ihnen enthaltene Mikronährstoffe. (Nach: ► http://nutritionda-ta.self.com/facts/vegetables-and-vegetable-products/2765/2; Zugriff: 15.10.2014)

Mikronährstoff	Gehalt (g pro 112 g Trocken-masse[a])	In 112 g enthaltener Anteil an der empfohlenen Tagesdosis (Erwachsener) (%)
Vitamine		
Vitamin A[b]	0,13	13
Vitamin C	11	11
Vitamin E	5,6	37
Vitamin K	0,03	36
Thiamin	2,7	200
Riboflavin	4,1	300
Niacin	14,4	90
Vitamin B_6	0,4	20
Folsäure	0,1	30
Vitamin B_{12}	0	0
Pantothensäure	3,9	39
Mineralien		
Calcium	134	16
Eisen	32	200
Magnesium	218	50
Zink	2,2	20
Kupfer	6,8	320
Selen	8,1	12

[a]Die Angabe bezieht sich auf die Trockenmasse, die etwa 25 % der Feuchtmasse entspricht
[b]berechnet als Retinoläquivalent

■ **Engpass der Jodversorgung am See**

Für eine Reihe von Tieren, besonders Wirbeltiere, und den Menschen ist Jod eine essenzielle Verbindung. Fehlt sie, dann vergrößert sich zunächst kompensatorisch die Schilddrüse und es bildet sich schließlich ein Kropf. Mit der Nahrung aufgenommenes Jod wird in der Schilddrüse an die Aminosäure Tyrosin gebunden und so gespeichert. Wird zu wenig Jod aufgenommen, wird mehr Gewebe gebildet, um mehr Jod speichern und mehr Schilddrüsenhormone produzieren zu können.

Jod gehört zu den Elementen, die auf unserem Planeten nicht sehr häufig vorkommen, und rangiert in der Liste der Häufigkeit der Elemente erst auf Platz 46. Es kommt an der Oberfläche der Erde und in der Erdkruste in Landpflanzen in einer Menge bis 0,5 mg pro kg und in Meeresalgen in einer Menge zwischen 100 bis 2500 mg pro kg vor. Dementsprechend finden

◼ **Tab. 5.4** Jodgehalt in nichtaquatischen Nahrungsquellen. (Nach: Haldimann et al. 2005)

Nahrungsmittel	Gehalt (g pro 100 g)	In 100 g enthaltener Anteil an der empfohlenen Tagesdosis (Erwachsener) (%)
Eier	140[a]	90
Grüne Blätter (Salat)	24	16
Pilze	21	14
Nüsse	22	15

[a]abhängig vom Habitat der Vögel

◼ **Tab. 5.5** Mikronährstoffgehalt von Mollusken. (Nach: McGuire und Beerman 2012)

Mikronährstoff	Gehalt (pro 100 g)	In 100 g enthaltener Anteil an der empfohlenen Tagesdosis (Erwachsener) (%)
Vitamin B_{12}	16 µg	300
Eisen	5 mg	33
Zink	16 mg	160
Kupfer	1,6 mg	75
Selen	75 µg	100

sich im marinen Fisch zwischen 100 und 400 mg pro 100 g, in Säugetiergeweben jedoch nur maximal 50 µg pro 100 g. Im Süßwasser beträgt die Konzentration zwischen 0,5 und 20 µg pro l und im Meerwasser zwischen 45 und 60 µg pro l, sie ist also bis zu dreimal höher als die des Süßwassers. Die Jodmenge im Süßwasserfisch ist minimal und erreicht bestenfalls Werte zwischen 5 und 20 µg pro 100 g. Erklärt wird dieser Unterschied damit, dass Jod im Süßwasser mangels regelmässiger Wasserbewegung wie im Meer in Bodensedimenten verbleibt und von Tieren und Pflanzen nicht aufgenommen wird. Im Gegensatz dazu akkumulieren marine Organismen wie Fische und Algen also erhebliche Mengen an Jod und stellen somit für den Menschen die wichtigste Jodquelle dar. In der Region des Tschad-Sees könnte die Versorgung mit Jod also ein Engpass gewesen sein. Dem Bewohner des Seeufers standen jedoch weitere wichtige Jodquellen zur Verfügung (◼ Tab. 5.4) und könnten dazu beigetragen haben, dass seine Jodversorgung ausreichend war.

Sofern Mollusken (Weichtiere), die sich in Fluss- und Seenähe aufgehalten haben, verzehrt wurden, waren sie eine ideale Quelle für eine Reihe von Mikronährstoffen, deren Versorgung als kritisch angesehen wird (◼ Tab. 5.5). Mollusken sind besonders geeignet, den Mangel an besonders kritischem Vitamin B_{12} in der täglichen Kost zu beseitigen.

Schildkröten, die leicht zu erjagen bzw. zu sammeln waren, sind zwar gute Proteinquellen, enthalten jedoch nur wenige wichtige Mikronährstoffe (◼ Tab. 5.6).

Eine weitere Quelle für kritische Mikronährstoffe sind Insekten jeder Art, die bereits im ▶ Kap. 3 über den Regenwald besprochen wurden (▶ Tab. 3.1).

⬛ Tab. 5.6   Mikronährstoffgehalt von Schildkröten. (Nach: McGuire und Beerman 2012)

Mikronährstoff	Gehalt (mg pro 100 g)	In 100 g enthaltener Anteil an der empfohlenen Tagesdosis (Erwachsener) (%)
Vitamin A	0,1	10
Vitamin B$_1$	0,2	20
Vitamin B$_2$	0,25	<5
Vitamin B$_6$	0,1	<5
Calcium	100	15
Eisen	6	50

⬛ Tab. 5.7   Mikronährstoffgehalt von Fischen und am Seeufer lebenden Tieren, die bereits zur Zeit des frühen Menschen existierten. (Nach: McGuire und Beerman 2012)

Spezies	Vitamin D (µg pro 100 g VA)	Vitamin B12 (µg pro 100 g VA)	Selen (µg pro 100 g VA)	Jod (µg pro 100 g VA)	DHA (µg pro 100 g VA)
Lachs	15,0	4,00	33	26	1247
Muschel	2,4	10,00	57	365	178
Forelle	8,0	2,30	26	6	543
Flusskrebs	0	2,0	32	6,3	38
Aal	20,0	1,0	50	4	590
Wels	0,5	2,3	15	4,8	560
Barsch	0,2	1,1	6,1	4,9	150
Hecht	2,1	2,3	16,2	4,9	95
Tilapia	3,1	1,6	41,8	<1	86

DHA Docosahexaensäure, *VA* verzehrbarer Anteil

5.2.2   Vorteile des Fischfangs

Sicherlich ist dem *Sahelanthropus* beim Ernten seiner Binsen ab und zu auch ein Fisch zwischen die Finger gekommen – von der Struktur her eher weich und der Geschmack je nach Fisch auch annehmbar. Damit erschloss er sich eine weitere Quelle für wichtige Mikronährstoffe.

■ Fische und Schalentiere

Fisch stellt für den Menschen ein wichtiges Lebensmittel dar, da Fisch gerade die kritischen Mikronährstoffe, also solche, die nur in wenigen Nahrungsmitteln vorkommen, in ausreichender Menge liefert. Je nach Fischart können 100 g den täglichen Bedarf des Menschen an Vitamin D und B$_{12}$, Selen und Jod (marine Fische) decken (⬛ Tab. 5.7).

Aus ◻ Tab. 5.7 wird deutlich, dass vor allem die kritischen Mikronährstoffe Vitamin D, Vitamin B_{12}, Jod und Selen über aquatische Nahrungsmittel geliefert werden. Dies gilt zwar vorwiegend für Meeresfische, teilweise aber auch für Süßwasserfische, Muscheln und Krebse. Vor allem Eisen, Zink und Calcium aber auch Niacin (Nicotinsäure) und Vitamin B_6 finden sich in den Fischen, wie sie in afrikanischen Seen seit Langem heimisch sind (Hechte, Barsche, Wels u. a.) (Kirema Mukasa 2012). Krustentiere, wie sie ebenfalls in den flachen Inlandseen vorkommen, liefern zusätzliches Vitamin A (ca. 10 % der empfohlenen Tagesdosis bei Verzehr von 100 g). Fisch ist auch die wichtigste Quelle für hochungesättigte Fettsäuren, im Speziellen für die Docosahexaensäure (DHA), die eine besondere Rolle bei der Hirnentwicklung des Menschen spielt, wie wir noch sehen werden.

Um ungefähr abschätzen zu können, inwieweit Fisch zu Urzeiten zur Versorgung mit den kritischen Nährstoffen beigetragen hat, betrachtet man am besten den Fischverzehr in der heutigen Zeit. Der Anteil von Fisch an der Versorgung mit den Vitamin D und B_{12} sowie den Elementen Selen und Jod im Jahr 2005 in der französischen Bevölkerung entsprach bei Vitamin D 36 %, bei Vitamin B_{12} 63 %, bei Selen 23 % und bei Jod 19 % der empfohlenen Tagesdosis (Bourre und Paquotte 2008). Berücksichtigt man, dass es hierbei vor allem marine Quellen waren, so dürfte die Versorgung unserer Ahnen mit diesen Vitaminen und Elementen durch Fisch alleine gerade ausreichend gewesen sein.

Der Tschad-See ist auch heute noch ein sehr fischreiches Gewässer, auch wenn die stetige Verringerung der Wassermenge und die zunehmende Verschmutzung diesen Reichtum bedroht. Wesentliche Fischarten zur Zeit des *Sahelanthropus* dürften, wie heute, Barsche, Welsarten, verschiedene Lachse und auch die nur in afrikanischen Gewässern vorkommenden *Alestes*, eine heute noch weit verbreitete Art, die zu den Afrikanischen Salmlern zählt, gewesen sein. Die Tatsache, dass die Nahrung des *S. tchadensis* zahlreiche C_3-Pflanzen und Tiere, die sich von C_3-Pflanzen ernähren, enthielt, spricht keinesfalls dagegen, dass der *S. tchadensis* nicht auch Fisch verzehrt hat. Untersuchungen an Fischen in tropischen Flüssen mit Überflutungszonen, die dem Lebensraum des *Sahelanthropus* ähnlich sind, haben gezeigt, dass Fische dort primär C_3-Pflanzen (Algen und Teile terrestrischer C_3-Pflanzen) aufnehmen (Roach et al. 2009). C_4-Pflanzen wie Binsen spielen für die Ernährung der Fische offensichtlich kaum eine Rolle. Dies gilt vor allem für die Flachwasserzonen in Ufernähe, in denen sich C_3-Phytoplankton findet, also Algen, die im Bodensediment von Flüssen und Seen wachsen. Diese können jedoch, wie bereits erörtert, mehr ^{13}C enthalten und so die Rückschlüsse auf die aufgenommene Nahrung verfälschen.

Im Olduvai-Gebiet, das wegen der zahlreichen menschlichen Fossilien, die man dort gefunden hat, zu Recht auch als Wiege der Menschheit bezeichnet wird, konnten in Bodenschichten, in denen fossile Überreste von Hominini gefunden worden waren, auch verschiedene Welsarten und *Tilapia* nachgewiesen werden. Diese waren sicherlich eine hervorragende Quelle für Proteine und die oben genannten Mikronährstoffe. Auch lässt sich Fisch trocknen und auf diese Weise länger haltbar machen (z. B. als Stockfisch) – eventuell haben die Homini vom Tchad See diese Erfahrung mehr zufällig gemacht.

Das gemischte Habitat aus Wassergebieten und flachen Ufern, Waldsaum und offener Landschaft scheint die besten Bedingungen für die Entwicklung des Menschen geboten zu haben. Dies betrifft nicht nur das breite Nahrungsangebot, sondern vor allem die kontinuierliche Versorgung mit Mikronährstoffen. Im Gegensatz zum Leben im reinen Waldhabitat war diese Versorgung hier nicht nur marginal gesichert und unterlag mehr oder weniger ausgeprägten saisonalen Schwankungen, sondern sie war umfassend und hielt verschiedene Quellen für einen oder mehrere kritische Mikronährstoffe bereit. Lediglich Vitamin D und Jod könnten knapp gewesen sein. Was die Versorgung mit Mikronährstoffen angeht, so war das Habitat des *S. tchadensis* also optimal. Der Energieaufwand zum Sammeln und Jagen, sofern man dies bereits als Jagen bezeichnen kann, der Nahrung war im Vergleich zu dem des reinen Jagens eher gering. Gleichzeitig hatte er ausreichend Schutz vor Feinden aus den ufernahen Waldgebieten.

■ **Fischfang und zweibeiniger Stand**

Die im Seeufergebiet lebenden Homininen haben Binsen- und Sauergrasgewächse und deren Rhizome als willkommene und immer vorhandene Nahrung verzehrt. Dabei ist ihnen sicherlich nicht verborgen geblieben, dass zwischen Binsen und Algen allerlei Kleintier herumschwimmt. Warum nicht mal probieren? Zudem hat die Erfahrung gezeigt: Die Tiere sind gut zu kauen, haben, wie bei kleinen Wirbeltieren, nur wenige Knochen und in die Finger wird man auch nicht gebissen. Im Übrigen ist auch mehr dran, als an Tausendfüßern, die auch weitaus weniger süß schmecken als die kleinen Fische.

C. Niemitz (2010) hat in seiner Übersicht zum aufrechten Gang erklärt: Nicht das Aufrichten war der entscheidende Schritt, dies können viele Tiere, aber aufgerichtet bleiben kann in dieser Form nur der Mensch. Er fragt: »Welche Umweltbedingungen brachten neue funktionelle und daher evolutionäre Vorteile für unsere vierfüßigen Vorfahren?« und »Welche Umstände führten zur selben Zeit dazu, dass die Nachteile des zweibeinigen Gehens mehr als vollständig kompensiert wurden?«

Schauen wir *S. tchadensis* zu, wie er Fische fängt. Er wird bald festgestellt haben, dass rasches Hin- und Herlaufen nicht sehr erfolgreich ist, ebensowenig wie mit Händen oder Ästen auf das Wasser zu schlagen. Er wird beobachtet haben, dass ruhiges Stehen im Wasser eine gute Strategie ist, die auch die ihn umgebenden fischfangenden Wasservögel verfolgen.

Fisch hatte für den *S. tchadensis* eine Reihe wesentlicher Vorteile. Er konnte aus der Deckung des Waldes gefangen werden, er war leicht und manchmal mit einem Bissen zu verzehren. Nicht zuletzt musste er nicht energieaufwendig gejagt werden, immer unter der Gefahr, selbst zum Gejagten zu werden, denn eine Stunde im Wasser zu stehen, um einen Fisch zu fangen, verbraucht bei einem erwachsenen Menschen nur ca. 150–200 kcal. Eine Jagd verbraucht dagegen fast das Dreifache an Energie – je nach Jagdeifer und gejagtem Tier auch mehr. Aber Stehen können musste der *S. tchadensis*, sonst hätte er den Fisch nicht mit den Händen greifen können, und das war notwendig, denn für einen raschen Biss, wie ihn der fischfangende Bär anwendet, waren seine Zähne nicht geeignet. Das Leben in der Nähe von Flüssen und Seen war für die Homininen Voraussetzung für das Überleben, gerade in Zeiten mit zunehmender Trockenheit. Hier gab es im Gegensatz zum geschlossenen Wald oder zur freien Savanne fast alles, was schmeckte und den Hunger stillte. Der *Sahelanthropus* hat also bereits aufrecht Fisch gefangen, eine Methode, die auch spätere Hominini für sich entdeckten.

Die grundlegende Frage dabei ist, welchen Vorteil die Individuen einer Spezies hinsichtlich des Überlebens und der Fortpflanzung hatten, wenn sie das zweibeinige Stehen und dann viel später auch des Gehen beherrschten. Wenn es nur die Fähigkeit des Fischfangs war, dann muss es der Fisch gewesen sein, der für die, die ihn fangen konnten, von Vorteil war. Alle großen Menschenaffen, so Niemitz, suchen Nahrung auch im und am Wasser. Dass sie dabei vorübergehend auf zwei Beinen stehen und laufen, um Fisch zu fangen, ist ebenso beschrieben. War es möglicherweise bereits die Fähigkeit des *S. tchadensis*, nicht nur beim Fischfang, sondern dauerhaft auf zwei Beinen zu stehen, die den wesentlichen Unterschied der Entwicklungslinie der Hominini zur Linie der Schimpansen ausmachte? Schimpansen jagen andere Tiere, gehen aber in überfluteten Gebieten nicht bevorzugt dem Fischfang nach. Wird Fisch bzw. alles, was am Ufer zu erjagen ist, als wesentliche Nahrungsquelle angesehen, so ist bei Wassertieren das

Verhältnis von Energie- und Mikronährstoffdichte zu verbrauchter Energie und verfügbaren Mikronährstoffen ungleich besser als das aus den wenigen gejagten Landtieren sowie aus Früchten und Blättern. Der Vorteil der besseren Energieeffizienz sollte allerdings erst später mit dem wachsenden Gehirn deutlich werden.

Der Vorteil des Fischfangs lag nun darin, dass es einen direkten Bezug zwischen Energieaufnahme und -verbrauch sowie Entwicklung und Überleben gibt. Gorillas verzehren große Mengen Blätter statt einer qualitativ hochwertigen, das heißt vielfältigen Nahrung, deshalb sind sie Gorillas geblieben. Wollten sie mehr Qualität, müssten sie sich bei der Nahrungssuche weitaus mehr bewegen, was wiederum ihren Energieverbrauch erhöhen würde. Damit erreichten sie aber eine Grenze, an der die Kalorienmenge, die sie für ihren massigen Körper und die zusätzliche Bewegung brauchen, in keinem günstigen Verhältnis mehr zu der mit dieser Nahrung erreichbaren Qualität stünde. Das benötigte Energiebudget, das für Wachstum, Zellerneuerung, Jagen und Schwangerschaft gebraucht wird und Leben und Überleben einer Population ermöglicht, hängt von der Versorgungslage und damit vom Habitat ab.

Der Menschenaffe mit der Fähigkeit, im Wasser zu stehen und Fische zu jagen, hat einen unbestreitbaren Vorteil: Seine Nahrung ist qualitativ und quantitativ hochwertig, aber er benötigt nur wenig Energie, um sie zu erjagen. Der geringere Gesamtenergieumsatz erlaubt es, dass eine solche Spezies sehr viel besser an Bedingungen angepasst ist, die mit einer Einschränkung der Nahrungsverfügbarkeit einhergehen. Dies ist ohne Zweifel ein Vorteil und auch Millionen Jahre später im Zusammenhang mit dem größer werdenden Gehirn und dem damit verbundenen stark zunehmenden Energiebedarf von Bedeutung. Erst als der aufrechte Gang mit all seinen sonstigen anatomischen Veränderungen etabliert war, konnte der Mensch die damit einhergehenden Vorteile nutzen und ohne sinnlos Energie zu verschwenden auf Jagd gehen. Damit konnte sich der *Homo* einen höheren Gesamtenergieumsatz durch ein wachsendes und somit zunehmend mehr Energie verbrauchendes Gehirn erlauben.

Die Folgen des Fischfangs waren nicht nur der aufrechte Gang, sondern auch eine Reihe weiterer typischer Skelettmerkmale, die sich über Millionen von Jahren des zweibeinigen Gehens entwickelt haben. Dazu gehört neben der Längenveränderung der Beine auch eine grazilere Struktur der Hände, die ja nun nicht mehr zum Laufen genutzt wurden. Die Wirbelsäule nahm ihre für den modernen Menschen typische S-Form an und konnte so als Stoßdämpfer dienen. Von mehrfacher Bedeutung ist die Veränderung des Schädels. Das Hinterhauptsloch (Foramen magnum) verlagerte sich in die Mitte, was zu einer Aufrichtung der Halswirbelsäule führte, wodurch wiederum sowohl die zunehmende Last des wachsenden Kopfes ergonomischer abgefangen als auch die funktionelle Entwicklung von Sprache durch die Verlagerung des Kehlkopfes möglich wurde. Die Rekonstruktion des Schädels des *S. tchadensis* weist bereits auf eine Verlagerung des Hinterhauptslochs hin.

Während der Winkel zwischen Hinterhauptsloch (Foramen magnum) und Orbita (dem Knochen über dem Auge) beim Gemeinen Schimpansen bei etwa 63 liegt, beträgt er beim *S. tchadensis* 95. Dieser ist damit den 103 der Schädel späterer Zweibeiner (*Australopithecus afarensis* und *Au. africanus*) und auch des modernen Menschen ähnlich. Der Winkel, den Foramen magnum und Orbita einschließen, entscheidet darüber, ob das jeweilige Wesen in der Lage ist, während des aufrechten Ganges den Blick nach vorne zu richten oder nicht. Bei Gemeinen Schimpansen, deren Foramen magnum recht weit hinten sitzt, ist dies nicht der Fall, sie blicken daher eher nach unten.

Vieles spricht dafür, dass auch der in Kenia lebende *Orrorin tugenensis* (vor ca. 6,5 Mio. Jahren) und der in Äthiopien heimische *Ardipithecus kadabba* (vor ca. 5,8 Mio. Jahren) ebenfalls bereits zweibeinig durch Wald und Savanne liefen (Haile-Selassi 2001). Das heißt, dass die frühen Homininen bereits lange vor der Gattung *Homo* die Fähigkeit zum längeren Stehen und Gehen auf zwei Beinen besaßen, die im Zuge der natürlichen Selektion als eine Anpassung an das aquatische Nahrungsangebot entstanden war. Die Veränderung vieler anatomischer Körperfunktionen als Folge des aufrechten Ganges als auch die zunehmende Vergrösserung des Gehirns hat dann den späteren Arten der Hominini vor 2 MJ ermöglicht, ihre angestammten Habitate zu verlassen und unter neuen Bedingungen zu überleben.

5.3   Der *Ardipithecus ramidus*

Bereits 1994 wurden im Afar-Dreieck im Nordosten Äthiopiens fossile Überreste eines weiblichen Wesens entdeckt. Die Aufarbeitung der Knochenfunde war äußerst langwierig, sodass erste Erkenntnisse aus der Entdeckung erst im Oktober 2009 publiziert wurden, unter anderem auch in der hochrenommierten Wissenschaftszeitschrift *Science*, die den Funden ein ganzen Heft widmete. Mit *Ardipithecus ramidus*, auch kurz Ardi genannt, hatte man einen Homininen aus der Frühzeit unserer Geschichte entdeckt, der vor 4,4 Mio. Jahren in Äthiopien und auch in Kenia lebte. Er ist sehr weit unten im Stammbaum des Menschen anzusiedeln und hat möglichweise gute Chancen, als fehlendes Bindeglied zwischen den Entwicklungslinien von Schimpanse und Mensch Karriere zu machen. Sein Name weist bereits auf seine Bedeutung hin: *ardi* bedeutet in der Afar-Sprache Boden, *ramid* ist die Wurzel – der *A. ramidus* steht also als Bodenaffe an der Wurzel der Menschen und wird zu den Vormenschen gezählt.

Zunächst wurde der *A. ramidus* den Australopithecinen zugeordnet, aufgrund seiner sehr viel affenähnlicheren Anatomie, besonders der Zähne, dann jedoch als eigene Art geführt. Ardi war etwa 120 cm groß und sein Hirnvolumen lag zwischen 300 und 350 cm^3, ähnlich dem heute lebender Schimpansen, aber etwas kleiner als das des *Sahelanthropus*. Mit diesem teilte der *A. ramidus* die Ähnlichkeit des flachen Gesichtsschädels. Vieles spricht dafür, dass er in einer Linie mit dem *Sahelanthropus* steht und in vergleichbaren Habitaten wie der *Orrorin tugenensis* und der *A. kadabba* gelebt hat.

Die Wissenschaftler, die Ardi entdeckt und beschrieben haben, gehen aufgrund der Fossilien von Fauna und Flora, die sie in einem Radius von 9 km um die Fundstelle herum gefunden haben, davon aus, dass das Habitat von *A. ramidus* vorwiegend aus Waldland bestanden hat. Damit stellen sie auch die Hypothese infrage, dass sich der Mensch in der offenen Savanne entwickelt hat (White et al. 2009). Dem widersprechen andere Wissenschaftler, die die Art in einer weniger geschlossenen Waldlandschaft an einem Fluss sehen (Cerling et al. 2010). Der *A. ramidus* scheint demnach auch in einer savannenähnlichen Landschaft mit Buschland und und geschlossenen Waldgebieten, sicherlich aber nicht ständig in einem dichten Wald mit geschlossenem Laubdach gelebt zu haben. Der Lebensraum, so neuere Untersuchungen, war eine an einem Fluss gelegene Waldzone, die von offenem, mit Bäumen durchsetztem Grasland umgeben war (Gani und Gani 2011). Das Habitat war also des *S. tchadensis* vergleichbar.

Das Gebiss von *A. ramidus* war dem von *S. tchadensis* ähnlicher als dem später lebender Artgenossen. Der *A. ramidus* hatte relativ kleine Eckzähne, deren Spitzen als diamantenschliffähnlich beschrieben werden. Der Zahnschmelz war dicker als der von heute lebenden Schimpansen, aber immer noch dünner als der von später lebenden Australopithecinen. Damit steht der *A. ramidus* zwischen den reinen Frugivoren, die die weichen Früchte problemlos mit ihren weniger starken Zähnen zerkleinern konnten, und den späteren Australopithecinen, besonders *Paranthropus boisei*, deren Nahrung offensichtlich so hart und robust war, dass sie einen besonders harten Zahnschmelz benötigten. *A. ramidus* konnte zweifellos noch auf Bäume klettern und war darin sicherlich außerordentlich geschickt. Die Stellung des Großzehs, die ihn befähigte, mit den Füßen zu greifen, belegt dies (Lovejoy et al. 2009). Allerdings lässt die

Lage des Hinterhauptslochs (Foramen magnum) darauf schließen, dass der Kopf gerade auf der Wirbelsäule saß, was dafür spricht, dass sich *A. ramidus* aufrecht auf zwei Beinen durch seinen Lebensraum bewegte.

- **Nahrungsangebot**

Über Fauna und Flora des Habitats von *A. ramidus* ist mehr bekannt als über das des *S. tchadensis*. Das Habitat des *A. ramidus* hatte eine sehr vielfältige Fauna, zu der eine Reihe unterschiedlicher kleiner Nager gehörten ebenso wie die verschiedensten Formen von Vögeln, von denen einige am Boden gelebt haben dürften und damit leichter erjagbar waren, als die Baumbewohner (Louchart et al. 2009). Seinen Lebensraum musste *A. ramidus* mit einigen großen Säugetieren teilen, zu denen Flusspferde, Antilopen, Rinder und große Raubkatzen gehörten. Gefunden wurden auch fossile Reste einer speziellen Antilopengattung (*Tragelaphus*), deren Vertreter sich, wie heutige Beobachtungen zeigen, bevorzugt von Blättern ernährten und buschige und bewaldete Habitate liebten.

Solange keine Notwendigkeit bestand, das beschützende Waldareal zu verlassen, also genügend Nahrung zur Verfügung stand, konnte *A. ramidus* gut überleben. Aus der Isotopenanalyse der Zähne lässt sich auf eine bevorzugte Nahrung aus C_3-Pflanzen mit nur geringen C_4-Anteilen schließen. Das würde bedeuten, dass sich *A. ramidus* vorwiegend in seinem Waldhabitat aufgehalten und sich auch entsprechend ernährt hat. Dabei können durchaus auch am Ufer lebende Tiere und vor allem Fische zu seiner Nahrung gehört haben.

Nehmen wir einmal an, *A. ramidus* hätte nicht nur Früchte und Blätter, sondern auch kleine Vögel, Vogeleier, Nager, Insekten und andere tierische Proteinquellen verzehrt, und vergleichen ihn in seinem Waldgebiet mit einem etwas später am Tschad-See auftauchenden Homininen, dem *Australopithecus bahrelghazali*. Untersuchungen von Julia Lee-Thorp und ihrer Gruppe haben den Anteil an C_4- gegenüber C_3-Gräsern in der Nahrung dieser beiden Spezies sowie auch anderer Spezies näher untersucht (Lee-Thorp et al. 2012). Der geringe $\delta^{13}C$-Wert und damit ^{13}C-Gehalt des Zahnschmelzes zeigt, dass in der Nahrung von *A. ramidus* offensichtlich nur wenige C_4-Pflanzen enthalten waren. Vergleichsweise hat *Au. bahrelghazali* weit mehr C_4-Pflanzen konsumiert, wie der höhere Gehalt an ^{13}C zeigt, und lebte in einem offenen Habitat im Tschad-Becken, das dem des *S. tchadensis* ähnlich war. Der höhere Gehalt an C_4-Pflanzen könnte allerdings auch auf den umfassenderen Verzehr von aquatischen Pflanzen und Tieren zurückgehen, die mehr ^{13}C enthalten. Sieht man sich nun die Nahrung der beiden Bewohner der Region um den Tschad-See einmal etwas genauer an und vergleicht sie mit der bevorzugten Nahrung von Waldbewohnern, dann wird schnell deutlich, dass die Waldbewohner eine ganze Reihe von Problemen gehabt haben dürften, wenn es um die ausreichende Versorgung mit Mikronährstoffen geht.

Obwohl *A. ramidus* in einem für seine Versorgung sehr günstigen Habitat lebte, war sein Zugang zu C_4-Gräsern des Graslandes offensichtlich beschränkt und möglicherweise war auch der Anteil aquatischer Nahrung gering. Der Anteil an C_4-Pflanzen in seiner täglichen Nahrung ist im Vergleich zu dem der erst später auftretenden Australopithecinen niedrig. So wurden in ihrem Habitat fossile Reste der Pflanzengattung *Myrica* gefunden – immergrüne Sträucher, die reichlich kleine rote oder orangefarbene Beeren bilden. 100 g dieser Beeren enthalten 4 mg Vitamin C, 30 µg Folsäure und 2,4 µg Vitamin A (dem entsprechen 12 × 2,4 µg Provitamin A). Das sind alles in allem verschwindend geringe Mengen, wenn man von Vitamin C absieht und auch davon ausgeht, dass wohl kaum täglich 500–1000 g Beeren verzehrt wurden. Ebenso fanden sich Süßgräser (Poaceae), die als eines der Urgetreide gelten und, sofern sie einschließlich der Samen verzehrt wurden, durchaus eine gute Protein- und Vitamin-B-Quelle waren. Interessant sind die ebenfalls gefundenen Samen von Palmen. Falls es sich hier, wie es für diese Region wahrscheinlich ist, um die Samen der Ölpalme (*Elaeis guineensis*) handelt, so wären diese eine ideale Quelle für Provitamin A und Vitamin E und vor allem für eine Reihe von gesättigten und auch ungesättigten Fettsäuren gewesen. Die rote Palmfrucht wird, wie die übrigens auch schon zu dieser Zeit verfügbaren Feigen, nicht umsonst als Keystone-Lebensmittel bezeichnet und hat möglicherweise, wie bereits besprochen, über ihre besondere Farbe mit zum Vorteil von Spezies beitragen, die zum trichromatischen Sehen befähigt waren.

▪ Wirbellose als Nahrungsbestandteil

Im Lebensraum von *A. ramidus* wurden Fossilien von Insektenlarven, Vogelnestern, verschiedenen Schnecken, Hundertfüßern und anderen Tausendfüßern gefunden. Das Vorkommen von Nacktschnecken unterschiedlicher Art ist auch hier ein Hinweis auf ein Habitat mit ausreichender Wasserversorgung und Baumbestand.

Tausendfüßer haben durchaus eine interessante Zusammensetzung. Das Spektrum der enthaltenen Aminosäuren entspricht dem von Insekten und Crustaceen und enthält alle Aminosäuren, die die Hominini brauchten. 40 % der Fettsäuren sind ungesättigt, nach heutiger Sichtweise also gesund, und der Calciumgehalt ist hoch – in einem Tausendfüßer mit etwa 0,5 g Körpergewicht sind zwischen 80 und 90 mg Calcium enthalten, sodass 12–15 Tausendfüßer die heute empfohlene Tagesdosis decken würden. Die empfohlene Tagesdosis für Eisen kann bereits mit sechs Tausendfüßern und die für Zink schon mit einem einzigen Exemplar gedeckt werden (Enghoff et al. 2014).

▪ Wirbeltiere als Nahrungsbestandteil

Aus den 275 verschiedenen identifizierten Fischarten in den Sedimenten der Süßwasserseen des Tschad-Beckens sticht der Froschwels (*Clarias batrachus*) hervor. Dieser auch Wanderwels genannte Süßwasserfisch überwindet mithilfe seiner Schwanzflosse auf der Suche nach Nahrung auch kurze Strecken über Land. Er war für die dort lebenden Homininen sicherlich eine attraktive Beute, da er auf seinen Landgängen besonders leicht gefangen werden konnte.

Die Zusammensetzung des Afrikanischen Raubwelses (*Clarias gariepinus*) wurde kürzlich untersucht. Der Gehalt der nachgewiesenen Mikronährstoffe kann natürlich nur ein Anhaltspunkt sein, dennoch dürfte er sich nicht wesentlich von dem in den Welsarten unterschieden haben, die zu Zeit von *A. ramidus* gelebt haben (◘ Tab. 5.7). Auch Fossilien von Barben und Buntbarschen (Cichlidae) wurden gefunden. Die nachgewiesenen Fischarten lebten vor allem in der oft (durch Schlick, Algen) sauerstoffarmen Flachwasserzone des Seeufers, da sie sowohl für Temperaturschwankungen als auch für einen niedrigen Sauerstoffgehalt unempfindlich sind. Diese Spezies waren folglich für den *A. ramidus* gut erreichbar. Außerdem fand man Fossilien unterschiedlicher Schildkrötenarten, Krokodile, Eidechsen, Schlangen und Fröschen. Diese Tiere enthalten je nach Art Vitamine (Vitamin E, A, B-Vitamine) in unterschiedlicher Menge sowie Eisen in gut verwertbarer Form.

Man kann allerdings keinesfalls davon ausgehen, dass die vielen am oder im Wasser lebenden Tiere regelmäßig auf dem Speiseplan des *Ardipithecus* standen, zumal man dann verstärkt Hinweise auf C_4-Pflanzen in der Nahrung hätte finden müssen. Was genau verzehrt wurde hing davon ab, inwieweit sich der Wasserstand saisonal änderte bzw. ob die Fische auch Beute anderer Räuber waren.

Einmal angenommen, dass *A. ramidus* von Zeit zu Zeit Fisch, aber auch Mollusken, Schnecken und andere hier beschriebene tierische Kost verzehrte, war er mit den meisten Vitaminen zumindest so gut versorgt, dass kein schwerer Mangel drohte. Ausnahme waren Vitamin D und Jod. Die durch die Untersuchungen belegten Fischarten enthalten relativ wenig Vitamin D, wenngleich mit Verzehr eines ganzen Fisches (ca. 150 g) etwa 5 μg Vitamin D aufgenommen werden, was der empfohlenen Tagesdosis für den heutig lebenden Menschen entspricht und ausreicht, um die Entwicklung einer Rachitis zu verhindern. Inwieweit in dem von *A. ramidus* bewohnten Waldhabitat die Sonneneinstrahlung für eine bedarfsdeckende Vitamin-D-Synthese über die Haut ausreichte, lässt sich schwer sagen, jedoch könnte sie zusammen mit halbwegs regelmäßigem Fischverzehr ausreichend gewesen sein. Dass *A. ramidus* trotz des Vorhandenseins vieler tierischer Nahrungsressourcen auf diese offensichtlich nicht stark zurückgegriffen hat, zeigt, dass er das Leben im Wald bevorzugte und wohl nur von Zeit zu Zeit zum Wasser wanderte.

Eine besonders kritische Komponente stellt Jod dar. Für den Turkana-See in Kenia konnte durch die Analyse von Kohlenwasserstoffen nachgewiesen werden, dass in diesem See zur Zeit des *A. ramidus* Grün- und Rotalgen lebten (Abell und Margolis 1982). Diese könnten neben anderen Mikronährstoffen auch geringe Mengen Jod geliefert haben (◻ Tab. 5.3). Allerdings war die Versorgung sicherlich immer wieder grenzwertig niedrig.

Der Lebensraum von *A. ramidus* bot fast alles, was er brauchte, auch wenn er die Ressourcen nur bedingt nutzte. Die Tatsache, dass er aufrecht gehen konnte, weist darauf hin, dass er diese Fähigkeit entweder wie *S. tchadensis* in seinem Habitat erworben hat oder sie als bereits erworbene Eigenschaft mitbrachte.

Anders als ein Habitat am Seeufer bot der offene und vielfältige Lebensraum des *A. ramidus* eine Vielzahl von qualitativ hochwertigen Nahrungsmitteln und zugleich eine am See vorhandene dauerhafte Versorgung mit energiereichen Lebensmitteln. Die Nacht konnte er in den sicheren Baumwipfeln verbringen, wo er auch immer wieder süße Früchte vorfand. Alles in allem ein luxuriöses, weitgehend stressfreies Habitat, in dem es sich gut leben ließ.

Ein solches gemischtes Habitat hat nicht nur *A. ramidus*, sondern die nach ihm folgenden Hominini fast 4 Mio. Jahre lang gut ernährt. Warum hat sich in dieser langen Zeit zwar der aufrechte Gang entwickelt, das Gehirn aber ansonsten keine echten Fortschritte gemacht? Möglicherweise würden wir mit entsprechend kleinem Gehirn heute noch das Seeuferhabitat bewohnen, wenn die Natur diese Habitate nicht nachhaltig verändert hätte.

Ob *A. ramidus* nun ein Vorfahre der afrikanischen Menschenaffen oder aber ein Vertreter der Hominini ist, ist bis dato nicht endgültig geklärt. Manches spricht dafür, dass er verschiedene ökologische Nischen besiedelt hat. Die auf geografischen oder auch ökologischen Faktoren beruhende Trennung der Teilpopulationen führte dann letztlich zur Aufspaltung in neue Arten. Dieser als adaptive Radiation bezeichnete Vorgang wird von der genetischen Variabilität innerhalb einer Population wie auch von der natürlichen Selektion vorangetrieben und ist ein grundlegender Mechanismus der Evolution. Bei der Besiedlung von neuen Habitaten spielen Klimaänderungen, vorübergehende wie auch dauerhafte, ebenso eine Rolle wie geologische Veränderungen. Kann sich eine Art an die Veränderungen nicht adaptieren, dann wird sie aussterben. Genau dies ist bei den im Folgenden vorgestellten Vertretern der Australopithecinen möglicherweise immer wieder einmal passiert.

Die Entwicklung des modernen Menschen erfolgte sehr viel später und in einem kürzeren Zeitraum: Sie geht auf weitreichende Veränderungen der Umwelt zurück, die, so die allgemeine Vorstellung, die auf die Ardipithecinen folgenden Australopithecinen zwang, ihr Habitat zu verlassen und neue Nischen zu besiedeln. Damit stellt sich die Frage, was unsere Vorfahren veranlasst hat, ihr scheinbar sicheres Habitat am Seeufer zu verlassen. Die Antwort auf diese Fragen liegt in Ostafrika, der Wiege der Menschheit.

Literatur

Abell TE, Margolis MJ (1982) N-paraffins in the sediments and in situ fossils of the lake Turkana basin, Kenya. Geochimica et Kosmochimica Acta 46:1509–1511

Bogucka-Kocka A, Janyszek M (2010) Fatty acids composition of fruits of selected central european sedges, *Carex* L. Cyperaceae. Grasas y aceites 61:165–170

Bourre JE, Paquotte M (2008) Contributions (in 2005) of marine and fresh water products (finfish and shellfish, seafood, wild and farmed) to the French dietary intakes of vitamins D and B12, selenium, iodine and docosahexaenoic acid: impact on public health. Int J Food Sci Nutr 59:491–501

Brunet M, Guy F, Pilbeam D, Mackaye HT, Likius A et al (2002) A new hominid from the Upper Miocene of Chad, Central Africa. Nature 418:145–151

Caroll P (2003) Genetics and the making of *Homo sapiens*. Nature 422:849–857

Cerling TE et al (2010) Comment on the Paleoenvironment of *Ardipithecus ramidus*. Science 328:1105–1107

Ekeanyanwu RC, Ononogbu CI (2010) Nutritive value of Nigerian Tigernut (*Cyperus esculentus*). Agric J 5:297–302

Enghoff H, Manno N et al (2014) Millipedes as food for humans: nutritional and possible antimalarial value-a first report. Evid Based Complement Alternat Med. doi:10.1155/2014/651768

Gani MR, Gani ND (2011) River-margin habitat of *Ardipithecus ramidus* at Aramis, Ethiopia 4.4 million years ago. Nat Commun 2:602–608

Haldimann M, Alt A, Blanc A, Blondeau K (2005) Iodine content of food groups. J Food Compos Anal 18:461–471

Haile-Selassi Y (2001) Late miocene hominids from the middle Awash, Ethiopia. Nature 412:178–181

Hohmann G (2009) The diets of non-human primates: frugivory, food processing and food sharing. In: Hublin JJ, Richards MP (eds) The evolution of human diets: integrating approaches to the study of palaeolithic subsistence. Springer, Dordrecht

Kirema Mukasa CT (2012) Regional fish trade in eastern and southern Africa. products and markets. A fish traders guide. Smart fish working paper 013. Indian Ocean Commission, Mauritius

Klages A (2008) *Sahelanthropus tchadensis*, an examination of its hominin affinities and possible phylogenetic placement. Totem: Uni West Ont J Anthropol 16:31–40

Kuhnlein HV, Turner NJ (1991) Traditional plant foods of Canadian indigenous peoples. Gordon and Breach Publishers, Philadelphia

Laden G, Wrangham R (2005) The rise of the hominids as an adaptive shift in fallback foods: plant underground storage organs (USOs) and australopith origins. J. Hum Evol 86:273–279

Lee-Thorp J, Likius A et al (2012) Isotopic evidence for an early shift to C_4 resources by Pliocene hominins in Chad. Proc Natl Acad Sci U S A 109:20369–20373

Louchart A, Wesselmann H et al (2009) Taphonomic, avian, and small-vertebrate indicators of *Ardipithecus ramidus* habitat. Science 326:61–66

Lovejoy C, Suwa G et al (2009) The great divides: *Ardipithecus ramidus* reveals the postcrania of our last common ancestors with african apes. Science 326:100–106

McGuire M, Beerman KA (2012) Table of food composition. Nutritional science, 3rd edn. Wadsworth, Cengage Learning, Canada

Niemitz C (2010) The evolution of the upright posture and gait – a review and a new synthesis. Naturwissenschaften 97:241–263

Patterson N, Richter DJ et al (2006) Genetic evidence for complex speciation of humans an chimpanzees. Nature 441:1103–1108

Richmond B, Jungers W (2008) *Orrorin tugenensis* femoral morphology and the evolution of bipedalism. Science 319:1662–1664

Roach K, Winemiller KO et al (2009) Consistent trophic pattern among fishes in lagoon and channel habitats of a tropical floodplain river: evidence from stable isotopes. Acta Oecologia 21:19–29

van der Merwe NJ et al (2008) Isotopic evidence for contrasting diets of early hominins *Homo habilis* and *Paranthropus boisei* from Tanzania. South Afr J Sci 104:153–161

Vignaud P, Duringer P et al (2002) Geology on paleontology of the Upper Miocene Toros-Menalla hominid locality, Chad. Nature 418:152–155

White TD et al (2009) Macrovertebrate paleontology and the Pliocene habitat of *Ardipithecus ramidus*. Science 326:87–93

Die Wiege der Menschheit

H. K. Biesalski, *Mikronährstoffe als Motor der Evolution*,
DOI 10.1007/978-3-642-55397-4_6, © Springer-Verlag Berlin Heidelberg 2015

Stabiles Klima, schattige Wälder, süße Früchte und ab und zu etwas Fisch. Was will Mensch mehr, als ein Biotop mit einer Vielzahl von unterschiedlichsten Nahrungsmitteln von guter Qualität, das heißt mit ausreichend Mikronährstoffen? Diese idealen Bedingungen herrschten für fast 5 Mio. Jahre, in denen sich verschiedene Linien unserer Urahnen entwickelten und friedlich nebeneinander oder in geografisch getrennten Habitaten lebten. Irgendwann wurde es an den Polen kälter, das Wasser gefror, die Regenfälle blieben aus und am Äquator nahmen die Trockenzeiten zu. Eine neue Nische entstand, eine Nische, die auch das Ende der Menschheitsentwicklung hätte bedeuten können, wie das Beispiel einzelner Homininenarten zeigt. Und doch haben es unsere Vorfahren geschafft, sich an diese neue Nische anzupassen. Und nicht nur das. Die Besiedlung neuer Nischen hat auch ihre Weiterentwicklung begünstigt.

6.1   Die Gattung *Australopithecus*

Neben den bereits erwähnten sehr frühen Vorfahren, *Sahelanthropus*, *Orrorin* und *Ardipithecus*, bildet die Gattung *Australopithecus* (▶ Abb. 5.1) eine besonders wichtige Gruppe in der Evolution der Gattung *Homo*. Der Name *Australopithecus* leitet sich ab vom lateinischen *australis* für südlich und vom altgriechischen *pithecos* für Affe. Den Namen »Südaffe« vergeben hat Raymond Dart, der Entdecker des ersten, 1920 gefundenen Schädels der Gattung *Australopithecus africanus*.

Der ebenfalls von Dart kurze Zeit später aufgefundene Schädel des »Kindes von Taung«, der heute dem *Au. africanus* zugeordnet wird, wurde von der Fachwelt zunächst nicht anerkannt. Er galt seinerzeit als das älteste bekannte Fossil aus dem Stammbaum des Menschen. Der Schädel des sogenannten Piltdown-Menschen, der einige Jahre zuvor in Großbritannien entdeckt wurde, war, wie sich später herausstellte, eine Fälschung.

Die älteste Art der Australopithecinen ist der *Au. anamensis*, der vor etwa 4 Mio. Jahren existierte. Wahrscheinlich direkt aus diesem hervorgegangen ist der *Au. afarensis*, der in Ostafrika lebte und dessen Funde auf einen Zeitraum von 2,9–3,8 Mio. Jahre datiert werden. Vom *Au. afarensis* leiten sich zwei Gruppen der Australopithecinen ab, die zwei unterschiedliche Formen der Anpassung an verschiedene Umweltbedingungen repräsentieren – die robusten und die grazilen Australopithecinen. Diese Gruppen waren auf unterschiedliche Nahrung spezialisiert (◻ Tab. 6.1). Die grazilen Australopithecinen waren Omnivoren. Zu ihnen gehören die Arten *Au. anamensis*, *Au. afarensis*, *Au. africanus*, *Au. garhi*, *Au. bahrelghazali* und *Au. sediba*. Die in Äquatorialafrika, besonders im Turkana-Becken, vorkommenden *Au. anamensis*, *Au. afarensis* und *Au. bahrelghazali* stellen die ältesten Arten von Australopithecinen dar. Die robusten Formen waren dagegen auf hartfaserige pflanzliche Nahrung spezialisiert und hatten dementsprechend eine kräftige Kaumuskulatur wie auch Backenzähne mit sehr großer Kaufläche. Man ordnete sie zunächst ebenfalls der Gattung *Australopithecus* zu, heute bilden sie jedoch eine eigene Gattung innerhalb der Gruppe der Australopithecinen mit den Arten *Paranthropus boisei*, *P. aethiopicus* und *P. robustus*. Übersetzt bedeutet *Paranthropus* »fast Mensch«.

Die ◻ Tab. 6.1 stellt in grober Näherung die wesentlichen Nahrungsquellen der Australopithecinen zusammen. Je nach Analyse findet sich mehr oder weniger ^{13}C im Zahnschmelz, was darauf hindeutet, dass ihre Ernährung sehr variabel war und auch δ^{13}C-Werte gefunden wurden, die für einen ausschließlichen Konsum von C_4-Pflanzen sprechen, wie es bei den grasfressenden Pavianen der Fall ist (Sponheimer und Loudon 2006). Moderne Schimpansen (*Pan troglodytes*) weisen, unabhängig davon, ob sie im Wald (bevorzugt Nahrung sind C_3-Pflanzen) oder in der Savanne mit reichlich C_4-Gräsern leben, ein fast reines C_3-Muster ihrer Ernährung

◘ Tab. 6.1   Ernährung der Australopithecinen

Art	Zeitraum (Mio. Jahre)	Bevorzugte pflanzliche Nahrung
Australopithecus anamensis	4,2–3,9	C_3
Australopithecus afarensis (Lucy)	3,8–2,8	$C_4 > C_3$
Australopithecus bahrelghazali	3	$C_4 >> C_3$
Australopithecus africanus	2,8–2,3	$C_4 >> C_3$
Australopithecus sediba	1,8	C_3
Kenyianthropus platyops	3,4–3,0	$C_4 > C_3$
Paranthropus boisei	2,4–1,4	$C_4 >> C_3$
Australopithecus garhi	2,5	$C_4 >> C_3$

auf. Die Variabilität der Australopithecinen kann deshalb als Zeichen dafür genommen werden, dass sie im Gegensatz zu den Schimpansen bereit waren, ein etabliertes Nahrungsspektrum aufzugeben und andere Nahrung auszuprobieren. Sie entwickelten sich somit nach und nach zu sogenannten opportunistischen Omnivoren.

6.2   Die grazilen Australopithecinen

6.2.1   Der *Australopithecus anamensis*

Mit dem Fund des *Au. anamensis* betritt erstmals ein Mitglied der Gattung *Australopithecus* die Bühne der Menschwerdung. Die Artbezeichnung *anamensis* leitet sich von dem Wort *anam* aus der Sprache des Turkana-Volkes für »See« ab, was auf den Fundort am Turkana-See hinweisen soll. Wie eine Reihe von Fossilfunden (vorwiegend Zähne) belegen, lebte der *Au. anamensis* vor rund 4,2 Mio. Jahren. Sein Lebensraum war das Turkana-Becken in Ostafrika. Ob der vor ihm lebende *Ardipithecus ramidus* sein direkter Vorfahre war, lässt sich schwer sagen. Wahrscheinlicher ist, dass beide ein ähnliches Habitat bewohnten und ähnliche Ernährungsgewohnheiten hatten. Das Klima war zu dieser Zeit noch relativ stabil, die Regenwälder geschlossen und das Seeufer ohne weite Wege gut erreichbar.

Zähne und Fragmente des Schädels von *Au. anamensis* sowie Teile des Unterarms und des Unterschenkels geben erste Hinweise auf Körperhaltung und Nahrung. Der Lebensraum war ein größeres, geschlossenes Waldgebiet mit offenen Flächen und vereinzelten kleineren Ansammlungen von Bäumen und Büschen in der Nähe des Omo-Flusses. Im Vergleich zum Lebensraum von *A. ramidus* war das Klima etwas weniger feucht und der Lebensraum nicht so dicht bewaldet.

Die Zähne von *Au. anamensis* sowie des später lebenden *Au. afarensis* weisen eine Reihe von Ähnlichkeiten auf und es wird diskutiert, ob die Gebisse eher für sehr harte Wurzeln und Nüsse oder für weiche Früchte gemacht waren. Auf der Grundlage einer umfangreichen mikroskopischen Analyse des Zahnabriebs kommen vor Kurzem durchgeführte Untersuchungen zu dem Ergebnis, dass der *Au. anamensis* eine sehr gemischte Kost zu sich nahm, die sowohl Früchte und Blätter als auch harte Wurzeln und Rinde beinhaltete (Estebaranz et al. 2012). Die

Autoren der Studie sehen eine große Ähnlichkeit zwischen den Spuren an den Zähnen von *Au. anamensis* mit denen an den Zähnen heute lebender Paviane. Die Paviane scheinen auch ein ähnliches Spektrum an C_3- und C_4-Pflanzen zu sich zu nehmen, wie *Au. anamensis*. Paviane und auch andere Primaten greifen auf harte Wurzeln als Fallback-Nahrung zurück, wenn die von ihnen bevorzugten süßen Früchte saisonal bedingt nicht verfügbar sind. Dies konnte die Spuren an den Zähnen erklären. Dennoch war das Gebiss von *Au. anamensis* nicht ausschließlich für harte Wurzeln und Knollen gemacht, sondern konnte durchaus auch zum Schneiden und Reißen eingesetzt werden.

Fossile Funde der Unterschenkelknochen lassen darauf schließen, dass *Au. anamensis* ebenfalls aufrecht auf zwei Beinen ging. Der »Stoßdämpfer«, das heißt das spezielle Sprunggelenk des Fußes, war bereits angelegt und zwar deutlicher als bei *Au afarensis*, obgleich dieser deutlich später lebte. Nun gibt es zwar keine Rückentwicklung in der Evolution, dennoch könnten sich solche Unterschiede wieder durch die Anpassung an verschiedene Nischen (adaptive Radiation) ergeben haben.

6.2.2 Der *Australopithecus afarensis*

Es gibt Grund zu der Annahme, dass sich die Australopithecinen unabhängig voneinander sowohl in Südafrika als auch im ostafrikanischen Grabenbruch entwickelt haben. Dem *Au. afarensis* wird auch der als Lucy bekannte Fossilienfund aus Hadar, Äthiopien, zugeordnet. Eine Reihe anatomischer Merkmale wie der trichterförmige Brustkorb, das Kniegelenk und andere typische Zeichen belegen, dass Lucy aufrecht ging.

Eine der vielen Geschichten, die um derartige Funde ranken, ist die der Namensgebung von Lucy. So sollen die feiernden Entdecker die ganze Nacht über den Beatle-Song *Lucy in the sky with diamonds* gehört und sich von der musikalischen Dauerbeschallung haben inspirieren lassen.

Lucy war etwa 1,05 m groß und hatte ein Gehirnvolumen von 350 cm³, das dem eines heutigen Schimpansen entspricht. Sie ging allerdings aufrecht und die Tatsache, dass im selben Gebiet Steinwerkzeuge gefunden wurden, könnte darauf hinweisen, dass Lucy und ihre Angehörigen bereits in der Lage waren, solche Werkzeuge gezielt einzusetzen. Das Gewicht könnte etwa um 30 kg gelegen haben, bei den in dieser Zeit lebenden männlichen Artgenossen wird ein Gewicht von etwa 45 kg angenommen. Lucy hatte sich bereits in die Savanne bewegt, um sich mit Nahrung zu versorgen, obgleich die klimatischen Bedingungen zum Zeitpunkt ihrer Existenz noch weitgehend unverändert waren.

Nur ein Jahr nach Lucy, 1975, entdeckte man in derselben Gegend zahlreiche fossile Knochen von insgesamt 17 Individuen des *Au. afarensis*, die als *first family* (erste Familie) bezeichnet wurden. Ebenfalls dem *Au. afarensis* zugeschrieben wird auch einer der eindrucksvollsten Funde der Paläoanthropologie – die 3,6 Mio. Jahre alten Fußspuren eines Erwachsenen mit einem Kind, die bei Laetoli in Tansania entdeckt wurden.

Kenyanthropus platyops

Eine noch unklare Stellung im Stammbaum des Menschen hat der *Kenyanthropus platyops*, der flachgesichtige Mensch aus Kenia, von dem ein fast kompletter Schädel westlich des Turkana-Sees gefunden und auf ein Alter von 3,5–3,3 Mio. Jahre datiert wurde. Das Besondere an diesem Homininen ist sein flaches Gesicht, das eigentlich erst vor 2 Mio. Jahren bei der ersten Art der Gattung *Homo*, dem *H. rudolfensis*, auftaucht. Von beiden, so die Entdeckerin Meave Leakey, führt ein direkterer Weg zur Gattung *Homo* als vom *Au. afarensis*.

Der *K. platyops* hat ein Seeuferhabitat besiedelt und folglich über ein breites Nahrungsangebot verfügt. Wie eine Isotopenanalyse ergab, unterscheiden sich seine Zähne deutlich von denen des *Au. anamensis*, ähneln aber den Zähnen des *Au. afarensis*. Allerdings zeigen die verschiedenen Analysen eine sehr viel größere Variabilität des δ^{13}C-Wertes, die darauf hinweist, dass der *K. platyops* eine bisher nicht besetzte Nische im Turkana-Becken besiedelt haben könnte (Cerling et al. 2013b). Über 3,0–3,5 Mio. Jahre hinweg existierten mindestens drei Arten gleichzeitig, die sowohl unterschiedliche anatomische Merkmale als auch Ernährungsformen aufwiesen. Auch dies ist wieder ein deutlicher Hinweis auf die Besiedlung unterschiedlicher ökologischer Nischen und eine adaptive Radiation im Verlauf der Evolution.

■ **Lebensraum und Ernährung des *Australopithecus afarensis***

Die Ernährung des *Au. afarensis* steht exemplarisch für eine Ernährung in einem gemischten Habitat. Das Gebiet von Hadar im Afar-Dreieck von Äthiopien, in dem der *Au. aferensis* lebte, kann man sich als flussnahen Wald aus Feigen und Tamarisken vorstellen. Dieser Wald war von offener Steppe abwechselnd mit dichtem Buschland, das aus Vertretern der Gattungen *Acacia* und *Euclea* – immergrünen Sträuchern – bestand, und weiterer Vegetation in die bis 3000 m hohen Berge hinein umgeben (Bonnefille et al. 2004). An den flachen Seen und Flussufern standen über das ganze Jahr hinweg zahlreiche Binsen- und Sauergrasgewächse. Somit war Hadar ein relativ geschütztes und nahrhaftes Habitat – ähnlich dem, das dem *Ardipithecus ramidus* zur Verfügung stand – mit einem durchaus reichhaltigen Angebot an Nahrung und verschiedenen Pflanzen, wie eine Pollenanalyse ergab. Die großen und tiefen Süßwasserseen entwickelten sich in der Region des *Au. afarensis* allerdings erst später (vor ca. 2,2 Mio. Jahren; Trauth et al. 2005), obgleich es Hinweise gibt, dass kleinere Seen für kurze Zeit (vor 3,1–2,9 Mio. Jahren) vorhanden waren (Shultz und Maslin 2013) (siehe auch ■ Abb. 6.3).

Auf der Basis von Untersuchungen des fossilen Zahnschmelzes von Tieren, die im mittleren Pliozän gelebt haben, lässt sich das Habitat des *Au. aferensis,* das zu seinen Lebzeiten herrschende Klima und das ihm zur Verfügung stehende Nahrungsangebot beschreiben. In der Zeit vor 3,8–3,4 Mio. Jahren besiedelte er ein bewaldetes Grasland, vorwiegend mit C_4-Gräsern und Binsen (ca. 70 %). Dazwischen kamen größere geschlossene Waldflächen vor, die vor allem in der Zeit zwischen 3,4 und 3,2 Mio. Jahren größere Areale einnahmen (Bedaso et al. 2013). Die Tierwelt war reichhaltig, wie eine Vielzahl von Rinder-, Schwein-, Flusspferd- und Giraffenfossilien belegt. Untersuchungen des Zahnschmelzes dieser Tierspezies zeigt, dass ihre Nahrung aus C_3- zum Großteil aber aus C_4-Pflanzen bestand (Bedaso et al. 2013).

Der *Au. afarensis* muss an dieses Habitat gut angepasst gewesen sein. Untersuchungen von Fossilien von Herbivoren, die vor 3,8–3,2 Mio. Jahren gelebt und sowohl C_3- als auch C_4-Pflanzen verzehrt haben, zeigen, dass der Anteil der C_4-Vegetation um bis zu 40 % zunahm. Ursache dafür sind lokale Klimaveränderungen mit deutlichem Einfluss auf die Vegetation. Der in der Hadar-Region lebende *Au. afarensis* hat vor ca. 3,4–2,9 Mio. Jahren bevorzugt C_4- und auch CAM-Pflanzen verzehrt (Wynn et al. 2013).

Grundsätzlich, so die Annahme von Bonnefille et al. (2004), hat der *Au. afarensis* in einem Habitat gelebt, in dem er Zugang zu verschiedenen Vegetationszonen hatte, und diese ganz offensichtlich auch genutzt. Entscheidend ist, dass er in der Nähe eines Flusses mit weitreichenden Überschwemmungsarealen lebte, in denen er relativ leichten Zugang zu Fisch, allen

Arten von Wassertieren, Binsen- und Sauergrasgewächsen und anderen am Wasser siedelnden Pflanzen hatte. Mit zunehmendem Anteil von C_4- und CAM-Pflanzen in der Nahrung hat sich die Art weiterentwickelt. Während die Nahrung von *A. ramidus* noch einen geringen C_4-Anteil hatte, finden sich bei dem später lebenden *Au. africanus* und beim *Au. bahrelghazali* als Zeichen einer zunehmenden Nahrungsvielfalt, sicherlich auch aus aquatischen Quellen, deutlich höhere Anteile.

Die heute im Wald lebenden Gorillas und Schimpansen zeigen eine deutliche Präferenz von C_3-Gräsern, das bedeutet, sie leben von dort wachsenden Blättern und der für den Wald typischen Vegetation. Auch die in der Savanne lebenden Schimpansen (Unterart *Pan troglodytes verus*), die Zugang zu C_4-Gräsern hatten, schienen C_3-Pflanzen zu bevorzugen, wie die Untersuchung ihres Zahnschmelzes (sehr geringer Anteil an ^{13}C) und die Beobachtung heute lebender Tiere zeigen. Der vermehrte Zugang zu C_4-Quellen und deren Verzehr ist daher offenbar ein sehr wichtiger Faktor für die Entwicklung des Menschen. Dabei darf nicht übersehen werden, dass der Nachweis einer C_4-Präferenz nicht nur auf den Konsum von C_4-Pflanzen hinweist, sondern auch auf Beutetiere, die selbst C_4-Pflanzen verzehren, also jedes Tier einschließlich Vögeln und Vogeleiern. Johnson Wynn hat mit seiner Gruppe die Ernährung des *Au. afarensis* anhand von 20 fossilen Zahnproben (3,4–2,9 Mio. Jahre alt) aus der als Hadar-Formation bezeichneten Sedimentschicht untersucht. Ebenso hat er durch die Analyse stabiler Isotope den Zeitraum eingrenzen können, in dem der Anteil von C_4-(und CAM-)Pflanzen in der Nahrung deutlich zunahm. Die Hinwendung zu mehr C_4- und CAM-Pflanzen wurden erstmals für den vor 4,4 Mio. Jahren in Äthiopien lebenden *A. ramidus* beschrieben und es darf mit ziemlicher Sicherheit angenommen werden, dass sich der *Au. afarensis* bereits C_4-/CAM-betont ernährte. Die Erweiterung des Nahrungsspektrums durch mehr C_4/CAM-Quellen (Mittelwert 22 %, Bereich 0–69 %) ist, so Wynn (2013) ein deutlicher Hinweis darauf, dass der *Au. afarensis* anders als sein Vorfahre, der *Au. anamensis*, in der Wahl seiner Ernährung flexibler war, als nach ihm lebende Homininen wie der *P. boisei* und auch der frühe *Homo*. Dies mag daran gelegen haben, das der *Au. afarensis* in einem Habitat mit reichlicherem Angebot an Nahrung lebte, als dies in den durch den späteren Klimawandel trockeneren und schrumpfenden Habitaten von *Paranthropus* und *Homo* der Fall war (de Menocal 2004).

Wie könnte das Nahrungsspektrum des *Au. afarensis* ausgesehen haben? Seine Zähne waren bereits so stark verändert, dass sie für eine Kost geeignet waren, die nicht nur aus weichen Früchten und Blättern bestand. Die Zähne wurden insgesamt zierlicher, die Eckzähne kürzer, die Lücke zwischen benachbarten Zähnen enger und die Backenzähne kräftiger. Geht man davon aus, dass der *Au. afarensis* kein reiner Herbivore, sondern bereits ein Omnivore war, könnte sein Speiseplan aus Nahrungsmitteln seines Habitats wie folgt ausgesehen haben:

Keimlinge, Binsen, Algen, Blätter, Früchte, Pilze, Wurzeln, Knollengewächse, Sukkulenten wie Kakteen und Kakteenfrüchte, Termiten, Würmer, Insekten, Weichtiere (Mollusken) und Fisch

Welche Bedeutung hatte dieser Speiseplan für die Mikronährstoffversorgung des *Au. afarensis*? Insgesamt war diese Mischkost, von der Versorgung mit Vitamin D und Jod einmal abgesehen, qualitativ betrachtet durchaus nahrhaft und offensichtlich in Bezug auf den Gehalt an Energie und Mikronährstoffen ausreichend, sowohl das energiehungrige Gehirn als auch den sonstigen Stoffwechsel zu versorgen. Das war allerdings nur der Fall, wenn die oben angegebene Nahrung auch regelmäßig zu Verfügung stand und in ausreichender Menge verzehrt wurde. Fehlte tierische Nahrung weitgehend, so war auch die Versorgung mit Folsäure, Vitamin A, Eisen und Zink zunehmend kritisch.

Die Signatur der stabilen Isotope ^{13}C und ^{12}C im Zahnschmelz lässt keine eindeutige Zuordnung zum Nahrungsmittel Fleisch zu. Kleine herbivore Rinder unter 10 kg sind für gewöhnlich Weidetiere und ernähren sich demnach von C_3-Pflanzen, größere Tiere nehmen oft eine Mischung aus C_3-und C_4-Pflanzen wie auch die jeweiligen Herbivoren zu sich. Zur Nahrung kleiner Wirbeltiere wie Nagern gehören sowohl C_3- als auch C_4-Pflanzen. Zum Teil hängt es also von der Größe der verzehrten Tiere ab, welche Isotope vorwiegend nachgewiesen werden können. Untersuchungen an fossilen Affenzähnen zeigen jedoch, dass eine C_4-dominierte Nahrung bis zu 100 % aus pflanzlichen C_4-Quellen bestehen kann (Cerling et al. 2013a). Dies gilt besonders dann, wenn C_4-Gräser der Savanne bzw. deren Samen verzehrt wurden. Der Urzeitaffe *Theopithecus*, der vor 4 Mio. Jahren lebte, verzehrte fast ausschließlich C_4-Pflanzen, und ernährte sich damit ähnlich wie der *Paranthropus boisei*. Um die Ernährung (pflanzlich, tierisch) genauer beurteilen zu können, müssen allerdings neben den Lebensräumen (Fauna und Flora), den Isotopenanalysen des Zahnschmelzes, die Gebissform, die Kaumuskulatur und die Besonderheiten des Abriebs am Zahnschmelz berücksichtigt werden.

Die Erweiterung des Nahrungsspektrums auf C_4-Quellen lässt sich in einem Zeitraum festmachen, der nahe an der ersten großen Klimaschwankung vor 3,35–3,1 Mio. Jahre liegt. Die δ^{13}C-Daten aus dem Zahnschmelz zweier anderer Hominini, des *Kenyanthropus* aus dem Turkana-Becken und des *Au. bahrelghazali* (Koro-Toro, Tschad), die beide um diese Zeit gelebt haben, belegen die Erweiterung des Nahrungsspektrums durch C_4/CAM-Pflanzen. Anders sah dies bei den sehr viel später auftretenden Spezies der Gattung der robusten Australopithecinen aus.

6.3 Die robusten Australopithecinen – *Paranthropus*

Die Gattung *Paranthropus* mit den Arten *P. aethiopicus*, *P. robustus* und *P. boisei* ist, wie man allgemein annimmt, ein evolutionärer Seitenzweig der Hominini, von denen alle Vertreter schließlich ausstarben. Der *P. boisei*, dessen fossile Überreste am südlichen Teil des Turkana-Beckens, in der Olduvai-Schlucht entdeckt wurden, lebte hier zeitgleich mit den ersten Exemplaren der Gattung *Homo* vor 2,3–1,4 Mio. Jahren anfangs in einem ausgedehnten und bewaldeten Feuchtgebiet mit tiefen Süßwasserseen und Sumpfgebieten.

Die Olduvai-Schlucht existiert heute nicht mehr, eine ähnliche Landschaft wurde jedoch vom Peninj, einem Fluss im Norden Tansanias, geprägt, der in den Natron-See mündet und in seinem Verlauf große Feuchtgebiete bildet. Hier wachsen in flachem, oft brackigem Wasser eine ganze Reihe von Binsen- und Sauergrasgwächsen, allen voran *Cyperus papyrus*.

Alle Arten der Gattung zeichnen sich durch ein mächtiges Gebiss aus, das alles bisher Bekannte übertrifft, und werden daher auch zu den Megadonten gezählt. Der Unterkiefer war acht- bis zehnmal so kräftig wie der eines heute lebenden, modernen Menschen. Die Backenzähne hatten eine um das Vierfache größere Fläche, während Schneide- und Eckzähne kaum vorhanden waren, weil sie offensichtlich nicht gebraucht wurden.

Im Gegensatz zum *Paranthropus* hatte Lucy eher ein zierliches Gebiss mit weniger ausgeprägten Backenzähnen, dafür aber prominenter gestalteten Eck- und Schneidezähnen.

Der *P. boisei* stellt in der Entwicklung der Hominini in Bezug auf die Ernährung eine Besonderheit dar. Er ernährte sich zwar in erster Linie von C_4-Pflanzen und nur einem eher geringen Anteil an C_3-Nahrung. Allerdings war sein Nahrungsmuster weitaus eingeschränkter als das des *Au. afarensis* und auch das des *P. robustus*, dessen fossile Reste in Südafrika gefunden wurden (Cerling et al. 2011a).

Der *P. boisei* war etwa 1–1,20 m groß und konnte bereits aufrecht gehen. Auffällig sind seine mächtigen Wangenknochen wie auch prominente Knochenleisten am Schädel, an denen die Kaumuskulatur inseriert. Seine großen Zähne, die ihm auch den Namen »Nussknacker-mensch« eintrugen, dienten als kräftiges Mahlwerk und waren geeignet, harte und auch sehr faserreiche Lebensmittel zu zerkleinern. Hat der *P. boisei* tatsächlich pflanzliche Kost bevorzugt und hat diese Spezialisierung zu seinem Aussterben beigetragen?

In der Nahrung von *P. boisei* dominierten C_4-Pflanzen – etwa 70 % seiner Nahrung, so die Analyse von 24 verschiedenen Zahnfossilien, bestand aus C_4-Pflanzen (Cerling et al. 2011a). Dieser Anteil hat sich über einen Zeitraum von 0,5 Mio. Jahren, aus dem die untersuchten Fossilfunde stammen, kaum verändert. Was bedeutet das? Der *P. boisei* ernährte sich von Gräsern und Sauergrasgewächsen (Cyperaceae), welche bevorzugt in bewaldeten Flusstälern gediehen. Diese wurden auch von anderen Tieren, die in seinem Habitat lebten, wie Fluss-pferde, Einhufer und kleineren Affenarten, verzehrt. Die Isotopenanalyse des Zahnschmelzes zeigte keine signifikanten Unterschiede zu anderen C_4-Konsumenten (Pferde, Flusspferde), wohl aber hochsignifikante Differenzen zu den Tieren, die ausschließlich C_3-Pflanzen fressen (Giraffen, Schimpansen, Gorillas).

Untersuchungen am Okavango-Delta (im Nordwesten von Botswana) haben ein Spektrum an Pflanzen und Tieren ergeben, das dem Nahrungsspektrum des *P. boisei* ähneln dürfte (van der Merwe et al. 2008). Den C_3-Anteil (ca. 20 %) machten Früchte, Blätter sowie Rhizome der Wasserpflanzen *Aeschynomene fluitans*, die zu den Leguminosen gehört, *Typha capensis* und *Schoenoplectus corymbosus* aus. Der C_4-Anteil (80 %) wurde durch Rhizome und Wurzeln von Wasserpflanzen, allen voran Papyrus, gestellt. Es ist jedoch keinesfalls ausgeschlossen, dass *P. boisei* auch Tiere verzehrte, die typische C_4-Konsumenten waren. Dazu gehörten in seinem Habitat alle Arten von Insekten, Amphibien, Vögel, Vogeleier und kleine Säugetiere. Die in der Olduvai-Schlucht gefundenen Fossilien aus der Zeit des *P. boisei* belegen die Anwesenheit von Muscheln, Krokodilen und einer Vielzahl von Fischen sowie verschiedener Wasservögel (Kormorane, Pelikane, Enten). Sein Habitat und das Nahrungsangebot dürften dem des *Sahe-lanthropus* recht ähnlich gewesen sein.

Solange der *P. boisei* in seinem Feuchtlandhabitat siedeln konnte, das heißt, solange ausrei-chend Nahrung (sowohl pflanzlicher wie auch tierischer Herkunft) für ihn vorhanden war, war er sicherlich gut mit Mikronährstoffen versorgt. Bei einer ausreichenden täglich verzehrten Menge an protein- und kohlenhydratreichen, allerdings fettarmen Rhizomen (100 g Rhizom enthalten ca. 100 kcal) dürfte er durchaus satt geworden sein. Ca. 2 kg des rohen *Papyrus*-Rhi-zoms decken den Energiebedarf eines erwachsenen modernen Menschen, aber dem kleineren *P. boisei* hat sicherlich auch eine geringere Menge gereicht. Da der Energieaufwand für das Aus-graben der Rhizome zudem weitaus geringer war als für das Jagen von Tieren, kann die täglich aufgenommene Energiemenge in Relation zur Körpermasse also tatsächlich ausgereicht haben. Die Erfahrung, dass Lebensmittel, die reichlich und dauerhaft vorkommen, satt machen, ist sicherlich eine starke Erfahrung, das angestammte Gebiet nicht zu verlassen.

Sein an dieses Habitat gut angepasstes Gebiss war jedoch wenig geeignet, größere Tiere zu erlegen oder sich gegen Raubtiere erfolgreich verteidigen zu können. Der schützende Wald ließ ihn überleben, solange er diesen nur verlassen musste, um in den Feuchtgebieten Binsen zu ernten, was er sicherlich bereits auf zwei Beinen tat. Unter diesen Bedingungen hätte er wohl noch lange Zeit erfolgreich existieren können, doch das Klima begann vor 2,25–1,6 Mio. Jahren erneut stark zu schwanken. Mit der Zeit nahmen die Feuchtgebiete wie auch die dichten Wälder ab und die Gras- und Buschlandschaften zu und haben sowohl zur Entwicklung der Hominini als auch zum Aussterben der Australopithecinen beigetragen.

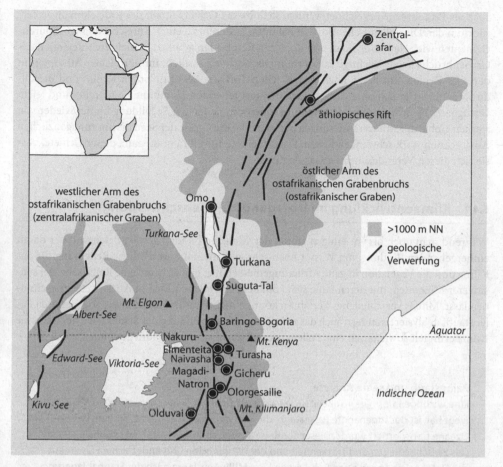

● **Abb. 6.1** Der ostafrikanische Grabenbruch mit Bruchzonen und verschiedenen Zonen von Seesedimenten, in denen Fossilien der Hominini und Hinweise auf Süßwasserseen gefunden wurden. Drei Orte sind wesentliche Fundstellen für Hominini – das Afar-Dreieck, das Omo-Turkana-Becken und das weiter südlich gelegene Olduvai-Becken. (Nach: Trauth et al. (2005))

6.4 Menschwerdung

Der große ostafrikanische Grabenbruch (*east african rift system*, EARS; ● Abb. 6.1) wird auch als Wiege der Menschheit bezeichnet.

Der ostafrikanische Grabenbruch ist eine ca. 6000 km lange tektonische Dehnungszone der kontinentalen Erdkruste, die über den östlichen Teil des afrikanischen Kontinents verläuft und tief in die Erdkruste reichende Verwerfungen aufweist. Er spaltet sich in einen östlichen Arm, auch ostafrikanischer Graben genannt, und einen westlichen Arm, den man auch als zentralafrikanischen Graben bezeichnet. Beide Arme umschließen den Viktoria-See. Innerhalb dieses teilweise bis zu mehrere Tausend Meter tiefen Grabenbruchs findet sich eine Reihe weiterer Seen, die sich während der letzten 10 Mio. Jahre gebildet haben. Einige von ihnen existieren heute noch, ein paar davon sind sogenannte alkaline Seen mit unterschiedlichem Salzgehalt. Wegen der starken vulkanischen Aktivität und der Seen, die wegen ihrer Größe auch als Protoozeane bezeichnet werden, stellt dieses Gebiet ein auf der Erde einmaliges Territorium dar. Die vulkanische Aktivität hat unter anderem zu einer Anreicherung von Spurenelementen wie Selen, Molybdän und Kupfer in den Böden geführt. In mehreren Regionen des Grabenbruchs liegen wichtige Fundorte menschlicher Fossilien: im nördlichen Äthiopien in der Afar-Region, am heute noch vorhandenen Turkana-See im Norden Kenias und die Olduvai-Schlucht in Tansania. Hier fanden die dort lebenden Homininen ein breites und leicht verfügbares Nahrungsangebot. Allerdings waren die Zeiten der Seebildung immer wieder von starken globalen Klimaveränderungen begleitet, die die Größe der Seen bis hin zum gänzlichen Austrocknen stark schwanken ließen. Das bedeutete für Flora und Fauna dieser Gebiete, dass sie sich diesen Veränderungen anpassen mussten.

6.4.1   Klimaentwicklung im Übergang zur Menschwerdung

Während man noch bis vor einigen Jahren der Gletscherbildung an den Polen und der damit einhergehenden Bindung von Wasser noch sehr allgemein die wesentliche Bedeutung für das Klima und die Vegetation in ganz Afrika zugemessen hat, gibt es heute eine Reihe sehr viel sensitiverer Methoden, mit deren Hilfe sich vor allem das lokale Klima in Afrika besser beschreiben lässt. Mittels verschiedener Verfahren können nicht nur die Herkunft des sogenannten Paläostaubs analysiert, sondern auch das zum Zeitpunkt der Bildung des Staubs lokal herrschende Klima ermittelt sowie durch eine Pollenanalyse Hinweise auf die Flora gewonnen werden.

Paläostaub und seine Analyse

Eine wichtige Informationsquelle für die Lebensräume, in denen sich der frühe Mensch bewegt hat, ist der sogenannte Paläostaub, der von den Böden abgelöst mit dem Wind auf die Ozeane transportiert wurde. Dieser Staub ist das Ergebnis eines starken saisonalen Wechsels zwischen Regen und Trockenheit und der Winderosion und findet sich im Sediment der Ozeane. Die Analyse von Bohrkernen lässt Millionen Jahre nach der Staubablagerung Schlüsse auf das Ausmaß der Bedeckung der Kontinente mit Vegetation zu. Dabei bedeuten mehr Staub eine größere Trockenheit und weniger Staub mehr Regen und Vegetation. Auf diese Weise hat man regelmäßige Klimazyklen ermittelt (siehe auch ◼ Abb. 6.2), die für die Beurteilung der Variabilität der Vegetation von Bedeutung sind.

Untersuchungen des Sediments von früher in Afrika existierenden Seen, insbesondere der Überreste von Kieselalgen (Diatomeen) und kleinen Muschelkrebsen (z. B. Ostracoden), geben einen Einblick in die Variabilität des Wasserstands, des Salzgehalts und der Alkalinität (pH), was wiederum Hinweise auf klimatische und tektonische Ereignisse der Vergangenheit erlaubt.

Im Sediment sind unter Umständen auch Pollen von Pflanzen nachweisbar und das sogenannte Pollenspektrum gibt Aufschluss über die ehemals vorhandene Vegetation im Bereich des Ufers – beispielsweise Bäume, Büsche, Gräser, Wasserpflanzen (Cyperaceae) und Fuchsschwanzgewächsen (Chenopodiaceae/Amaranthaceae). Letztere sind ein guter Indikator für den Grad der Austrocknung, da diese Pflanzen besonders auf salzhaltigen und trockenen Böden gedeihen. Ganz analog zur Bestimmung des $\delta^{13}C$-Wertes im Zahnschmelz

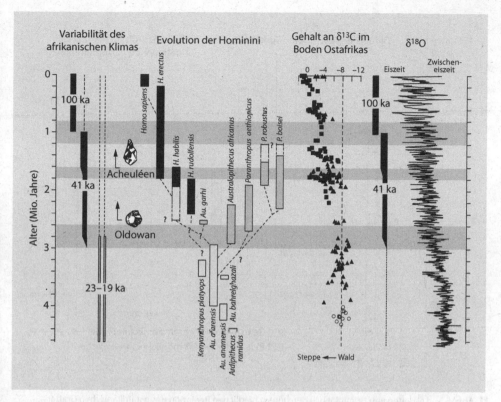

Abb. 6.2 Das Erscheinen der Hominini im Pliozän und Pleistozän und die Klimasituation. (Nach: de Menocal (2004))

für die Erfassung der Menge an verzehrten C$_3$- und C$_4$-Pflanzen kann dieser Wert auch für das in Böden vorkommende organische Material bestimmt werden und gibt Aufschluss über über das Vorkommen von C$_3$- und C$_4$-Pflanzen.

Abbildung 6.2 verdeutlicht die Klimaveränderungen und ihren Einfluss auf die Habitate, in denen die unterschiedlichen Homininen lebten. Dargestellt sind die Klimazyklen, die periodisch mit einer Dauer von 23.000–19.000, 41.000 und 100.000 auftraten, die ersten Funde von Werkzeug (Oldowan: Geröllwerkzeug; Acheuléen: Faustkeile), der Stammbaum der Hominini, der δ^{13}C-Wert für die Böden als Indikator für die Vegetation (zunehmend C$_4$-Pflanzen) und der δ^{18}O-Wert zur Erfassung der Eiszeitzyklen (de Menocal 2004). Demnach wurde das afrikanische Klima über einen langen Zeitraum schrittweise trockener und die Vegetation änderte sich. Zeiten lokal stark schwankender Klimaverhältnisse führten zur Veränderung der Fauna und Flora in den entstehenden Savannengebieten.

Das globale Klima hat sich in den vergangenen 4 Mio. Jahre immer wieder verändert, wobei die Oberflächentemperatur vor 4 Mio. Jahren 3 °C über der heutigen lag, die Vereisung geringer und Meeresspiegel höher war als heute. Auf der Grundlage der nichtlinearen Modelle der Klimaschwankungen (Donges et al. 2011) kann nicht nur das bis vor 5 Mio. Jahre herrschende

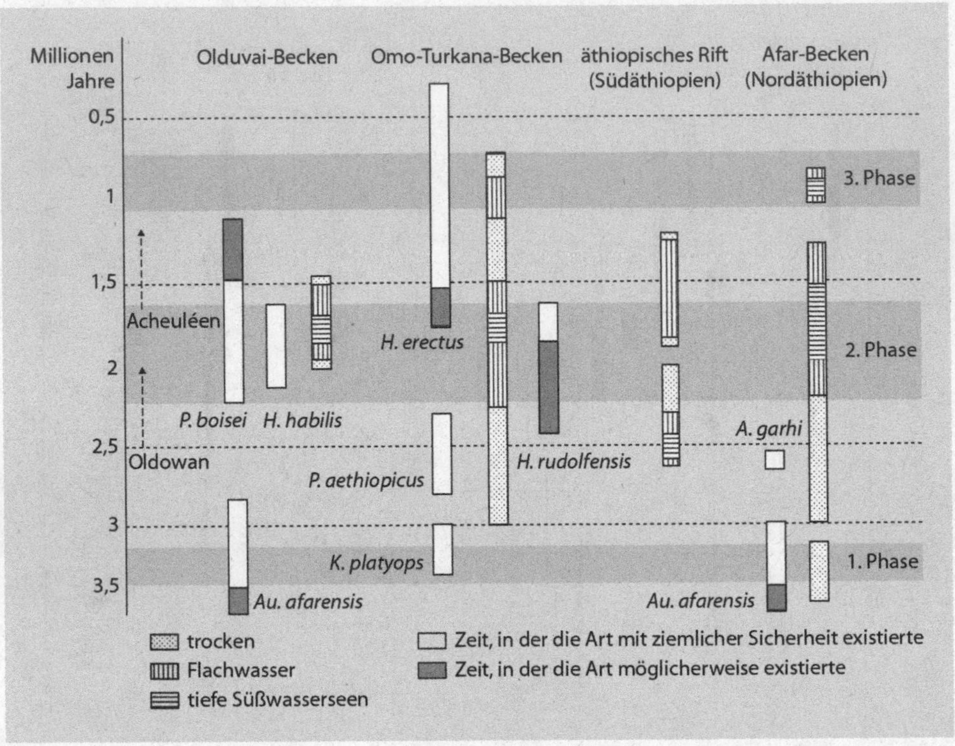

Abb. 6.3 Lebzeiten von Homininen in den unterschiedlichen Regionen des ostafrikanischen Grabenbruchs. Dargestellt ist die Entwicklung von Arealen mit Trockenheit, Flachwasser- oder tiefen Süßwasserseen
in verschiedenen Regionen des ostafrikanischen Grabenbruchs und die Zeiten, in denen die unterschiedlichen Hominini in diesen Regionen gelebt haben, abgeleitet von Fossilfunden. Die Übergangszeiten sind
grau hinterlegt. (modifiziert nach: Donges et al. (2011))

Klima abgeschätzt, sondern auch Klima- und Temperaturschwankungen können nachvollzo-
gen werden. Jüngste Analysen mit diesen neuen Rechenmodellen haben zwischen stabileren
Klimaperioden drei Übergangszeiten ausgemacht, in denen stärkere Klimaveränderungen in
Nord- und Ostafrika einen Einfluss auf die Evolution des Menschen gehabt haben könnten
(Donges et al. 2011; ◘ Abb. 6.3).

1. Phase – vor 3,35–3,15 Mio. Jahren: Die Oberflächentemperatur der Meere nahm ab. Folglich sank die Lufttemperatur, die Verdunstung wurde geringer und die Niederschlagsmengen nahmen ab. Die geringere Temperatur (die allerdings immer noch höher war als
   die heutige) führte zu einer geschlossenen Vegetation.
2. Phase – vor 2,25–1,6 Mio. Jahren: Dies war der Zeitraum der Walker-Zirkulation mit
   einer Vereisung (und entsprechender Schwankung des Klimas), die im Rhythmus von
   41.000 Jahren immer wiederkehrte. In diesem Zeitraum bildeten sich viele Süßwasserseen
   im großen ostafrikanischen Grabenbruch mit reicher Flora und Fauna.
3. Phase – vor 1,1–0,7 Mio. Jahren: Während dieses Zeitraums kam es zum sogenannten
   Mittleren Pleistozänübergang, das heißt einer Veränderung des Vereisungszyklus von
   41.000 Jahre auf 100.000.

Folgt man der Analyse von Donges et al. (2011), so zeichnen sich die oben erwähnten Übergangszeiträume vor allem durch stärkere Schwankungen zwischen Trockenzeit und stark wechselnden, monsunartigen Niederschlägen aus, als die zwischen ihnen liegenden Zeiten mit ihren konstanteren Bedingungen. Während die stark wechselhaften klimatischen Bedingungen die menschliche Entwicklung direkt beeinflusst haben (Adaptation an Temperatur und verändertes Nahrungsangebot), könnten die stabileren Bedingungen zwischen den drei Perioden zu einer Stabilisierung und Ausbreitung der neuen homininen Spezies beigetragen haben oder aber auch zum Aussterben verschiedener Arten, wenn die Anpassung nicht erfolgte.

Für die Entwicklung des Menschen waren die starken Klimaveränderungen der Übergangszeiträume insofern von Bedeutung, als sie zu nachhaltigen und wechselhaften Veränderungen ihrer afrikanischen Habitate führten. Das globale Klima wurde trockener, die dauerhaft feuchtwarme Witterung ging zurück und wurde abgelöst durch zunehmend wechselhaftes Wetters mit monsunartigen Regenfällen in Nord- und Ostafrika. In den Zwischenzeiten war das Klima stabiler, das heißt die Regenfälle nahmen ab und es bildeten sich mehr trockene Zonen aus. Dies führte zu starken Fluktuationen der grossen Seen, die bei zunehmenden Regenfällen die an den Rändern lebenden Homini für lange Zeit trennen konnten, was zu unterschiedlichem Nahrungsangebot führen konnte und somit ganz im Sinne der adaptiven Radiation unterschiedliche Folgen für deren Entwicklungen haben konnte. Ebenso konnten die Trockenzeiten mit starker Abnahme der Seefläche nicht nur Flora und Fauna stark verändern sondern zur Vermischung der Homini aus den vorher getrennten Habitaten führen. Hinsichtlich der Entwicklung konnte dies sowohl positive wie negative Eigenschaften durch natürliche Selektion bis hin zum verschwinden ganzer Populationen haben. Solche nachhaltigen Veränderungen der Umwelt könnten, so Trauth et al. (2010) in seiner »Verstärker See Hypothese« vor 2.0 – 1.0 MJ einen wesentlichen Beitrag zur Entwicklung der Menschen geleistet haben.

Beispielhaft soll am heute noch existierenden Turkana See die Situation der Hominini vor 3 Mio. Jahren dargestellt werden.

Das Turkana-Becken, das im Zuge der Klimaveränderungen zeitweise mit Wasser gefüllt war oder auch trocken lag, existiert seit mindestens 4,3 Mio. Jahren und wird durch den im Hochland von Äthiopien entspringenden Fluss Omo gespeist. Joordens et al. (2004) haben Fluktuationen des Wasserzuflusses durch Regenzeiten in einem Ausmaß zwischen 5–10 % errechnet. Dies bedeutet, dass die Trockenzeiten sich nicht durch Extreme auszeichneten, wie dies für andere Orte Afrikas beschrieben wurde. Der kontinuierliche und nur leicht schwankende Zufluss des Omo sicherte lange Zeit eine weitgehend gleichbleibende Flora und Fauna und damit für die dort lebenden Homininen ein stabiles Habitat (Joordens et al. 2004).

Menschliche Spuren im Turkana-Becken

Entlang der östlichen Seite des Turkana-Sees finden sich Spuren von *Au. anamensis* (3,9 Mio. Jahre), *Au. afarensis* (3,2 Mio. Jahre), *P. boisei* (2–1,4 Mio.), *H. habilis* (2–1,4 Mio. Jahre), *H. erectus* (1,7–1,3 Mio.) und *H. sapiens* (0,3–0,01 Mio. Jahre). Entlang des Omo in der Nähe der Mündung in den Turkana-See finden sich Spuren von *Au. afarensis*, *P. aethiopicus* (2,6–2,3 Mio. Jahre), *P. boisei*, *H. rudolfensis* (2,3–1,3 Mio. Jahre), *H. erectus* und *H. sapiens* (0,2–0,1 Mio. Jahre).

Die Gegend um den Turkana-See zeichnete sich vor 4–3 Mio. Jahren durch bewaldete Flächen, Grasland und Savannen aus. Der Omo, der in den See, der eine Fläche von ca. 15.000 km² besessen hat, mündet, wand sich einst durch eine Waldlandschaft, die teilweise durch ausgedehnte Flachwasser- und Sumpfgebiete unterbrochen war. Die sind oft alkalisch mit einem pH-Wert über 8,0 und haben einen unterschiedlich hohen Salzgehalt. Die Flachwasserzonen trockneten immer wieder aus und die Wasserpflanzen wichen mit den Brutgebieten unterschiedlicher Weichtiere (Mollusken u. a.) einer vorübergehenden Graslandschaft. Hier dürften die verschiedensten Vogelarten genistet haben. Mit dem Klima schwankte die Fläche des Turkana-Sees und es gab offensichtlich auch Zeiten, in denen der See völlig ausgetrocknet war (◘ Abb. 6.3). Anders als das stabilere Habitat des *Sahelanthropus tchadensis* am Tschad-See vor 7 Mio. Jahren konnte der Lebensraum der in dieser Zeit lebenden Australopithecinen immer wieder anders aussehen. Offensichtlich hatten sich die vor 4–3 Mio. Jahren lebenden *Au. africanus* und *Au. afarensis* aber gut an das wechselnde Klima angepasst. Im gesamten ostafrikanischen Grabenbruch, vor allem im Turkana-Becken, und in der Gegend der weiter südlich gelegenen Seen wurden an verschiedenen Stellen Fossilien gefunden, die belegen, dass die frühen Homininen über lange Zeit in der Gegend gelebt haben. Sie haben einen Lebensraum vorgefunden, der ihnen ein Nahrungsangebot lieferte, das Überleben und Fortpflanzung sicherstellte.

Der globale Klimawandel, der vor 3,35 Mio. Jahren einsetzte, hat in vielen Bereichen des afrikanischen Kontinents mit der Zeit zu einer nachhaltigen Veränderung der Habitate geführt, ein Prozess, der mit dem Begriff Habitatfragmentierung treffend beschrieben wird. In dieser Zeit (vor 3,35–1,6 Mio. Jahren) nahm die Dichte der Regenwälder regional unterschiedlich ab und die Flächen der Savannengebiete und des Buschlandes nahmen zu, was für die Ernährung der in diesen Gebieten lebenden Homininen nicht ohne Folgen blieb.

Das Klima, so die Ergebnisse aus Untersuchungen des Sediments und von fossilen Pollen, war gekennzeichnet durch Feucht- und Trockenzeiten, die sich regional sehr unterschiedlich ausprägen konnten, und eine Luftfeuchtigkeit, die der heutigen entsprach. Der Nachweis von Binsen, Sauergräsern und anderen Gräsern legt nahe, dass neben Sumpf- und Feuchtgebieten auch Grasland in der Nähe der Seen zu finden war. Zu den Fossilbelegen gehören auch Palmen sowie große Bäume (*Guibourtia coleosperma*), die sich auch heute noch in der Savanne und in den trockenen Gebieten der Kalahari finden.

Eine solche Trockenheit hat sich allerdings nicht über Nacht eingestellt. Vielmehr ging das Wasser des Sees langsam zurück und hinterließ zunächst Flachwasserzonen mit zunehmendem Salzgehalt oder auch Sumpfgebiete. Je nach Salzgehalt haben sich in diesen Arealen die unterschiedlichsten Land- und Wasser- Tiere und Pflanzen angesiedelt. Einige wichtige Nahrungsmittel der Homini verschwanden, wie z.B. der an DHA reiche Claria, der in sich weniger salzreiche Gewässer verzog, während andere, die mit dem Salzhgealt besser zurcht kamen, wie Cichlidae mit nur sehr geringem DHA-Gehalt, auftauchten.

Die Unregelmäßigkeit des Klimas hat zu Veränderungen der Habitate beigetragen, die die Hominini zwangen, sich nach alternativen Nahrungsquellen umzusehen, wenn sie überleben wollten. Die starken Regenfälle haben nicht nur zur Bildung von Süßwasserseen geführt, sondern auch zu üppiger Vegetation, beides eine wichtige Grundlage für eine gute Versorgung der frühen Menschen in ihrem Habitat am Seeufer. Gleichzeitig führten die dazwischenliegenden Trockenzeiten aber zu einer immer stärkeren Habitatfragmentierung mit der Folge, dass die geschlossenen Waldgebiete in regional unterschiedlichem Ausmaß kleiner wurden und die trockenen Areale zunahmen. Erneute Regenfälle haben dann die zwischen den Wäldern liegenden Flächen mit tropischen Gräsern begrünt und so den Hominini eine alternative Nahrungsgrundlage einschließlich der in der Savanne lebenden Tiere geboten. Begünstigt wurde die Isolierung von Gruppen, die, sofern sie sich nicht adaptieren konnten, in ihrem Habitat ausstarben, auch durch die Regionalität der Klimaschwankungen im ostafrikanischen Graben-bruch und auch in Nordafrika. Diese Form der Adaptation an wechselnde Bedingungen wird auch als Variabilitäts-Selektions-Hypothese bezeichnet.

6.4.2 Die Variabilitäts-Selektions-Hypothese

Genau der Wechsel der Umweltbedingungen hatte, so die Variations-Selektions-Hypothese (Potts 1998), einen ganz wichtigen Einfluss auf die Evolution des Menschen. Der *Sahelanthropus tchadensis* lebte vor 7 Mio. Jahren in seinem Waldhabitat am See, umgeben von offenen Flächen, die er möglicherweise ab und zu aufsuchte. Der *A. ramidus* (5–4,2 Mio. Jahre) zog es vor, im Wald zu bleiben, der am Fundort seiner fossilen Überreste noch dichter und umfang-reicher war, als nach der ersten Klimaschwankung vor 3,3 Mio. Jahren. Letztlich lebte auch der *Au. anamenis* (4,2–3,8 Mio. Jahre) bevorzugt im Waldareal, bis sich seine Spuren vor 3,8 Mio. Jahren verlieren. Der Zeitraum, in dem die oben genannten Homininen gelebt haben, zeichnet sich durch ein recht stabiles, das heißt wenig variables Klima aus, obgleich die Wälder kleiner wurden und die Savannenlandschaften als Zeichen zunehmender Trockenheit zunahmen. Dies hat sich allerdings vor 3,5 Mio. Jahren zunehmend geändert.

Die Hominini, die vor 3,5–0,5 Mio. Jahren im ostafrikanischen Grabenbruch lebten, waren wiederholten starken Veränderungen ihrer Umwelt und damit ihrer Nahrungsressourcen ausge-setzt. Sofern sich dramatische Veränderungen innerhalb einer Saison oder einer Generation abspielten, hatte dies nur eine Bedeutung für die kurzfristige Anpassungsfähigkeit einer Popu-lation, beispielsweise ob sie alternative Nahrungsquellen fand, sich mit widrigen Klimabedin-gungen wie großer Hitze abfand oder mit Überschwemmungen infolge monsunartiger Regen-fälle durch entsprechende aktive Maßnahmen zurechtkam. Diese Form der Kompensation ist nicht unbedingt genetisch fixiert, sondern kann durch ein entsprechendes Verhalten (z. B. bei großer Hitze Nahrungssuche nur in der Dämmerung, Rückzug auf die Bäume oder vorüberge-hende Nutzung alternativer Nahrungsquellen bei saisonaler Knappheit) erfolgen. Dies ist eine vorübergehende Anpassung und noch keine natürliche Selektion, die nicht unbedingt einen Vorteil bedeuten muss. Allerdings war durch eine Verhaltensänderung kurzfristig zunächst einmal das Überleben der Population gesichert.

Über Hunderte oder gar Tausende Jahre hinweg mussten sich die Hominini immer wieder mit starken Schwankungen ihrer Umwelt (Klima, Nahrung) auseinandersetzen (◘ Abb. 6.3) und immer hatten die Vertreter einen Vorteil, deren Eigenschaften gerade geeignet waren, diese Schwankungen am besten zu ertragen bzw. sie zu kompensieren. Innerhalb des geneti-schen Pools der Population konnten jedoch Eigenschaften, die an langfristige, über viele Ge-nerationen bestehende unterschiedliche Umweltbedingungen angepasst waren, durch natür-liche Selektion zur schrittweisen Optimierung der Adaptation an die aktuelle Umweltsituation führen. Das heißt, dass die Variabilität der Klima- und Habitatbedingungen immer wieder dazu beigetragen haben, dass sich Phänotypen entwickelten, die innerhalb ihrer Population ein bisschen besser angepasst waren. Auf Dauer haben sich so Hominini entwickelt, die über verschiedene genetische Anpassungen an die unterschiedlichsten Situationen verfügten und so bei Variabilität der Lebensbedingungen denen überlegen waren, die hier weniger angepasst waren. Anpassung ist in diesem Zusammenhang nicht nur eine Frage der Anatomie (z. B. Zäh-ne) oder des Stoffwechsels (Verdaulichkeit von Stärke), sondern auch der Fähigkeit, bestimmte Nahrung zu akzeptieren (Geschmack, Geruch) oder diese zu verdauen (Darmlänge, Mikrobiota). Kommt es dann zu weniger fluktuierenden Bedingungen, so kann sich die am besten angepasste Art optimal vermehren und ausbreiten. In Zeiten der stärksten Klimaschwankungen (vor 2,25–1,6 Mio. Jahren) findet sich die größte Anzahl unterschiedlicher Hominini. Dies könnten auch Spielarten der Anpassung an die schwankenden Bedingungen gewesen sein wie sie von Trauth in seiner Theorie der »Verstärker Seen« beschrieben werden (Trauth et al., 2010). Überlebt hat aber nur *H. erectus*, der erst gegen Ende dieser Phase auf den Plan tritt und den Phänotyp verkörpert, der am besten angepasst ist. Der *H. erectus* breitete sich aus und vergrößerte seine Population im Gegensatz zu den anderen Zeitgenossen, die gegen Ende dieses Zeitraums verschwinden.

Der evolutionäre Vorgang der adaptiven Anpassung an immer wiederkehrende Ereignisse (starke Regenfälle, starke Trockenheit, Veränderungen von Flora und Fauna) kann über viele Generationen in kleinen Schritten verlaufen. Auf diese Weise ergibt sich durch wiederholte und wechselnde Herausforderungen an die Art eine stetige Feinabstimmung, die zur Entwicklung des am besten an die Umweltbedingungen angepassten Organismus durch schrittweise natürliche Selektion führt.

Der Wechsel von Trockenzonen, Flachwasserseen und tiefen Süßwasserseen erfolgt besonders während der oben beschriebenen klimatischen Übergangszeiten, während in den dazwischenliegenden Phasen stabilere Bedingungen herrschten. Die im Zeitraum bis zur zweiten Klimaschwankung in diesem Gebiet existierenden Australopithecinen (*Au. anamensis, Au. garhi, P. aethiopicus*) lebten in einem gemischten Habitat an Flüssen mit dichtem Waldbestand mit Savanne und auch offenen Graslandschaften, also ganz ähnlich wie das Habitat des *S. tchadensis* oder das der frühen Australopithecinen, 3–1 Mio. Jahre davor. Was war in dem Habitat des ostafrikanischen Grabenbruchs anders als im gemischten Habitat des *S. tchadensis*? Weshalb haben die Bewohner Gefallen am dauerhaft aufrechten Gehen gefunden und welchen Vorteil hatten sie in ihrem Habitat?

Es dürften in erster Linie die im Vergleich zur vorangehenden Zeit stärkeren Klimaschwankungen gewesen sein, die den Unterschied ausmachten. Zwar geben hominine Fossilien (*S. tchadenis, A. ramidus*) Hinweise darauf, dass diese sich bereits aufrecht bewegen konnten, allerdings waren sie sicherlich noch gute Kletterer und konnten sich so in beiden Lebensräumen (Wald, offene Fläche, bzw. Flachwasser) gut fortbewegen. Die Fähigkeit des aufrechten Ganges hat sich möglicherweise zunächst beim Fischfang und beim Waten durch flaches Gewässer bewährt. Dies war besonders dann erforderlich, wenn sich Flusslandschaften und Flachwassergebiete immer wieder über weite Flächen in baumfreie bzw. baumarme Zonen hinein ausdehnten und so die Hominini zwangen, die nächste Baumgruppe oder die trockene Savanne aufzusuchen. Dies ging ab einer gewissen Wassertiefe nur aufrecht. Sofern die Arme noch so entwickelt waren, dass die Flucht auf die Bäume bei drohender Gefahr mühelos möglich war, war eine solche Anpassung an Wald und Savanne ein unbestreitbarer Vorteil gegenüber Mitbewohnern im Habitat. Mit zunehmender Ausbreitung der Savanne zeigt sich das zweibeinige Laufen als Vorteil bei der Jagd und auch bei den oft hohen Temperaturen, da die der Sonne zugewandte Körperoberfläche geringer ist.

Auch finden sich viele weitere anatomische Veränderungen an Skelett und Muskulatur, die den aufrechten Gang mehr und mehr stabilisierten und so zu einer besonders günstigen Bewegungsform innerhalb der unterschiedlichen Habitate machten.

Wie kann man sich die Veränderungen des Habitats und ihre Wirkung auf die Hominini vorstellen? ◼ Abbildung 6.3 zeigt die verschiedenen Phasen, wie sie aus Sedimentanalysen ermittelt wurden, angefangen bei der ersten großen Klimaänderung vor 3,35–3,15 Mio. Jahren. Die starken Niederschläge dieser ersten und eher kurzen Klimaschwankung haben im

Grabenbruch zur Ausbildung tiefer Süßwasserseen beigetragen, die über die Zeit der ersten Klimaschwankung hinaus nachweisbar sind. In dieser Zeit waren das Turkana- und das Baringo-Bogaria-Becken, wie Isotopenuntersuchungen und Sedimentanalysen ergeben haben, dicht bewaldet (mit einer Dominanz von C_3-Pflanzen) mit nur wenigen Anzeichen von größeren Graslandflächen (Plummer et al. 2009). Ein Ort dieser Region ist das Olduvai-Becken, dem Fundort von Lucy (*Au. afarensis*), die hier sicherlich ideale Lebensbedingungen vorfand – ein bewaldetes Areal nahe am See, das Schutz und Nahrung bedeutete.

Der ersten großen Klimaschwankung folgt eine Zeit eines eher konstant warmen und trockenen Klimas (3,1–2,25 Mio. Jahre). Der Wasserstand der Seen im nördlichen Teil des Grabenbruchs (Afar) und in den mehr südlichen, äquatornah gelegenen Regionen (Omo-Turkana) geht langsam zurück. Damit wurden die seenahen, geschlossenen Waldflächen kleiner und aus dem so entstehenden offenen Waldland entwickelten sich in verschiedenen Zonen des Grabenbruchs mehr und mehr Areale, die als baumbestandenes Grasland bezeichnet werden können (Plummer et al. 2009). Wie ausgedehnt diese Graslandschaften waren, hing stark mit der jeweiligen Lokalisation zusammen. Im Olduvai-Gebiet waren weniger geschlossene Baumflächen, im Bereich des Turkana-Sees dafür umso mehr.

Hominini, die in Seenähe lebten, hatten sicherlich keine Probleme mit der Beschaffung von ausreichenden Mengen an Nahrung. Hominini, in deren Nähe die Seen aber zunehmend verlandeten, waren vor die Wahl gestellt, dem zurückweichenden Wasserrand zu folgen, was mit schwindenden Waldzonen nicht ungefährlich war, oder aber in den Wäldern, in denen sicherlich für einige Zeit noch Wasser verfügbar war, zu bleiben. Die letzten Spuren des *Au. afarensis* verschwinden vor 2,8 Mio. Jahren im Omo-Turkana-Becken. Dafür tauchen vereinzelte Fossilien das *Au. garhi* und des *P. aethiopicus* vor der zweiten Phase starker Klimaschwankungen auf, die sich aber in der Zeit dieser Klimaschwankungen wieder verlieren.

Während der zweiten Phase starker Klimaschwankungen vor 2,25–1,6 Mio. Jahren entstehen viele Süßwasserseen und man hat vor allem im Turkana- und Olduvai-Becken mehrere Fossilien unterschiedlicher Hominini gefunden. Durch diese Becken fließt der Omo in einem breiten Bett mit großen Überschwemmungsgebieten. Erste Werkzeugfunde an den prähistorischen Flussufern, sogenannte Geröllwerkzeuge (Oldowan) belegen, dass die Hominini hier gelebt haben. Im Laufe der Zeit kam es zu deutlichen Veränderungen. Es entwickeln sich tiefe Seen, deren Größe immer wieder schwankte, bis sie schließlich vor 1,7 Mio. Jahren wieder in ausgedehnte Flachwassergebiete, unterbrochen von sich ausdehnenden Graslandschaften, übergingen. Der Rückgang dieser Süßwasserseen geht mit der Zunahme der weiteren Habitatfragmentierung einher, die wiederum durch starke vulkanische Aktivitäten verstärkt wurde. In der Zeit zwischen 2,4 und 1,4 Mio. Jahren ging die Bewaldung an den Flusstälern von ursprünglich mehr als 50 % der Fläche auf bis zu 10 % zurück (Quinn et al. 2013). Gleichzeitig nehmen die offenen, mit Grasland bedeckten Flächen wie auch die flachen Feuchtgebiete durch den langsamen Rückgang der Seen zu. Dies lässt sich aus der starken Anreicherung von ^{13}C in den Böden als Folge der Zunahme der C_4-Pflanzen entnehmen. Die Entwicklung offener Flächen ist vor 1,7 Mio. Jahren im Olduvai-Becken allerdings sehr viel stärker ausgeprägt als im Turkana-Becken (Plummer et al. 2009). Dennoch finden sich mehr Spuren der Hominini in den wenigen bewaldeten Zonen – ein Hinweis darauf, dass diese es vorgezogen haben, in den zwar kleineren aber doch sichereren Waldarealen zu leben und diese zum Fischfang oder zur Suche nach Fleisch zu verlassen, wie die Funde von Werkzeugen aber auch Knochenreste belegen (Quinn et al. 2013). Die ersten Faustkeile aus dem Acheuléen, einer archäologischen Kultur der Altsteinzeit, tauchen auf und belegen den technischen Fortschritt. Die Annahme, dass sich die Hominini dieser Zeit nicht nur im Wald aufhielten, wird dadurch untermauert, dass sich Werkzeuge und fossile Spuren dieser Hominini in den unterschiedlichsten Vegetationsgebieten zwischen sehr trocken bis hin zu Feucht- und Seegebieten nachweisen lassen. Unsere frühen Vorfahren waren also immer wieder gezwungen, sich auf Neues einzustellen, wenn sie überleben wollten. Der gegen Ende dieses Zeitraums auftauchende *H. ergaster* bzw. *H. erectus* verfügt bereits über ein Skelett, das ihm ausdauerndes aufrechtes Laufen ermöglichte. Ganz im Sinne der Variabilitäts-Selektions-Hypothese war hier über Tausende Jahre hinweg ein Phänotyp entstanden, der mit dem eher aufrechten Gang an die kommende Situation optimal angepasst war. Mit der letzten Phase von starken Klimaschwankungen vor 1,1–0,6 Mio. Jahren nimmt dann die Graslandfläche deutlich zu und zwingt die Hominini, sich dauerhafter in dem eher waldarmen Gebiet einzurichten.

Halten wir noch einmal fest: Die menschliche Entwicklung, also das Auftauchen, aber auch das Verschwinden einzelner Spezies, ist eng mit den starken Fluktuationen des Klimas verbunden, wobei gemäß der Variabilitäts-Selektions-Hypothese besonders die Ausbildung großer Seen als auch ihr Verschwinden mit der Weiterentwicklung des Menschen einhergeht. Sowohl die Ausbildung großer Seen, deren Fluktiation, als auch der Rückgang der Wälder haben das Nahrungsangebot des Menschen verändert. Die lokalen klimatischen Ereignisse wie der Wechsel von feuchter Witterung und Trockenheit, die Existenz räumlich getrennter Klimazonen sowie dadurch bedingte unterschiedliche Nahrungsressourcen hatten einen weit größeren Einfluss auf die Entwicklung des Menschen, als, wie man bisher angenommen hat, die zunehmende Trockenheit und damit einhergehende kontinuierliche Ausbreitung von Grasland und Savanne. Die Savanne konnte je nach Ort zwischen 5 und 80 % Baumbestand aufweisen und damit sehr unterschiedliche Habitate bilden (Cerling et al. 2011b). Im Turkana-Becken waren, so die Analysen von 3,6 Mio. Jahre alten Sedimenten, 40–60 % der Fläche bewaldet. Im Gebiet um das Afar-Becken und das äthiopische Rift, vor allem um die Seegebiete, fanden sich in dieser Zeit ebenfalls ausgedehnte bewaldete Areale. Zur Zeit des *Au. afarensis* und auch noch in der frühen Zeit des *P. boisei* (vor 2,2 Mio. Jahren) war Ostafrika demnach weitaus stärker bewaldet als am Ende und nach der zweiten Phase der Klimaschwankungen vor 1,6–1,1 Mio. Jahren, und danach, als die Graslandschaften und Savannen deutlich zunahmen, zeitgleich mit dem Auftreten des *H. erectus*.

Es waren weit weniger die konstanten Veränderungen, wie die Entwicklung großer offener Savannenflächen (Savannen-Hypothese), die zu einer Begünstigung solcher Gene führte, die die dazugehörenden Phänotypen auszeichnete, sondern der Wechsel der Anforderungen in den unterschiedlichen Habitaten an die Hominini. Der aufrechte Gang hatte sich bereits unter den stabilen Bedingungen bewaldeter Areale (z. B. *A. ramidus*) schon lange vorher (vor 4,5 Mio. Jahren) entwickelt und bildete sich nicht erst als Konsequenz der wachsenden Savannenlandschaft. Gerade weil die Gattung *Homo* aufrecht auf zwei Beinen laufen konnte, hatte sie einen Vorteil gegenüber den reinen Waldbewohnern, wenn es um eine flexible Anpassung an diese neuen Bedingungen im Habitat ging. Die genetische Anlage des aufrechten Ganges und die dadurch gebotenen Vorteile führten dann zu weiterer Anpassung des gesamten Skeletts (z. B. Beckenstand), des Körperbaus (Muskulatur) aber auch des Gehirns an die neuen Bedingungen.

Die unterschiedlich starke Bewaldung und der langsame Rückgang der Feuchtgebiete, einschließlich der Ausbreitung von Grasland und Savanne, waren nicht für alle Hominini von Vorteil. Nur wenn der Mensch in der Lage war, die Herausforderung der zunehmenden Savanne bezüglich Nahrungsangebot und Klima anzunehmen, das heißt sich schrittweise und flexibel daran anzupassen, konnte er überleben. Der Generalist, also das eng an sein Habitat angepasste Individuum, verschwand in dem Sinne, in dem sein Habitat verschwand, der »Flexibilist« konnte sich weiterentwickeln.

6.5 Die Vertreibung aus dem Paradies

Paranthropus hat in seinen Wäldern mehr als 1 Mio. Jahre gut gelebt und sich gut ernähren können. Doch vor ca. 1,2 Mio. Jahren verlieren sich seine Spuren. Die Folgen der Habitatfragmentierung und deren Einfluss auf die Ernährung, die Mikronährstoffversorgung, lassen sich gut an *Paranthropus* nachvollziehen. *Paranthropus* hat den Anschluss an die Menschwerdung verpasst, obwohl er nahe dran war. Beide Arten, der *P. boisei* und der *P. robustus*, lebten eigentlich unter paradiesischen Bedingungen. Zwar war es tagsüber sehr heiß, im Mittel 25 °C, und im Osten lag die Niederschlagsmenge bei 550 mm pro Jahr, aber ansonsten wechselten waldige Flusslandschaften mit trockenen und weniger trockenen, offenen Arealen ab und boten ein vielfältiges Spektrum an Nahrungsmitteln.

Der *P. boisei* hatte offensichtlich wenig Lust, seine Bäume zu verlassen, um in der Savanne nach den von ihm bevorzugten süßen Früchten, saftigen Blättern und Nüssen zu suchen. Er war, nach allem was man weiß, ein friedlicher Primat, der sich vorwiegend vegan ernährte und ziemlich wehrlos war. Auch dies mag dazu beigetragen haben, dass er es vorzog, in seinem Habitat am Seeufer zu bleiben.

Vor 3,5–1,8 Mio. Jahren lässt sich eine zunehmende Austrocknung im ostafrikanischen Grabenbruch, an unterschiedlichen Orten mit unterschiedlichem Ausmaß, nachweisen. Die Fläche an Buschland (C_3-Pflanzen) wurde geringer, die des Graslandes (C_4-Pflanzen) nahm zu. Gleichzeitig bildeten sich die Seen zurück und trockneten in einem Zeitraum von 400.000 Jahren aus (Shultz und Maslin 2013) und bildeten sich in den klimatischen Übergangszeiten wieder neu. Die Phasen, in denen ausreichend Wasser vorhanden war (vor 2,5 und 1,8–1 Mio. Jahren), fallen mit den besonderen Entwicklungsphasen des Menschen zusammen. Nicht nur das Auftreten des *H. erectus*, sondern auch die Wanderungsbewegungen der frühen Menschen lassen sich mit Phasen mit ausreichend Wasser und Phasen der Trockenheit erklären. Auch der *P. boisei* hat in dieser Zeit gelebt und das reichlich vorhandene Wasser hat sein Waldhabitat sicherlich günstig beeinflusst. Er verschwindet zu einer Zeit, in der die großen Seen trockengefallen sind. Die schrittweise Anpassung an die starken Klimaveränderungen der zweiten Phase hat bei *P. boisei* keine Spuren der Adaptation hinterlassen (siehe Variabilitäts-Selektions-Hypothese).

Die Nahrung des *P. boisei* Um die Nahrung des *P. boisei* besser zu verstehen, wurde kürzlich eine interessante Berechnung vorgestellt (Macho 2014). Verglichen wurden die Nahrung sowie die Zeit, die ausgewachsene und einjährige, also noch sehr junge, Paviane für das Sammeln benötigen. Junge Paviane wurden mit in die Untersuchung einbezogen, da diese, so die Annahme, wegen ihres wachsenden Gehirns einen besonders hohen Nährstoffbedarf haben und daher mit den weiteren Entwicklungsstufen der Hominini besser vergleichbar sind. Paviane wurden gewählt, da sie je nach Habitat, Saison und vorhandenen Quellen unterschiedliche Nahrung akzeptieren und somit generalisierten Omnivoren ähnlich sind. Geht man davon aus, dass die notwendige Energiezufuhr von der Körpergröße und letztlich auch von der Gehirngröße als dem Organ mit dem größten Energiebedarf abhängt, sollte sich die Zeit, die für die Deckung des täglichen Energiebedarfs notwendig ist, berechnen lassen. Der Ansatz ist auch insofern interessant, als er berücksichtigt, dass nicht nur Hominini so lange fressen, bis sie satt sind, sondern auch andere Primaten.

Je nach Art der Nahrung aus C_4-Ressourcen und der notwendigen Zeit, diese verzehrfähig zu machen (Suchen, Schälen, Säubern, Kauen), ergibt sich damit ein ungefähres Bild der Zeit für die Nahrungszubereitung. Die untersuchten Steppenpaviane (*Papio cynocephalus*) leben in einem Gebiet, das auch von *P. boisei* besiedelt wurde. Dort wachsen bis heute vor allem Gräser (*Poaceae*) und Sauergräser (Cyperaceae). Diese Pflanzen sowie Früchte, Blüten und Insekten (die aber nicht mit berücksichtigt wurden) seien, so Macho (2014), die wesentlichen C_4-Quellen, die *P. boisei* mit seinem Gebiss und seiner starken Kaumuskulatur verzehren konnte. Dabei haben die Rhizome der Sauergrasgewächse offenbar eine besondere Rolle in der Ernährung gespielt. Immerhin verwenden junge Paviane von den 90 min, die sie für das Sammeln von 24 unterschiedlichen Nahrungsmitteln benötigen, etwa 60 min für das Sammeln dieser Rhizome.

Diese Kostform kommt der Nahrung des *P. boisei* am nächsten, wenn die Zeit für Sammeln und Verzehr der Rhizome noch erhöht wird. Für einen Homininen von der Größe des *P. boisei* (34–39 kg Körpergewicht) würde dies etwa sechs Stunden Sammelzeit bedeuten, um 80 % seines Energiebedarfs von ca. 2317 kcal (9700 kJ) zu decken, so die Berechnung von Macho. Mit steigendem Fettgehalt der Rhizome kann die Zeit allerdings verkürzt werden.

Ein gesteigerter Verzehr von Rhizomen bedeutete zwar eine Verbesserung des Protein- und Fettangebots im Vergleich zu Gräsern, aber keinesfalls eine Zunahme der Nährstoffqualität. Mineralien und Vitamin C waren offensichtlich ausreichend vorhanden. Die Versorgung mit den ebenfalls sehr wichtigen Vitaminen A, E und D sowie Jod wurde nicht berücksichtigt. Genau hier aber besteht ein Mangel, und dies besonders, wenn sich die Ernährung vorwiegend auf Rhizome beschränkt.

Aus der Beschreibung der Ernährung des *P. boisei* lässt sich sowohl ableiten, warum dieser Hominine über mehr als 1 Mio. Jahre überlebte, als auch, warum er schließlich aussterben musste. Er war ausreichend mit Energie versorgt und musste offensichtlich nicht hungern, von saisonalen Hungerphasen einmal abgesehen. Fisch, Krustentiere, Kleintiere und Vogeleier waren immer wieder gute Quellen für Mikronährstoffe, solange diese für ihn verfügbar bzw. erreichbar waren. Von Rhizomen alleine konnte er jedoch nicht überleben. Der *P. boisei*, den wir als vorwiegenden Herbivoren kennengelernt haben, hat auf dem Weg zum Wasser versucht, den Hunger mit Wurzeln, Knollen und auch Sukkulenten zu stillen, da ihm andere Nahrung wahrscheinlich nicht sonderlich schmeckte, Jagen nicht seine Sache war und er vieles mit seinem Gebiss auch nicht so ohne Weiteres zerkleinern konnte. Der Weg zum See wurde mit zunehmender Trockenheit immer weiter und auch die jetzt nur noch saisonal verfügbaren süßen Früchte wurden rarer. Der *Paranthropus* hat sich anderen qualitativ hochwertigen Nahrungsquellen, wie z.B. Fleisch nicht anpassen können, wie sein Gebiss belegt. Vielleicht war er auch nicht bereit, weniger schmackhafte Nahrung zu akzeptieren, und konnte so seinen Geschmackssinn nicht an Neues adaptieren. Die Versorgung mit lebenswichtigen Mikronährstoffen dürfte immer kritischer geworden sein, sofern er nicht auf aquatische Nahrung zurückgreifen konnte, weil der den langen und gefährlichen Weg zum See scheute, an dem in der Zwischenzeit sicherlich auch vermehrt Raubtiere der Savanne siedelten. Wurzeln, Früchte und vielleicht auch einige Vogeleier reichten keinesfalls, um ihn dauerhaft mit allen Mikronährstoffen zu versorgen. Der *Paranthropus* ist in seiner Nische geblieben, an die er zu Beginn des Klimawandels optimal angepasst war, aber diese ist im Zuge des Klimawandels verschwunden, und mit ihr der *Paranthropus*, dem eine Reihe von Mikronährstoffen fehlten: allen voran Folsäure, Vitamin B_{12}, Vitamin D, Eisen und Jod.

Dem *Paranthropus* war zum Verhängnis geworden, dass sich seine Geschmackspräferenzen und damit auch sein Gebiss nicht in Richtung anderer Nahrungsquellen hin verändert haben. Lucys Gebiss war dagegen weitaus flexibler ausgestattet, wodurch diese Linie an das Leben in der Savanne außerhalb der Feuchtgebiete deutlich besser angepasst war. Sicherlich reichte die Versorgung des *Paranthropus* mit Mikronährstoffen lange Zeit aus, sonst hätte er nicht mehr als 1 Mio. Jahre in Afrika überlebt. Als aber die Trockenheit, die zum erneuten Rückgang der großen Seen führte, und damit auch die Savannenbildung gegen Ende der zweiten Phase des Klimawandels (vor 1,5 Mio. Jahren) zunahm, wurde die Nahrung des *P. boisei* zunehmend knapp und hat schließlich zum Aussterben dieser an diese Entwicklung nicht angepassten robusten Australopithecinen geführt.

Der Klimawandel führte zu einem langsamen Rückgang des Wassers. Gleichzeitig verschwanden nach und nach die Binsengewächse aus dem Einzugsgebiet des *P. boisei*. Diesem blieb also nichts anderes übrig, als sich nahrungssuchend weiterzubewegen und immer wieder die Nähe von bewaldeten Feuchtgebieten zu suchen. Auf diese Weise konnte er sicherlich über viele Tausend Jahre überlebt haben. Der Verlust vieler Quellen von Mikronährstoffen wie Algen oder auch Vogeleier hat langsam dazu beigetragen, dass sich die Population nicht mehr in dem Maße fortpflanzen konnte, wie es für ihre dauerhafte Existenz notwendig gesehen wäre. Neben der Versorgung mit Vitamin A und B_{12} dürfte auch bald die mit Eisen und Jod kritisch geworden sein. Alle diese Mikronährstoffe haben jedoch auch einen direkten Einfluss auf die Fertilität und damit auf die Populationsdichte und das Überleben.

Man kann davon ausgehen, dass *Paranthropus* als Herbivore einen Süßgeschmack präferierte, da er auf diese Art und Weise sehr selektiv die für ihn wichtigen und energiereichen Früchte, aber auch proteinreichen Blätter aufnehmen konnte. Der *Paranthropus* hatte in seinem Waldhabitat nur wenige Nahrungskonkurrenten, die ihm die Binsen- und Sauergrasgewächse oder auch Früchte streitig gemacht hätten. Damit aber war er auf ein Habitat angewiesen, das sich im Laufe der Zeit bis vor etwa 2 Mio. Jahren doch so weit veränderte, dass er die für ihn wichtige Nahrung nicht mehr dauerhaft und in auseichender Menge vorfand. Er war mehr oder weniger der letzte Überlebende einer Art, zu der auch die anderen robusten Australopithecinen wie der *P. aethiopicus* und der *P. robustus* zählten, deren Spuren sich ebenfalls in dieser Zeit verlieren.

Die Gebissform der grazilen Australopithecinen (*Au. afarensis*) als auch deren Körperhaltung (zeitweise aufrechter Gang) waren dagegen dem Leben in den wechselnden Vegetationszonen und vor allem den dort zu findenden Nahrungsquellen weitaus besser angepasst, wenngleich die Spezies dieser Linie bereits vor den robusten Australopithecinen verschwunden waren. Dieser Phänotyp findet sich dann bei den ersten Vertretern der Gattung *Homo* (*H. rudolfensis, H. habilis*) bis zum *H. erectus*.

Literatur

Bedaso ZK, Wynn JG, Alemseged Z, Geraads D et al (2013) Dietary and paleoenvironmental reconstruction using stable isotopes of herbivore tooth enamel from middle pliocene Dikka, Ethiopia: implication for *Australopithecus afarensis* habitat and food resources. J Hum Evol 64:21–38

Bonnefille R, Potts R et al (2004) High-resolution vegetation and climate change associated with Pliocene *Australopithecus afarensis*. Proc Natl Acad Sci U S A 101:12125–12119

Cerling TE et al (2011a) Diet of *Paranthropus boisei* in the early Pleistocene of East Africa. Proc Natl Acad Sci U S A 108:9337–9341

Cerling TE et al (2011b) Woody cover and hominin environments in the past 6 million years. Nature 476:51–56

Cerling T et al (2013a) Diet of *Theropithecus* from 4 to 1 Ma in Kenya. Proc Natl Acad Sci U S A 26:10507–10512

Cerling T et al (2013b) Stable isotope-based diet reconstruction of Turkana Basin hominins. Proc Natl Acad Sci U S A 26:10501–10506

Donges JF et al (2011) Nonlinear detection of paleoclimate-variability transitions possibly related to human evolution. Proc Natl Acad Sci U S A 108:20242–20247

Estebaranz F, Galbany J et al (2012) Buccal dental microwear analysis support greater specialisation in consumption of hard foodstuffs for *Australopithecus anamensis*. J Anthropol Sci 90:1–24

Joordens JCA et al. (2004) An astronomically-tuned climate framework for hominins in the Turkana Basin. Earth Planet Sci Lett 307:1–8

Macho GA (2014) Baboon feeding ecology informs the dietary niche of *Paranthropus boisei*. PLoS One 9:1–8

de Menocal PB (2004) African climate change and faunal evolution during the Pliocene-Pleistocene. Earth Planet Sci Lett 220:3–24

van der Merwe NJ et al (2008) Isotopic evidence for contrasting diet of early hominins *Homo habilis* and *Australopithecus boisei* of Tanzania. South Afr J Sci 104:153–155

Plummer T et al (2009) Oldest evidence of toolmaking hominins in a grassland dominated ecosystem. PLoS One 4(9):e7199

Potts R (1998) Environmental hypothesis of human evolution. Yearb Phys Anthropol 41:93–136

Quinn RL et al (2013) Pedogenic carbonate stable isotopic evidence for wooded habitat preference of early pleistocene tool makers in the Turkana Basin. J Hum Evol 65:65–78

Shultz S, Maslin M (2013) Early human speciation, brain expansion and dispersal influenced by African climate pulses. PloS One 8(10):e76750

Sponheimer M, Loudon JE (2006) Do »savannah« chimpanzees consume C_4-ressources? J Hum Evol 51:128–133

Trauth MH, Maslin MA, Deino A, Strecker MR (2005) Late Ceozonic moisture history of East Africa. Science 309:2051–2053

Trauth MH, Maslin MA, Deino AL et al (2010) Human evolution in a variable environment: the amplifier lakes of Eastern Africa. Quat Sci Rev 29:2981–2988

Wynn JG, Sponheimer M, Kimbel WH et al (2013) Diet of *Australopithecus afarensis* from the pliocene Haddar formation, Ethiopia. Proc Natl Acad Sci U S A:1–6

Friss oder stirb

H. K. Biesalski, *Mikronährstoffe als Motor der Evolution,*
DOI 10.1007/978-3-642-55397-4_7, © Springer-Verlag Berlin Heidelberg 2015

»Heißhunger«, »Bärenhunger«, »Hungerkrise« und weitere drastische Ausdrücke beschreiben ein Urproblem allen Lebens: Hunger! Hunger signalisiert, dass das Wichtigste zum Überleben fehlt: Energie. Egal wo diese herkommt und auch egal wie diese schmeckt, sie wird verzehrt, wenn der Hunger nur groß genug ist. Sind keine Früchte mehr vorhanden, werden Wurzeln gesucht, sind diese knapp, dann tut es auch die bittere Baumrinde. Doch wehe, wenn der Hunger dauerhaft mit minderwertiger Nahrung gestillt wird. Dann ist der Hungernde zwar satt, aber es fehlt ihm nahezu alles, was sein Überleben sichert. Genau diese Erfahrung aber hat eine Gruppe von Homininen machen müssen.

Während der *Paranthropus* es vorzog, in seinem Habitat zu verharren, bis es ihn nicht mehr ernähren konnte, sind andere Hominini ausgewandert. Um zu verstehen, warum unsere Vorfahren ihr Habitat am Seeufer verlassen haben, soll das Verhalten heute lebender Menschenaffen in ihrem Lebensraum, dem Wald, beschrieben werden. Zunächst einmal sind sie in erster Linie Frugivoren, das heißt, eine süße Frucht steht ganz oben auf dem Speiseplan. Folglich halten sie sich, meist als Gruppe, in der Nähe der Bäume oder Büsche auf, die die begehrten Früchte tragen. Je nach Größe des Habitats schwankt die Größe der Gruppe, die ihr Habitat gegen Eindringlinge ihrer eigenen Art ebenso verteidigen wird wie gegen Nahrungskonkurrenten. Grundlage des Speiseplans ist der Geschmack und hierbei die bereits erwähnte Süßpräferenz. Solange sich an der Menge der verfügbaren Früchte und der etwas weniger süßen Blätter nichts ändert, besteht sicherlich kein Grund, auf andere Nahrung auszuweichen oder gar das schützende Habitat zu verlassen. Solange die Gruppe zusammenbleibt, kann den Jungen auch gezeigt werden, welche Nahrung verträglich und welche gefährlich sein kann. Was aber kann dazu führen, dass die präferierte Nahrung nicht mehr konsumiert wird und an ihre Stelle eine andere Nahrung tritt? Die Antwort ist simpel. Wenn zu wenig süße Früchte vorhanden sind, erzeugt dies Hunger und nichts treibt ein Tier mehr dazu, auf Nahrungssuche zu gehen und alles zu verzehren, was essbar ist, als Hunger.

Das einzige, was heute – und wahrscheinlich schon immer – Tiere dazu bewegt, ihr heimisches Habitat, in dem sie über viele Generationen hinweg gut versorgt waren, zu verlassen, ist der Mangel an Nahrung, hervorgerufen durch Klimaveränderungen oder eine steigende Zahl an Nahrungskonkurrenten. Ein solcher Mangel an Nahrung kann in einem kurzen Zeitraum zum Verlassen des Habitats führen, wenn der Hunger die treibende Kraft ist, es kann aber auch über viele Generationen hinweg geschehen, wenn Nahrung zwar knapp ist, aber immer noch zum Überleben ausreicht. Letzteres ist der kritische Punkt. Erfolgt keine Anpassung an ein verändertes Nahrungsmuster, so droht die Population auszusterben. Das Ausmaß der durch Klimaveränderungen ausgelösten Veränderung des Habitats ist für die ausreichende bzw. unzureichende Versorgung mit Nahrung der entscheidende Faktor.

Die in ▶ Kap. 6 beschriebenen wechselnden Klimabedingungen zu unterschiedlichen Zeiten können, ebenso wie verschiedene Klimazonen auf einem Kontinent, durchaus nebeneinander existieren und so auf engem Raum, je nach Topografie, zu unterschiedlicher Flora und Fauna führen. So sind häufige Regenfälle die Voraussetzung für die Entstehung eines geschlossenen Regenwaldes mit dichtem Blätterdach. Regionen mit weniger Niederschlag können sich zu Gebieten mit lockerem Baumbestand (Baumland) oder einem Busch- und Grasland, die typische Vegetation der Savanne, entwickeln. Fällt gar kein oder nur extrem wenig Regen, so entsteht eine Wüste.

Was bedeutet das für die Reichhaltigkeit des Nahrungsangebots? Das Nahrungsangebot nimmt mit zunehmendem Jahresniederschlag ebenfalls zu – die Wüste ist also nahezu frei von Nahrung, während die Regenwälder ein großes Angebot bereitstellen. In Bezug zur verzehrbaren Biomasse hat man ausgerechnet, dass tropische Regenwälder 9000 kcal pro m² liefern, während es in der Savanne nur 3000 kcal pro m² sind. Mehr Energie bedeutet allerdings zwar mehr Sättigung, aber nicht unbedingt mehr Qualität. Dies erklärt auch, warum sich Gorillas bis heute im Regenwald aufhalten und nicht wie die Schimpansen auf die Idee gekommen sind, längere Zeit in die Savanne zu wandern. Gorillas brauchen Masse, nicht Klasse, wenn es um die Ernährung geht. Grundsätzlich gilt, dass die saisonale Verfügbarkeit von Nahrung in Gebieten mit wechselnden Niederschlagsmengen weitaus stärkeren Schwankungen unterliegt, als in den dauerhaft feuchten Regenwäldern.

7.1 Klimawandel und Nahrungsangebot

Bevor es vor 3 Mio. Jahren zu einer zunehmenden Habitatfragmentierung kam, war Afrika großflächig mit Regenwald bedeckt. Die Trockenzeiten waren mit bis zu zwei Monaten pro Jahr nur kurz (Reed und Rector 2007), sodass sich das Nahrungsangebot zunächst nicht wesentlich veränderte.

Bleiben wir am Turkana-See und beobachten wir die verschiedenen Habitate, die sich vor 2,5 Mio. Jahren unter dem Einfluss des lokalen wie globalen Klimawandels gebildet haben. Zunächst einmal veränderten die periodisch auftretenden Regenfälle und die dazwischenliegenden Phasen großer Trockenheit das Angebot an süßen Früchten, Blüten aller Art, von Keimlingen und auch von Insekten. Es entwickelten sich Jahreszeiten, in denen diese Nahrung ausreichend vorhanden war, und solche, in denen sie ganz verschwand. Waren die Hitzeperioden besonders lang, konnte auch die Nahrung zweiter Wahl, Blätter von verschiedenen Büschen und Kräutern, verschwinden. Wurde der Hunger allzu groß, dann gab es nur einen Ausweg: den Verzehr von Fallback-Nahrung. Sie wurde immer dann gesucht und konsumiert, wenn die eigentlich präferierte Nahrung, hier beispielsweise süße Früchte, nicht mehr ausreichend vorhanden war. Zur Fallback-Nahrung zählt neben vielen anderen Nahrungsmitteln auch die als USO (*underground storage organ*) bezeichnete Nahrung.

> **Definition**
>
> **USOs** (underground storage organs): meist unterirdisch wachsende, pflanzliche Speicherorgane, die als Nahrung dienen, in der Savanne bis zu 3 m lang werden können und in unterschiedlicher Tiefe zu finden sind; Teil der Fallback-Nahrung

Zu den USOs werden alle Arten von Wurzeln, Knollen und Rhizome gezählt. Nicht alle sind für die Hominini verträglich, besonders wenn sie roh verzehrt werden. Sie sind heute wie vor Millionen von Jahren weit verbreitet und finden sich in unterschiedlichen Habitaten. Der Hauptanteil wächst in Seeufergebieten und in der offenen Savanne, nur wenige (ca. 25 %) werden im Regenwald gefunden (Laden und Wrangham 2005). Eine der USOs ist die heute noch in Afrika heimische und in vielen Formen verzehrte Yam-Wurzel. Je nach Standort können die USOs sehr unterschiedliche Qualität aufweisen. Der Mineralgehalt kann durchaus hoch sein, der Vitamingehalt ist, von Ausnahmen abgesehen, eher gering. Im Wesentlichen bestehen sie aus Stärke und können daher in erster Linie sättigen. Dies stillt zunächst den Hunger, war aber auf Dauer eine Ernährung, die den Bedürfnissen der Homininen nicht entsprach. USOs haben, anders als immer gerne behauptet, keine besonders gute Qualität und können den Menschen nicht ausreichend ernähren.

Hier zeigt sich eine Analogie zu den Problemen der Mangelernährung in heutigen Entwicklungsländern. Es gibt ausreichend stärkehaltige Produkte (Maniok, Reis, Mais, Weizen u. a.), die zwar sättigen, aber nicht wirklich ernähren, wenn sie der wesentliche Bestandteil der täglichen Kost sind. Die Folge ist eine chronische Mangelernährung, auch verborgener Hunger genannt, an dem fast ein Drittel der Menschheit leidet und der für die hohe Kinder- und Müttersterblichkeit wesentlich verantwortlich ist. Zu Zeiten unserer Vorfahren wäre eine solche Ernährung fatal gewesen.

Wovon haben unsere Vorfahren in ihrem Habitat am Seeufer also gelebt und wie konnten sie Trockenperioden überstehen, ohne ihre Gesundheit einzubüßen? Um diese Frage beantworten zu können, müssen uns ansehen, wie sich die Lebensbedingungen am Seeufer mit dem Klima verändert haben.

In ▶ Kap. 5 wurden das Vorkommen und die Nährstoffqualität der unterschiedlichsten Pflanzen am Ufer beschrieben. Sofern sich die frühen Australopithecinen (*Au. afarensis, K. platyops, P. aethiopicus*; bis vor 2,5 Mio. Jahren) nicht allzu oft von USOs ernährt, sondern immer wieder auch Früchte und vor allem Fische und andere Wasserbewohner neben Vogeleiern und Kleintieren verzehrt haben, waren sie für ihre Lebensweise und Körpergröße ausreichend versorgt, was nicht zuletzt dadurch belegt wird, dass sie in diesem Gebiet immerhin 2 Mio. Jahre lang gelebt haben. Und doch tauchen die Spuren der Australopithecinen *Au. garhi, Au. africanus* sowie von zwei Gattungen des *Homo, H. rudolfensis* und *H. habilis*, vor 2,5–2 Mio. Jahren in den Savannengebieten auf und weniger die pure Lust am Jagen hat dazu geführt, sondern vielmehr die durch die Klimaschwankungen bedingten Veränderungen des Nahrungsangebots.

Das Auftauchen des Menschen in der offenen Savanne wird für die Entwicklung des aufrechten Ganges sowie vieler weiterer damit einhergehender anatomischer Merkmale (Kopfstellung, Stellung der Hüftgelenke, Rückbildung der Greifarme usw.) verantwortlich gemacht (Savannen-Hypothese). Der aufrechte Gang war jedoch eine wichtige und notwendige Adaptation, die bereits lange vorher stattgefunden hatte. Während der klimatisch eher stabilen Zeiten vor 7–4 Mio. Jahren reichte es möglicherweise aus, ab und zu ein Stück auf zwei Beinen zu laufen oder zu stehen, die Arme und Hände waren jedoch immer noch so gestaltet, dass ein Leben auf Bäumen gut möglich war. Die erste Phase der starken Klimaschwankungen (vor 3,35–3,15 Mio. Jahren) hat dann zu einer weiteren Optimierung des aufrechten Ganges geführt, ganz im Sinne der Variabilitäts-Selektions-Hypothese, und so die notwendigen Ausflüge in die Savanne begünstigt.

Wechselnde Phasen von längerer Trockenheit und Regen bewirkten dann vor 2,5 Mio. Jahren eine weitere Abnahme des Baumbestandes und auf den entstehenden freien Flächen haben sich hitze- und trockenresistente Gräser und Büsche angesiedelt. Der Abstand zwischen Waldrand und See nahm mehr und mehr zu und die im Wald am Seeufer lebenden Australopithecinen (z.B. *Au. garhi, P. aethiopicus*) mussten, um ans Wasser zu gelangen, zunehmend größere offene Flächen durchqueren. Dazu konnten sie geduckt zwischen Büschen und hohen Gräsern immer wieder einmal auch auf allen Vieren rennen, um den Raubtieren nicht aufzufallen, oder sie blieben stehen und beobachteten das Terrain. Von Zeit zu Zeit fand sich eine süße Frucht an verschiedenen Pflanzen oder Büschen und sicherlich verschmähten sie auch Kleintiere oder Insekten nicht.

7.2   Die Savanne als Habitat

Vegetation von Savanne, Buschland und Grasland
Savanne
Die Vegetation der Savanne kann ganz unterschiedlich aussehen, je nachdem, wie häufig
Regen fällt. Die Vegetation kann aus Baumgruppen bestehen oder auch aus eher offenen
Waldgebieten ohne dichtes Blätterdach, aus Buschland mit unterschiedlich dichtem Be-
stand sowie Grasland in unterschiedlicher Ausdehnung. Die Bäume können größere Areale
besiedeln, sie lassen aber so gut wie immer Licht durch, sodass der Boden eher trocken und
mit Gras bewachsen ist.

Buschland
Nimmt die Menge an Niederschlag ab, dann entsteht Buschland. Kleinere Bäume und
Büsche mit einer Höhe bis zu 10 m dominieren. Dazwischen ist der Boden trocken und
nährstoffarm. Durch die besseren Lichtverhältnisse bietet das Buschland mehr Früchte und
junge Blätter als die das Buschland umgebende Waldgebiete. Je weniger Regen fällt, desto
kleiner der Buschbestand und desto trockener die Böden dazwischen.

Grasland
Einige wenige Bäume und kleinere Buschgruppen kennzeichnen das Grasland. Die Niederschlagsmenge ist gering und je nach Zahl der dort lebenden Tiere, die grasend durch das
Gebiet ziehen und auch die jungen Triebe der früchtetragenden Büsche verzehren, kann
das Grasland mehr oder weniger zahlreiche frucht- und blättertragende Büsche und Kakteen enthalten. Wiederholte Regenfälle, die je nach Region unterschiedlich stark ausfallen
können, tragen dazu bei, dass die Fruchtbarkeit und damit das Nahrungsangebot der Savanne immer wieder wechseln können.

Die Savanne als Mischung aus Grasland, Buschland und mehr oder weniger offenen Waldgebieten stellt das Habitat dar, in dem sich der Mensch im Wesentlichen entwickelt hat. Welches
Nahrungsangebot fanden unsere Vorfahren vor, wenn sie vom Hunger getrieben in die Savanne wanderten, um nach Nahrung Ausschau zu halten, die in ihrem angestammten Seerand-
habitat knapp geworden war? ☐ Tabelle 7.1 fasst die typischen Nahrungsmittel eines gemischten
Savannenhabitats sowie die darin befindlichen Mikronährstoffe zusammen modifiziert nach
(Peters 2007).

Die Qualität der einzelnen Nahrungsmittel in ☐ Tab. 7.1 nimmt von oben nach unten hin
ab. Je nach Länge einer Trockenzeit oder auch je nach Vorkommen der Nahrung innerhalb
des Habitats konnte sich die Qualität der Ernährung über mehr oder weniger lange Zeit verändern. So waren die Nahrungsmittel erster und zweiter Ordnung in trockenen Gebieten oder
solchen mit langen Trockenzeiten nur begrenzt verfügbar. Wurden Ölsaaten, reife Früchte und
junge grüne Blätter knapp, dann fehlten Vitamin E, Vitamin C, Provitamin A und Folsäure in
der täglichen Kost. Gleichzeitig fehlte Energie, die besonders in den Ölsaaten enthalten ist. Je
nachdem, wie lange sich die Homininen im Wald aufhielten, konnte das Nahrungsangebot
auch qualitativ besser sein, da hier mehr Nahrung der ersten Ordnung (Nüsse, süße Früchte)
vorhanden war. Wie gut die Versorgung mit Nährstoffen war, war eine Frage des Standorts, der
Trockenheit und vor allem auch von Nahrungskonkurrenten.

Tab. 7.1 Mikronährstoffe in der pflanzlichen Kost, die ein gemischtes Savannenhabitat bereitstellt. Nahrung der ersten Ordnung hat die höchste Dichte an Mikronährstoffen. Diese nimmt in der zweite bis vierte Ordnung ab. Gleiches gilt für die Makronährstoffe. (modifiziert nach: Peters 2007)

Nahrung (nach Verzehrshäufigkeiten)	Menge an Nährstoffen					Ökologie/Verfügbarkeit			
	Fett	Protein	Kohlenhydrate	Vitamine	Mineralstoffe	Pflanzenart	Anforderungen an die Landschaft	Verfügbarkeit in der Regenzeit	Verfügbarkeit in der Trockenzeit
Nahrungsmittel 1. Ordnung									
Nussähnliche Ölsaaten	+++	+++	+	B-Vitamine, Vitamin E	K, Ca, Mg, P	Bäume (C_3) Sommergrüne>Immergrüne	Meist gut entwässerte Böden; hohe Terrassen, Talseiten, Hügel, Dünen, Flachland	Gut	Schlecht bis mäßig
Reife, frische Früchte	n. n.	n. n.	+++	Vitamin C, β-Carotin, teilweise Folsäure	K, Ca, Mg, P	Bäume und Sträucher>Forst (C_3) Sommergrüne>Immergrüne	Meist gut entwässerte Böden (inkl. Flussbänke)	Gut	Schlecht bis mäßig
Nahrungsmittel 2. Ordnung									
Getrocknete Früchte	n. n.	n. n.	+++	Vitamin C, β-Carotin, teilweise Folsäure	K, Ca, Mg, P	Bäume und Sträucher Sommergrüne>Immergrüne	Gut entwässerte Böden	Mäßig	Schlecht
Leguminosen	+ bis ++	++ bis +++	++ bis +++	B-Vitamine	Ca, Mg, P, K, Fe, Cu, Zn	Bäume>Forst (C_3) Sommergrüne>Immergrüne	Meist gut entwässerte Böden	Schlecht bis mäßig	Schlecht bis gut
Andere Samen dikotyler Pflanzen	+ bis ++	+ bis ++	+ bis ++	B-Vitamine, Vitamin E	n. n.	Bäume und Sträucher>-Forst (C_3>C_4) Sommergrüne>Immergrüne	Gut entwässerte Böden	Gut	Ggut

◘ Tab. 7.1 Fortsetzung

Nahrung (nach Verzehrshäufigkeiten)	Menge an Nährstoffen					Ökologie/Verfügbarkeit			
	Fett	Protein	Kohlenhydrate	Vitamine	Mineralstoffe	Pflanzenart	Anforderungen an die Landschaft	Verfügbarkeit in der Regenzeit	Verfügbarkeit in der Trockenzeit
Grassamen (Feuchtgebiete)	n. n.	++	+++	B-Vitamine	Ca, Mg, K, Fe, P, Cu, Zn	C_3 und C_4	Flussauen, Marschland	gut	Keine
Oberflächlich wachsende Wurzeln	n. n.	+	+++	B-Vitamine, teilweise Vitamin C	K, Ca, Mg, Fe, P, Cu, Zn, Mn	Meist Monokotyle: C_3 und C_4	Feuchtgebiete>Trockengebiete	Gut	Gut
Junge Blätter/-Sprossen	n. n.	++	+	Vitamin C, β-Carotin Folsäure	Ca, Mg, K, Fe, P, Cu, Zn	Bäume und Sträucher>Forst ($C_3>C_4$)	Gut entwässerte Böden und saisonale Feuchtgebiete	Gut	Schlecht bis mäßig
Tiefe Wurzeln	n. n.	+	++	?	Ca, Mg	Sommergrüne Bäume und Forst (C_3)	Gut entwässerte Böden	Gut	Schlecht bis mäßig
Pilze	n. n.	+	+	B-Vitamine, Vitamin D	K, P, Mg, Cu, Fe, Zn	C_3	Wälder >> Buschland	Gut	Keine
Nahrungsmittel 3. Ordnung									
Harz	n. n.	n. n.	+++	n. n.	Ca, Mg, K, Fe, Cu, Zn	Bäume Sträucher (C_3) Sommergrüne Immergrüne	Semiaride Gebiete > gemäßigt feuchte Gebiete	Gut	Gut
Blüten	n. n.	+	++	β-Carotin	K, Ca, Mg, P, Cu, Fe, Zn	Bäume, Sträucher und Forst (C_3)	Unterschiedlich	Gut	Gering

◻ Tab. 7.1 Fortsetzung

Nahrung (nach Verzehrshäufigkeiten)	Menge an Nährstoffen					Ökologie/Verfügbarkeit			
	Fett	Protein	Kohlenhydrate	Vitamine	Mineralstoffe	Pflanzenart	Anforderungen an die Landschaft	Verfügbarkeit in der Regenzeit	Verfügbarkeit in der Trockenzeit
Junge Stengel/Mark	n. n.	+ bis ++	++	?	K, Ca, Mg?, Fe?,	Sommergrüne Bäume, Forst und Steppe ($C_3 > C_4$)	Unterschiedlich	Gut	Keine
Nahrungsmittel 4. Ordnung									
Blätter von Agavengewächsen	n. n.	+	n. n.	β-Carotin Folsäure	Ca, K, Mg, P, Fe, Cu, Zn	Bäume und Sträucher ($C_3 > C_4$)	Unterschiedlich	Gut	Keine
Blätter von Nicht- Agavengewächsen	n. n.	+	n. n.	β-Carotin Folsäure	Ca, K, Mg, P, Fe, Cu, Zn	Bäume und Sträucher (C_3)	Gut entwässerte Böden	Gut	Mäßig bis gut
Rinde	n. n.	n. n.	n. n.	n. n.	n. n.	Bäume und Sträucher (C_3)	Gut entwässerte Böden	n. n.	n. n.

n. n. nicht nachweisbar, + wenig, ++ mäßig, +++ viel

7.2.1　Früchte

Neben USOs, Fleisch und Binsen standen süße Früchte ganz oben auf dem Speisezettel der Australopithecinen, die noch eine starke Süßpräferenz von ihren Ahnen, den Frugivoren, übernommen haben dürften. Daher liegt die Annahme nahe, dass sie sich erst dann in die gefährliche Savanne begaben, wenn sie vom Hunger getrieben alternative Nahrung suchen mussten.

Verschiedene Früchte, die in der Savanne vorkommen, lieferten zwar Fructose, also vor allem Energie, aber nur wenig Mikronährstoffe, und dies je nach Frucht und Reifungszustand in sehr unterschiedlichen Mengen.
Kisinubi (*Cordia sinensis*) ist eine sehr süße rote Beerenfrucht mit einem hohem Anteil an Zucker (68,8 %), wenig Fett (1,8 %) und Protein (12,6 %). Die Früchte der Gattung *Cordia* enthalten moderate Mengen an Vitamin C (10–15 mg pro 100 g), antioxidativ wirksame Polyphenole und je nach Art zwischen 0 und 1 mg pro 100 g Provitamin A.
Ebenfalls süß schmecken die braunroten Früchte der Gattung *Grewia*, eine Pflanze, die als Strauch oder kleiner Baum bereits vor mehr als 7 Mio. Jahren vorkam. Interessant ist ihr Gehalt an Mineralien. Je nach Art enthalten 100 g Früchte 20–30 mg Eisen, 270–790 mg Calcium und 1–2,5 mg Zink (Elhassan und Yagi 2010). Gerade der hohe Eisengehalt macht diese Frucht unter den Lebens- und Nahrungsbedingungen der Savanne und des Buschlandes besonders attraktiv. Dies vor allem dann, wenn wenig oder kein Fleisch verzehrt wird.
Feigen liefern je 100 g bis zu 5 % der empfohlenen Tagesdosis an Vitamin A, Vitamin K und auch etwas Vitamin B_6. Der Mineralgehalt in den Früchten mag vom Boden abhängig sein, auf dem die Pflanzen gedeihen, liegt für 100 g Frucht aber im Mittel unter 2 % der empfohlenen Tagesdosis. 100 g Beeren von *Myrica*, einer Gattung von immergrünen Sträuchern, liefern 2,4 mg Provitamin A, 4 mg Vitamin C und 32 µg Folsäure, neben Spuren von B-Vitaminen und Vitamin E.
Eine besondere Rolle spielen Kakteenfrüchte, die eine ganze Reihe von Vitaminen und Mineralien enthalten (100 g enthalten in Prozent der Empfehlung: 6 % Vitamin B_6; 15 % Vitamin C, 5 % Vitamin A [aus Provitamin A], 4 % Vitamin K, 7 % Eisen; 16 % Calcium, 20 % Mangan, 6 % Kupfer, 5 % Zink, alle anderen Mikronährstoffe unter 3 %).

Berechnet man den Verzehr von Früchten auf der Grundlage der täglichen Menge an Biomasse, die ein ausgewachsener Schimpanse verzehrt (1–1,5 kg), so dürfte der Anteil der Früchte je nach Jahreszeit zwischen 30–50 % und mehr ausmachen. Untersuchungen an Makaken (Affen der Gattung *Macaca*), die abseits von Menschen in den Wäldern leben, kommen auf einen Anteil von 75 % Früchten in der täglichen Nahrung (Mun Sha und Hanya 2013). Der durchschnittliche Vitamingehalt dieser Früchte ist in ◘ Tab. 7.2 aufgeführt.

Der Gehalt aller anderen Mikronährstoffe in 700 g Früchten liegt unter 5 % der empfohlenen Tagesdosis, sodass der Bedarf durch andere Nahrung gedeckt werden muss. Aus Früchten alleine ist die Versorgung mit manchen Mikronährstoffen, insbesondere Jod, Vitamin B_{12}, Vitamin D und auch einigen B-Vitaminen, kritisch. Auch die Versorgung mit Vitamin A konnte nicht ausreichen, da nur wenige Früchte eine größere Menge an Provitamin A enthalten, stattdessen kommen meist andere Carotinoide vor, die jedoch nicht zu Vitamin A metabolisiert werden können. Zählt man die Früchte des Afrikanischen Affenbrotbaums (*Adansonia digitata*; Afrikanischer Baobab) zur Ernährung dazu, so verbessert sich die Versorgung mit Vitamin B_1 und B_2 sowie Niacin um ca. 50 % (◘ Tab. 7.3). Allerdings ist die Verfügbarkeit der verschiedenen Früchte stark vom Klima abhängig. Auch konnte das Angebot je nach Anzahl der Nahrungskonkurrenten stark schwanken. Besonders kritisch wurde die Versorgung, wenn die bevorzugten Früchte nur für kurze Zeit im Jahr vorhanden waren. Die Schoten von Leguminosen und die Früchte des Affenbrotbaums sind davon jedoch ausgenommen, da sie über längere Zeiträume gedeihen.

Der Affenbrotbaum, ein Wahrzeichen Afrikas, kann lange Trockenzeiten überstehen, da er in der Regenzeit Wasser wie ein Schwamm aufsaugen und speichern kann. Die Früchte des Affenbrotbaums sind über lange Zeiten des Jahres verfügbar –im Gegensatz zu Beeren und anderen Früchten, die eine kürzere Saison haben und mehr Wasser benötigen, auch in Trockenzeiten. Dennoch ist Affenbrotbaum auf Dauer nicht geeignet, den Konsumenten ausreichend zu ernähren.

◻ **Tab. 7.2** Durchschnittliche Vitaminmenge in den täglich von Makaken verzehrten Früchten. (Nach: Mun Sha und Hanya 2013)

Mikronährstoff	Gehalt (in 700 g)	In 100 g enthaltener Anteil der empfohlenen Tagesdosis (Kind < 10. Lebensjahr[b]) (%)
Vitamin C	150	250
Provitamin A (Vitamin A)[a]	1–2 mg (150 µg)	30
Vitamin E	0,5 mg	10
Vitamin D	0	0
Vitamin K	10 µg	20
Vitamin B_1 (Thiamin)	0,1 mg	10
Vitamin B_2 (Riboflavin)	0,2 mg	15
Niacin	1,0 mg	5
Pantothensäure	0,5 mg	10
Biotin	15 µg	100
Vitamin B_6	0,3 mg	30
Folsäure[c]	0,1 mg	50
Vitamin B_{12}	0	0
Eisen	50 mg	500
Zink	2 mg	30
Calcium	700 mg	75
Selen	0	0
Magnesium	50 mg	15
Jod	0	0

[a]berechnet als Retinoläquivalent; 1 mg Retinoläquivalent entspricht 12 mg Provitamin A
[b]ein Kind unter zehn Jahren hat in etwa das Körpergewicht eines Makaken
[c]aus Pflanzen und Früchten schlecht bioverfügbar

Vergleicht man die Inhaltsstoffe in 100 g mit den Tagesempfehlungen, wie sie heute für einen Erwachsenen gelten, so wird selbst bei Berücksichtigung des sicherlich geringeren Bedarfs der Australopithecinen deutlich, dass eine ganze Reihe von Mikronährstoffen in der verfügbaren Nahrung nicht vorhanden waren. Ausnahme bilden die Mineralien, deren Konzentration je nach verzehrtem Anteil stark schwanken kann.

7.2.2 Leguminosen und Wurzeln

Vergleichende Untersuchungen von Peters (2007) aus heutiger Zeit haben gezeigt, dass das Nahrungsangebot je nach jährlicher Regenmenge unterschiedlich sein kann. In einem semi-ariden (halbtrockenen) Gebiet wie Botswana gedeihen vornehmlich Sträucher der Gattung

◻ Tab. 7.3 Nährstoffgehalt in Blättern und Samen des Afrikanischen Affenbrotbaums (*Adansonia digitata*; Baobab). (Nach: Chadare et al. 2008; Schoeninger et al. 2001)

Nährstoff	Gehalt in der Frucht des Afrikanischen Affenbrotbaums (pro 100 g)			
	Samen	Samenschale	Blätter	In 100 g enthaltener Anteil an der empfohlenen Tagesdosis (Erwachsener) (%)
Ballaststoffe	15,8–46,4 g	5,4–40,3 g	10,2–25,7 g	k. A.
Makronährstoff				
Energie	351–436 kcal	181–319 kcal	263–353 kcal	k. A.
Kohlenhydrate	4,9–53,1 g	41,6–78,4 g	37,6–64,5 g	k. A.
Proteine	13,5–34,3 g	2,2–15,1 g	9,3–14,0 g	k. A.
Fett	8,4–31,1 g	0,2–13,8 g	3,7–5,9 g	k. A.
Vitamin				
Vitamin A	n. n.	n. n.	n. n.	0
β-Carotin	n. n.	n. n.	n. n.	0
Vitamin C	n. n.	209–360 ug	n. n.	>100
Vitamin D	n. n.	n. n.	n. n.	0
Vitamin E	n. n.	n. n.	0,04 µg	<1
Vitamin K	n. n.	n. n.	n. n.	0
Vitamin B_1	0,25 µg	0–0,6 µg	0,03 µg	15
Vitamin B_2	0,14 µg	0,1 µg	0,4 µg	10
Vitamin B_6	n. n.	n. n.	n. n.	0
Vitamin B_{12}	n. n.	n. n.	n. n.	0
Folsäure	n. n.	n. n.	n. n.	0
Niacin	1,0 mg	1,8–2,7 mg	1,9–2,3 mg	20
Biotin	–	–	–	–
Pantothensäure	–	–	–	–
Mineral				
Eisen	1,7–6,6 mg	1,1–237,4 mg	1,0–9,3 mg	>100
Jod	n. n.	n. n.	n. n.	0
Calcium	270–370 mg	287–2467 mg	3–626 mg	>100
Magnesium	263–650 mg	87–513 mg	89–268 mg	>100
Zink	2,4–6,8 mg	0,7–21 mg	0,4–2,9 mg	50

k. A. keine Angaben, *n. n.* nicht nachweisbar, – nicht gemessen

Acacia (Akazien), in semifeuchten Gebieten wie Simbabwe wachsen vorwiegend Bäume der Gattung *Brachystegia*, die beide zur Familie der Leguminosen gehören.

Meist wachsen die Akazienarten als Sträucher und nur selten als kleinere Bäume. Ihre Früchte enthalten vor allem Proteine und Kohlenhydrate und so gut wie kein Fett. Da sie süß schmecken, dürften sie von den Frugivoren gezielt verzehrt worden sein. Die *Brachystegia*-Arten sind Laubbäume. Verschiedene Arten bilden gemeinsam die sogenannte Miombo-Vegetation, eine Waldsavanne.

Zu den Leguminosen gehören auch die heute noch bekannten Johannisbrotbäume (*Ceratonia siliqua*), die zunächst grüne, später dann braune Hülsenfrüchte mit 10–15 Samen bilden. Das leicht süßliche Fruchtfleisch (Carob) enthält Fett und Proteine, allerdings so gut wie keine Mikronährstoffe. Es wird gern als Kakaoersatz verwendet. Die Samen werden zu Johannisbrotkernmehl gemahlen. Die Frucht des Affenbrotbaums ist besonders reich an Vitamin C (daher der leicht säuerliche Geschmack) wie auch an Calcium, Magnesium und Zink (◘ Tab. 7.3). Alle anderen Mikronährstoffe sind nur in sehr geringer Menge oder überhaupt nicht vertreten. Die fettreichen Samen liefern viel Energie, sodass wenige Früchte schon ausreichen konnten, um eine Sättigung hervorzurufen.

Die Früchte der Leguminosen sind zwar gute Proteinquellen, enthalten jedoch wenig Mikronährstoffe. Die Untersuchung des Gehalts an unterschiedlichen Carotinoiden in den verzehrbaren Anteilen von verschiedenen Leguminosen hat gezeigt, dass in 100 g zwischen 0,01 und 0,15 mg Provitamin A vorkommt (<5 % RDA). Häufiger findet sich das Carotinoid Lutein (0,05–1,5 mg pro 100 g), das aber keine Provitamin-A-Wirkung hat (E-Siong et al. 1995).

7.2.3   Wurzeln und Knollen – USOs und weitere Fallback-Nahrung

Es gibt eine Reihe von Überlegungen, dass der Mensch innerhalb des Klimawandels nicht nur überlebt hat, sondern sich auch entwickeln konnte, weil er auf USOs als »Ersatznahrung« zurückgreifen konnte (Laden und Wrangham 2005; Marshall et al. 2009). Rein hypothetisch geht man davon aus, dass die unterirdischen Speicherorgane eben nicht nur Proteine und Kohlenhydrate speichern, sondern auch eine Reihe von Mineralien und Vitaminen, je nachdem, was im jeweiligen Boden vorhanden ist. Diese Annahme ist jedoch nur bedingt richtig und trifft im Wesentlichen auf Mineralien und einige wenige Vitamine, die von den USOs gebildet werden können, wie Provitamin A, Vitamin C und B_6, zu. Alle anderen Mikronährstoffe sind entweder überhaupt nicht oder nur in Spuren vorhanden.

Die Analyse heute in Afrika verzehrter Knollen und Wurzeln zeigt exemplarisch, dass in diesen im rohen Zustand nur sehr wenige Vitamine und einige Mineralien zu finden sind, deren Menge den Tagesbedarf eines heute lebenden Menschen in den meisten Fällen um mehr als 90 % unterschreiten (◘ Tab. 7.4).

Lediglich Vitamin C, Vitamin B_6 und Mineralien sind etwas reichlicher in den Wurzeln zu finden. Bei den Mineralien hängt die Konzentration ganz wesentlich von der Bodenbeschaffenheit ab. Mit Ausnahme der Süßkartoffel, die große Mengen an Provitamin A (5 mg pro 100 g) und etwas Vitamin E (1,5 mg pro 100 g) enthalten kann, sind Wurzeln schlechte Vitaminquellen. Alle gemessenen Vitamine kommen in Mengen vor, die unter 10 % der empfohlenen Tagesdosis liegen. Ansonsten ist die wesentliche Eigenschaft von USOs allerdings, dass sie Energie liefern und damit sättigen.

Von vielen Wurzeln kann allerdings nur ein Teil verzehrt werden. Je nach Wurzel kann dieser Anteil zwischen 20 und 60 % liegen. Untersuchungen bei den Hadza (afrikanische Jäger

◨ Tab. 7.4 Mikronährstoffe in verschiedenen Knollen und Wurzeln. (Nach: Stadlmayr et al. 2010)

Nährstoff	Gehalt (pro 100 g)					
	Maniok *Manihot esculenta*	Cocoyam *Xanthosoma* spp.	Kartoffel *Solanum tuberosum*	Süßkartoffel *Ipomoea batatas*	Yam-Wurzel *Dioscorea* spp.	In 100 g enthaltener Anteil an der empfohlenen Tagesdosis (Erwachsener) (%)
Ballaststoffe	1,8 g	0,6 g	1,8 g	3,0 g	4,1 g	k. A.
Makronährstoff						
Energie	160 kcal	139 kcal	82 kcal	112 kcal	128 kcal	k. A.
Kohlenhydrate	36,5 g	31,3 g	17,3 g	19,7 g	27,5 g	k. A.
Proteine	1,1 g	2,7 g	1,9 g	1,8 g	2,0 g	k. A.
Fett	0,3 g	0,2 g	0,1 g	0,3 g	0,3 g	k. A.
Vitamin						
Vitamin A	n. n.	–	n. n.	n. n.	n. n.	n. n.
β-Carotin	6 µg	–	10 µg	6000 µg	17 µg	>100
Vitamin D	n. n.	–	n. n.	n. n.	n. n.	0
Vitamin E	0,19 mg	n. n.	0,06 mg	1,5 mg	0.5 mg	1–10
Vitamin K	–	–	–	–	–	–
Vitamin B_1	0,04 mg	0,1 mg	0,09 mg	0,1 mg	0,4 mg	1–50
Vitamin B_2	0,05 mg	0,03 mg	0,18 mg	0,03 mg	0,08 mg	1–10
Vitamin B_6	0,09 mg	n. n.	0,28 mg	0,24 mg	0,32 mg	1–30
Vitamin B_{12}	1 µg	n. n.	n. n.	n. n.	n. n.	30/0
Folsäure	24 µg	–	21 µg	22 µg	21 µg	5
Niacin	0,7 mg	0,8 mg	1,2 mg	0,8 mg	0,6 mg	50
Biotin	–	–	–	–	–	–
Pantothensäure	–	–	–	–	–	–
Vitamin C	31 mg	8 mg	16 mg	8 mg	13 mg	10–30
Mineral						
Eisen	1,7 mg	3,6 mg	0,8 mg	0,8 mg	1,2 mg	10–30
Jod	–	–	2 µg	2 µg	–	<1
Calcium	46 mg	12 mg	10 mg	45 mg	23 mg	1–5
Magnesium	21 mg		27 mg	16 mg	17 mg	5–8
Zink	0,2 mg	–	0–3 mg	0,2 mg	0,2 mg	2

k. A. keine Angaben, *n. n.* nicht nachweisbar, – nicht gemessen

und Sammler) haben ergeben, dass die Energieinvestition, die notwendig ist, um 1 kg Wurzeln zu sammeln, in keinerlei Relation zu der Energie steht, die sie aus diesem einen Kilogramm erhalten. Die meisten lassen sich auch nicht ohne Weiteres aus dem Boden reißen, da sie bis zu 3 m tief reichen können. Lediglich 100 kcal verwertbarer Wurzelanteil verbleibt zur Ernährung übrig (Schoeninger et al. 2001). Die Zähne des heute lebenden Menschen sind dafür nicht gemacht, wohl aber könnten die Zähne einer Gruppe früher Hominini (*Paranthropus*) in der Lage gewesen sein, die sehr zähen Wurzeln so zu zermahlen, dass sie geschluckt und letztlich auch verdaut werden konnten. Die Hypothese (Wrangham et al., 2009), dass Inhaltsstoffe der USO durch erhitzen besser verwertbar sind, ändert nichts an der Tatsache, dass sie als Nahrung eine geringe Qualität aufweisen und keinesfalls reich an Mikronährstoffen sind. Lediglich die Stärke wird durch erhitzen aufgespalten und liegt nun teilweise als besser verdaulicher Zucker vor. Die in den USOs enthaltenen schwer verdaulichen Faserstoffe können durch Darmbakterien aufgespalten werden und stehen dann als energieliefernde Substrate zur Verfügung.

Hätten sich die Australopithecinen in den zunehmenden Trockenzeiten ausschließlich von solchen USOs ernährt, so hätten sie kaum längere Zeit überleben können, da eine Vielzahl von lebenswichtigen Mikronährstoffen gefehlt hätte. Zwar gibt es eine große Zahl von unterschiedlichen USOs, je nach ihrer Zuordnung bis zu 100, die in der Savanne zu finden sind, es gibt jedoch keine USOs, die selbst in verschiedenen Kombinationen und bei Zufuhr höherer Mengen ausreichen würden, um den Bedarf an allen essenziellen Mikronährstoffen dauerhaft zu decken.

Somit kommt den USOs tatsächlich die Bedeutung der Fallback-Nahrung zu, die besonders dann gesucht wird, wenn andere Nahrung fehlt und sich zunehmend Hunger einstellt. Dies ist an Affen recht gut untersucht worden und Studien mit Gibbons und Maronenlanguren haben genau dieses Verhalten bestätigt. Je weniger bevorzugte (süße) Nahrung verfügbar ist, desto stärker greifen die Affen auf USOs zurück. Ist genügend präferierte Nahrung vorhanden, spielen USOs keine Rolle mehr (Marshall et al. 2009). In diesem Zusammenhang wurde auch beobachtet, dass verschiedene Menschenaffen auf der Suche nach der präferierten Nahrung, die eine weitaus höhere Qualität hat, spezielle Verhaltensweisen entwickeln, die es ihnen einzeln oder in der Gruppe ermöglichen, an diese Nahrung zu gelangen. Solche Verhaltensweisen kann man auch an Savannen-Schimpansen beobachten, die selbst bei immer zunehmender Verknappung von süßen Früchten längere Wege auf sich nehmen bzw. dann auch gezielt nach Insekten und Honig suchen, ehe sie bereit sind, auf die weitaus weniger schmackhaften USOs zurückzugreifen. Eine Ausnahme könnten hierbei allerdings die Rhizome von Binsen- und Sauergrasgewächsen sein, die je nach Gehalt an Zucker durchaus süß schmecken.

Die Untersuchungen von Gibbons und Languren geben ebenfalls Hinweise auf die Bedeutung der Nahrung mit höherer Qualität für Überleben und Entwicklung der Gesamtpopulation. Maronenlanguren, die in Habitaten leben, in denen ausreichend Nahrung mit hoher Mikronährstoffdichte vorkommt, haben mehr Nachkommen als solche, die in Gebieten leben, in denen sie vorwiegend auf USOs angewiesen sind. Das heißt, dass USOs vorübergehend das Überleben sichern können, während die qualitativ höherwertige Nahrung für den Erhalt der Art entscheidend ist (Marshall et al. 2009).

Sollten USOs tatsächlich eine so bedeutende Rolle für die menschliche Entwicklung gespielt haben, wie gelegentlich angenommen (Laden und Wrangham 2005; Wrangham et al. 2009), so spricht die nachgewiesene Bedeutung vieler Mikronährstoffe für das Überleben und die Reproduktion gegen eine solche Annahme. Auch kann die Akzeptanz von USOs kein Selektionsvorteil gewesen sein. Je mehr USOs verzehrt würden, desto schlechter wäre die Versorgung mit Mikronährstoffen und desto krankheitsanfälliger wären die Betroffenen. Zur

Kompensation einer reduzierten Energiezufuhr über längere Zeit gibt es eine Reihe von genetisch festgelegten Überlebensstrategien, die Veränderungen des Stoffwechsels betreffen, dies gilt jedoch scheinbar nicht für eine unzureichende Mikronährstoffzufuhr. Diese auch als *thrifty gene*-Hypothese (Hypothese des sparsamen Genotyps) bezeichnete metabolische Besonderheit der Fettspeicherung als eine archaische Reaktion auf einen möglicherweise später eintretenden Mangel an Energie gereicht uns heute zum Nachteil.

> **Thrifty Gene-Hypothese (Hypothese der sparsamen Genotyps)**
> Diese Hypothese besagt, dass ein Organismus in den Zeiten, in denen er viel energiereiche Kost erhält, Fettdepots anlegt, um damit vor Hungerzeiten besser geschützt zu sein. Dies wird gerne als Erklärung für die Ausbreitung des Übergewichts während der letzten 50 Jahre herangezogen. Ursprünglich hat man aber versucht, mithilfe dieser Hypothese das Auftreten des Typ-II-Diabetes als moderne Zivilisationskrankheit zu erklären (Neel 1962). Durch die beim Diabetes auftretende Insulinresistenz (es wird mehr Insulin gebraucht, um den Blutzuckerspiegel zu regeln) ist der Insulinspiegel im Blut oft erhöht, was auch zu einer stärkeren anabolen Wirkung des Hormons beiträgt. In Zeiten mit knappen Kohlenhydratressourcen könnte dies von Vorteil gewesen sein, da so die protein- und fettreiche Nahrung, die einen geringeren Anstieg des Insulinspiegels verursacht als Kohlenhydrate, effektiver gespeichert werden kann.

Zweifellos sind USOs für die frühen Homininen zur Überbrückung von Hungerstrecken eine wichtige Nahrungsquelle gewesen. Nach der *thrifty gene*-Hypothese könnte beim Verzehr dieser stärkehaltigen Nahrung eine Insulinresistenz ebenfalls von Vorteil gewesen sein, da Stärke nur bedingt zu Glucose verarbeitet werden kann und somit zu keinem deutlichen Anstieg des Insulinspiegels führt. Sind USOs die wesentliche Nahrungsquelle, so entstehen unweigerlich Mangelerkrankungen, die Überleben und Reproduktion der Art infrage stellen. Die Anpassung der Zähne und der Kaumuskulatur an diese Fallback-Nahrung, wie sie beim *Paranthropus boisei* beobachtet werden kann, hat allem Anschein nach mit zu seinem Aussterben beigetragen.

7.2.4   Invertebraten als Nahrung

Insekten wurden im Regenwald möglicherweise zunächst zufällig zusammen mit Blüten und Früchten verzehrt. Auf den Geschmack gekommen, haben unsere Vorfahren später gezielt nach Insekten gesucht und diese mithilfe von Werkzeugen (z. B. kleinen Stöcken) aus ihren Verstecken geholt.

Je nach Habitat der Insekten können sich diese in ihrem Gehalt an Vitaminen und besonders an Mineralien deutlich unterscheiden. Was die Insekten als Nahrungsquelle auszeichnet, ist ihr hoher Gehalt an Calcium und Eisen, aber auch, je nach Art, an präformiertem Vitamin A, Vitamin B_2 und Vitamin C. Gemessen an der heute empfohlenen Tagesdosis waren die enthaltenen Mengen allerdings sehr gering, wobei der Bedarf unserer frühen Vorfahren wegen der sehr viel geringeren Körpermasse im Vergleich zum modernen Menschen allerdings kleiner war. Dennoch waren Insekten kaum geeignet, die Versorgung mit Vitamin A, C und Calcium dauerhaft sicherzustellen. Mit 100 g Insekten konnte je nach Art der tägliche Bedarf an Eisen und Vitamin B_2 gedeckt werden (◘ Tab. 7.5).

◘ **Tab. 7.5**   Mikronährstoffgehalt von Bienenlarven, Termiten und Honig. (Nach: Ntukuyoh et al. 2012, ► http://slism.com/calorie/111244/; Zugriff: 1.12.2014)

Nährstoff	Gehalt (pro 100 g)			
	Bienenlarven	Termiten (Arbeiter)	Honig	In 100 g enthaltener Anteil an der empfohlenen Tagesdosis (Erwachsener) (%)
Ballaststoffe	–	–	0,2 g	k. A.
Makronährstoff				
Energie	250 kcal	392 kcal	307 kcal	k. A.
Kohlenhydrate	30,2 g	65,1 g	75,1 g	k. A.
Proteine	16,2 g	27,6 g	0,4 g	k. A.
Fett	7,2 g	2,1 g	n. n.	k. A.
Gesättigte Fettsäuren	2,45 g	n. n.	n. n.	k. A.
Einfach ungesättigte Fettsäuren	2,61 g	n. n.	n. n.	k. A.
Mehrfach ungesättigte Fettsäuren	1,39 g	n. n.	n. n.	k. A.
Omega-3-Fettsäuren	0,51 g	n. n.	n. n.	k. A.
Omega-6-Fettsäuren	0,88 g	n. n.	n. n.	k. A.
Vitamin				
Vitamin A	42 µg	170 µg	n. n.	5–30
β-Carotin	n. n.	n. n.	–	n. n.
Vitamin D	n. n.	n. n.	–	n. n.
Vitamin E	1 mg	n. n.	n. n.	10
Vitamin K	4 µg	n. n.	25 µg	5–50
Vitamin B_1	0,170 mg	n. n.	n. n.	15
Vitamin B_2	1,22 mg	n. n.	5	100
Vitamin B_6	0,04 mg	n. n.	0,16 mg	1–10
Vitamin B_{12}	0,1 µg	n. n.	n. n.	<3
Folsäure	28 µg	n. n.	2 µg	5
Niacin	3,8 mg	n. n.	0,2	1–2
Biotin	–	–	n. n.	n. n.
Pantothensäure	520 µg	n. n.	70 µg	5
Vitamin C	–	0,1 mg	24 mg	0,1–30

◻ **Tab. 7.5** Fortsetzung

Nährstoff	Gehalt (pro 100 g)			
	Bienenlarven	Termiten (Arbeiter)	Honig	In 100 g enthaltener Anteil an der empfohlenen Tagesdosis (Erwachsener) (%)
Mineral				
Eisen	3 mg	5,4 mg	1,3 mg	10–30
Jod	–	–	–	n. n.
Calcium	11 mg	5,8 mg	6 mg	0,5–1
Magnesium	24 mg	8,6 mg	2 mg	0,5–1
Zink	1,7 mg	2,1 mg	0,2 mg	2–20

k. A. keine Angaben, *n. n.* nicht nachweisbar, – nicht gemessen

Honig und Bienenlarven waren eine zusätzliche wichtige Quelle für Mikronährstoffe. Die Vielfalt an Mikronährstoffen darf jedoch nicht darüber hinwegtäuschen, dass die jeweils verzehrten Mengen gering waren und bis auf Vitamin B_2, Vitamin K, Pantothensäure und Vitamin C kaum zu einer guten Versorgung beigetragen haben.

Gemessen an den heutigen Empfehlungen für die Ernährung von Primaten in zoologischen Gärten sind in Insekten vor allem die Vitamine E, B_2, C und Niacin gut vertreten. Um die empfohlene Tagesdosis für Vitamin A oder die anderen B-Vitamine erreichen zu können, wäre jedoch die Aufnahme erheblicher Mengen an Bienenlarven von weit über 100 g erforderlich. Nun ist bekannt, dass Schimpansen und andere Affenarten oft große Mengen an Honig und Bienenlarven verzehren, wenn sie einen ganzen Stock ausheben. Dass diese Nahrung bei den in der Savanne und im Wald lebenden Menschenaffen bis heute eine große Rolle spielt, zeigen die Untersuchungen zur Ernährung dieser Primaten mit Insekten. Sowohl Schimpansen als auch Gorillas verzehren regelmäßig Insekten. Dabei erreichen Schimpansen höhere Ausbeuten, weil sie Werkzeuge einsetzen können.

Wie kann man nun untersuchen, wie viele Insekten unsere heute lebenden Verwandten, Schimpansen und Gorillas, am Tag verzehrten? Durch die Analyse von Stuhlproben lässt sich die Zahl ungefähr abschätzen. Rückstände von Insekten (vorwiegend Ameisen) und Termiten wurden in fast 90 % aller Proben (2157 Proben von Gorillas und 805 von Schimpansen) gefunden. Gorillas und Schimpansen fangen allerdings nicht wie andere, kleinere Baumbewohner, ab und zu mal ein Insekt, sondern sie gehen gezielt auf die Suche und räumen, wenn sie fündig geworden sind, ganze Nester leer. Pro Tag, so die Berechnungen, nehmen Schimpansen 14 g Insekten zu sich, Gorillas dagegen nur 8 g. Die Mengen schwanken allerdings erheblich: Das Maximum lag bei Schimpansen bei 175 g, bei Gorillas bei 73 g an einem Tag. ◻ Tabelle 7.6 stellt die häufigsten Mikronährstoffe zusammen, wie man sie von den in den Stuhlproben gefundenen Insekten abgeleitet hat. (Deblauwe et al., 2008)

Eisen und Zink sind bedeutende Komponenten des Immunsystems und vieler Enzyme. Eisen ist in der Nahrung der Gorillas ausreichend enthalten, liegt bei Schimpansen aber im unteren Bereich der Empfehlungen, um den täglichen Bedarf zu decken. Allerdings haben Schimpansen mit kleinen Tieren wie den gerne gejagten Affen der Gattung *Colobus* oder Vögeln im Gegensatz

◘ Tab. 7.6 Mikronährstoffe in der Nahrung von Gorilla und Schimpanse. (Nach: Deblauwe und Janssens 2008)

Mineral	Gorilla		Schimpanse	
	Aufgenommene Menge (mg pro Tag)	In 100 g enthaltener Anteil an der empfohlenen Tagesdosis (Erwachsener) (%)	Aufgenommene Menge (mg pro Tag)	In 100 g enthaltener Anteil an der empfohlenen Tagesdosis (Erwachsener) (%)
Calcium	3,1	2	11,2	10
Magnesium	2,0	0,2	4,7	10
Eisen	37,7	105	2,1	20
Zink	1,9	10	2,7	20

◘ Tab. 7.7 Gehalt an essenziellen Mineralen in sonnengetrockneten Ameisen (Mittelwerte aus drei Arten). (Nach: Bhulaidok et al. 2010)

Mineral	Gehalt (pro 100 g)	In 100 g enthaltener Anteil an der empfohlenen Tagesdosis (Erwachsener) (%)
Eisen	89 mg	>100
Calcium	110 mg	10
Magnesium	79 mg	20
Zink	25 mg	>100
Selen	44 µg	50

zu Gorillas, die diese Tiere nicht verzehren, noch weitere Eisen- und Zinkquellen. Ameisen, die sowohl von Schimpansen wie auch von Gorillas in teilweise großer Menge konsumiert werden, sind eine wertvolle Quelle für viele Mineralien und helfen, den Bedarf zu decken (◘ Tab. 7.7).

Je nach aufgenommener Zahl an Ameisen könnten beträchtliche Mengen an Mineralien, aber auch an Omega-3-Fettsäuren in diesem Menü enthalten sein. Da Gorillas in der oben erwähnten Studie weitaus mehr Ameisen als die Schimpansen verzehrten, kann dies ihre mehr als ausreichende Eisenversorgung erklären – immerhin enthält 1 g Ameisen fast 1 mg Eisen. Je nach Lebensraum der Ameisen lassen sich in diesen auch wasserlösliche Vitamine wie Niacin und Vitamin B_6 nachweisen. 100 g Ameisen decken deutlich mehr als den Tagesbedarf eines erwachsenen Menschen an Eisen, Zink und Selen.

Die Insekten in der Nahrung bedeuten für Gorillas einen Zugewinn an Eisen, Zink und Kupfer – Elemente, die in der sonstigen Ernährung des Gorillas eher spärlich vorkommen. Gorillas können ihren täglichen Eisenbedarf durch den Verzehr von Ameisen und Termiten sehr gut decken. Sie erhalten dadurch im optimalen Fall 15 mg Eisen pro Tag, was der empfohlenen Tagesdosis für einen erwachsenen Menschen entspricht. Da Eisen im Darm der Termiten als zweiwertiges Eisen vorliegt und nicht als dreiwertiges wie in Pflanzen, wird es im Darm der Gorillas deutlich besser als das pflanzliche resorbiert. Hinzu kommt der Vitamin-C-Gehalt der Früchte, die die Eisenabsorption, wenn sie mit den Termiten verzehrt werden, ebenfalls verbessern. Da Termiten zudem reich an Vitamin B_{12} sind (ca. 455–3211 µg pro kg Trockengewicht; Wakayama et al. 1984) – manche Arten enthalten auch sehr viel Vitamin A (700–800 µg pro 100 g) –, stellen sie für Gorillas und Schimpansen eine wichtige Quelle für diese sonst nur in wenigen Nahrungsmitteln vorkommenden, seltenen Vitamine dar.

Hinsichtlich der beschriebenen Ernährung der Menschenaffen hat die Nahrung im Savannen- und Waldhabitat in Bezug auf Mikronährstoffe offenbar eine Basisversorgung sichergestellt, das heißt, dass die Versorgung für Überleben und Fortpflanzung der Art (bis heute) ausgereicht hat. Allerdings darf das nicht darüber hinwegtäuschen, dass einige der wichtigen Mikronährstoffe entweder nur von Zeit zu Zeit oder nur in Mengen verfügbar waren, die bereits bei leichten Schwankungen des Angebots für die Deckung des Bedarfs nicht mehr ausreichten. Je nach Struktur des Habitats, das heißt der Ausdehnung der Wälder, der Zahl geschützter Wasserstellen, in denen auch gefischt werden konnte, und der Dauer von Trockenzeiten, konnte das Habitat die Bewohner mit Mikronährstoffen versorgen, die für die Körpermasse und den Energiebedarf ausreichend waren. Es hat aber sicherlich immer wieder Perioden der Mangelversorgung gegeben, in der sich die Populationsgröße aufgrund häufiger Krankheiten und Schwäche reduzierte.

Die Eisen- wie auch die Zinkversorgung konnten für die Bewohner des Waldhabitats kritisch werden, wenn zu wenig Quellen zur Verfügung standen. Früchte oder Blätter alleine können die Lücken nicht schließen. Ein besonderes Problem stellt auch die Versorgung mit Vitamin D und Jod dar. Vitamin D kann in der Haut gebildet werden, was sicherlich den wesentlichen Anteil an der Versorgung ausmacht. Allerdings ist die UV-Intensität unter dem geschlossenen Blätterdach des Waldhabitats sicherlich nicht hoch genug, um die ausreichende Synthese zu sichern. Dies gilt für Schimpansen wie für Gorillas, die – von wenigen Körperstellen abgesehen – behaart sind. Aus der Haltung in zoologischen Gärten ist bekannt, dass junge Schimpansen, wenn sie sich nicht regelmäßig im Freigehege aufhalten, als sichtbare und schwere Form des Vitamin-D-Mangels eine Rachitis entwickeln.

7.3 Ernährung am Rande der Savanne

Wie sah nun das Nahrungsmuster der Australopithecinen im gemischten Habitat, einem Lebensraum, der abwechselnd aus Savanne, Wald und Seeufer bestand, vor ca. 2,5 Mio. Jahren aus? In einer umfangreichen Analyse des Nahrungsspektrums kommen Peters und Vogel (2005) zu folgendem Ergebnis:

- C_4-Binsen- und Sauergrasgewächse, die zum Verzehr geeignete Wurzeln oder Rhizome bilden, sind vom Wasser abhängig und daher sehr stark standortgebunden. Feuchtgebiete mit starkem Binsen- und Sauergrasbewuchs finden sich vorwiegend im Bereich von flachen Binnenseen in Ost-, aber auch in Mittelafrika, beispielsweise bis heute am Tschad-See.
- C_4-Gräser sind im späten Miozän bis zum frühen Pleistozän, also zum Zeitpunkt des Auftretens der Hominini, am stärksten verbreitet. Je heißer und trockener es wurde, desto mehr solcher Gräser waren nachweisbar.
- Die frühen Hominini haben wahrscheinlich weniger C_4- und deutlich mehr C_3-Pflanzen verzehrt, da in ihrem Lebensraum, dem Wald, C_3-Pflanzen weitaus häufiger waren. Möglicherweise haben sich aber Tiere, die von diesen Hominini gejagt wurden, von C_4-Pf-

lanzen ernährt. Dies wären beispielsweise Reptilien, Vögel, kleine Nager, Insekten – hier vor allem auch Termiten.

Peters und Vogel (2005) haben auch versucht, den Anteil an C4-Pflanzen bzw. der entsprechenden Beutetiere in der Ernährung dieser frühen Hominini abzuschätzen. Sie kamen auf jeweils 5 %

- Binsen- und Sauergrasgewächse, Wurzel, Rhizome, Grassamen und Staudenblätter,
- Invertebraten,
- Vogeleier und Vogeljunge,
- Reptilien und Kleinsäuger,
- kleine Huftiere,
- mittlere bis große Huftiere.

Diese Berechnung beruht allerdings auf der typischen Flora und Fauna von Südafrika, in der größere Feuchtgebiete zur Zeit der frühen Hominini fehlten. Anders sieht dies in Ostafrika bzw. auch im Tschad, dem Fundort des *Sahelanthropus*, aus. Hier spielen die Binsen- und Sauergrasgewächse und ihre Rhizome sowie die am Wasser lebenden Kleintiere und Fische eine weitaus größere Rolle.

Die Flachwassergebiete im Bereich der Süßwasserseen boten für die Hominini, die dort siedelten, eine zusätzliche bedeutende Nahrungsquelle. Der pH-Wert der Flachwassergebiete wurde im Gegensatz zu dem der pH-neutralen Süßwasserseen durch die im Boden befindlichen Sedimentablagerungen (Kalk) und einen hohen Gehalt an gelöstem Natriumcarbonat im Zuge der Austrocknung alkalisch (> 8,0). Viele der alkalinen Seen, von denen es auch heute noch einige gibt, sind außerdem mehr oder weniger salzhaltig. Einer der noch heute existierenden Seen ist der Turkana-See, der auch als Rudolf-See bezeichnet wird und in dessen Nähe fossile Überreste des nach ihm benannten *Homo rudolfensis* gefunden wurden. In solchen alkalinen Seen wächst eine Vielzahl von Algen und Bakterien, zu denen vor allem Cyanobakterien zählen, wie auch verschiedene Arten von Mikroalgen. Das im Wasser gelöste CO_2 ist die Ursache für den Reichtum an Algen und Bakterien.

Heute sind die typischen Besucher der flachen alkalinen Seen Flamingos, die die dort gut gedeihenden Crustaceen (*Artemia*) sowie die Algen abfischen. Die rote Gefiederfarbe der Flamingos geht auf den hohen Gehalt an roten Carotinoiden in den Kleintieren wie auch in den Cyanobakterien (*Arthrospira*) zurück.

Algen und Kleintiere können durchaus auch zur Nahrung der hier lebenden Hominini gehört haben. Obgleich der Fischreichtum im Vergleich zu dem der Süßwasserseen nicht sehr hoch ist, gibt es dennoch einige Arten, die in den alkalinen Seen leben können. Dazu gehören vor allem verschiedene Arten von Salmlern, Karpfenfische, Bärblinge, Buntbarsche und der Wels, die hier heimisch sind und möglicherweise den dort lebenden Hominini ebenfalls als Nahrungsquelle zur Verfügung standen. Diese Flachwasserareale stellen eine wichtiges Terrain für die Ernährung der frühen Menschen dar, wenngleich Fische zwar eine gute Protein-, aber eine nur mäßig gute Mikronährstoffquelle sind.

Insgesamt war das Nahrungsangebot im gemischten Habitat aus Wald, Savanne und Seen bzw. Flüssen reichhaltig. ◧ Tabelle 7.8 zeigt eine grobe Kalkulation der Mikronährstoffzufuhr. Als beste Quellen sind Nahrungsmittel angegeben, die einen sehr hohen Gehalt des jeweiligen Nährstoffs besitzen. Von ihnen reicht schon eine Zufuhr von 100 g oder weniger, um den Bedarf zu decken.

◻ **Tab. 7.8** Mikronährstoffzufuhr, die sich aus dem Nahrungsspektrum eines gemischten Habitats ergibt. Beste Quellen sind Nahrungsmittel, die bereits in geringen Mengen einen sehr hohen Gehalt des jeweiligen Mikronährstoffs aufweisen. Ursachen von Versorgungslücken können mangelnde Verfügbarkeit wegen saisonaler Abhängigkeit oder sonst schlechter Verfügbarkeit (Mengenproblem) oder metabolische Besonderheiten (Konversion, Bioverfügbarkeit) sein

Mikronährstoff	Beste Quelle	Ursache einer Versorgungslücke
Vitamin		
Vitamin A	Leber	Mengenproblem
Provitamin A	Früchte, Blätter	Konversion zu Vitamin A 1:12 daher große Mengen nötig
Vitamin E	Keimlinge, Eier, Nüsse	Keine
Vitamin D	UV-Licht, Vögel, Eier	Keine, solange ausreichend UV-Licht auf die Haut trifft
Vitamin K	Grüne Pflanzen, Eier	Keine
Vitamin C	Früchte, Blätter, Beeren	Keine
Vitamin B_1	Leguminosen, Fisch, Fleisch, Algen	Keine
Vitamin B_2	Eier, Keimlinge, Leber, Algen	Mengenproblem
Niacin	Fleisch, Fisch, Körner	Keine Wesentliche, solange mit pflanzlichem Protein genug Tryptophan aufgenommen wird
Pantothensäure	Leber, Eier, Pflanzen	Keine
Biotin	Leguminosen, Körner, Niere, Eier, Nüsse	Rohe Eier hemmen Aufnahme
Vitamin B_6	Keimlinge, Leguminosen, Leber	Keine
Vitamin B_{12}	Leber, Niere, Fisch, Mollusken	Mengenproblem
Folsäure	Wurzeln, Leber, Blätter, Leguminosen, Vögel	Schlechte Aufnahme aus pflanzlichen Quellen
Mineral		
Eisen	Binsen, Insekten, Algen	Schlechte Aufnahme aus Pflanzen
Zink	Mollusken, Fisch	Mengenproblem
Jod	Algen, Mollusken, Fisch, Fleisch	Mengenproblem sowie Problem der goitrogenen Substanzen, die die Jodaufnahme in die Schilddrüse verhindern und damit die Bildung eines Kropfes fördern

---
Definition

Mindestbedarf: Der Begriff geht auf Erfahrungswerte zurück und gibt die Menge eines Mikronährstoffs in der täglichen Kost an, die nötig ist, um unter Berücksichtigung der geringen Körpermasse unserer Ahnen einen schweren Mangel zu verhindern. Beispielsweise wären dies für Vitamin D 5 µg, für Vitamin C 10 mg, für Vitamin A 0,5 mg und für die meisten anderen Mikronährstoffe etwa ein Drittel des heute empfohlenen Tagesdosis.

Die tägliche Aufnahme von Vitaminen durch unsere Vorfahren dürfte kaum 50 % der heute gültigen Empfehlungen erreicht haben, mit starken Schwankungen vorwiegend nach unten. Das war insbesondere dann der Fall, wenn süße Früchte saisonal bedingt knapp wurden und die eher mikronährstoffarmen Wurzeln und Knollen auf dem Speiseplan standen. Je weiter die Nahrungsmittel erster und zweiter Ordnung abnahmen, umso häufiger wurden die der dritten und vierten Ordnung verzehrt (◘ Tab. 7.1), das heißt, es wurde entgegen den geschmacklichen Präferenzen Nahrung aufgenommen. Die in oder am Rand der Savanne lebenden Hominini mussten auf der Suche nach Nahrung also stets wandernd durch die Landschaft ziehen, immer in Gefahr, Opfer eines der dort lebenden, großen Fleischfresser zu werden. Immerhin war die Dichte an großen Raubkatzen gerade in der Zeit vor 3–1,6 Mio. Jahren, die bis 100 kg und mehr wiegen konnten wie der Löwe (*Panthera leo*) am höchsten (Lewis und Werdelin 2007). Raubkatzen, die in der Nacht auf Jagd gingen, ließen sicherlich Reste der von ihnen gefressenen Tiere liegen, die sich die am Tag jagenden Hominini mit Hyänen und anderen Fleischfressern teilen mussten. Wählerisch durften unsere Vorfahren nicht sein, selbst wenn die Geschmacksnerven strapaziert wurden. Am Beispiel unserer heute lebenden nächsten Verwandten, der Schimpansen, lässt sich zeigen, wie die Nahrungswahl erfolgte.

Die Ernährung des Gemeinen Schimpansen und des Bonobos, wie wir sie heute beobachten können, besteht vorwiegend aus reifen Früchten und wird erweitert durch Blätter, Blüten und tierische Nahrung. Dabei wird bei Weitem nicht alles einfach verzehrt, sondern je nach Spezies bestehen sehr unterschiedliche Vorlieben für spezielle Früchte oder Blätter, die dann vorwiegend auf dem Speiseplan stehen. Gemeine Schimpansen lieben die süß schmeckenden Feigen, die an den afrikanischen Feigenbäumen (*Ficus mucoso*) vorkommen. Sie sind reich an Zucker, enthalten aber je nach Reifegrad eher moderate Mengen an wasserlöslichen Vitaminen sowie Provitamin A. Für andere in Afrika vorkommende Früchte gilt Ähnliches. So haben Datteln, Guaven, Mango, Papaya und Tamarinden, um nur einige zu nennen, zwar Provitamin-A-Konzentrationen zwischen 1 und 2 mg pro 100 g und auch einen Vitamin-C-Gehalt von 30–60 mg pro 100 g, der Gehalt an allen anderen Vitaminen liegt jedoch unter 10 % der empfohlenen Tagesdosis für einen modernen Menschen.

Die Gemeinen Schimpansen und Bonobos zeigen je nach Habitat unterschiedliche Präferenzen. In einem eher trockenen Habitat ist die Wahl der Nahrung eingeschränkt und das Spektrum der verzehrten Nahrungsmittel ist kleiner, in einem feuchten Habitat ist es dafür umso größer. Dies hängt letztlich auch damit zusammen, dass das Angebot in feuchten Habitaten sehr viel breiter ist. Nimmt die Zahl der Nahrungskonkurrenten um eine bevorzugte Frucht zu oder ist diese nur für wenige Wochen verfügbar, so können sich unsere Verwandten auch anderweitig bedienen, und zwar an Blättern und Früchten, die sonst nicht verzehrt werden, oder an Wurzeln, die gesucht und ausgegraben werden müssen. Werden die Früchte sehr knapp, so wird der Hunger auch mit Baumrinde gestillt. Untersuchungen an Orang-Utans auf Borneo haben gezeigt, dass eine Verknappung von süßen Früchten tatsächlich zu einer Zunahme des Verzehrs an Rinde führt (Knott 1998). Diese ist aber nicht nur arm an Mikronährstoffen, sondern auch an gut bioverfügbarem Zucker. Die Folge ist, dass die Orang-Utans einen Hungerstoffwechsel betreiben, der sich an einer gestiegenen Ausscheidung an Ketonkörpern zeigt.

Ketonkörper entstehen, wenn im Stoffwechsel vermehrt Fett als Energiequelle bereitgestellt werden muss, da die Glucose fehlt. Sie können vom Gehirn als Ersatz für die Glucose verwertet werden. Der Anstieg der Konzentration von Ketonkörpern in Blut und Urin ist ein sicheres Zeichen für Hunger und auch für damit verbundene erhebliche Defizite in der Zufuhr von Mikronährstoffen. Je nach Habitat kann ein solcher Zustand mehr oder weniger lange anhalten. Er schwächt den gesamten Organismus und macht die Art für Infektionskrankheiten anfälliger. Unter solchen Bedingungen ist auch die Fortpflanzung nicht mehr gesichert. Auf Dauer ist Rinde demnach keine adäquate Kost.

Die Versorgung der Hominini reichte so gerade aus, wenn sie regelmäßig Kleintiere, Mollusken und Eier verzehrten. Entsprechend der Berechnungen von Peters und Vogel (2005) liegt der Anteil tierischer Kost bei den vor 3 Mio. Jahren lebenden Hominini, wohlgemerkt an der gesamten Kost aus C_4-Pflanzen und entsprechenden Beutetieren, bei maximal 25 %. Ein nicht unwesentlicher Teil an C_4-Nahrung kann dabei aus den Nahrungsquellen der Flachwassergebiete (Algen, kleine Wassertiere) stammen. Bei den meisten hier aufgezählten Mikronährstoffen geht eine Mangelversorgung demnach auf ein Mengenproblem zurück. Dieses konnte besonders dann kritisch werden, wenn die in dieser Zeit beginnenden, stärkeren Klimaschwankungen mit Hitze- und Regenperioden zur Verknappung einzelner wichtiger Nahrungsmittel führten. Die verfügbaren Mengen an Mikronährstoffen haben ausgereicht, die Population zu erhalten. Saisonale Schwankungen der Verfügbarkeit einzelner Lebensmittel konnten aber zu einer starken Verknappung bestimmter Vitamine wie Vitamin C, E und Provitamin A beitragen. Das konnte aber Folgen für die Gesundheit und die Fortpflanzung und damit das Überleben haben. Insgesamt bestand immer die Gefahr, dass beispielsweise in Zeiten großer Trockenheit die Lebensmittel der ersten und zweiten Ordnung vollständig fehlten und die Ernährung gerade ausreichte, um satt zu machen, nicht aber um die Entwicklung und Gesundheit der Population sicherzustellen.

Diese Versorgungsunsicherheit mit Mikronährstoffen, das heißt die dauerhaft unzureichende Verfügbarkeit, änderte sich erst, als unsere Vorfahren vor 2,5 Mio. Jahren begannen, gezielt größere Tiere zu verzehren.

7.3.1 Vertebraten als Nahrung

Nach allem, was wir heute wissen, haben die Australopithecinen (*Au. afarensis*) zwar auch Fleisch verzehrt und möglicherweise auch in begrenztem Rahmen gejagt, eine Gemeinschaft aus echten Jägern und Sammlern, wie wir sie auch heute noch kennen und in manchen Regionen erleben dürfen, waren sie sicherlich nicht. Dies lässt sich aus dem Isotopenmuster der Zähne ebenso entnehmen wie aus der Tatsache, dass sie weitaus stärker an pflanzliche Kost angepasst waren, als heutige Populationen von Jägern und Sammlern.

Die Hadza – heutige Jäger und Sammler

Die Hadza leben im Norden Tansanias, also ganz in der Nähe des ostafrikanischen Grabenbruchs, in einem gemischten Habitat aus semiaridem Buschland, Grasland und vereinzelten Ansammlungen von Bäumen in der Nähe des Eyasi-Sees. Das pflanzliche Nahrungsangebot für diese Jäger und Sammler und auch ihre Ernährungsgewohnheiten werden exemplarisch für die Zeit der frühen Hominini vor etwa 2 Mio. Jahren herangezogen (Murray et al. 2001; Schoeninger et al. 2001).

Während der Trockenzeit sind die Früchte des Affenbrotbaums (*Adansonia digitata*; Afrikanischer Baobab; ◩ Tab. 7.3), größere Weidetiere, einige wenige Beeren, etwas Honig und auch Körner verfügbar. In der Regenzeit nehmen die Zahl an Früchten und der Anteil an Honig und Wurzeln in der Nahrung deutlich zu. Auch kleine Nager und die Samen des Affenbrotbaums werden dann verzehrt.

Bei den Hadza spielt die Jagd auf verschiedene Tiere eine wichtige Rolle (Bunn 2001). In der Regenzeit werden Antilopen, kleine Säugetiere der Familie der Procaviidae (Baumschliefer,

Buschschliefer und Klippschliefer) und Vögel erlegt. Eigentlich sind die Hadza ständig auf der Jagd, oft auch in größeren Gruppen, meist mit Pfeil und Bogen, und zeitweise auch als Fallensteller. Wichtig für die Beurteilung ihrer Versorgung ist, dass sie das ganze Tier verzehren und so ihren Nährstoffbedarf umfassend decken.

Ein Vergleich der Schnitt- und Kratzspuren an den Knochen der erlegten Tiere mit den Spuren an den 2 Mio. Jahre alten Knochen aus dem Olduvai-Tal lassen Rückschlüsse auf die Ernährung unserer Vorfahren zu. Fleisch, und das bedeutet das ganze erlegte Tier, kann bei ihnen 20–40 % der täglichen Nahrung ausgemacht haben (Bunn 2001). Damit aber hatte sich den Hominini eine Nahrungsquelle erschlossen, die in ihrer Reichhaltigkeit an Protein und Mikronährstoffen und vor allem in ihrer dauerhaften Verfügbarkeit bisher unbekannt war.

7.3.2 Die *meat-scrap*-Hypothese

Dass Fleisch für den Menschen bereits vor 2 Mio. Jahren eine wichtige Nahrungsquelle war, erklärt die *meat-scrap*-Hypothese (»Fleischabfall-Hypothese«). Sie besagt, dass von unsere Vorfahren Reste eines Kadavers wie Karkasse, Innereien oder vereinzelte Fleischfetzen verzehrten, die von Raubtieren zurückgelassen wurden (McGrew 2010), und sie beschreibt auch das aktive Jagen und das Zerteilen der Beute. Untersuchungen an wild lebenden Schimpansen (*Pan troglodytes*) bestätigen, dass diese nicht nur gemeinsam jagen, sondern auch Fleisch von Kadavern entfernen und verzehren (Tennie et al. 2009).

Die Hypothese beruht auf der Annahme, dass bereits geringe Mengen Fleisch ausreichen, um die Mikronährstoffversorgung zu verbessern. Wenn es um den Gehalt an Mikronährstoffen geht, ist Fleisch allerdings nicht gleich Fleisch. Muskelfleisch ist für einige Mikronährstoffe (Eisen, Zink, Vitamin B_{12}) eine gute Quelle, die Chance, den Bedarf an anderen Vitaminen wie Vitamin A, E und vielen wasserlöslichen Vitaminen zu decken, besteht jedoch erst, wenn 300 g und mehr aufgenommen werden (◘ Tab. 7.9). Die wichtigste Mikronährstoffquelle für die meisten Vitamine aber auch Mineralien ist Leber (◘ Tab. 7.10), da bereits geringe Mengen (50–100 g) ausreichen, um den Tagesbedarf zu decken. Unsere Vorfahren haben sich die Karkassen mit anderen Jägern, beispielsweise Hyänen, teilen müssen, sodass oft nur kleiner Teile blieben, die für die ganze Gruppe der Hominini ausreichen mussten. Wurden ganze Tiere erjagt und gemeinsam zerlegt, so blieben je nach Größe der Gruppe und des erlegten Tieres für den Einzelnen mehr oder weniger Fleisch oder Innereien. Die Werkzeugfunde und die damit erklärten Kratzspuren an den Knochen belegen nicht nur, dass die Hominini das Fleisch von den Knochen gekratzt, sondern auch, dass sie dies nicht dem Zufall überlassen haben.

Gleichzeitig waren die gemeinsame Jagd sicherlich aber auch der Gebrauch von Werkzeug Komponenten, die zur Gruppenbildung führten, wie an gemeinen Schimpansen zu beobachten, die gemeinschaftlich auf die Jagd gehen (Tennie et al. 2007). Untersuchungen an heute lebenden Schimpansen haben ergeben, dass gerade das Jagen in der Gruppe die Wahrscheinlichkeit für jeden Teilnehmer erhöht, dass er zu einer Fleischmahlzeit kommt, wenngleich mit steigender Gruppengröße die für den Einzelnen verfügbare Menge (gemessen in Kilokalorien) sinkt. Dies wird jedoch dadurch kompensiert, dass die Nährstoffdichte im Vergleich zur gleichen Menge pflanzlicher Kost ungleich besser ist.

Fleisch (das ganze Tier) hat von wenigen Ausnahmen abgesehen die höchste Dichte an Mikronährstoffen, die sich jedoch auf verschiedene Anteile verteilen. Die zweifellos beste Quelle

◘ Tab. 7.9 Mikronährstoffgehalt in Innereien und Muskelfleisch von Rindern (Nach: McGuire und Beerman 2010)

| Teil des Rinds | Mikronährstoffgehalt (pro 100 g) | | | | | | | | | | | |
	Vit. A (mg)	Vit. E (mg)	Vit. D (µg)	Vit. C (mg)	Vit. B_1 (mg)	Vit. B_2 (mg)	Vit. B_6 (mg)	Vit. B_{12} (µg)	Folsäure (µg)	Eisen (mg)	Zink (mg)
Lunge	5,5	4,3	0	39	0,09	0,34	0,07	3,3	7	7,5	1,6
Leber	15,3	14,7	1,7	23	0,28	2,9	0,83	65	220	7	4,8
Niere	0,33	6,2	1	11	0,3	2,3	0,4	31	79	9,5	2,1
Milz	0,1	3,9	0	41	0,13	0,3	0,12	5,1	6	9	2,1
Herz	6	7,2	1	5,5	0,51	0,91	0,28	9,9	2	5,1	2
Hirn	0	3,5	0	17	0,13	0,24	0,16	3,4	7	2,1	1,2
Magen	1	5,7	0,01	3	0,02	0,07	0,04	0,1	6	2	2,5
Zunge	4	4,6	0	3	0,13	0,29	0,13	5	5	3	2,9
Fleisch	3	4,9	0	0	0,09	0,18	0,18	4,8	1	2,3	5,1

Tab. 7.10 Mikronährstoffgehalt der Leber verschiedener Tiere. (Nach: McGuire und Beerman 2010)

Spezies	Mikronährstoffgehalt (pro 100 g)										
	Vit. A (mg)	Vit. E (mg)	Vit. D (µg)	Vit. C (mg)	Vit. B_1 (mg)	Vit. B_2 (mg)	Vit. B_6 (mg)	Vit. B_{12} (µg)	Folsäure (µg)	Eisen (mg)	Zink (mg)
Schwein	17,6	15,7	1,1	23	0,3	3,1	0,68	39	75	15,8	6,3
Rind	15,3	14,7	1,7	23	0,28	2,9	0,83	65	220	7	4,8
Kalb	21,9	15	0,33	22	0,25	2,6	0,9	60	200	7,9	4
Ente	12	10	1	6	0,35	2,5	0,76	54	540	30,5	3,1
Gans	7	10	1	4,5	0,3	3,2	0,76	54	548	10,8	3,1
Damwild	21,9	15	0	22	0,25	2,6	0,9	60	200	8	8
Wildschwein	51	k. A.	k. A.	k. A.	k. A.	k. A.	k. A.	k. A.	k. A.	k. A.	k. A.

k. A. keine Angaben

ist Leber, da hier die meisten Mikronährstoffe für mehr oder weniger lange Zeit gespeichert werden.

Für den Fall, dass das ganze Tier verzehrt wird, also auch Innereien, Knochen und Knochenmark, ist die *meat-scrap*-Hypothese in der Tat ein guter Ansatz, die Entwicklung des Menschen zu erklären. Hinzu kommt, dass heutige Schimpansen tatsächlich Verhaltensweisen zeigen, die die Hypothese untermauern. Gemeine Schimpansen sind Omnivoren, das heißt, sie verzehren sowohl Blätter und Früchte als auch Fleisch in unterschiedlicher Form. Damit erreichen sie ein mittleres Alter von bis zu 50 Jahren. Ein bevorzugtes Opfer der Schimpansen sind Rote Stummelaffen (Gattung: *Piliocolobus*; Familie: Meerkatzenverwandte, Cercopithecidae). Diese leben in Gruppen von 10–15 Tieren in den Wipfeln der höchsten Bäume (30–50 m). Da sie relativ leicht sind, können sie auf Äste flüchten, die die weitaus schwereren Schimpansen nicht mehr tragen würden. Die Roten Stummelaffen ernähren sich von Früchten und Blättern und speichern die darin enthaltenen Vitamine und anderen essenziellen Nährstoffe. Werden sie von den Gemeinen Schimpansen als Ganzes verzehrt, von den Haaren einmal abgesehen, stellen sie eine wesentliche Quelle für die verschiedensten essenziellen Nährstoffe dar. Bonobos haben es dagegen beim Jagen nicht auf die Stummelaffen, sondern auf kleine Waldantilopen abgesehen, die sie auch verzehren, aber auch Meerkatzen verschmähen sie nicht.

Die Aufteilung der Beute innerhalb der Gruppe wurde immer wieder herangezogen, um Sozialverhalten und Hierarchien zu deuten. So wird das Fleisch bei den Bonobos von den Weibchen verteilt und die Männchen gehen durchaus auch einmal leer aus. Ein solches Verhalten sichert die adäquate Versorgung der Mütter und ihrer Nachkommen. Etwas anders ist die Aufteilung der Beute bei den eher patriarchalischen Gemeinen Schimpansen geregelt. Hier, so wird diskutiert, gilt Fleisch als Tauschobjekt für Sex, unabhängig ob die Schimpansin nun gerade im Östrus ist oder nicht.

Wie sieht es nun mit der Nahrungsqualität aus? Sollte die *meat-scrap*-Hypothese auch auf unsere Vorfahren, den *Australopithecus afarensis* (Lucy) und vor allem den *Homo erectus*, zutreffen, der 1 Million Jahre nach dem *Au. afarensis* im ostafrikanischen Grabenbruch lebte? Es sieht so aus, dass bereits Lucys Artgenossen mithilfe von Werkzeugen nicht nur Muskelfetzen von Knochen lösten, sondern auch Innereien entnahmen. Dazu zählten Leber und Nieren wie auch Hirn. Außerdem wurden in den Zeiten, in denen bei den vielfältigen Tieren der Savanne die Geburten anstanden, eine nicht unwesentliche Zahl an Plazenten, die besonders reich an verschiedenen Mikronährstoffen (Eisen, Magnesium, Zink, Vitamin B_{12}) sind, verzehrt.

Knochenfunde in Äthiopien, dem Lebensraum des *Au. afarensis*, belegen, dass die Homininen das, was Raubtiere und Hyänen übriggelassen hatten, nämlich vorrangig abgenagte Knochen (Carnivoren verzehren gezielt das Muskelfleisch und lassen das Skelett zurück), gesammelt haben. Offenbar trugen die frühen Hominini Skelette und lange Röhrenknochen von Tieren zusammen und öffneten sie, um an das protein- und fettreiche, aber sonst qualitativ nicht sehr wertvolle Knochenmark zu gelangen (Blumenschine 1991). Knochenmark besteht, je nach Knochen, aus ca. 15 % Protein, 20–60 % Wasser und 20–60 % Fett. Analysen liegen bisher nur aus einer Arbeit vor, in der bei Rinderknochen je 100 g eine geringe Menge an Vitamin A (0,15 mg) und Vitamin C (3,7 mg) nachgewiesen werden konnte (Serum et al. 1986). Knochenmark alleine mag zwar den Homininen gut geschmeckt (man denke an eine gutes Osso buco) und sie je nach Fettgehalt auch satt gemacht haben, gut genährt hat es sie nicht.

Solange der leicht erreichbare und weiche Inhalt der Karkasse (Leber, Niere, Hirn usw.) noch vorhanden war, wurde dieser sicherlich mit hoher Priorität konsumiert. Schimpansen verzehren jedenfalls zunächst die Innereien der von ihnen erlegten Tiere, ehe sie sich über das meist schwerer zu verarbeitende Muskelfleisch hermachen.

Zum Fettgehalt und Art der Fettsäuren in wild lebenden Tieren gibt es eine Reihe von Untersuchungen, allerdings nur sehr wenige zu Mikronährstoffen. Einen Anhaltspunkt kann allerdings der Mikronährstoffgehalt von heute lebenden Weidetieren geben (◘ Tab. 7.9), denn man darf davon ausgehen, dass sich die vor 2 Mio. Jahren lebenden Säugetiere nicht unbedingt anders ernährt haben und auch über keinen anderen Stoffwechsel verfügten. Und auch sie brauchten Vitamine, um den Stoffwechsel und viele Körperfunktionen in Gang zu halten, und haben Mikronährstoffe aller Art gespeichert.

Wie aus ◘ Tab. 7.9 hervorgeht, ist Muskelfleisch eine sehr schlechte Quelle für Mikronährstoffe mit Ausnahme von Eisen und Zink. Je nach Fleischart schwankt der Vitamingehalt in 100 g zwischen 0,5 und 5 % der empfohlenen Tagesdosis. Muskelfleisch kann also kaum die Versorgung mit Mikronährstoffen gesichert haben. Bewerkstelligt wurde dies nur über den Verzehr von Innereien sowie Fischen, anderen Wasserbewohnern, Insekten sowie diversen Pflanzen und Früchten. konnte aber durchaus eine gewisse Menge an Mikronährstoffen enthalten, die weit über denen unserer üblichen Kost lagen, nicht zu vergessen einige Vitaminbomben, die sicherlich auch von Zeit zu Zeit mitverzehrt wurden, wie die an Vitamin C reiche Augenlinse oder die Nebenniere. Teile des Gehirns wie der Bereich der Geruchswahrnehmung (Bulbus olfactorius sowie die Nasenschleimhaut) sind bei verschiedenen Nagern, aber auch bei Hunden, sehr reich an Provitamin A. Der Verzehr von Innereien größerer Tiere brachte eine völlig neue Dimension der Versorgung mit Mikronährstoffen. Im Gegensatz zu den Wald- und Seeuferhabitaten gab es gerade die kritischen Mikronährstoffe nicht nur ausreichend, sondern diese aufgrund der steten Verfügbarkeit der Jagdbeute und ihrer großen Zahl auch unabhängig von Klima und Saison.

Bedingt durch den Klimawandel und die damit einhergehende Veränderung der Ernährung bzw. der Akzeptanz neuer Lebensmittel (Geschmacksanpassung) kam für die Hominini mit dem Fleisch und den Innereien eine neue Quelle für Mikronährstoffe hinzu, die ihnen in dieser Größenordnung und auch Kontinuität bisher nicht zur Verfügung gestanden hatte. Innereien sind bei allen Tieren die Speicher für viele Mikronährstoffe, vor allem für solche, die in Nahrungsmitteln nichttierischer Herkunft selten vorkommen oder schlecht verfügbar sind. Dazu zählen in erster Linie Eisen, Vitamin A, Zink, Folsäure, Vitamin E und Vitamin D. Vitamin A konnte bisher nur saisonal als Provitamin A aus Früchten und einigen wenigen Blättern, Vitamin E bevorzugt aus Keimlingen aufgenommen werden. Zwar ist Folsäure in den meisten Blättern vorhanden, jedoch ebenso wie Eisen und Zink aus pflanzlichen Quellen nur schlecht bioverfügbar. Sofern sich unsere Vorfahren nicht nur im schattigen Wald aufgehalten haben, sollte die Vitamin-D-Versorgung über die Synthese in der Haut ausgereicht haben. Die nun verfügbaren zusätzlichen Quellen, Leber und weitere Innereien, konnten nicht nur über saison- oder habitatbedingte Versorgungslücken hinweghelfen, sondern waren auch das ganze Jahr über gut zugänglich.

Genau das Mengenproblem in Bezug auf die Mikronährstoffe, das die Australopithecinen begleitet hat, wurde in dem Moment gelöst, in dem die Gattung *Homo* vor ca. 2 Mio. Jahren begann, Fleisch in größerem Umfang zu verzehren. Und genau dies hat dazu beigetragen, dass etwas eintrat, was wir heute als Ernährungssicherheit (*food security*) bezeichnen, also den gesicherten Zugang zu einer Nahrung, die nicht nur quantitativ, sondern vor allem qualitativ ausreichend ist. Das bedeutet auch, dass die Vielfalt an essenziellen Mikronährstoffen dauerhaft, das heißt unabhängig von saisonalen Engpässen, und in entsprechend gut verdaulicher Form angeboten wird. Dies ist dadurch ermöglicht worden, dass der *Homo* sein Waldrevier verlassen hat und sich verstärkt in der Savanne nach Essbarem umsah.

In wie weit passt auch diese Ernährung in die Ansätze der Variabilitäts-Selektions-Hypothese (▶ Abschn. 6.4.2)? Die ersten Spuren von Fleischverzehr finden sich während der stabileren Klimaphase vor 2,6 Mio. Jahren. Die Zeit des Auftretens der Werkzeuge des Oldowan (Geröllsteine) vor 2,6–1,6 Mio. Jahren wird direkt mit einer Veränderung des Nahrungsangebots (mehr carnivor) in Beziehung gebracht. Durch eine solche nichtgenetische Nischenkonstruktion war eine flexiblere Adaptation an die Besonderheiten des Habitats (erweitertes Nahrungsspektrum mit größerer Qualität) im Vergleich zu den zur selben Zeit im Wald lebenden Generalisten (*P. boisei*) möglich geworden (Grove 2011). Der Mensch hat so eine größere Variabilität in seinem Nahrungsspektrum erworben und diese auch dauerhaft beibehalten. Es waren die Variabilitäten im Nahrungsangebot, die die Selektion eines Phänotyps begünstigt haben, der mit diesen Schwankungen besser umgehen konnte.

Hinweise auf regelmäßigen Fleischverzehr und Jagen in Gruppen sowie die Herstellung von Faustkeilen (Acheuléen) finden sich dann verstärkt gegen Ende der zweiten Übergangsphase (vor 1,6 Mio. Jahren) beim *H. erectus*. Die Variabilität des Klimas führt nach und nach zur Ausprägung eines Phänotyps, der nicht nur besser an die Klimaschwankungen adaptiert war, sondern auch an die Schwankungen das Nahrungsangebots infolge der klimatischen Veränderungen. Eine Form der Adaptation war die Ausbildung eines entsprechenden Gebisses bei den grazilen Australopithecinen (▶ Abschn. 6.2), das für das Zerschneiden und Zerreißen von Fleisch besser geeignet war, als das der robusten Australopithecinen (▶ Abschn. 6.3), und sich beim *H. rudolfensis* wie auch *H. habilis* wiederfindet.

Wie aber muss man sich eine solche Adaptation an den Fleischverzehr vorstellen? Der grundlegende Stoffwechsel der Nahrungsbestandteile, das heißt die Umwandlung in verwertbare und für die Körperfunktionen ausreichende Energie, ist seit Millionen von Jahren kaum verändert, also hoch konserviert. Es sind nur solche Adaptationen vorstellbar, die einer geringeren Energiezufuhr mit einer reduzierten Körpermasse (Pygmy-Phänotyp) Rechnung tragen oder aber den Energieverbrauch zwischen den Organen anders aufteilen. Stoffwechselveränderungen in dem Sinne, dass mehr oder weniger Mikronährstoffe gebraucht werden, sind dagegen unwahrscheinlich. Unsere Vorfahren reagierten auf zweierlei Weise: 1.) Die Veränderung ihres angestammten Habitats zwang sie, dieses immer wieder zu verlassen und in der für sie gefährlichen Wildnis nach Nahrung zu suchen bzw. in Gruppen zu jagen. Dies war sowohl eine soziale Adaptation als auch eine Herausforderung für das Gehirn (▶ Kap. 11.) 2. Die Nahrung, die sie fanden, war für sie in vielen Fällen bis dahin unbekannt und sie mussten sich daran gewöhnen, das heißt ihren Geschmack darauf einstellen.

Literatur

Bhulaidok S, Sihamala O et al (2010) Nutritional and fatty acid profiles of sun dried edible black ants. Maejo Int J Sci Technol 4:101–112

Blumenschine RJ (1991) Hominid carnivory and foraging strategies, and the socio-economic function of early archeological sites. Phil Trans R Soc London B 334:211–221

Bunn HT (2001) Hunting, power scavenging, and butchering by Hadza foragers and by Plio-Pleistocene *Homo*. In: Stanford CB, Bunn HT (Hrsg) Meat-eating an human evolution. Oxford University Press, Oxford

Chadare FJ et al (2008) Baobab food products: a review on their composition and nutritional value. Crit Rev Food Sci Nutr 49(3):257–274

Deblauwe I, Janssens G (2008) New insights in insect prey choice by chimpanzees and gorillas in southeast cameroon: the role of nutrional value. Am J Phys Anthropol 135:42–55

Elhassan G, Yagi S (2010) Nutritional composition of *Grewia* species (*Grewia tenax*, Fiori, *G. flavescens* Juss and *G. villosa* Wild) fruits. Adv J Food Sci Tech 2:159–162

E-Siong T, Goh AH, Khor S et al (1995) Carotenoid composition an content of legumes, tubers and starchy roots by HPLC. Mal J Nutr 1:63–74

Grove M (2011) Speciation, diversity and mode 1 technologies: the impact of variability selection. J Hum Evol 61:306–319

▶ http://slism.com/calorie/111244/. Zugegriffen: 1 Dez. 2014

Knott CD (1998) Changes in Orang Utan diet, caloric intake and ketons in response to fluctuating fruit availability. Int J Primatol 19:1061–1079

Laden G, Wrangham R (2005) The rise of the hominids as an adaptive shift in fallback foods: plant underground storage organs (USOs) and australopith origins. J Hum Evol 6:273–279

Lewis ME, Werdelin L (2007) Carnivoran dispersal out of Africa during the early pleistocene: relevance for Hominins? In: Fleagle JG et al (Hrsg) Out of Africa I: the first hominin colonization of Eurasia, vertebrate paleobiology and paleoanthropology. Springer B.V, Dordrecht

Marshall AJ et al (2009) Defining fallback foods and assessing their importance in primate ecology and evolution. Am J Phys Anthropol 140:603–614

McGuireM, Beerman KA (2013) Nutritional Sciences Wadsworth, Belmont

McGrew WC (2010) In search of the last common ancestor: new findings on wild chimpanzees. Phil Trans B 365:3267–3276

Mun Sha J, Hanya G (2013) Diet activity, habitat use, and ranking of two neighboring groups of food enhanced long tailed Macaques. Am J Primatol 75:581–592

Murray SS et al (2001) Nutritional composition of some wild plant foods and Honey used by Hadza foragers of northern Tanzania. J Food Comp Anal 14:3–13

Neel JV (1962) Diabetes mellitus: a »thrifty« genotype rendered detrimental by »progress«? Am J Hum Genet 14:353–362

Ntukuyoh AI et al (2012) Evaluation of nutritional value of termites (*Macrotermes bellicosus*): soldiers, workers, and queen in the Niger Delta region of Nigeria. Int J Food Nutr Saf 1(2):60–65

Peters CR (2007) Theoretical and actualistic ecobotanical perspectives on early hominid diets and paleooecology. In: Ungar PS Evolution of the human diet. Oxford University Press, Oxford

Peters CR, Vogel JC (2005) Africa's wild C4 plant foods and possible early hominid diets. J Hum Evol 48:219–236

Reed KE, Rector AL (2007) African Pliocene paleoecology. In: Ungar PS (Hrsg) Evolution of the human diet. Oxford University Press, Oxford

Schoeninger MJ et al (2001) Nutritional composition of tubers used by Hadza foragers in Northern Tanzania. J Food Comp and Anal 14:15–25

Serum DK et al (1986) Contribution of bone marrow to the vitamin content of mechanically separated meat. Meat Sci 17:73–77

Stadlmayr B et al (2010) Composition of selected foods from West Africa. FAO, Rom

Tennie C, Gilby I, Mundry R (2009) The meat scrap hypothesis: small quantities of meat may promote cooperative hunting in wild chimpanzees (*Pan troglodytes*). Behv Ecol Sciobiol 63:4121–4431

Wakayama EJ, Dillwith JW, Howard RW et al (1984) Vitamin B12 levels in selected insects. Insect Biochem 14:175–179

Wrangham R et al (2009) Shallow-water habitats of fallback foods for hominins: the importance of fallback foods in primate ecology and evolution special issue. Am J Phys Anthropol 140:630–642

Aufrecht aus dem Wald

H. K. Biesalski, *Mikronährstoffe als Motor der Evolution*,
DOI 10.1007/978-3-642-55397-4_8, © Springer-Verlag Berlin Heidelberg 2015

Wenn wir darüber nachdenken, was Grund genug für uns sein könnte, unseren angestammten Lebensraum zu verlassen, so fallen uns zwei Dinge ein: erstens Feinde und zweitens der Mangel an Nahrung, beides Bedrohungen für das eigene Leben. Ob der neue Lebensraum allerdings Abhilfe verschafft, ist ungewiss, denn er hält sicherlich einige bislang möglicherweise unbekannte Gefahren bereit. Die Triebkraft, das Risiko trotzdem einzugehen, ist ein Stoffwechsel, der mit Energie versorgt werden will und dem Wurzeln als Nahrung nicht ausreichen.

Der Mensch hat in seiner Entwicklung mindestens zwei nachhaltige Veränderungen seines Ernährungsspektrums erlebt, wenn wir von der möglichen dritten, der Fast-Food-Welle, einmal absehen. Die erste drastische Veränderung fand vor 2 Mio. Jahren statt und war die Folge des nachhaltigen Klimawandels, die zweite erfolgte vor ca. 10.000 Jahren mit der Einführung des Ackerbaus. Während sich der erste Wandel durch Steigerung der Nahrungsqualität als Vorteil für die Homininen entpuppte, war der zweite Wandel dies nicht unbedingt. Bei der Einführung des Ackerbaus wurde durch Steigerung der Quantität zwar der Hunger erfolgreich beseitigt, dies ging im Laufe der Jahrhunderte bis heute aber auf Kosten der Qualität.

Vor etwa 2 Mio. Jahren bestand das Nahrungsangebot aus Früchten, Blättern, Wurzeln, Binsen- und Sauergräsern, von Zeit zu Zeit Fisch, anderen Arten von Seetieren und Vogeleiern oder kleinen Nagern. Dies garantierte eine Versorgung mit Mikronährstoffen, die die wichtigsten Funktionen des Intermediärstoffwechsels sicherstellten. Hierfür sind in erster Linie wasserlösliche Vitamine und einige Spurenelemente erforderlich, um die aufgenommenen Nährstoffe auf ihre Speicher zu verteilen. Der Citratzyklus stellt den zentralen biosynthetischen Motor für die Bildung und Verwertung der drei Makronährstoffe Fett, Protein, Kohlenhydrate dar.

◘ Abb. 8.1 zeigt den wichtigsten Teil dieses Stoffwechsels und die für die verschiedenen Schritte notwendigen Vitamine. B-Vitamine als Coenzyme regulieren und katalysieren zusammen mit den Apoenzymen wichtige Stoffwechselwege (◘ Tab. 8.1).

Der Intermediärstoffwechsel ist bei den meisten Lebewesen ähnlich und durch seine Abhängigkeit von Mikronährstoffen, die ausschließlich in pflanzlichen Nahrungsmitteln vorkommen, stellt die Versorgung mit diesen Mikronährstoffen meist kein Problem dar. Lediglich quantitative Unterschiede in der Versorgung können durch eine Anpassung an bestimmte Nahrungsmittel bestehen.

Die einzelnen Vitamine und anderen Mikronährstoffe sind über die Enzyme, denen sie als Cofaktor dienen, eng vernetzt. Ist der Bedarf an einem Mikronährstoff nicht gedeckt, so wird dies zunächst nur Auswirkungen auf die Bereitstellung von Energie haben, die aber kaum wahrgenommen wird. Bleibt die Zufuhr eines oder mehrerer Mikronährstoffe für längere Zeit aus, so zeigen sich als erste Zeichen eines Mangels Müdigkeit und Schwäche, die allerdings unter den damaligen Lebensbedingungen lebensgefährlich waren.

Wenn wir die Mikronährstoffversorgung des frühen Menschen bis zum Eintreten des zweiten Klimawandels vor 2,25–1,6 Mio. Jahren betrachten, so reichte sie aus, um ihn zu ernähren und seinen Fortbestand zu sichern. Eine kontinuierliche bedarfsdeckende Versorgung war allerdings nicht gegeben. Die Zufuhr unterlag möglicherweise witterungsabhängigen Schwankungen, solange das Habitat nicht gewechselt wurde oder sich durch Umwelteinflüsse nachhaltig veränderte. Was aber war vor 2 Mio. Jahren passiert und hat dazu beigetragen, dass sich der Mensch nun so plötzlich weiterentwickelte?

Sehen wir uns nochmals die Mikronährstoffversorgung an. Wasserlösliche Vitamine und die meisten Spurenelemente waren in der Nahrung in einer Menge enthalten, die ausreichte, um das Überleben ebenso wie die Fortpflanzung sicherzustellen. Lediglich einige wenige Mik-

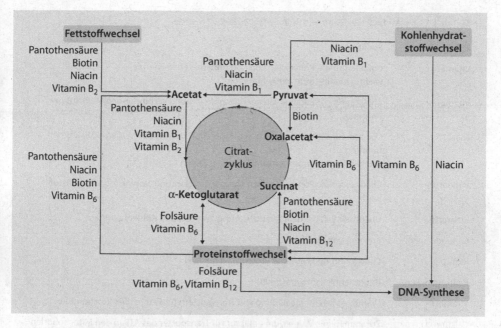

Abb. 8.1 Intermediärstoffwechsel und B-Vitamine. Die Glykogensynthese, der Glucoseabbau und die Fettsäuresynthese sind wichtige Stoffwechselwege. Zwischen den Mahlzeiten müssen Glykogenabbau, Lipolyse, Fettsäureoxidation, Gluconeogenese und Ketogenese reguliert werden. Bei all diesen Reaktionen sind die B-Vitamine als Coenzyme beteiligt

ronährstoffe konnten immer wieder auch über längere Zeit knapp werden. Dazu gehörten, wie erörtert, Vitamin A, Vitamin D, Jod, Eisen und auch Folsäure. Vitamin A zählte dazu, da es in seiner präformierten Form nur in tierischer Nahrung vorkommt und die Aufnahme von Provitamin A im Darm bei Primaten deutlich schlechter ist als bei anderen Tieren (z. B. Nagern; Krinsky et al. 1990). Vitamin D zählte dazu, da seine Quellen wie fetter Fisch sehr selten waren und die Synthese in der Haut, besonders, wenn diese mit Haaren bedeckt war bzw. der schattige Wald der freien Fläche vorgezogen wurde, stark schwanken konnte. Jod konnte knapp werden, da es nur in geringer Menge in Eiern oder in der Schilddrüse von Kleintieren vorkommt, solange kein Zugang zu Seefischen bestand. Eisen war knapp, solange wenig tierische Nahrung verzehrt wurde. Die Versorgung mit Folsäure reichte, wie die des Eisens, unter Umständen nicht aus, weil ihre Bioverfügbarkeit aus Pflanzen ungleich schlechter ist als aus tierischen Quellen. Dennoch reichte die Menge an Mikronährstoffen für Überleben und Fortpflanzung, aber auch um das Gehirn und den gesamten Organismus je nach Habitat adäquat zu ernähren, zunächst aus. Eine Situation, die sich jedoch bald ändern sollte – mit erheblichen Konsequenzen für die Zukunft der Homininen.

Viele Jahre wurde die Menschwerdung mit dem durch den Klimawandel erzwungenen Umzug in die Savanne begründet. Hier hätten sich unsere Vorfahren aufgerichtet, um mögliche Beute besser sehen zu können. Und schließlich hatte die Zweibeinigkeit auch den Vorteil, auf kurzen Strecken schneller rennen oder den Nachwuchs auf dem Arm tragen zu können, während man Nahrung sammelte. Nach den Kriterien der natürlichen Selektion wäre dies allerdings kein so wesentlicher Vorteil, da durch den aufrechten Gang alleine oder durch die freie

◘ Tab. 8.1   Funktionen von Mikronährstoffen im Energiestoffwechsel

Mikronährstoff	Funktion
Vitamin B_1	Cofaktor für die Konversion von Kohlenhydraten in Energie wichtig für eine gute Muskelfunktion
Vitamin B_2	Cofaktor für die Bildung von energiespeichernden Verbindungen (ATP) aus der Nahrung
Niacin	Cofaktor für die Bildung von energiespeichernden Verbindungen (ATP) aus der Nahrung wichtig für Oxidationsreaktionen in allen Zellen
Vitamin B_6	Cofaktor für die Freisetzung von Energie aus Nahrung; vorwiegend Proteinstoffwechsel
Vitamin B_{12}	Unentbehrlich bei der Metabolisierung von Fett und Kohlenhydraten
Folsäure	Cofaktor von Vitamin B_{12}
Biotin	Cofaktor für den Fett- und Proteinstoffwechsel
Pantothensäure	Unentbehrlich im Citratzyklus
Vitamin C	Unentbehrlich für die Bildung von Transportern für Fett in die Mitochondrien
Calcium	Zusammen mit Magnesium Cofaktor für Transporter des ATP in den Mitochondrien
Phosphor	Komponente des ATP (energiereiche Verbindung)
Magnesium	Cofaktor für viele Enzyme, vorwiegend in der Nährstoffmetabolisierung
Kupfer	Cofaktor in der mitochondrialen Energietransformation
Eisen	Unentbehrlich für den Sauerstofftransport
Mangan	Cofaktor im Kohlenhydratstoffwechsel
Zink	Cofaktor für viele Enzyme im Energiestoffwechsel

Hand kaum mehr oder gar bessere Nahrung gesammelt werden konnte, als auf allen Vieren. Unzweifelhaft hat jedoch die Entwicklung des Menschen, besonders seine im Tierreich unvergleichliche Hirnentwicklung, etwas mit dem Aufbruch in die Savanne zu tun.

Eine andere Hypothese besagt, dass der Mensch vor erst 1,6 Mio. Jahren sein Habitat verlassen hat, um sich vermehrt außerhalb der bisher von ihm besiedelten Waldregionen zu bewegen. Sein ärgster Feind war der Säbelzahntiger, den er rechtzeitig erkennen musste, um sich in Sicherheit bringen zu können. Hierfür, so die Theorie, waren Stehen und Laufen auf zwei Beinen besser geeignet als die Fortbewegung auf allen Vieren. Berechnungen der Beweglichkeit kommen jedoch zu dem Ergebnis, dass es sich auf vier Beinen rascher läuft als auf zweien und dass diese Haltung zudem weniger Energie verbraucht. Bereits Lucy (*Australopithecus afarensis*) hat die Savanne auf zwei Beinen laufend betreten und sowohl der *Sahelanthropus* als auch der *Ardipithecus ramidus* könnten wenigstens zeitweise den aufrechten Gang bevorzugt haben. Wie hat sich der aufrechte Gang entwickelt und welche Vorteile, die zu seiner natürlichen Selektion führten, brachte er mit sich?

8.1   Der *Homo erectus*

Das Auftauchen des *Homo erectus*, der ersten Art der Gattung *Homo*, vor 1,9 Mio. Jahren stellte einen Wendepunkt in der menschlichen Entwicklung dar. Der *H. erectus* erschien in Afrika und zeitgleich auch in Dmanisi (Georgien). Inwieweit es sich bei den Funden aus Dmanisi um Vertreter einer aus Afrika ausgewanderte Population handelt oder um eine Parallelentwicklung im Sinne der adaptiven Radiation in der adäquaten Nische, ist schwer zu sagen. Aber auch auf Java finden sich ca. 1,5 Mio. Jahre alte Fossilien des *H. erectus* als Hinweis auf eine sehr frühe Ausbreitung dieser Art. In Europa tauchen die ersten Spuren des *H. erectus* erst viel später auf. Ein besonderer Fundort für fossile Überreste ist Atapuerca in der Nähe von Burgos (Spanien). Das Alter der dort gefundenen Fossilien hat man auf ca. 0,8 Mio. Jahre datiert. Ob sie von einer neuen Art, dem *H. antecessor*, stammen, der als der Urahn der in Europa auftretenden Homininen einschließlich des *H. neanderthalensis* gilt, ist Gegenstand heftiger Diskussionen. Die Funde des ersten *H. erectus* in Europa, einer lokalen europäischen Spätform, die nach ihrem Fundort *H. heidelbergensis* genannt wird, werden auf ein Alter von 0,5 Mio. Jahren datiert. Dieser *H. heidelbergensis* hatte bereits ein Hirnvolumen von 1200–1300 cm^3, also fast so viel wie der heutige Mensch und deutlich mehr als der *H. erectus* (1000 cm^3). Am Omo (Äthiopien) wurde dann das erste Fossil eines *H. sapiens* entdeckt, dem ersten anatomisch modernen Menschen, das auf 0,2 Mio. Jahre datiert wird. Der *H. sapiens* blieb noch eine ganze Weile im Norden Afrikas, ehe er sich vor etwa 120.000 Jahren aufmachte, Europa und Asien zu besiedeln. Diese Wanderung hat viel mit Klima- und damit auch Habitatveränderungen zu tun. Aus verschiedenen Funden wird gefolgert, dass sich der *H. sapiens* vorwiegend entlang der Küsten bewegte und über das Horn von Afrika nach Asien gelangte. Zu diesem Zeitpunkt war aber bereits vieles angelegt, was als wesentliche Grundlage des Menschseins angesehen wird. Die Entwicklung vom *H. erectus* zum *H. sapiens* und dessen Verbreitung steht wieder in ganz engem Bezug zum Klima, zur Verfügbarkeit qualitativ hochwertiger Nahrung und damit letztlich auch zur Hirnentwicklung.

Gehen wir nochmal zurück in die Zeit des *H. erectus*. Einige bedeutende anatomische Veränderungen und Änderungen der Lebensweise beginnen zu seinen Lebzeiten:

— Hirn- und Körpergewicht nahm zu
— der Körperbau veränderte sich: die Beine wurden länger, die Arme kürzer
— die Nutzung von Werkzeugen und Feuer begann
— der Fleischverzehr nahm zu und letztlich die Verbreitung aus Afrika hinaus

Das geschah ziemlich genau zu dem Zeitpunkt, da die Eismassen der Gletscher zunahmen und in der Folge das ostafrikanische Klima heißer und trockener wurde. Gleichzeitig war es das Ende der zweiten Periode der starken Klimaschwankungen und das trockenere Klima blieb nun konstant. In dieser Zeit begann der *H. erectus*, den afrikanischen Raum Richtung Asien zu verlassen. Die Tatsache, dass eine Spezies plötzlich das angestammte Habitat verlässt und sich weit davon entfernt, ist etwas Besonderes.

1984 wurde etwa 5 km westlich des Turkana-Sees am Ufer des Nariokotome, ein Fluss, der in den See mündet, das fossile Skelett eines etwa acht, nach manchen Quellen auch zwölf Jahre alten Knaben gefunden, das man auf 1,6 Mio. Jahre datierte und nach seinem Fundort auch Nariokotome- oder Turkana-Boy nannte. Der Turkana-Boy gilt als ein früher Vertreter des *H. erectus* und sein Lebensraum dürfte dem des *Paranthropus boisei* entsprochen haben, mit dem der *H. erectus* noch einmal ca. 200.000 Jahre zusammenlebte.

Clive Finlayson (2014) beschreibt die Lebensbedingungen des *H. erectus* vor 1,7 Mio. Jahren sehr anschaulich. Die Tatsache, dass der *H. erectus* sein Waldhabitat verlassen hat, so Finlayson, war weniger die Suche nach Nahrung als vielmehr die Suche nach Wasser. Dieses war aufgrund der ausbleibenden Regenfälle zunehmend knapper. In den 0,5 Mio. Jahren zwischen dem Ende der zweiten Klimaschwankungsperiode (vor 1,6 Mio. Jahren) und dem Auftreten von tiefen Süßwasserseen im Turkana-Becken aber auch an anderen Orten des großen ostafrikanischen Grabenbruchs vor 1,0 Mio. Jahren trockneten die Seen aus und hinterließen immer kleiner werdende flache Sumpfgebiete (siehe auch ◘ Abb. 6.2, ◘ Abb. 6.3). Um dieses lebensnotwendige Wasser nicht lange suchen zu müssen, hat sich der *H. erectus*, bereits auf zwei Beinen, auf Wanderschaft begeben und auf seiner Wanderung Tiere erlegt und verzehrt. Zweifellos war der Weg durch die Savanne gefährlich und die Population der Homininen, die dies versuchte, war einem extremen Stress ausgesetzt. Dies wiederum, so Finlayson, habe die natürliche Selektion begünstigt. Die Notwendigkeit, große Strecken zurückzulegen, um Wasser zu finden, habe das Längenwachstum begünstigt und so zur Entwicklung dieses »unwahrscheinlichen« Primaten geführt. Voraussetzung war aber, dass die in die Savanne auswandernden Homininen das für sie neue Nahrungsangebot akzeptieren lernten.

Entgegen der bisherigen Meinung, dass eine sich langsam entwickelnde Trockenheit die Evolution des Menschen stark beeinflusst hat, kommen neuere Forschungen zu dem Ergebnis, dass die Evolution eher von unterschiedlich starken Klimaschwankungen mit lokal verschiedenen Folgen begünstigt wurde (siehe auch ◘ Abb. 6.1). Nun sind die Wälder, in denen sich unsere Vorfahren aufhielten und in denen sie vieleMillionen Jahre lang gelebt und überlebt haben, keinesfalls innerhalb kürzester Zeit verschwunden. Der langsam vonstatten gehende Klimawandel äußerte sich in kleinsten Veränderungen, beispielsweise in Form eines lokalen Temperaturanstigs oder einer Verringerung der Niederschlagsmenge. Die unvermeidliche Habitatfragmentierung vergrößerte die Abstände zwischen bewaldeten Gebieten und den Wasserstellen und erforderte lange Wanderungen durch die heiße und gefährliche Savanne.

Die Nahrung wurde knapper, auch weil es noch weitere Mitesser gab, ihre Qualität nahm ab, weil manche Quellen (z. B. aquatische) nicht mehr oft genug verfügbar waren, und irgendwann half nur noch das Auswandern. Für die Populationen, die keine Alternativen hatten und blieben, konnte das bedeuten, dass die Mangelernährung ihr Überleben durch Krankheiten und stete Schrumpfung der Population bedrohte. Der *P. boisei* mit seinem an das Habitat angepassten Phänotyp ist ein Beispiel für eine solche Entwicklung. Nur wer das Habitat verließ und darauf vorbereitet war, auch andere Nahrung zu verzehren, konnte überleben.

Gemessen an einem Leben im Wald mit Zugang zu Seen war die Versorgung mit Nahrungsmitteln für die Homininen in den Savannengebieten weitaus beschwerlicher. Die Jagd auf größere Tiere war energieaufwendiger und mit Hinblick auf die Position der Homininen in der Nahrungskette hinter den Raubkatzen und anderen Feinden auch weitaus gefährlicher. Zwar ließen Raubkatzen ab und zu etwas von ihrer Beute übrig, aber auch diese Reste mussten sich die frühen Jäger mit den Hyänen und anderen Carnivoren teilen. So gesehen war das Leben an den großen Seen sicherlich bequemer und deutlich weniger aufregend.

Bei allem Reichtum der Flora und Fauna darf man nicht vergessen, dass der zumindest geschmacklich auf Früchte eingestellte frühe Mensch plötzlich erkennen musste, dass die Zahl der früchtetragenden Bäume nicht nur abnahm, sondern dass diese Früchte nur in bestimmten Zeiten verfügbar waren. Er wird also immer wieder Hunger gehabt haben. Hunger aber kennt keine Angst und keine Vorsicht, wenn es darum geht, diesen zu stillen.

8.2 Hungerstoffwechsel

Hunger bedeutet in erster Linie: Dem Körper fehlt Energie. Damit unterscheidet sich dieses ganz basale und überlebenswichtige Gefühl von dem, was wir als Appetit kennen. Der Appetit wird ausgelöst durch die visuelle Wahrnehmung eines Lebensmittels, seinen Geruch, durch Tradition (wie die Weihnachtsgans) oder auch durch eine vorübergehende Vorstellung davon, was dem Körper bzw. der Seele gerade gut tun würde (Belohnungsstrategie). All diese Gefühle lassen sich steuern, das heißt man kann verzichten, wenn man möchte. Hunger, wenn er nicht wie beim Fasten gewollt ist, lässt sich nicht steuern. Er ist ein basales Gefühl wie Angst oder Durst. Hunger ist nicht wählerisch, wenn er nur stark genug ist. Das liegt letztlich daran, dass es dem Organismus egal ist, was er aufnimmt, wenn die Nahrung nur Energie für den Stoffwechsel, oder genauer Energie für das Gehirn, enthält. Damit dieses Hungergefühl nicht übergangen werden kann, gibt es eine ganze Reihe von Regelmechanismen, die dies verhindern.

Hunger und Sättigung werden durch eine Vielzahl von Hormonen und Signalstoffen im Gehirn und in der gesamten Peripherie des Essvorgangs geregelt, wie beispielsweise der Speichelfluss, der als Vorbereitung auf die Nahrungsaufnahme bereits stark zunimmt, wenn wir etwas Schmackhaftes auch nur sehen, oder aber die Übelkeit, die sich einstellt, wenn etwas als ekelig empfunden wird, damit es gar nicht erst in den Mund gelangt. An der Regulation beteiligt sind auch die Geschmacksnerven, die die Verzehrbarkeit signalisieren, aber auch der gesamte Magen-Darm-Trakt, der über vergleichbare Geschmacksrezeptoren verfügt, wobei bereits der Magen Signale an das Gehirn sendet, damit dieses den Stoffwechsel auf die Nahrungsaufnahme vorbereitet wie auch das Hungergefühl verringert oder nach einiger Zeit eine Sättigung einleitet. Das Hormon Insulin wird freigesetzt, hemmt den Abbau von Körpersubstanz und steigert den Aufbau von Fett und Protein. Erst wenn lange keine Nahrung aufgenommen wird, stellt sich der nagende Hunger ein, der Insulinspiegel sinkt und der Abbau von körpereigener Substanz beginnt.

Die Vorgänge während des Hungerstoffwechsels sind in ◘ Abb. 8.2 grob schematisch zusammengefasst. Bereits nach kurzer Zeit (ca. 24 h) sind die gespeicherten Kohlenhydrate (Glykogen) abgebaut. Der Blutzuckerspiegel sinkt, es nimmt also die Konzentration des Stoffes ab, den das Gehirn braucht. Dadurch wird zunächst Hunger ausgelöst. Wird dieser nicht gestillt, dann mobilisiert das Gehirn andere Energiequellen. Um den sinkenden Glucosespiegel zu kompensieren, wird Protein aus der Muskulatur abgebaut. Einige der dabei entstehenden Aminosäuren sind die Basis für eine Neubildung von Glucose in der Gluconeogenese und werden daher als glukoplastisch bezeichnet. Auf diese Weise kann die Glucosekonzentration im Blut so weit aufrechterhalten werden, dass das Gehirn immer noch den Anteil an Glucose aufnehmen kann, den es für seine Funktion benötigt. Die Glucoseverwertung im Gehirn nimmt ab und es werden zunehmend Fettsäuren aus den Fettdepots abgebaut. Es kommt zur Bildung von Ketonkörpern, die beim gesteigerten Fettabbau, aber auch aus ketogenen, also die Bildung der Ketonkörper unterstützenden, Aminosäuren hergestellt werden. Diese Ketonkörper zeichnen sich dadurch aus, dass sie ausschließlich dem Gehirn als Energiequelle dienen. Dies zeigt, wie durch die redundante Auslegung von Stoffwechselwegen (Ketonkörper aus dem Fettstoffwechsel, Glucose aus dem Kohlenhydratstoffwechsel) die Versorgung des Gehirns mit Energie gesichert wird. Nach längerem Hunger sinkt die anfänglich noch gesteigerte Glucosebildung in der Leber und das Gehirn stellt sich weitgehend auf die Verwertung der Ketonkörper um. Die Folge des Hungerns ist ein Abbau von Fett- und Muskelmasse, und am Ende wird auch die Aktivität von Organen zurückgefahren, um Energie für das Gehirn einzusparen.

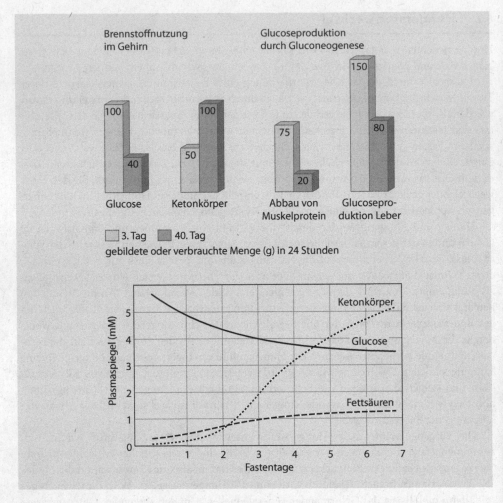

Abb. 8.2 Brennstoffwechsel im Hungerzustand. Weitere Erläuterungen siehe Text. (Aus: Biesalski und Grimm (2011))

Ein sehr drastisches Beispiel für einen solchen Abbau zeigt sich in der Tumorkachexie. Das energieverbrauchende Tumorgewebe einerseits und die stete Energieanforderung des Gehirns in Form von Glucose führen dazu, dass Fettgewebe und Muskulatur mit der Zeit vollständig abgebaut werden. Bei Menschen, die verhungert sind, hat sich das Organgewicht um bis zu 40 % verringert, während das Gewicht des Gehirns nur etwa 1 % Verlust aufwies.

Je nachdem, wie stark die Energiezufuhr eingeschränkt ist, wird es bis zur völligen Abmagerung mehr oder weniger lange dauern. Solange der Hungernde noch bei Kräften ist, wird er mit allen Mitteln versuchen, sich Nahrung zu beschaffen. So auch unsere Vorfahren. Aber was könnten unsere Vorfahren getan haben, um den Hunger zu stillen? Sie hatten zwei Möglichkeiten:

— im schützenden Habitat bleiben und hungern oder
— ein Risiko eingehen und durch die Savanne zum Wasser wandern.

Erst wenn der Weg zu weit wurde oder aber der See ausgetrocknet war, begann die Suche nach Nahrung in anderen Richtungen und der Wechsel des Habitats wurde eine Option.

Halten wir fest: Der Klimawandel hat also zu einer Fragmentierung der Habitate geführt und das Nahrungsangebot verändert. Besonders galt dies für Nahrung, die saisonal knapp wurde, wie Früchte und Beeren als wichtige Lieferanten verschiedener Mikronährstoffe. Die Fragmentierung hat den Menschen gezwungen, in einem Habitat zu überleben, das ein saisonabhängig geringeres und verändertes, teilweise für ihn fremdes Nahrungsangebot bereithielt. Hier setzt die bereits erwähnte Theorie an, dass der Mensch im Falle der Verknappung der bevorzugten Nahrung auf Wurzeln und Knollen zurückgriff, die USOs.

Diese USOs sind vorwiegend stärkehaltig, was das Problem mit sich bringt, aus der Stärke, die eigentlich nichts anderes als eine lange Kette aus Glucosemolekülen ist, die für den Menschen so wichtige Glucose herauszulösen. Der Mensch und auch viele andere Primaten können Stärke kaum spalten, da bei ihnen das dafür notwendige Enzym nur sehr schlecht arbeitet. Erst wenn die Nahrung stärker verarbeitet und beispielsweise gebraten, gekocht oder zum Saft gepresst wird, ist die Stärke etwas stärker gespalten und kann durch ein Enzym im Speichel, die Amylase, teilweise verdaut werden.

Das kochen von Wurzeln, wenn dies für H.erectus eine wichtige Option war, hat also keinesfalls, wie von der Forschegruppe um Wrangham angenommen die Menschwerdung begünstigt, weil hierdurch mehr Nahrungsqualität erzeugt wurde (wo sollte diese herkommen), sondern sie hat das Gehirn besser mit Glucose versorgt und damit den Hunger gestillt. Weitaus mehr hat ihm wahrscheinlich ein anderes Ereignis geholfen, das die Freisetzung von Glucose aus Stärke verbesserte: die Entstehung von Genkopien.

Dieser Effekt der besseren Bioverfügbarkeit nach stärkerer Verarbeitung wird deutlich, wenn man den Anstieg des Blutglucosespiegels nach dem Verzehr einer bei 100 °C gekochten mit dem einer bei 180 °C gebackenen Kartoffel vergleicht. Er ist bei der gebackenen Kartoffel nahezu doppelt so hoch, wie bei der gekochten. Bei der gekochten Kartoffel bleibt die Konzentration der Glucose dagegen nahezu unverändert.

8.2.1 Optimierung der Energieausbeute durch Genkopien

Der Speichel des Menschen sowie vieler anderer Primaten enthält ein Enzym, die α-Amylase, das die langen Glucoseketten der Kohlenhydrate vorverdauen kann, indem es verschiedene Bindungsstellen im Molekül spaltet. Das Gen, das dieses Enzym codiert, AMY1, kann in zwei bis zehn und mehr Kopien im Genom des jeweiligen Organismus vorliegen. Dabei korreliert die im Speichel nachgewiesene Menge des Enzyms mit der Zahl der Kopien (Perry et al. 2007). Einige Bevölkerungsgruppen wie Japaner und Europäer, die regelmäßig stärkehaltige Lebensmittel verzehren, besitzen mehr Genkopien und damit eine bessere Verdaulichkeit von Stärke als solche, die eher selten Kontakt zu solchen Lebensmitteln hatten, zum Beispiel Sammlerpopulationen wie Yakut-Japaner, die vorwiegend von Fisch leben.

Der Durchschnittsmischköstler in Europa oder den USA verfügt über drei bis fünf Kopien des Amylasegens, wodurch auch mehr aktives Enzym gebildet wird, als wenn nur ein Gen vorhanden wäre, und die Effektivität der Stärkespaltung steigt. Die Etablierung und Verbreitung von Genotypen mit solchen Genkopien wird mit der Einführung des Ackerbaus und damit der Zunahme kohlenhydratreicher Kost vor 8000 Jahren in Verbindung gebracht. Jüngste Ergebnisse von vergleichenden Studien der Genome von altsteinzeitlichen Jägern und Sammlern aus Spanien (8000 v. Chr.), aus dem sibirischen Raum sowie Bauern aus Deutschland und Luxemburg (7000 v. Chr.) hat diese Annahme bestätigt. Der Bauer aus dem Raum Stuttgart hatte die höchste Zahl an Genkopien (16), während der spanische Jäger und Sammler nur fünf und der schwedische nur sechs Kopien aufwies (Lazardidis et al. 2014).

Bei den Hadza (afrikanischen Jägern und Sammlern) finden sich bis zu 15 Genkopien, was ihnen offensichtlich eine effiziente Zerkleinerung der sonst schwer verdaulichen Wurzeln erlaubt. Erstaunlich ist, dass bei Gemeinen Schimpansen und Bonobos lediglich zwei Genkopien vorkommen (Perry et al. 2007). Die Schlussfolgerung von Perry et al. daraus ist, dass diese Anpassung für den Menschen eine Besonderheit darstellt und nicht bei allen Primaten vorkommt. Dies mag als Hinweis darauf gewertet werden, dass der Mensch mit zunehmender Entfernung von seinem angestammten Waldhabitat auf Wurzeln und Knollen zurückgriff, um seinen Hunger, das heißt, seinen Energiebedarf, zu stillen. Eine so erfolgte, natürliche Selektion ist durchaus vorstellbar, da sie den betreffenden Spezies einen eindeutigen Vorteil in der Energiebeschaffung vor allem in Form von Glucose für das Gehirn verleiht.

Populationen, die auf eine Energieversorgung aus pflanzlichen Lebensmitteln angewiesen sind, müssen mehr Glucose aus pflanzlicher Kost gewinnen können als solche, die häufiger Zugang zu tierischen Lebensmitteln haben. In Zeiten, in denen unsere Vorfahren auf USOs zurückgreifen mussten, waren diejenigen im Vorteil, die mehr Genkopien aufwiesen und damit aus der Nahrung mehr Glucose freisetzen konnten.

Die Glucose im Blut stellt zwar das Gehirn zufrieden, doch der infolge des erhöhten Blutzuckerspiegels ansteigende Insulinspiegel führt kurze Zeit später wieder zum Absinken der Konzentration von Glucose im Blut (Hypoglykämie) mit den beschriebenen Folgen wie Hunger und eine katabole Stoffwechsellage. Werden die Glykogenspeicher und die anderen Energiespeicher nicht gefüllt, werden immer wieder Hungerattacken ausgelöst. Irgendwann wird der Hunger so stark sein, dass der Hungernde jede Vorsicht vergisst und sich trotz aller möglichen Gefahren, unter anderem der Gefahr, selbst gefressen zu werden, auf die Suche nach Essbarem macht. Das selbstsüchtige Gehirn nimmt auf drohende Gefahren keine Rücksicht.

8.2.2   Gibt es einen Mikronährstoffhunger?

Hunger hat aber noch andere Folgen für den Stoffwechsel. So wird als Reaktion auf den Hunger in größerem Ausmaß Fett gespeichert und der Energiestoffwechsel etwas heruntergefahren. Diese Fettspeicherung könnte jedoch auch eine Reaktion auf einen Mangel an Mikronährstoffen sein. Das bedeutet, dass infolge eines Defizits an Mikronährstoffen die Aufnahme von Makronährstoffen gesteigert wird, um durch mehr Quantität auch mehr Qualität zu erreichen, was auch Einfluss auf den Energiehaushalt hat. So ist eine Unterversorgung an Vitamin D, Vitamin E, Vitamin C, Zink, Selen und Vitamin B_1 bei heutigen Übergewichtigen deutlich häufiger anzutreffen als bei Normalgewichtigen (Via 2012), da sich die Quantität eben auch oft auf fettreiche dafür aber mikronährstoffarme Lebensmittel bezieht.

Die Aufnahme von Makronährstoffen und die Fettspeicherung werden unter anderem von dem Hormon Leptin kontrolliert. Eine geringe Leptinwirkung durch einen Mangel an Hormon oder eine Unterempfindlichkeit des Leptinrezeptors begünstigt die Nahrungsaufnahme und die Fettspeicherung. Übergewichtige haben häufig einen erhöhten Leptinspiegel und seine Senkung kann mit einer Reduktion des Körpergewichts einhergehen. Inwieweit es sich hierbei um eine Leptinresistenz, also ein vermindertes Ansprechen des Rezeptors handelt, ist nicht klar. Auf jeden Fall beeinflussen Mikronährstoffe die Leptinbildung und damit die Fettspeicherung und die Energiehomöostase.

In einer Studie an mehr als 500 übergewichtigen mexikanischen Frauen wurde eine direkte Beziehung zwischen niedrigen Blutspiegeln an Vitamin C, E und Zink und erhöhten Leptinkonzentrationen im Blut gefunden (Garcia et al. 2012).

> **Leptin**
>
> Leptin ist ein Hormon, das von den Fettzellen (Adipocyten), verschiedenen anderen
> Geweben wie Speicheldrüsen, Trophoblasten der Placenta und weiteren endokrinen Drüsen
> sowie von Zellen im Magen gebildet wird. Es stellt einen wichtigen Regulator des Energie-
> haushalts dar. Fehlt es aufgrund von Mutationen im Leptin-Gen oder aber bei längerem
> Hunger, so führt dies bei Tieren wie bei Menschen zu einer Zunahme der Nahrungsauf-
> nahme (Hyperphagie), einer Verringerung der Energieabgabe und letztlich zu mehr oder
> weniger stark ausgeprägtem Übergewicht. Die Verringerung der Energieabgabe ist Folge
> einer Senkung der Sympathikus- sowie der Schilddrüsenaktivität und die fehlende Lep-
> tinwirkung resultiert auch in auch einer Minderung der Fertilität. Dem Hunger, dessen Ende
> nicht absehbar ist, wird gegengesteuert, indem die Energieaufnahme maximiert und die
> Energieabgabe minimiert wird.

Eine Unterversorgung mit Mikronährstoffen könnte zu einer Steigerung der Nahrungsaufnahme beitragen, um so die Versorgung zu verbessern. Für Vitamin D ist dies eindrucksvoll
gezeigt: Bei übergewichtigen Jugendlichen mit moderaten Vitamin-D-Defiziten, also einer Ernährung mit unzureichender Qualität, führte die Behandlung mit Vitamin D und damit die
Verbesserung der Qualität zu einer Verminderung des Körpergewichts (Belanchia et al. 2013).

Für einen solchen Mechanismus spricht auch die Beobachtung, dass die Gabe von Leptin
bei Menschen mit einem genetisch bedingten Leptinmangel zu einer Abnahme der insgesamt
aufgenommenen Menge an Nahrung (besonders fettreicher Lebensmittel) bei gleichzeitiger
Zunahme der Menge von mikronährstoffreichen Lebensmitteln führte (Licinio et al. 2007).
Interessanterweise ist der Mechanismus der Fettspeicherung als Folge eines Hungerzustands
bei gleichzeitigem Defizit an Mikronährstoffen auch umkehrbar. Füttert man Mäuse mit einer
Nahrung, die nur 50 % des Vitamin- und Mineralstoffbedarfs enthält (*multivitamin restricted
diet*, MRD), so werden diese im Vergleich zu ausreichend mit Mikronährstoffen versorgten
Artgenossen übergewichtig (Amara et al. 2014). Die Erklärung ergibt sich aus der Analyse
verschiedener Enzyme, die für den Fett- und Energiestoffwechsel wichtig sind. Die Menge an
Messenger-RNA (mRNA), die als Ergebnis des Ablesevorgangs der DNA als Matrize für die
Bildung der Proteinbausteine für die beiden Hormone Adiponektin und Leptin gebildet wird,
war bei den MRD-Tieren im Vergleich zur ausreichend versorgten Gruppe um fast 50 % erhöht. Die Folge war eine verstärkte Fettspeicherung. Haben wir vielleicht doch so etwas wie
einen Mikronährstoffsensor und ist dieser an die Gesamtenergiezufuhr gekoppelt? Wir wissen
es nicht, wenngleich es zunehmend Hinweise dafür gibt.

Was aber kann einen Menschen dazu bringen, sich Nahrung einzuverleiben, die er wegen
seiner geschmacklichen Präferenzen eigentlich vermeidet und auf die er möglicherweise sogar
mit einem gewissen Ekel reagiert? Es ist der Hunger! Die zahllosen Berichte über die Nahrungswahl bei Menschen, die an Hunger leiden, sprechen eine eigene Sprache. Kochbücher aus
dem Dreißigjährigen Krieg enthalten alle Arten von Gerichten mit Ratten, Kakerlaken oder
den Resten toter Pferde. Der Hunger nach dem Beben in Haiti hat Menschen dazu getrieben,
mit Salz oder Zucker bearbeitete Sandkekse zu verzehren. Nun führt Hunger allerdings nicht
dazu, dass dauerhaft Nahrung akzeptiert wird, die nicht schmeckt. Jeder kennt das, wenn ein
Lebensmittel einen unbekannten Geruch hat oder seltsam schmeckt: Wir halten uns die Nase
zu und unterdrücken damit ein Teil der Geschmacksempfindung. Die Australopithecinen hat
sicherlich auch der Hunger dazu getrieben, Nahrung zu verzehren, die bisher nicht auf ihrem

Speiseplan stand. Das alleine ist nicht ungewöhnlich. Weitaus interessanter ist die Frage, warum sie bei diesen Nahrungsmitteln geblieben sind und diese sogar gezielt gesucht haben. Eine solche Umstellung des Geschmacks kann nur dadurch erklärt werden, dass sich dieser an die neuen Lebensmittel angepasst hat, die damit Bestandteil der täglichen Nahrung wurden.

Literatur

Amara NB et al (2014) Multivitamin restriction increases adiposity and disrupts glucose homoeostasis in mice. Genes Nutr 9:410–418

Belanchia AM et al (2013) Correcpting vitamin D insufficiency improves insulin sensitivity in obese adolescents: a randomized controlled trial. Am J Clin Nutr 97:774–781

Biesalski HK, Grimm P (2011) Taschenatlas der Ernährung, 5. Aufl. Thieme, Stuttgart

Finlayson C (2014) The improbable primate. Oxford University Press, Oxford

Garcia OP et al (2012) Zinc, vitamin A and vitamin C status are associated with leptin concentrations and obesity in Mexican women: results from a cross sectional study. Nutr Metab 9:59–64

Krinsky NI et al (1990) The Metabolism of ^{14}C β-carotene and the presence of other carotenoids in rats and monkeys. J Nutr 120:81–87

Lazardidis I et al (2014) Ancient human genomes suggest three ancestral populations for present-day Europeans. Nature 513:409–413

Licinio J et al (2007) Effects of leptin replacement on macro- and micronutrient preferences. Int J Obes 31:1859–1863

Perry GH et al (2007) Diet and the evolution of human amylase gene copy number variation. Nat Gent 39:1256–1260

Trauth MH, Maslin MA, Deino AL et al (2010) Human evolution in a variable environment: the amplifier lakes of Eastern Africa. Quat Sci Rev 29:2981–88

Via M (2012) The malnutrition of obesity: micronutrient deficiencies that promote diabetes. ISRN Endocrinol 2012:103472

Was ist Geschmack?

H. K. Biesalski, *Mikronährstoffe als Motor der Evolution*,
DOI 10.1007/978-3-642-55397-4_9, © Springer-Verlag Berlin Heidelberg 2015

Wer schon einmal in Taipeh in der Snake-Allee war, dem wird der Appetit schnell vergangen sein, beim Anblick halber zappelnder Schlangen oder Bergen von gegrillten Insekten, ganz zu schweigen von lebenden Fischen, die stückweise verzehrt werden. Auch die faulen Fische aus Schweden oder die tausendjährigen Eier aus China sind für den europäischen Geschmack ungenießbar. Und doch werden diese Nahrungsmittel von den Einheimischen mit Genuss verzehrt. Geschmack ist individuell und doch genetisch fixiert. Je nach Angebot und Tradition kann er sehr unterschiedlich sein und entscheidet darüber, was wir essen. In der menschlichen Entwicklung war die Anpassung des Geschmacks an neue Nahrungsspektren Voraussetzung für das Überleben.

Bevor wir Nahrung überhaupt zum Schmecken in den Mund nehmen, läuft eine ganze Reihe von Prozessen ab, die mit dem Geruch, der Textur und dem Aussehen der Nahrung zu tun haben. Gerade wenn es sich um bisher unbekannte Lebensmittel handelt, spielen diese Vorgänge eine besonders wichtige Rolle. Erst nach gründlichem Beschnuppern und Betrachten wird die Nahrung den Geschmacksnerven präsentiert.

Geschmack lässt sich prinzipiell aus zwei Perspektiven betrachten: als soziokulturell geprägt, wodurch er abhängig ist von der Ernährungstradition und der Anpassung an verschiedene Ernährungsmuster, oder als rein chemischer Vorgang, der gebunden ist an Geschmacksrezeptoren und deren Aktivatoren, die dem Einzelnen die Entscheidung erleichtern bzw. abnehmen, ob ein Nahrungsmittel gut für ihn ist oder nicht.

Die Geschmackswahrnehmung erfolgt über Rezeptoren im Mund, aber auch im oberen Rachenraum. Die Sensoren für diese Sinneswahrnehmung sind bei den meisten Tieren ähnlich. Signalmoleküle (Liganden) aus der Nahrung binden an spezielle Bindungsstellen der Rezeptoren. Dies führt zur Aktivierung einer Verstärkerkaskade, zur Verschiebung von Ionen (Kalium oder Natrium) in die entsprechenden Zellen und damit zur Auslösung eines elektrischen Signals, das zum Gehirn geleitet wird und dort eine Sinnesempfindung auslöst.

Über den Geschmack kann das Individuum entscheiden, ob es eine ihm bekannte Nahrungsquelle vor sich hat oder ob diese neu und daher eher mit Vorsicht zu genießen ist. Gleichzeitig ist durch das Spektrum der Geschmacksempfindungen zwischen süß und bitter definiert, was bekömmlich und was potenziell giftig ist.

Die Entwicklung der Nahrungszubereitung geht darauf zurück, durch Kochen, Garen oder eine Behandlung anderer Art die Bitternote zu entfernen und das Nahrungsmittel genießbar zu machen.

Um zu verdeutlichen, weshalb eine Geschmacksanpassung an ein Nahrungsangebot erfolgen kann bzw. warum diese Anpassung auch der natürlichen Selektion unterliegt, werden wir einen kurzen Ausflug in die Evolution des Geschmacks unternehmen.

9.1   Evolution des Geschmacks

Grundsätzlich können Veränderungen der Sinneswahrnehmung natürlich vorteilhaft sein oder auch Nachteile bringen, wodurch der Geschmack der natürlichen Selektion unterliegt. Dabei ist, wenn es um die Ernährung geht, nicht nur eine Sinnesempfindung betroffen, sondern mindestens drei: Sehen, Riechen und Schmecken. Das trichromatische Sehen (▶ Abschn. 3.2) hat den Menschenaffen einen wesentlichen Vorteil gebracht, wenn es um das Erkennen roter und orangefarbener und damit reifer Früchte im eher schlecht belichteten Regenwald ging. Zur gleichen Zeit, also vor ca. 25 Mio. Jahren, ging die Sinnesempfindung des vomeronasalen

Organs (VNO) bei Altweltaffen und Menschenaffen verloren, also in etwa bei der gleichen Gruppe von Tieren, bei denen sich das trichromatische Sehen entwickelt hatte. Das VNO, das bei vielen Wirbeltieren vorkommt, ist in erster Linie für die Geruchswahrnehmung von Pheromonen verantwortlich, also Signalstoffen, die der chemischen Kommunikation zwischen Tieren einer Art dienen. Es liegt bei Nagern unterhalb des Naseneingangs und ist beim Menschen noch rudimentär vorhanden. Inwieweit sich beim Menschen dort noch Rezeptoren befinden, die Pheromone erkennen, ist fraglich. Auch Schimpansen fehlt das VNO. Die deutliche Rotfärbung der Geschlechtsregion bei verschiedenen weiblichen Primaten mag ein Hinweis dafür sein, dass die farbliche Signalwirkung der Pheromonwirkung möglicherweise überlegen ist.

Auch die Geruchswahrnehmung hat sich über die Zeit verändert. 50 % der Gene, die entsprechende Rezeptoren codieren, hat der Mensch bereits vor längerer Zeit verloren. Dies gilt auch für Menschenaffen, die in der Zeit des Auftretens des trichromatischen Sehens auch eine starke Verringerung der Zahl an olfaktorischen Genen aufweisen (Gilad et al. 2004). Der Rückgang der Geruchswahrnehmung unterstreicht die Bedeutung des visuellen Systems bei der Nahrungssuche. Nicht umsonst haben wir eine besondere Vorliebe für reichlich bebilderte Kochbücher.

Bleibt noch die Sinnesempfindung des Schmeckens. Der Geschmack entscheidet weit mehr als das Sehen und das Riechen, ob wir bereit sind, einen Bissen mit Freude herunterzuschlucken, oder ihn verweigern. Dabei sind es die fünf Geschmacksqualitäten – süß, sauer, salzig, bitter und umami – die im gemeinsamen Konzert, aber auch einzeln, mit darüber entscheiden, was wir essen. Die Bitter- und Sauerrezeptoren sind eher diejenigen, die zur Ablehnung beitragen, während die anderen drei uns anregen, die Nahrung zu verzehren. Bei den meisten Landtieren finden sich die drei Klassen von Rezeptoren für Süß- und Umamigeschmack und eine deutlich größere Klasse für die Bitterrezeptoren. Für den Menschen sind die Geschmacksqualitäten süß, bitter und umami am wichtigsten und am besten erforscht. Über die Empfindung von sauer und salzig weiß man weitaus weniger.

Betrachten wir die Rezeptoren und ihre Funktion bei der Nahrungswahl einzeln, ehe wir der Frage nachgehen, warum diese Geschmacks- und auch Geruchsrezeptoren eine entscheidende Rolle in der Entwicklung des Menschen gespielt haben.

9.2 Geschmackspräferenz und Nahrungsqualität

Die Verbindung von Geschmack und Geruch erlaubt uns, ein Lebensmittel zu identifizieren und festzustellen, ob es uns bekannt und bekömmlich oder aber unbekannt und daher zunächst mit Vorsicht zu genießen ist. Während Tiere, die selektiv auf eine oder wenige Nahrungsquellen geprägt sind, oft nur eine geringe bis keine Geschmackswahrnehmung haben, sind es vor allem die Omnivoren, die über eine besondere differenzierte Wahrnehmung verfügen. Seehunde haben beispielsweise kaum Geschmackseindrücke, da sie ihre Nahrung als Silhouette wahrnehmen und ganz verschlucken. Wozu also schmecken, wenn man die potenzielle Nahrung bereits vorher als verzehrfähig eingestuft hat, was den Seehunden manchmal zum Verhängnis wird? Reine Carnivoren wie Katzen haben die Gene für die Bildung von Süßrezeptoren verloren, reine Frugivoren, die zu unseren frühen Vorfahren gehören, schmecken dagegen in erster Linie süß.

Geschmackswahrnehmung wird üblicherweise erzeugt, wenn die Nahrung zu einem Speisebrei zerkaut und durch im Speichel vorhandene Enzyme vorverarbeitet wird. Dabei werden Stärke, Fett und Protein durch spezielle Enzyme bereits im Mund teilweise in kleinere

Bausteine zerlegt. Diese Vorgänge sind ebenfalls von der evolutionären Anpassung an das Nahrungsmuster betroffen und haben bis heute dazu beigetragen, dass die gleiche Nahrung in Japan, Mitteleuropa oder Afrika unterschiedlich im Mund vorbereitet werden kann.

Parallel zur Prozessierung im Mund wird, wiederum ausgelöst durch die Geschmacksrezeptoren, der Darm auf die Ankunft von Nahrung vorbereitet. Er muss die Nahrung weiter zerlegen, die Bestandteile absorbieren und transportieren. Gleichzeitig bildet die Bauchspeicheldrüse Insulin und schüttet es aus, um so den Organismus auf die Speicherung der verdauten Nahrungsbestandteile vorzubereiten.

Das Gesamtsystem des Geschmacks weist Besonderheiten auf, die es von nahezu allen anderen sensorischen Systemen unterscheiden. Die Geschmacksrezeptoren werden kontinuierlich in einem Rhythmus von 8–12 Tagen ersetzt. Werden die Geschmacksknospen und das dahinterliegende sensorische System zerstört, so können sie in kurzer Zeit vollständig ersetzt werden.

9.3   Geschmacksanpassung

Die Nutzung eines erweiterten Nahrungsspektrums setzt voraus, dass sich der Geschmack den neuen Nahrungsmitteln anpasst. Insbesondere für die Omnivoren bedeutet ein erweitertes Spektrum aber auch ein größeres Risiko, das mit der Nahrungsaufnahme einhergeht. Dem wird Rechnung getragen, indem die Bitterrezeptoren weitaus stärker repräsentiert sind als die Rezeptoren anderer Geschmacksrichtungen. Gleichzeitig wird die Akzeptanz von bislang unbekannter Nahrung erhöht, indem die Süßpräferenz verringert wird.

Große Primaten haben im Vergleich zu kleineren Artgenossen eine geringere Süßsensitivität, was ihnen den Zugang zu anderen, weniger süß schmeckenden Nahrungsmitteln erleichtert, wodurch wiederum ihr Energie- und Nährstoffbedarf besser gedeckt wird. Die stärkere Wahrnehmung von süß ist ganz offensichtlich ein Vorteil, wenn die Verfügbarkeit süßer Nahrungsmittel sinkt. So können die besonders süßsensitiven Makaken in Abhängigkeit vom Habitat bis zu 85 % Herbivoren sein oder aber auch vorwiegend Frugivoren (Goldstein und Richard 1989). In ähnlicher Weise ist zu beobachten, dass Menschen, die in der Savanne leben, wo der Anteil an süßen Früchten und der Zuckergehalt deutlich geringer ist als in geschlossenen Waldgebieten, eine signifikant niedrigere Süßschwelle haben als beispielsweise die im Regenwald lebenden Pygmäen (Hladik 1993). Das zeigt, dass sich der Geschmack den verfügbaren Lebensmitteln langfristig anpasst.

Wie müssen wir uns die Evolution des Geschmacks und damit die Anpassung an neue Lebensmittel vorstellen? Die Veränderung unseres Geschmacks, genauer die Erweiterung von süß und sauer in andere Geschmacksqualitäten, muss in einem Zeitraum vor 4–2 Mio. Jahren erfolgt sein, also zu der Zeit, als sich die Australopithecinen anschickten, ihre Nahrung nicht nur in ihrem Seeuferhabitat, sondern auch in der Savanne und im Buschland zu suchen. Die bisherige Geschmacksempfindung reichte aus, um reife von weniger reifen Früchten zu unterscheiden.

9.4   Geschmack und Nahrungswahl

Primaten sind in erster Linie Frugivoren, das heißt, sie bevorzugen Früchte und süße Blätter, einschließlich süß schmeckender Wurzeln. Entsprechend liegt die Länge ihres Darms zwischen der Länge des großen Dünndarms von Tieren, die hauptsächlich von Fleisch leben, und der des stark vergrößerten Dickdarms der reinen Blattfresser. Dies gestattet den Primaten, in der Wahl ihrer Lebensmittel flexibel zu sein, und es erlaubt ihnen unter anderem, sich saisonalen Veränderungen flexibler anzupassen.

Hinsichtlich der Nahrung sind Primaten durchaus wählerisch. Unreife Früchte, alte Blätter oder zähes Grünzeug werden verschmäht. Sehr junge Blätter, also qualitativ hochwertige Nahrung mit einem hohen Gehalt an Mikronährstoffen, werden jedoch selektiv ausgewählt. Neben dem Aussehen der Nahrung ist es der Geschmack, der die Primaten leitet. Interessant ist in diesem Zusammenhang, dass die Zahl der Geschmacksrezeptoren mit der Körpergröße der Spezies zunimmt.

Süße Früchte und Süßgeschmack können sich im Sinne einer Coevolution entwickelt haben, indem die auf süß abonnierten Affen die Früchte verzehrt und damit die Samen über große Areale verteilt haben. So verwundert es auch nicht, dass Pflanzen, deren Früchte ganz besonders süß sind, innerhalb des Regenwaldes am weitesten verbreitet sind. Dass dieses Prinzip Nachahmer ganz anderer Art findet, zeigt die Süßakzeptanz von Altweltaffen, also den in Afrika und Eurasien lebenden Affen, für Pflanzen, die sogenannte falsche Zucker enthalten (Hladik 1993). Diese falschen Zucker sind süß schmeckende Substanzen, die nicht aus Glucose bestehen. Diese Verbindungen empfindet auch der Mensch als ausgesprochen süß, Neuweltaffen dagegen, also solche, die vor etwa 25 Mio. Jahren wahrscheinlich auf schwimmenden Vegetationsinseln über den damals noch recht schmalen Südatlantik von Afrika aus auf die südamerikanische Seite der driftenden Kontinente gelangten, weisen eine solche Süßwahrnehmung ganz offensichtlich nicht aufweisen.

Pflanzen bilden Früchte, die süß schmecken bzw. die diesen Geschmack vortäuschen, damit sie weit verbreitet werden. Genauso synthetisieren sie aber auch Substanzen, die Tiere davon abhalten, sie zu verzehren. Zu diesen Substanzen gehört eine Reihe von Stoffen, die giftig sein können. Ein besonderes Bespiel stellt die dünne Haut um verschiedene Nüsse dar, die beispielsweise bei der Cashewnuss sehr reich an adstringierenden Catechinen ist (Trox et al. 2013). Diese schmecken bitter, wenngleich sie als Bestandteil des grünen Tees auch als besonders gesund beworben werden. Es gibt aber auch äußerst giftige Alkaloide, die nach dem Verzehr zum raschen Tod führen können. Beide Substanzen, sowohl die gesunden wie die weniger gesunden, werden vom Menschen und anderen Primaten mithilfe der Bitterrezeptoren wahrgenommen. Will man die Wirkung solcher bitterer Substanzen anschaulich machen, so muss man sich nur einen Säugling ansehen, dem man nur geringe Menge einer leicht bitteren Substanz auf die Zunge gibt. Er streckt nicht nur die Zunge heraus, sondern signalisiert mit seinem Würgereflex, dass die dargebotene Substanz nicht zum Essen geeignet ist. Mit zunehmendem Alter werden aber beispielsweise Tannine, die am weitesten verbreiteten Bitterstoffe, akzeptiert, besonders dann wenn sie in speziellen Rotweinen in ausgewogener Form vorkommen.

Zwar verzehren Schimpansen von Zeit zu Zeit auch Fleisch und gehen regelrecht auf Jagd, dennoch ist dies eher selten und sie bleiben auf süß abonnierte Primaten, während der frühe Mensch sich mehr und mehr zu einem Omnivoren entwickelte. Ein wichtiger Grund für die unterschiedliche Entwicklung ist der Umamigeschmack, der es dem Menschen erlaubt, Fleisch auch in größeren Mengen mit Genuss zu verzehren und, solange Fleisch verfügbar ist, auf die weniger gute schmeckenden Wurzeln zu verzichten. Dies bedeutet zweierlei: Die frühen Menschen haben Fleisch (wahrscheinlich mehr oder weniger widerwillig) nicht nur bei großem Hunger verzehrt, sondern es gezielt gesucht, und sie haben damit einen erheblichen Gewinn an Nahrungsmittelqualität erreicht – mehr Protein, mehr Mikronährstoffe, mehr Energie.

9.4.1   Kohlenhydratgeschmack

Die Geschmacksqualität süß wird bei vielen Säugetieren von zwei Rezeptoren vermittelt, die sich auf Zunge und Gaumen befinden. Diese Rezeptoren reagieren nicht nur auf Kohlenhydrate wie Glucose, sondern auch auf Süßstoffe, die einen Süßeindruck hinterlassen, einige Proteine und auch Aminosäuren. Die Rezeptoren und die Schwelle für die Süßempfindung steuern die Nahrungsaufnahme der Frugivoren, die über eine sehr niedrige Schwelle verfügen und daher weniger Süßes kaum verzehren. Die besonders sensitive Empfindung der Geschmacksqualität süß kann sich als Anpassung an eine Nische entwickelt haben, die den frühen, kleinen Frugivoren einen dauerhaften Zugang zu energie- und nährstoffreichen Ressourcen sicherte.

Die Erkennung der Geschmacksqualität umami (Proteingeschmack) gehört zu den entwicklungsgeschichtlich ältesten Geschmackswahrnehmungen. Bereits die Insektivoren verfügten über diese Fähigkeit und die Entwicklung von Vögeln, die statt Insekten den süßen Nektar als Hauptnahrungsquelle nutzen, zeigt, wie sehr Geschmackspräferenz und Nahrungsangebot im Sinne einer Coevolution aufeinander abgestimmt sind. Bei Kolibris, die sich aus den Insektivoren entwickelt haben, ist der Umamirezeptor, der diesen noch das Protein schmackhaft machte, zweckentfremdet. Den Kolibris fehlt eine Rezeptoruntereinheit (T1R2; siehe unten), die für einen funktionsfähigen Süßrezeptor Voraussetzung ist. Stattdessen reagiert der ursprüngliche Umamirezeptor (T1R1-T3R3) nicht wie bei anderen den Insektivoren und Tieren auf Aminosäuren (bevorzugt Glutamat), sondern auf Kohlenhydrate, die einen Süßgeschmack erzeugen (Baldwin et al. 2014). Die Ausstattung der Kolibris mit einem Schnabel, der zur entsprechenden Blüte passt, war dann Folge der Coevolution Süß-Nektar-Nahrung, das heißt der phänotypischen Anpassung des Schnabels an die Blüte. Die Beobachtung der Anpassung eines Geschmacksrezeptors an neue Liganden zeigt einen direkten Bezug zum Nahrungsangebot, das damit bevorzugt ausgewählt wird. Je weiter eine solche Anpassung fortgeschritten ist, desto eingeschränkter ist die Auswahl an Nahrung und damit auch die Vielfalt, die letztlich die Qualität bestimmt. Sind verschiedene Spezies an solche einseitige Nahrungsnischen angepasst, reicht die Nahrungsqualität für sie aus. Je breiter allerdings die Akzeptanz von verschiedenen Nahrungsmitteln angelegt ist, das heißt, je geringer die Selektivität, desto größer ist auch das Nahrungsspektrum und desto höher ist die Qualität der Nahrung. Dies spielt, wie wir noch sehen werden, für die menschliche Entwicklung eine entscheidende Rolle.

Neuere Forschungen zeigen, dass auch der Mensch über eine spezielle Kohlenhydratwahrnehmung verfügt und auf diese Weise die Anwesenheit von Stärke in der Nahrung unbewusst erfasst. Gleichzeitig bewirkt diese Wahrnehmung der Stärke eine Zunahme der motorischen Leistungsfähigkeit (Chambers et al. 2009). Trinken Sportler vor dem Training eine Maltodextrinlösung, eine Lösung, die verschiedene Produkte aus der Hydrolyse von Stärke enthält, so steigt ihre Leistung. Dies geschieht bereits, wenn der Mund lediglich mit Maltodextrin gespült wird, ohne dass dies einen Effekt auf den Blutglucosespiegel hat. Die in Maltodextrin enthaltenen Komponenten ähneln den Produkten des Stärkeabbaus im Darm. Offensichtlich werden diese Kohlenhydrate über bisher unbekannte Rezeptoren im Mund wahrgenommen und erzeugen eine entsprechende Antwort in den Regionen im Gehirn, die für die motorische Aktivität von Bedeutung sind. Maltodextrin führt, wenn es eingenommen wird, zu einer deutlich schnelleren Speicherung von Glucose im Muskel in Form von Glykogen. Möglicherweise reagieren die bisher nicht nachgewiesenen Rezeptoren weniger auf die Süßwahrnehmung als vielmehr auf den Energiegehalt der aufgenommenen Kohlenhydrate. Diese Schlussfolgerung ziehen Chambers et al. aus der Tatsache, dass die beiden energieäquivalenten Dosen an

Glucose und Maltodextrin zur Aktivierung derselben Hirnregionen führen, unabhängig von der Süßwahrnehmung, die bei Maltodextrin kaum gegeben ist.

Aus der Sicht der Evolution würde dies bedeuten, dass eine solche selektive Wahrnehmung von Kohlenhydraten, die für den Energiestoffwechsel der Muskulatur von Bedeutung sind, den Träger dieses Merkmals durch eine höhere Leistungsfähigkeit begünstigt. Diese betrifft sowohl eine bessere Energieversorgung des Muskels wie auch die durch das Gehirn gesteuerte motorische Aktivität.

9.4.2 Fettgeschmack

Eine Geschmackswahrnehmung ähnlich der sogenannten Primärqualitäten (süß, sauer, bitter, salzig, umami) scheint es für Fett nicht zu geben. Veresterte Fettsäuren, also solche, die mit einem Alkohol verbunden sind, werden als »angenehmes taktiles Gefühl« beschrieben, während freie, also nichtveresterte Fettsäuren eher eine Aversion auslösen (Mattes 2009). Freie Fettsäuren sind im Gegensatz zu den veresterten keine Träger wichtiger weiterer Verbindungen wie Vitamin A (Sammelbegriff für alle natürlichen Vitamin-A-Verbindungen), dessen Alkohol, das Retinol, mit Fettsäuren (meist Palmitinsäure, eine gesättigte Fettsäure) verestert ist, oder auch Vitamin E (Sammelbegriff für alle unterschiedlichen Vitamin-E-Formen), das mit unterschiedlichen Fettsäuren, auch ungesättigten, verestert sein kann. Eine spezifische Geschmacksempfindung lösen diese veresterten Formen also nicht aus, sie werden offensichtlich im Gegensatz zu den freien Fettsäuren akzeptiert. Freie Fettsäuren liefern lediglich Energie und nur im Ausnahmefall wie bei den hochungesättigten Fettsäuren wie der Docosahexaensäure sind sie selbst eine wichtige essenzielle Verbindung. Sie signalisieren eher eine Warnung vor dem Verzehr.

Allerdings sind die taktile Wahrnehmung und der Geruch von Fetten so ausgeprägt, dass es schwer ist, eine rezeptorvermittelte Wahrnehmung davon zu unterscheiden. Freie Fettsäuren scheinen bei Tieren (Mäusen, Ratten, manche Affen) eine neuronale Erregung auszulösen. Für den Menschen ist dies bisher nicht gezeigt. Allerdings gibt es Hinweise, dass Fett wie andere Makronährstoffe eine Reaktion auslöst, die deren Metabolisierung vorbereitet.

Süße Stimuli führen zur Vorbereitung der Glucoseaufnahme im Darm und haben Einfluss auf die hormonelle Kontrolle des Blutzuckers, bereiten also den Organismus auf die Aufnahme von Kohlenhydraten vor. Salzapplikation hat einen Einfluss auf die Nierenfunktion und die Natriumausscheidung. Die Stimulation des Umamirezeptors hat wiederum einen Einfluss auf verschiedene Hormone.

Die Stimulation mit Fett führt zu einer verstärkten Aufnahme bereits im Darm befindlichen Fettes und zu einem Anstieg der Fettkonzentration (Triglyceride) im Blut. Der Organismus wird also auch hier darauf vorbereitet, dass neues Fett angeliefert wird. Die Wahrnehmung von Kohlenhydraten, Fett und Protein (umami) geht mit einer Konditionierung des Organismus einher.

9.4.3 »Giftgeschmack«

Die Bitterrezeptoren, für die es 25 Gene gibt, signalisieren, dass ein Lebensmittel möglicherweise nicht bekömmlich ist. Am besten lässt sich dies bei Kleinkindern feststellen, die in den meisten Fällen sehr ungern bittere Gemüse wie Rosenkohl oder Chicorée essen. Erst in späteren Jahren legt sich diese Abneigung. Bemerkenswert ist, dass in der Schwangerschaft die

Empfindlichkeit gegenüber bitteren Geschmacksrichtungen zunimmt und die Frauen sogar oft mit Übelkeit reagieren, wenn sie bittere Lebensmittel schmecken. Dies wird gerne als Schutzwirkung erklärt, die das ungeborene Kind vor Schaden bewahren soll.

Vergleichende Studien haben gezeigt, dass die Zahl der Geruchsrezeptoren bei Menschen sich im Vergleich zu der von vielen anderen Primaten deutlich verringert hat. Die Zahl der Bitterrezeptoren und wahrscheinlich auch ihre Empfindlichkeit sind jedoch gleich geblieben, was auf die große Bedeutung dieser Wahrnehmung hinweist (Fischer und Gilad 2004). Es gibt einige Mutationen der Bitterrezeptoren, die Hinweise auf eine natürliche Selektion ihrer Träger geben. So hat die Mutation des Bitterrezeptorgens TAS2R16 zu einer höheren Empfindlichkeit für den Bittergeschmack von einigen cyanogenen Glykosiden geführt, die für den Menschen unverträglich sind (Soranzo et al. 2005). Diese Verbindungen sind weit verbreitet – ca. 2500 Pflanzen und Insekten enthalten sie – und sie sind vor allem in den Nahrungsmitteln zu finden, denen der Mensch in der Savanne begegnete, wie Pflaumen, Schlehdorn, Aprikose, Mandel, Pfirsich aber auch Hirse und Maniok. Vor allem Steinobst enthält in den Kernen das bittere cyanogene Amygdalin, in Maniok findet sich das Glykosid Linamarin. Wirklich giftig sind diese Verbindungen aber erst, wenn der Zuckeranteil enzymatisch abgespalten wird und so der giftige Cyanwasserstoff entstehen kann. Dies geschieht meist erst, wenn die Pflanze durch Insektenbefall teilweise zerstört ist und die in separaten Kompartimenten befindlichen Glykoside und die entsprechenden spaltenden Enzyme nicht mehr räumlich getrennt sind.

Cyanide und ihre Wirkung

Die Cyanidionen können durch die Metabolisierung der Glykoside im Darm abgespalten werden und verbinden sich nach Absorption an Eisen im Blut zu Cyanohämoglobin. Zwar sind die Cyanide bereits bei geringen Mengen (ca. 1 mg pro kg Körpergewicht) hoch giftig, jedoch können geringe Dosen, besonders in Anwesenheit von größeren Proteinmengen, in der Ernährung unproblematisch sein, da sich die Cyanide mit den schwefelhaltigen Aminosäuren zu den wenig giftigen Thiocyanaten verbinden.

Dies ist vor allem bei der Maniokwurzel recht gut untersucht. Wird sie nicht ausreichend verarbeitet (Trocknung oder Fermentierung), um das Linamarin zu zerstören, so können beträchtliche Mengen an Thiocyanaten nachgewiesen werden (Carlsson et al. 1999). Noch heute finden sich in den Ländern, in denen Maniok zu Mehl verarbeitet und verzehrt wird, wie Brasilien und Westafrika, teilweise noch bedenklich hohe Cyanidkonzentrationen im Mehl bzw. Thiocyanate im Urin der Bevölkerung (Cardoso et al. 2005). Thiocyanate haben jedoch noch eine andere unerwünschte Wirkung: Sie hemmen die Jodaufnahme in der Schilddrüse und fördern damit die Kropfbildung, wie sie auch beim Jodmangel vorkommt, und werden deshalb als goitrogen bezeichnet.

Goitrogene

Substanzen, die die Vergrößerung der Schilddrüse, also die Bildung eines Kropfes hervorrufen

---

Eine Mutation im Gen für den Bitterrezeptor, die, so die Berechnungen, bereits vor 4–5 Mio. Jahren vorhanden war, scheint besonders mit der Wahrnehmung von goitrogenen Substanzen in der Nahrung in Verbindung zu stehen (Campbell et al. 2011). Träger dieser Mutation verschmähten goitrogenhaltige Nahrung. Diese Nahrung umfasst vorwiegend Kreuzblütler (Brassicaceae), zu denen verschiedene Kohlarten gehören. Die natürliche Selektion dieses Rezeptors, die sich heute noch gehäuft bei Afrikanern findet (z. B. den Hadza, Sandwa und einigen Pygmäen), ist dadurch zu erklären, dass durch die Mutation die wegen fehlender Nahrungsquellen ohnehin mangelhafte Jodversorgung nicht noch weiter verschlechtert wurde. Zur Zeit unserer afrikanischen Vorfahren dürfte es aber weniger um die erst vom modernen Menschen gezüchteten Kohlarten gegangen sein, als vielmehr um die Schoten und Wurzeln der wilden Kreuzblütler, die zur Nahrung gehörten oder wegen des bitteren Geschmacks eben auch nicht.

Bis heute wird der Verzicht auf pflanzliche Kost oft damit begründet, dass diese bitter schmeckt. Je nach Sensitivitätstyp vermeiden viele Menschen Lebensmittel mit mehr oder weniger starker Bitternote wie Grapefruit, Zitronen, Bitterorangen sowie verschiedene Gemüse wie Brokkoli, Rosenkohl, Chicoree und andere (Drewnowski und Gomez-Carneros 2000). Die in diesen Lebensmitteln enthaltenen sekundären Pflanzenstoffe, die für den Bittergeschmack verantwortlich sind, haben aber als Antioxidantien auch eine durchaus positive Wirkung, indem sie Proteine und auch die DNA vor Oxidation schützen können.

9.4.4 Proteingeschmack

Die auch als Umamigeschmack bezeichnete Wahrnehmung kennzeichnet den Geschmack einer ganzen Reihe von Lebensmitteln, die heute vor allem im asiatischen Raum anzutreffen sind. Diese zeichnen sich dadurch aus, dass sie Natriumglutamat als natürliche Quelle enthalten, eine Verbindung, die wir in erster Linie als industriell hergestellten Geschmacksverstärker kennen. Bei den natürlichen Natriumglutamatquellen handelt es sich um eine Reihe von Fischsorten sowie zubereitete Fischsoßen, vor allem aber Fleisch. Auch Pilze, verschiedene Gemüse, wie Tomaten und Zwiebeln, oder Obst, wie Grapefruit und Äpfel, führen zu einer Erregung des Umamirezeptors. Was steckt hinter dieser fünften Geschmacksrichtung?

Umami steht für das japanische Wort »köstlich«. Als Geschmacksrichtung wird auch für Umami gerne der Begriff *savory*, übersetzt »bekannt« oder auch »appetitanregend«.

An den erst vor Kurzem entdeckten Geschmacksrezeptor für Umami binden sowohl zwei Ribonucleotide (Bausteine der Erbinformation), das Inositolmonophosphat (IMP) und das Guanosinmonophosphat (GMP), als auch auf die Aminosäure Glutamat. IMP kommt nur in Fleisch und Fisch, GMP nur in Pflanzen und Pilzen vor. Frischer Fisch enthält nur wenig IMP, doch bereits nach wenigen Stunden steigt der Gehalt durch die zunehmende Auflösung von Zellen. Glutaminsäure (bzw. deren Salz, das Glutamat) ist quantitativ die häufigste Aminosäure des menschlichen Körpers und an zahlreichen Prozessen beteiligt, die nicht nur die Funktion von Organen sicherstellen, sondern auch sehr wichtig für die Signalübertragung im Gehirn sind. Obgleich diese Aminosäure nicht essenziell ist, sind wir auf die Zufuhr über die Nahrung angewiesen, was erklärt, weshalb wir einen so speziellen Geschmacksrezeptor für Glutamat haben.

Immer wieder wurde postuliert, dass der Umamirezeptor der Wahrnehmung von Protein dient. Das trifft allerdings nur bedingt zu. Solange das Glutamat im tierischen Protein gebunden ist, also nicht frei vorliegt, wird es der Umamirezeptor als solches kaum wahrnehmen. Erst wenn das Fleisch eine ganze Weile gelagert oder fermentiert wurde, wird Glutamat freigesetzt und es entsteht der typische Umamigeschmack. Dies ist im Zusammenhang mit einer Beobachtung von Bedeutung, dass gerade ältere Menschen, deren Geschmackssensitivität zurückgegangen ist, das Essen durch den Zusatz einer geringen Menge Glutamat durchaus wieder als appetitanregend empfinden. Der Umamirezeptor wird besonders angeregt, wenn ein Nahrungsgemisch angeboten wird. Offensichtlich verstärkt die Umamiwirkung dann auch die Geschmacksintensität anderer Komponenten.

Ist neben Glutamat auch IMP in der Nahrung enthalten, so nimmt die Empfindlichkeit des Umamirezeptors zu. Jedem Koch ist bekannt, dass sich durch die Kombination Fleisch/Fisch und Gemüse der Geschmack von Suppen deutlich verbessern lässt.

Das Vorhandensein des Umamirezeptors zeigt noch etwas anderes: Der Mensch war in seiner Entwicklung durchaus geneigt, auch bereits vor längerer Zeit getötete Tiere zu verzehren, also Fleisch, in dem Glutamat durch Fermentierung bereits freigesetzt worden ist und das daher geschmacklich anregend wirkte. Durch die Fermentierung des Fleisches wurde nicht nur Glutamat frei, sondern auch andere Bestandteile, die damit besser verdaulich wurden. Gleiches gilt für Fleisch, das gebraten wird. Durch das Braten entstehen Aromastoffe und freies Glutamat. Die frühen Menschen, die die Savanne betraten, haben sicherlich die Erfahrung gemacht, dass Tiere, die durch einen der immer wieder auftretenden Brände des trockenen Gras- und Buschlandes gegart worden waren, besonders gut schmeckten.

Die Kombination von Süß, der bevorzugten Geschmacksrichtung, und der appetitanregenden Wirkung von Glutamat findet sich auch in der Muttermilch, die süß ist und eine große Menge freies Glutamat enthält. Mit etwa 20 mg pro 100 ml Muttermilch ist Glutaminsäure von allen Aminosäuren bei Weitem am höchsten konzentriert, gefolgt von Taurin (5 mg pro 100 ml; Kurihara 2009). Die Glutaminmenge entspricht in etwa der, die auch in klassischen japanischen »Umamigerichten« zu finden ist. Der Mensch wird offensichtlich schon sehr früh an diese Geschmackswahrnehmung gewöhnt.

Durch den Umamigeschmack akzeptierten die Homininen eine Vielzahl von Lebensmitteln, wobei gerade solche Lebensmittel in der Akzeptanz eine Rolle spielten, die entweder auf natürlichem Weg fermentierten oder in denen durch kurzfristige Alterungsprozesse Glutaminsäure freigesetzt wurde. Bei der Wahrnehmung dieser Nahrungsmittel ist der Geruchssinn von besonderer Bedeutung. Auch die frühen Homininen haben sicherlich faulen Fisch verschmäht. War der Geruch jedoch angenehm, so führte dies zusammen mit dem Umamireiz im Gehirn zu einer Verstärkung und damit zu einem angenehmen Geschmackserlebnis (Rolls 2000). Die reduzierte Geruchsschwelle des Menschen mag bei der Nahrungswahl eine zusätzliche Rolle gespielt haben, da der Geruch den Geschmack nicht überlagerte. Gerade diese Eigenschaft aber führte zu einer starken Erweiterung des Nahrungsspektrums, wie es weder Schimpansen noch andere Primaten aufweisen. Hinzu kommt, dass Schimpansen auf eine Reizung der Geschmacksnerven mit pflanzlichem GMP weitaus stärker reagieren als bei einer Reizung mit Mononatriumglutamat. Spezifische Nervenfasern für den Umamigeschmack finden sich bei Schimpansen nicht (Hellekant und Ninomiya 1991); Umami schmeckt ihnen also nicht, was auch das eingeschränkte Nahrungsmittelspektrum der Tiere erklärt.

Bei den Carnivoren, die ausschließlich Fleisch verzehren und keinen Süßgeschmack kennen, ist das anders. Letzterer ist im Zuge der Evolution verloren gegangen. Damit waren die Katzen auf eine eher einseitige, proteinbetonte Nahrung festgelegt. Aber nicht nur Katzen fehlt die Süßwahrnehmung, Mutationen der Süßrezeptorgene wurden auch bei anderen Carnivoren wie Seelöwen, Hyänen und Ottern gefunden (Jiang et al. 2012). Fleisch als primäre Nahrungsquelle könnte die natürliche Selektion dieser Mutation begründen. Pandabären dagegen haben aufgrund der sehr einseitigen Nahrung (Bambus) keinen Umamirezeptor. Der Geschmack scheint sich also dem Nahrungsangebot anzupassen, das heißt Mutationen, die selektiv das

Schmecken eines oder mehrerer Nahrungsmittel betreffen, die für die Spezies von Bedeutung sind, unterliegen einer natürlichen Selektion und verbreiten sich.

Doch kehren wir in die Vergangenheit zu den Australopithecinen und dem *H. erectus* zurück. Durch die Ausweitung der Geschmackstoleranz, teilweise durch Abschwächung von Geschmackspräferenzen, natürliche Selektion von speziellen Rezeptortypen oder auch neue Erfahrungen in Bezug auf den Geschmack, wie es beispielsweise bei gebratenem Fleisch der Fall war, hat sich das Spektrum der stets verfügbaren Mikronährstoffe erweitert und ihre Menge in der Nahrung hat zugenommen. Im Unterschied zur mehr einseitigen Kost vieler Primaten war nun eine Situation entstanden, in der kein Mangel mehr an essenziellen Mikronährstoffen herrschte, sondern diese dauerhaft und reichlich verfügbar waren. Dies galt ganz besonders für die kritischen Mikronährstoffe Eisen, Zink, Folsäure, Vitamin A, D und B_{12}.

9.5 Vom Frugivoren zum Omnivoren

Die Erweiterung des Geschmacksinnes als wichtige Grundlage des Omnivoren hängt eng mit der Nahrungssuche und mit der daraus resultierenden Ernährung zusammen. Die Bitterrezeptoren von Mensch und Schimpanse besitzen eine sehr unterschiedliche Sensitivität. Das zeigt, dass die Fähigkeit, bitter zu schmecken, bereits ganz zu Beginn der Entwicklung der Primaten vorhanden war.

Neben den Individuen mit normaler Sensitivität gegenüber einer Testsubstanz gibt es solche, die als Supertaster oder auch als Non-Taster bezeichnet werden. Ihr Anteil variiert zwischen verschiedenen Populationen. Den Non-Tastern erschließt sich ein breiteres Angebot an pflanzlicher Kost, während die Supertaster viele auch nur leicht bitter schmeckende Nahrungsmittel verweigern. Bittere Substanzen in pflanzlicher Nahrung haben zweierlei Funktion: Sie schützen die Pflanze davor, gefressen zu werden, und sie sind oft antioxidativ, das heißt sie bieten Schutz vor schädlichen Sauerstoffradikalen. Werden die Pflanzen verzehrt, so können diese Antioxidantien auch für den Herbivoren nützlich sein.

Wenn die primären Geschmackswahrnehmungen mit den Makronährstoffen in Beziehung stehen, stellt sich die Frage, ob es nicht auch so etwas wie einen Geschmack für Mikronährstoffe gibt – eine Wahrnehmung die dem Menschen signalisiert, dass eine bestimmte Nahrung für ihn besonders gut ist. Eine solche Wahrnehmung ist jedoch, von Ausnahmen wie dem sauren Geschmack abgesehen, der auf die Anwesenheit von Vitamin C hinweist, nicht der Fall und dies ist möglicherweise auch gut so. Würden wir an einem oder zwei Mikronährstoffen besonderen Geschmack finden, so wäre dies für die Versorgung mit den anderen wichtigen Mikronährstoffen möglicherweise nicht vorteilhaft. Es ist vielmehr die Kombination der Makronährstoffe, die den Geschmack ausmacht und damit ein breites Spektrum an essenziellen Mikronährstoffen liefert. Die Anpassung des Geschmacks an eben dieses breite Spektrum hat erst ermöglicht, dass auf dem Speiseplan des frühen Menschen Nahrungsmittel standen, die ihn regelmäßig und in ausreichender Menge mit Mikronährstoffen versorgten. Und dies war ein wesentlicher Fortschritt in seiner Entwicklung, wie wir noch sehen werden.

Jede Geschmacksknospe auf der Zunge enthält alle Rezeptoren für die fünf unterschiedlichen Geschmacksrichtungen. Eine typische Verteilung unterschiedlicher Geschmackswahrnehmungen auf der Zunge gibt es folglich nicht. Je nach Ligand wird einer der fünf Rezeptoren angeregt. Zwei sind dabei besonders wichtig: die Geschmacksrichtungen süß und umami, die für Kohlenhydrate und Fleisch sowie eine Reihe von Gemüsesorten typisch sind. Sie werden über die Kombination von speziellen Rezeptoren (T1R1, T1R2, T1R3) wahrgenommen: T1R1 und T1R3 für umami, T1R2 und T1R3 für süß. Der Süßrezeptor kann so einfache Zucker (Sucrose, Fructose, Glucose), künstliche Süßstoffe (Aspartam, Cyclamat), D-Aminosäuren (Alanin, Serin, Phenylalanin) und manche sehr süße Proteine (Monelin, Thaumatin) detektieren. Der Umamirezeptor hat als Liganden L-Aminosäuren (Glutamat, Glycin, Aspartat). Die Geschmackswahrnehmung von Säugetieren ist deutlich differenzierter als die der Vögel und Fische. Dies ist ein deutlicher Hinweis auf die Anpassung an ein breiteres Nahrungsangebot. Während der Umamirezeptor des Menschen nur auf L-Glutamat und L-Aspartat anspricht, reagiert er bei Mäusen auf nahezu alle L-Aminosäuren (Yarmolinski et al. 2009).

Die geschmackliche Toleranz als Beginn einer Entwicklung des Menschen zum Omnivoren mit starker Ausrichtung auf Fleisch hat eine neue Situation geschaffen. Fleisch musste gezielt gesucht oder gejagt werden. Das erforderte Strategie, Taktik und auch soziales Verhalten, allesamt Faktoren, die zur Menschheitsentwicklung beigetragen haben. Nachdem sich der aufrechte Gang offensichtlich als Selektionsvorteil erwiesen hatte, war es nun an der Zeit, das Gehirn zu fordern, um so die neuen Eindrücke und Fähigkeiten dauerhaft zu verankern. So war *H. erectus* vorbereitet, als Jäger und Sammler in die Savanne umzusiedeln.

Literatur

Baldwin MW et al (2014) Evolution of sweet taste perception in hummingbirds by transformation of the ancestral umami receptor. Science 345:929–933

Campbell MC et al (2011) Evolution of functionally diverse alleles associated with PTC bitter taste sensitivity in Africa. Mol Biol Evol 29:1141–1153

Cardoso AP et al (2005) Processing of cassava roots to remove cynogens. J Food Compos Anal 18:451–460

Carlsson L et al. (1999) Metabolic fates in humans of linamarin in cassava flour ingested as stiff porridge. Food Chem Toxicol 37:307–312

Chambers ES, Bridge MW, Jones DA (2009) Carbohydrate sensing in the human mouth: effects on exercise performance and brain activity. J Physiol 587:1779–1794

Drewnowski A, Gomez-Carneros C (2000) Bitter taste, phytonutrients and the consumer. Am J Clin Nutr 72:1424–1435

Fischer A, Gilad Y (2004) Evolution of bitter taste receptors in humans and apes. Mol Biol Evol 22:432–436

Gilad Y, Wiebe V et al (2004) Loss of olfactory receptor genes coincides with the acquisition of full trichromatic vision in primates. Plos Biol 2:E5

Goldstein SJ, Richard AF (1989) Ecology of rhesus macaques (*Macaca mulatta*) in North-Western Pakistan. Int J Primatol 10:531–567

Hellekant G1, Ninomiya Y (1991) On the taste of umami in chimpanzee. Physiol Behav 49:927–934

Hladik CM (1993) Fruits of the rain forest and taste perception as a result of evolutionary interactions. In: Hladik CM, Hladik A et al (Hrsg) Tropical forests, people and food: biocultural interaction and applications to development. Unesco-Parthenon, Paris, 73–82

Jiang P et al (2012) Major taste loss in carnivora. Proc Natl Acad Sci U S A 109:4956–4961

Kurihara K (2009) Glutamate: from discovery as food flavor to role as basic taste (umami). Am J Clin Nutr 90:719–722

Mattes RD (2009) Is there a fatty acid taste? Ann Rev Nutr 29:305–327

Rolls ET (2000) The representation of umami taste in the taste cortex. J Nutr 130:960S–965S

Soranzo N et al (2005) Positive selection on a high-sensitivity allele of the human bitter-taste receptor TAS 2R16. Curr Biol 15:1257–1265

Trox J, Vadivel V, Vetter W et al (2013) Bioactive compounds in cashew nuts. J Agr Food Chem 58:5341–5346

Yarmolinski D et al (2009) Common sense about taste: from mammals to insects. Cell 139:234–244

Der Weg zum *Homo sapiens*

H. K. Biesalski, *Mikronährstoffe als Motor der Evolution*,
DOI 10.1007/978-3-642-55397-4_10, © Springer-Verlag Berlin Heidelberg 2015

Irgendwann begann das menschliche Gehirn zu wachsen. Aus Sicht der Evolution muss es dafür einen Anlass gegeben haben, das heißt, ein größeres Gehirn muss vorteilhaft gewesen sein. Auf den ersten Blick ist ein größeres Gehirn aber eher ein Nachteil für seinen Besitzer, denn es braucht mehr Energie als ein kleines. Da es in der Beschaffung dieser Energie eher rabiat zu Werke geht, wird die Energie dem Träger an anderer Stelle fehlen, es sei denn, es tun sich neue Energiequellen auf. Wie sahen diese Quellen aus und was hat diese Entwicklung mit dem neuen Lebensraum der Homininen zu tun? Stimmt es wirklich, dass der Mensch durch ein mehr an Fleisch erst wirklich zum Menschen geworden ist?

Wie ► Kap. 6 bereits beschrieben, wird die Entwicklung des Menschen nicht, wie bisher angenommen, auf eine zunehmende Trockenheit zurückgeführt, die den Menschen zwang, in die Savanne zu wandern, sondern auf wiederholte Herausforderungen durch unterschiedliche Veränderungen des Klimas und damit seines Habitats. Die schrittweise Adaptation an diese Herausforderungen hat unseren Vorfahren Anpassungen ermöglicht, die zu ihrer steten Weiterentwicklung vom Australopithecinen zum *Homo erectus* beitrugen. Bisher ist allerdings nicht geklärt, wer eigentlich der Vorfahre des *H. erectus* ist. Fossile Schädelfragmente des *H. rudolfensis* (2,4 Mio. Jahre) und des *H. habilis* (2,1 Mio. Jahre), die beide auf einen Zeitraum vor dem *H. erectus* (1,8 Mio. Jahre) datiert werden, werden wegen ihrer Ähnlichkeit zu *Au. afarensis* oft noch zu den Australopithecinen gezählt, könnten aber auch bereits zur Gattung *Homo* gehören. Was unterscheidet die Australopithecinen von den frühen Vertretern der Gattung *Homo*? Die Fähigkeit aufrecht zu laufen ist es, wie immer wieder einmal berichtet wird, sicherlich nicht, dies konnten bereits verschiedene Australopithecinen (*Au. afarensis*, *Au. africanus*) lange vorher. Auch längere Beine, wie sie später beim *H. erectus* zunehmend zu beobachten sind und als Beleg für eine weitere Entwicklung des aufrechten Ganges angesehen werden, wurden bereits bei *Au. afarensis* beschrieben.

Ein wesentlicher Unterschied zwischen allen frühen Vertretern des *Homo erectus*, deren Schädel und Knochenfragmente in Afrika (am Turkana-See 2,1 Mio. Jahre; im Afar-Becken 2,3 Mio. Jahre), aber auch in Georgien (Dmanisi 1,9 Mio. Jahre) gefunden wurden, und den Australopithecinen (*Au. afarensis*, *Au. africanus*, *Au. sediba*) besteht in der größeren Körperlänge, die die der Australopithecinen um 15–25 % überschreitet). So ist der sogenannte Nariokotome- oder Turkana-Boy (*H. erectus*), der am Turkana-See gefunden wurde, vor etwa 1,6 Mio. Jahren dort ums Leben gekommen, also gegen Ende der zweiten Phase starker Klimaschwankungen. Sein nahezu vollständiges Skelett war erhalten und so konnten seine Größe mit 1,5 m und sein Gewicht mit ca. 47 kg bestimmt werden. Da er erst acht Jahre alt gewesen war (andere Analysen kommen auf 12 Jahre), schätzt man, dass er als erwachsener Mann eine Größe von 1,75 m und ein Gewicht von 70 kg erreicht hätte (Gibbons 2010). Verglichen mit den Australopithecinen und dem zur gleichen Zeit noch lebenden *P. boisei* war er gute 30–50 cm größer. Diese Unterschiede in der Körperlänge sind nicht nur bei dem Nariokotome-Jungen, sondern auch bei anderen *H.-erectus*-Exemplaren gefunden worden und sind ein starker Hinweis auf qualitative Unterschiede in der Ernährung (Fogel R 1993). Für eine besonders gute und vor allem vielfältige Nahrung sprechen auch die Analysen des Habitats am Turkana-See und an der Fundstelle der Fossilien. Hier, so die Analysen des Paläosediments (Quinn et al. 2013) gab es am Seeufer kleinere geschlossene Waldareale mit offenen Flächen und Buschland. Dieses gemischte Habitat bot nahezu alles, was an Nahrung zu dieser Zeit verfügbar war. Dazu gehörten sowohl aquatische Vertebraten wie Invertebraten, alle Arten von Tieren, die in der offenen Savanne lebten (Rinder, Schweine, kleinere Affen u. a.) und besonders auch die Karkassen von

◘ Tab. 10.1 Arten der Hominini, ihr zeitliches Auftreten und ihre anatomischen Besonderheiten. (Nach: Leonard et al. 2010)

Arten der homininen	Zeitliches auftreten (Mio. Jahre)	Hirnvolumen (cm³)	Körpergewicht	
			Mann (kg)	Frau (kg)
Australopithecus afarensis	3,9–3,0	438	45	29
Australopithecus africanus	3,0–2,4	452	41	30
Paranthropus boisei	2,3–1,4	521	49	34
Paranthropus robustus	1,9–1,4	530	40	32
Homo habilis (sensu strictu)	2,1–1,6	612	37	32
Homo erectus (früh)[a]	1,8–1,5	863	66	54
Homo erectus (spät)[a]	0,5–0,3	980	60	55
Homo sapiens	0,4 bis heute	1350	58	49

[a]zum frühem *H. erectus* zählen hier der *H. rudolfensis*, der *H. habilis* wie auch die Formen des *H. erectus*, die vor 1,8–1,5 Mio. Jahren existierten

Tieren, die andere Raubtiere übriggelassen haben (Braun et al. 2010). Der Tisch des gemischten Habitats war demnach sehr viel reichlicher gedeckt, als reine Wald- oder Seeuferhabitate.

Robert Fogel, der 1993 mit dem Nobelpreis für Wirtschaft ausgezeichnet wurde, hat in umfangreichen Analysen zeigen können, dass zwischen Ernährung, Körpergröße und Lebenserwartung eine direkte Beziehung besteht. Menschen innerhalb einer Population, deren Ernährung vor allem während der ersten 1000 Tage (von der Konzeption bis zum Ende des zweiten Lebensjahrs) qualitativ nicht den Anforderungen entspricht, bleiben im Längenwachstum hinter den besser ernährten um mehr als zwei Standardabweichungen bezogen auf die 95-%-Perzentile zurück (1000-Tage-Fenster; ▶ Abschn. 3.6). Gleichzeitig ist ihre Lebenserwartung deutlich geringer als die besser ernährter Individuen innerhalb der Population. Wie bereits beim *H. floresiensis* erörtert, kann sich eine Ernährung mit geringer Qualität negativ auf das Wachstum auswirken, was für eine Ernährung mit guter Qualität umgekehrt gilt. Die größere Körperlänge ist ein deutlicher Hinweis darauf, dass die schrittweise Anpassung an das neue Nahrungsangebot der Savanne zu einer Verbesserung der Qualität der Nahrung beigetragen hat.

Neben der Körpergröße besteht ein zweiter wesentlicher Unterschied im größeren Hirnvolumen der Vertreter der Gattung *Homo* im Vergleich zum Hirnvolumen der Australopithecinen (◘ Tab. 10.1).

Bis zum Auftauchen der Gattung *Homo* hatte sich das Hirnvolumen der Australopithecinen kaum verändert, nun aber scheint die Entwicklung rasch voranzugehen. Aber nicht nur das Hirnvolumen des *H. erectus* nahm zu, sondern auch das Körpergewicht und wie oben erwähnt die Körperlänge. Die Oberfläche der Backenzähne nahm dagegen ab und die Schneidezähne wurden grazilerer. All das weist auf eine nachhaltige Veränderung der Nahrungswahl hin.

Im Jahr 1960 entdeckte der Sohn der Paläontologendynastie Leakey in der Olduvai-Schlucht fossile Überreste eines Homininen, den sein Vater Louis Leakey *Homo habilis* nannte, was so viel bedeutet wie »fähiger Mensch«. Das Alter der fossilen Überreste wurde auf 1,8 Mio. Jahre geschätzt. Das Hirnvolumen des *H. habilis* lag mit 510 cm³ allerdings deutlich unter den als

Maßstab zur Zuordnung zur Gattung *Homo* geforderten 800 cm³ und doch über dem der Australopithecinen. Die Morphologie seines Gesichts und auch andere Merkmale wie die langen Arme und die Schulterpartie war der der Australopithecinen allerdings ähnlicher als der des *H. erectus*. Daher ist die Zuordnung des *H. habilis* zur Gattung *Homo* umstritten. Der Lebensraum des *H. habilis* entsprach dem des *P. boisei* und doch zeigt die Isotopenanalyse der Zähne, dass das Nahrungsmuster ein völlig anderes war. Der *H. habilis* scheint sich, ähnlich wie die Schimpansen, vorwiegend von C₃-Gräsern ernährt zu haben. Dazu gehörten in den Feuchtgebieten, in denen er lebte, die verschiedensten Binsen und Früchte, die auch *Paranthropus* zur Verfügung standen. Der gemessene δ¹³C-Wert könnte allerdings auch auf den Verzehr von Tieren zurückgehen, die sich selbst von C₃-Pflanzen ernährt haben, wie Giraffen bzw. manche Insektenarten. Allerdings ist schwer vorstellbar, dass der *H. habilis* diese Tiere konsumierte, während er Tiere, die C₄-Pflanzen fraßen, verschmähte. Letztere hätten aber zu einem entsprechenden δ¹³C-Wert geführt. Der *H. habilis* hatte sich offensichtlich vom Ernährungsmuster des *P. boisei* entfernt. Man mag das als Hinweis dafür sehen, dass der *H. habilis* sich auf den Weg in die offene Savanne gemacht hatte und seine Nahrungspräferenzen immer noch stark denen seiner Vorfahren, den grazilen Australopithecinen, glichen.

Die Analyse der Fundorte von *H. habilis* und *P. boisei* ergab, dass beide im Lebensraum kleiner, inzwischen ausgestorbener Säugetiere lebten. Dazu gehörten Kudus, die in bewaldeten Arealen vorkamen, und kleine Primaten (Cercopithecinae), die mehr im Freiland zu finden waren (Alemseged und Bobe 2009). Die Autoren schließen aus den Ergebnissen ihrer Untersuchungen, dass die frühen *Homo*-Arten (der *H. habilis* und der *H. rudolfensis*) im Wald mehr tierische Nahrung bevorzugten (siehe auch Pygmäen) während die *P. boisei* in seinem Baumhabitat am Seeufer neben den verfügbaren Binsen- und Sauergrasgewächsen weiterhin harte Wurzeln und Rinde suchte. Die Unterschiede der Gebisse untermauern diese Annahme ebenso wie der im Lebensraum des *P. boisei* existierende *Theropithecus oswaldi*, ein ausgestorbener Affe, der sich von C₄-Pflanzen ernährte, also von Wurzeln und harten Blättern. Wenn der *H. habilis* und der *H. rudolfensis* in ähnlichen Habitaten wie *P. boisei* lebten, so belegt der umfassendere Fleischverzehr den Wandel zum opportunistischen Omnivoren.

Dann tauchten in verschiedenen Regionen Europas, Afrikas und Asiens, wie diverse Fundstellen belegen, unterschiedliche Arten des *Homo* auf – vor 1,9 Mio. Jahren in der Olduvai-Schlucht der *H. ergaster*, vor 1,75 Mio. Jahren in Dmanisi (Georgien) der *H. erectus*, vor 1 Million Jahre in Atapuerca (Spanien) der *H. antecessor* und vor 0,8 Mio. Jahren in China und Indonesien ein Hominine, der als *H. erectus* bezeichnet wird, wenngleich hier auch diskutiert wird, dass es sich um eigenständige Arten handeln könnte. Es ist jedoch wahrscheinlicher, dass sich der *H. erectus* bereits vor 2 Mio. Jahren auf den Weg gemacht und Afrika verlassen hat. Sein Skelett ist graziler als das der Australopithecinen, sein Schädel weist noch Zeichen seiner Vorfahren auf (Augenwülste, langer, flacher Hirnschädel, kräftiges, wenngleich kleiner werdendes Gebiss). Die Mikroanalyse ergab, dass sich die Zahnoberfläche des *H. erectus* aus Dmanisi nur wenig von der des afrikanischen *H. erectus* unterscheidet. Dies legt nahe, dass ihre Nahrungswahl ähnlich war (Pontzer et al. 2011). Der *H. erectus* hatte in seinem afrikanischen Habitat ein breites Nahrungsangebot und war nicht auf einzelne Lebensmittel wie Wurzeln oder Fleisch angewiesen. Vielmehr wählte er so ziemlich alles, was verzehr- und verdaubar war, aus. Seine Ernährung hat sich demnach auf seiner Wanderung nach Asien nur wenig verändert. Das Angebot mag geschwankt haben, entscheidend war scheint jedoch, dass er es sich auch aus Gründen des Geschmacks nicht leistete, allzu wählerisch zu sein. Vielleicht hat er Fleisch, wenn verfügbar, mehr geschätzt als trockene Wurzeln. Sicher aber war sein Nahrungsspektrum kaum so eingeschränkt wie das der ausgestorbenen wie auch der noch existierenden Arten der Australopithecinen (*P. boisei*).

Diese Funde weisen auf eine wesentliche Entwicklungen hin: Der *H. erectus* konnte sich aufgrund seiner Flexibilität an die schwankenden Umwelt- und Ernährungsbedingungen anpassen. Er hatte sein angestammtes Habitat verlassen und diese Veränderung des Lebensraums hat sich auf seine körperliche Entwicklung wie auch auf die Entwicklung seines Gehirns ausgewirkt. Das Gehirnvolumen des *H. erectus* lag zwischen 750 und 1250 cm^3 und war damit deutlich größer als das des *H. habilis* (aber immer noch ca. 30 % kleiner als das des modernen Menschen). Diese Differenz stellt zwar nur eine Momentaufnahme dar, sie könnte jedoch auf die unterschiedliche Qualität der Nahrung zu unterschiedlichen Zeitpunkten in den Habitaten zurückgehen.

Was war der Vorteil eines breiten Nahrungsangebots gegenüber einer einseitigen tierischen oder pflanzlichen Kost? Knapp 6 Mio. Jahre hat es gedauert, bis sich das Gehirnvolumen, angefangen bei den ersten Hominini bis zum *H. habilis*, nur etwas vergrößert hatte, dann aber hat es nur knapp 1 Million Jahre gedauert, bis das Hirnvolumen des modernen Menschen erreicht war. Auf der Grundlage vieler Einzelbeobachtungen nimmt man an, dass sich das menschliche Gehirn in zwei Phasen entwickelt hat: einer längeren Phase mit schrittweisem Wachstum, das von einer Reorganisation der Großhirnrinde begleitet war, und einer erst in jüngerer Zeit beendete Phase, die bis vor ca. 0,3–0,2 Mio. Jahre dauerte und in der sich spezifische Regionen, wie sie für kognitive und soziale Fähigkeiten wichtig sind, weiterentwickelt haben. Was hat die Hirnvergrößerung möglich gemacht bzw. worin lag der Vorteil, der zur Selektion von Spezies beigetragen hat, deren Hirn sich vergrößert hatte?

Es gibt eine Reihe von Theorien, die zu erklären suchen, warum Ernährung zu einer Volumenzunahme des Gehirns führte und welche Anpassungsmechanismen sich ereigneten, damit sich dieses vergrößerte Gehirn entwickeln und vor allem auch erhalten konnte. Zweifellos ist es eine Vielzahl weiterer Ereignisse, die zur Größenentwicklung des Gehirns beigetragen haben, wie die Sozialisierung, zunehmende fremde äußere Reize (visuell, auditiv), die in der neuen Umwelt verarbeitet werden mussten, oder auch von der Ernährung unabhängige genetische Komponenten, die die Größenzunahme des Gehirns für die Folgegenerationen genetisch fixierten. Ohne die vor 2 Mio. Jahren eingetretene Veränderung der Ernährung und der Lebensräume des *H. erectus* wäre diese Hirnvergrößerung wahrscheinlich nicht erfolgt.

10.1 Gehirnentwicklung und Ernährung

Das Gehirn des heutigen Menschen unterscheidet sich in zwei wesentlichen Merkmalen von dem seiner Urahnen: Es ist dreimal so groß und es entwickelt sich nach der Geburt deutlich langsamer, dafür aber länger, als beispielsweise das der Schimpansen.

Körper- und Gehirnmasse verhalten sich bei Tieren umgekehrt proportional zueinander. Je größer die Masse der Tiere, desto geringer ist die Masse ihres Gehirns bezogen auf ihre Körpermasse. Bei einem ca. 1 kg schweren Kapuzineraffen macht das Gehirngewicht etwa 2,5 % der Körpermasse aus, bei einem 60 kg schweren Schimpansen sind es 0,5 % und bei einem mehr als 100 kg schweren Gorilla sogar nur noch 0,25 %. Bei einem 70 kg schweren Menschen dagegen beträgt das Gehirngewicht ca. 2,0 % der Körpermasse. Als Ursache wird unter anderem die Qualität der Ernährung diskutiert. Tatsächlich nimmt mit steigendem Körpergewicht die Nahrungsqualität ab, das heißt die Ernährung wird einseitiger. Stellt also möglicherweise die

Ernährungsqualität, die der Mensch im Laufe seiner Entwicklung verbessert hat, eine wichtige Ursache auch für seine Hirnentwicklung dar?

Das Volumen des menschlichen Gehirns ist nicht innerhalb weniger Jahren angestiegen, sondern über viele Tausend Jahre. Die erste durch fossile Belege dokumentierte Größenzunahme geht zeitgleich einher mit dem Fund von ca. 2 Mio. Jahre alten Werkzeugen und einer Veränderung des Nahrungsangebots. Wie aber kann ein anderes Nahrungsangebot diese Wirkung haben, nachdem sich das Hirnvolumen über 5 Mio. Jahre nicht verändert hat?

Der *Australopithecus afarensis* begab sich vor ca. 3 Mio. Jahren aufrecht gehend in die Savanne, womit ein erster und wichtiger Schritt zur Entwicklung des modernen Menschen getan war. Sein Gehirnvolumen entsprach dem heute lebender Schimpansen. Der zweite Schritt, die zunehmende Vergrößerung des Gehirns, erfolgte, nachdem *H. erectus* offensichtlich seinen Lebensraum vorwiegend in die Savanne verlagert hatte. Dies entspricht dem Zeitraum zwischen der zweiten und dritten Phase der starken Klimaschwankungen vor 1,6–1,1 Mio. Jahren. Die Steigerung des Gehirnvolumens und dessen Persistenz im Zusammenhang mit der Veränderung des Nahrungsangebots in der Savanne wird mit den folgenden zwei Theorien erklärt:

- Die Größenzunahme des Gehirns geht mit einer Zunahme des Energiebedarfs einher, der unbedingt gedeckt werden musste. Dies erfolgte über zwei Mechanismen:
  - das Gehirn greift auf die im Blut zirkulierende Glucose zu, auch auf Kosten anderer Glucoseverwerter des Körpers (*selfish brain*).
  - Der Darmtrakt als weiteres, viel Energie verbrauchendes Organ wurde verkleinert und erst dies hat die Größenzunahme dauerhaft möglich gemacht (*expensive brain*).
- Zwischen der zweiten Phase der Klimaschwankungen und dem ersten Auftreten des *H. erectus* in Afrika vor etwa 1,8 Mio. Jahren besteht eine direkte zeitliche Beziehung. Die klimatischen Veränderungen haben unsere Vorfahren gezwungen, sich neue Nahrungsquellen zu suchen. Neben den Früchten und Wurzeln kam nun Fleisch als wichtige Quelle hinzu – genau genommen war es nur mehr Fleisch als vorher. Der Verzehr von mehr Fleisch geht einher mit der Aufnahme von mehr Protein. Eine höhere Proteinzufuhr ist, so die Annahme, für die Zunahme der Gehirngröße verantwortlich.

Diese Theorien haben gute Ansätze und jede liefert einen Baustein, der sich zu einer Gesamttheorie zusammenfügen lässt.

Die wesentlichen genetischen Unterschiede zwischen Schimpanse und Mensch, die durch positive Selektion entstanden sind, betreffen Gene bzw. deren Promotorregionen, also die Region, in der das Ablesen eines Gens für die Synthese von RNA beginnt. Die Proteinprodukte dieser Gene haben eine Funktion bei Vorgängen, die zur neuronalen Entwicklung und Funktion beitragen, oder spielen auch bei der Ernährung eine Rolle (Haygood et al. 2007). Zu den Genen mit neuronalem Bezug gehören solche, die für die Signalübertragung zuständig sind oder die die Entwicklung von Nervenzellen (Neurogenese) steuern (siehe auch Hirnentwicklung). Zu den ernährungsrelevanten Genen, die im Zuge der Selektion beim Menschen größere Bedeutung erlangt haben, gehören besonders solche, die in die Regulation des Kohlenhydratstoffwechsels eingreifen. Dazu zählen vor allem Gene, die Enzyme codieren, welche die verschiedenen Schritte der Glykolyse (Zuckerabbau) und der Gluconeogenese (Zuckeraufbau) steuern. Die kurzfristige Bereitstellung von Glucose als Energiequelle für das Gehirn war offensichtlich eine wichtige Anpassung.

Die zentrale Frage in der ungewöhnlichen Entwicklung des menschlichen Gehirns ist nicht, wie es der Organismus geschafft hat, mit dem energieverbrauchenden Gehirn zurechtzukommen, ohne dass andere Organe unterversorgt sind. Die Frage ist auch nicht, wie sich der

Organismus umstellen musste, um sich den besonderen anatomischen Gegebenheiten, die sich durch den aufrechten Gang ergaben, anzupassen. Dazu gehörte beispielweise der Schutz des Gehirns vor Überwärmung, der durch besondere Formen der Gefäßversorgung geregelt wurde. All diese Anpassungen waren zweitrangig. Von großer Bedeutung ist allerdings die Frage, was das Wachstum angeregt hat und worin der evolutionäre Vorteil lag, dass diese Größenzunahme durch eine schrittweise natürliche Selektion genetisch fixiert wurde. Eine Umstellung des Stoffwechsels war allerdings auch nötig, um die kontinuierliche Versorgung des Gehirns zu garantieren. Diese metabolische Umstellung verlief parallel zur Vergrößerung des Gehirns, machte somit die neu hinzukommenden kognitiven Fähigkeiten des Menschen möglich und hat sie genetisch fixiert.

Das selbstsüchtige Gehirn (*selfish brain*)

Die Theorie des selbstsüchtigen Gehirns wird von Achim Peters et al. (2004) damit begründet, dass das Gehirn über aktive Mechanismen verfügt, sich Glucose zu beschaffen, und dies im Zweifelsfall auf Kosten anderer Organe.

Im Zentrum der Versorgung des Gehirns mit Glucose steht der Glucosetransporter GLUT1. Dieser befindet sich in den Blutkapillaren, die Teil der Blut-Hirn-Schranke sind, welche nur von Substanzen passiert werden kann, für die es spezifische Transporter in den zellulären Membranen gibt. Meist handelt es sich hierbei um Transporter für Glucose, aber auch für spezielle Aminosäuren und Mikronährstoffe. Glucose wie auch Fettsäuren können die neuronale Aktivität des Gehirns direkt beeinflussen und so die Aufnahme und die Verwertung von Nährstoffen steuern. Zentrales Element in diesem Stoffwechsel ist die Bereitstellung von energiereichen Verbindungen, die dann die Energie für Stoffwechselvorgänge liefern können. Ein wichtiges energiereiches Molekül ist Adenosintriphosphat (ATP). Die Bildung des ATP ist direkt an die Versorgung mit Glucose gekoppelt und ATP-Konzentration ist zugleich auch empfindlicher Sensor für den Energiestatus.

Laut Peters gibt es drei Wege, die diese Versorgung des Gehirns mit Glucose – auch auf Kosten anderer Gewebe – sicherstellen:

- Sinkt die ATP-Konzentration in den Astroglia des Gehirns, werden GLUT1-Transporter aktiviert und Glucose gelangt zur Bildung von ATP in diese Zellen.
- Sinkt die ATP-Konzentration im Hypothalamus, so sendet dieser ein Signal, der das sympathoadrenerge System aktiviert und damit die Versorgung von Muskel- und Fettgewebe mit Glucose zugunsten des Gehirns senkt.
- Neuronen des lateralen Hypothalamus regeln bei Energiebedarf die Nahrungsaufnahme. Sinkt der Blutglucosespiegel, was von Glucosesensoren in den Orexinneuronen gemessen wird, so werden diese Neuronen aktiviert und bewirken über die Freisetzung verschiedener Hormone eine Steigerung der Nahrungsaufnahme bzw. des Hungers.

Die Kontrolle der Zufuhr von Glucose wie auch ihrer Verwertung im Stoffwechsel unterliegt einer Vielzahl von kontrollierten Einzelschritten, in die die Hormone des Gastrointestinaltrakts ebenso eingebunden sind wie Hormone und Signalmoleküle, die in verschiedenen Hirnarealen, besonders dem Hypothalamus, gebildet werden. Dazu gehören auch die jüngst entdeckten Glucosesensoren im Gehirn, die Tanycyten (im Hypothalamus), die vergleichbar mit den Inselzellen der Bauchspeicheldrüse den Glucosespiegel im Blut messen und bei erhöhten Konzentrationen die Insulinfreisetzung induzieren. Tanycyten nehmen die Glucose auf und setzen ATP frei.

Die Tanycyten bestimmen auch die Glucosekonzentration in der Hirnflüssigkeit (Liquor), um – falls erforderlich – für Nachschub zu sorgen (Bolborea und Dale 2013). Manches spricht dafür, dass besagte Tanycyten Eigenschaften neuronaler Stammzellen aufweisen, so nach Stimulation zur Plastizität und zur Bildung neuronaler Netzwerke im Hypothalamus beitragen und damit den Energiestoffwechsel in Bezug zur steigenden Nahrungsaufnahme und zur Größenentwicklung regulieren können. Dies kann ein Mechanismus sein, der die Energieversorgung des Gehirns sicherstellt und gleichzeitig über viele Zwischenstufen modulierend in die periphere Energiespeicherung eingreift. Voraussetzung für eine solche Entwicklung ist die Plastizität (Anpassungsfähigkeit) der neuronalen Strukturen, das heißt, dass diese Strukturen auf Reize (z. B. Nahrung) mit Veränderungen reagieren können. Langfristig können solche Anpassungen dann genetisch fixiert werden und zur Vergrößerung des Gehirns beitragen (siehe auch ▶ Kap. 11). Das Gehirn tut alles, um ausreichend Energie zu erhalten, und nimmt keine Rücksicht auf die Versorgung anderer Organe. Der Begriff des *selfish brain* ist durchaus passend.

Die Deckung seines steigenden Energiebedarfs hat sich wahrscheinlich parallel zur Größenzunahme entwickelt. Die Steigerung des Gehirnvolumens und damit des Energieverbrauchs war nur möglich, wenn der zunehmende Energieverbrauch durch das Gehirn auch gedeckt war. Dies gilt besonders deshalb, da sich der Grundumsatz (Energieverbrauch in Ruhe) nicht verändert hat und aus einer reinen Umstellung des Stoffwechsels keine zusätzliche Energie verfügbar war. Hier genau setzt die Theorie des *expensive brain* an – wenn schon keine zusätzliche Energie da war, dann mussten andere Verbraucher eben mit weniger auskommen.

10.2   Die Hypothese des *expensive* und des *selfish brain*

Die *expensive brain*-Hypothese (auch *expensive tissue*-Hypothese genannt) geht mit einem fast kaufmännisch klingenden Ansatz vor, indem sie die These vertritt, dass das wachsende Gehirn seinen zunehmenden Energiebedarf nur decken konnte, indem der Energieverbrauch anderer Gewebe durch Anpassung, das heißt eine Verkleinerung, reduziert wurde. Da der gesamte Verdauungstrakt viel Energie verbraucht, ist es naheliegend anzunehmen, dass dieses Organ zugunsten des Gehirns kleiner wurde, und in der Tat verhalten sich bei Primaten die Volumina von Gehirn und Gastrointestinaltrakt bezogen auf die Körpermasse umgekehrt proportional zueinander. Anders formuliert: Wenn der Energieverbrauch des Gastrointestinaltrakts durch Verkleinerung reduziert wird, kann sich ein anderes, ebenfalls viel Energie verbrauchendes Organ besser entwickeln – das Gehirn (Aiello und Wheeler 1995). Andere Wissenschaftler vermuten dagegen, dass eine Reduktion der stark energiezehrenden Muskelmasse die Entwicklung des energieintensiven Gehirns ermöglicht hat (Leonard et al. 2003). Egal wie, die Verbesserung der Energieversorgung des Gehirns war nicht Ursache der Vergrößerung, sondern Folge.

Eine Verbindung von *selfish brain*- und *expensive brain*-Hypothese ergibt sich aus der Beobachtung, dass die beiden Glucosetransporter GLUT1 und GLUT4 bei Menschen und anderen Primaten in unterschiedlicher Dichte gefunden werden (Fedrigo et al. 2011). Beide Transporter finden sich im Gehirn, in der Muskulatur und in der Leber von Menschen, Schimpansen und Makaken. Der GLUT1-Transporter wird im Gehirn des Menschen 3,2-mal häufiger exprimiert als bei anderen Primaten. In der Muskulatur der Schimpansen ist der GLUT4-Transporter dagegen 1,6-mal häufiger vertreten. Was bedeutet das? Fedrigo et al. sehen in diesen Ergebnissen einen Hinweis darauf, dass die gewebespezifisch bei Mensch und Schimpanse unterschiedliche

Bildung der Transporter funktionelle Folgen hat, und zwar, dass das Gehirn des Menschen dadurch mehr Glucose aufnehmen kann als das des Schimpansen, während es sich bei der Muskulatur genau umgekehrt verhält. Eine Mutation des GLUT1-Gens, die den Transporter teilweise inaktiviert kann zu einer Unterversorgung des Gehirns mit Glucose führen und löst bei den Betroffenen im Kindesalter epilepsieähnliche Krampfanfälle aus. Die Therapie besteht in einer ketogenen Diät, einer fettreichen Kost, die zur Bildung von Ketonkörpern führt, welche nicht über GLUT1 in das Gehirn gelangen. Bei schweren Formen findet sich eine angeborene Mikrocephalie, bei der sich das Gehirn zwar normal entwickelt, jedoch kleiner ist und weniger Energie braucht. Es ist aber durchaus denkbar, dass eine über die Evolution angepasste bessere Energieversorgung des wachsenden Gehirns über eine Verbesserung der Glucoseaufnahme bei gleichzeitigem Rückgang der Versorgung der Muskulatur mit Glucose eine wichtige Basis für die natürliche Selektion eines größeren Gehirns war. Dafür spricht, dass die Muskulatur des *H. erectus* wegen der nun geringeren Notwendigkeit, diese für das Klettern in den Bäumen einzusetzen, geringer beansprucht wurde.

Ein wichtiger Anpassungsschritt, um die Energieversorgung des Gehirns sicherzustellen, ist das Anlegen von Energiereserven in Form von Fett oder die Reduktion von energieverbrauchenden Geweben und Organen bzw. auch der Dichte von Glucosetransportern. Dies mag für die Vergrößerung des menschlichen Gehirns, die mit dem Auftauchen des *H. erectus* begann, von Bedeutung gewesen sein, um den in Abhängigkeit von der Größe zunehmenden Energiebedarf zu decken. Letztlich ist es dem Gehirn heute wie damals egal, woher seine Energie stammt, ob aus Fett, aus Protein oder aus Kohlenhydraten. Fehlt die Energie, so ist es das Gehirn, das den Abbau der Körperreserven vorantreibt.

Beispielhaft seien die als Folge von Herzerkrankungen, Tumoren oder Essstörungen bei klarem Verstand an Kachexie leidenden Menschen genannt. Auch der als Sarkopenie im Alter zu beobachtende Abbau von Muskelgewebe dient der Versorgung des Gehirns. Hier werden energieverbrauchende Stoffwechselprozesse, wie die Synthese verschiedener Proteinbausteine in der Leber oder die Regeneration verschiedener Gewebe, zugunsten der Energieversorgung des Gehirns heruntergefahren. Viele weitere Körperfunktionen wie körperliche Aktivität oder auch energieaufwendige Stoffwechselprozesse des Immunsystems oder die Proteinsynthese der Leber zur Bildung von lebenswichtigen Transportproteinen für Mikronährstoffe (Kupfer, Vitamin A, E u. a.) werden eingeschränkt, die Leistungen des Gehirns jedoch lange nicht.

Die Theorien, die die Energieversorgung des Gehirns als alleinigen Motor für die Entwicklungen sehen, berücksichtigen nicht, dass eine ausreichende Energiezufuhr zwar den Hunger beseitigt, dass aber Sattsein nicht genug ist. Eine Minderung der Energiezufuhr kann je nach Ausmaß über mehr oder weniger lange Zeit toleriert werden, ohne dass das Gehirn darunter leidet. Eine Minderung der Zufuhr an Mikronährstoffen kann jedoch über kurz oder lang zu schwerwiegenden Erkrankungen führen. Die Mechanismen, die verhindern, dass dem Gehirn Energie fehlt, sind vielfältig. Mechanismen, die verhindern, dass Mikronährstoffe fehlen, sind dagegen bis heute zumindest nicht bekannt.

10.3   Hirnentwicklung und Nahrungsverfügbarkeit

Zweifellos war die Anpassung des erhöhten Energiebedarfs des Gehirns an die Verfügbarkeit von Energie ein grundlegender und wichtiger Schritt, der die dauerhafte Vergrößerung des Gehirns erst möglich gemacht hat. Voraussetzung aber war, dass genügend energiereiche und qualitativ hochwertige Nahrung dauerhaft zur Verfügung stand.

Um der Frage nach der Bedeutung der Nahrungsqualität nachzugehen, sind Arbeiten, die die Abhängigkeit des Hirnvolumens bei Primaten von den verfügbaren Nahrungsquellen untersuchen, von besonderem Wert. Die Arbeitsgruppe um Carel van Schaik des Anthropologischen Instituts der Universität Zürich hat hier umfangreiche Daten gesammelt. Ausgangspunkt der Überlegungen war, dass sich ein Habitat mit starken saisonalen Schwankungen der verfügbaren Nahrungsenergie auf die Größenentwicklung des Gehirns eher negativ auswirken müsste (van Woerden et al. 2014). Gleichzeitig müsste eine Spezies mit einem größeren Gehirn durch die besseren kognitiven Fähigkeiten den Vorteil haben, eine Anpassung an solche saisonalen Verknappungen effizienter gestalten zu können. Diese als Kognitive-Puffer-Hypothese (*kognitive buffer hypothesis*, KBH) bezeichnete Annahme besagt, dass solche verhaltensgesteuerten Anpassungen dazu beigetragen haben, dass die Homininen gezielt nach Ersatznahrung gesucht haben, um ihren Hunger zu stillen und damit die saisonalen Schwankungen auszugleichen. Gleichzeitig, so die Annahme, führte dies zu einer Vergrößerung der Nahrungsvielfalt.

In umfangreichen Untersuchungen wurde die KBH an Primaten überprüft (van Woerden et al. 2010, 2011, 2014). Wie van Woerden et al. (2014) berichten, wurden die Nahrungsmittel ähnlich wie beim DQ-Index eingeteilt, allerdings nur nach der energetischen Qualität (Energiedichte pro g), und mit einem Punktesystem versehen (acht für Insekten, fünf für Früchte, Samen, Blüten, drei für junge und einen Punkt für alte Blätter). In der Tat zeigte sich eine Korrelation zwischen Hirngröße und energetischer Qualität der Nahrung, und zwar besonders dann, wenn die verfügbare Energiemenge saisonal schwankte.

Der DQ-Index

Der DQ-Index (DQ für *dietary quality*) ist ein Hilfsmittel zur Analyse der Nahrungsqualität. Auf der Grundlage einer Analyse der Ernährung von 72 Primaten (Platyrrhini) wurde eine Gleichung zur Ermittlung der Nahrungsqualität aufgestellt (Sailer et al. 1985):

$$DQ - \text{Index} = s + 2\,r + 3,5\,a$$

Der DQ-Index ist die Summe der relativen Anteile verschiedener Nahrungsmittel an der Gesamtnahrung, die in Volumenprozent angegeben wird. Die Komponenten werden unterteilt in strukturgebende Pflanzenteile wie Rinde, Stiele und Blätter (s), reproduzierende Pflanzenteile wie Früchte und Blüten (r) sowie tierische Nahrung einschließlich Invertebraten (a), wobei die verschiedenen Komponenten durch Faktoren gewichtet werden. Je größer der Faktor, umso höher ist die Qualität der Nahrungsgruppe. Der DQ-Index ist gleich 100, wenn die Nahrung nur aus Blättern und Pflanzenstrukturen besteht, und 350, wenn die Nahrung nur tierische Bestandteile enthält.

Wie die starke Gewichtung des Fleischanteils durch den Faktor 3,5 zeigt, hat Nahrungsqualität sehr viel mit dem Fleischanteil in der Nahrung zu tun. Warum ist das so? Verzehrt ein Säugetier ein anderes, dann nimmt der Räuber all die Stoffe auf, die die Beute, und damit auch er selbst, zum Leben braucht. Dies gilt begrenzt auch für den Verzehr von Invertebraten, die, wie beschrieben ja große Mengen an Mineralien und auch verschiedene Vitamine enthalten können. Diese hochwertige Nahrung deckte damit sowohl den Energiebedarf des wachsenden Gehirns und der zunehmenden Körpermasse wie auch den Bedarf an Mikronährstoffen, die dieses Wachstum angeregt und letztlich gesichert haben.

Würde man den DQ-Index, der die wirkliche Qualität der Nahrung beschreibt, auf die Definition des rein quantitativen DQ von van Woerden übertragen (Kognitive-Puffer-Hypothese), so würde sich wahrscheinlich eine saisonale Abhängigkeit von Qualität und Hirnvolumen ergeben, die weit deutlicher ist, als die von der Energiezufuhr, wie sie van Woerden beschreibt. Die KBH verfolgt einen rein energiebezogenen Ansatz, der die Qualität der Nahrung nicht wirklich berücksichtigt. Dadurch wird übersehen, dass eine reine Sättigung durch ausreichend Energie nur eine Seite der Medaille ist, denn erst die Qualität sichert eine Versorgung, die für eine adäquate Körperfunktion erforderlich ist.

Aus einer ganzen Reihe von Untersuchungen des Ernährungsverhaltens von verschiedenen Affenarten aus unterschiedlichen Gruppen (Platyrrhini, Catarrhini und Lemuriformes) schließen van Woerden et al. (2014), dass der Grad der saisonal schwankenden Energieaufnahme umgekehrt proportional zum Hirnvolumen ist. Spezies mit größerem Gehirn und somit auch einem höheren Energiebedarf, so die weitere Schlussfolgerung, schaffen es, die saisonal bedingten Fluktuationen auszugleichen (ganz entsprechend der KBH). Die Energieverknappung infolge saisonaler Veränderung behindert, so die Autoren, wegen mangelnder Energiezufuhr die Entwicklung eines größeren Gehirns, sofern dem nicht durch kognitive Leistung (z. B. dem Suchen und dem Verzehr alternativer Energiequellen) entgegengewirkt wird. Darin liegt ein wichtiger Aspekt: Kognitive Fähigkeiten, wie die Kenntnis von Standorten, an denen spezielle Pflanzen gedeihen, Zeit des Pflanzenwachstums bzw. der Fruchtreife oder die besondere Wahrnehmung durch Geruch und Geschmack, mit deren Hilfe sich alternative Nahrungsquellen erschließen lassen, könnten der natürlichen Selektion unterliegen. Auch hier könnte die Variabilitäts-Selektions-Hypothese zutreffen: Starke saisonale Schwankungen der Nahrungsverfügbarkeit könnten dazu beitragen, dass solche Phänotypen einen Vorteil haben, die sich von solchen Schwankungen, sei es durch Verhalten (▶ Kap. 11) oder aber besondere Geschmacksanpassungen, unabhängig machen können. Die Schlussfolgerung der von van Woerden et al., dass Spezies, die zu wenig Energie aufnehmen (ihre Ernährung besteht vorwiegend aus Blättern) deshalb ein kleineres Gehirn haben und sich folglich auch schlechter an die saisonalen Fluktuationen der verfügbaren Nahrung anpassen können, ist jedoch nicht haltbar. Es ist sicherlich nicht nur der Mangel an Energie, sondern ganz besonders der Mangel an Mikronährstoffen, der einen negativen Einfluss auf die Hirnentwicklung haben kann (▶ Kap. 11).

Die zentrale Aussage der KBH ist, dass die kognitive Fähigkeit, bei einem Mangel an Früchten auf andere Nahrung ausweichen zu können, mit einem größeren Gehirn einhergeht. Manche Spezies hat sich also durch die Wahl alternativer Nahrungsquellen an sich verändernde Bedingungen (Saisonalität) adaptieren können und dieser Druck hat zur Entwicklung eines größeren Gehirns beigetragen, welches gleichzeitig den Vorteil bietet, kognitiv besser auf saisonale Veränderungen reagieren zu können. Die Annahme, die Saisonalität von Nahrung vermittle einen Selektionsdruck, der zur Entwicklung eines größeren Gehirns mit besseren Fähigkeiten führt, mit deren Hilfe wiederum das Problem der Verknappung von Energie durch bessere kognitive Fähigkeiten kompensiert werden können, scheint vordergründig zuzutreffen. Die Triebfeder für die Nahrungssuche ist allerdings der Hunger und nicht die Qualität des Nahrungsmittels. Wenn nichts anderes da ist, werden auch minderwertige Nahrungsmittel verzehrt. Geschöpfe mit einem größeren Gehirn mögen hier eine bessere Wahl treffen, indem sie auf unterschiedlichste Nahrungsquellen zugreifen. Durch die Steigerung der Diversität hat dies die Konsequenz, dass vor allem die Nahrungsqualität nicht allzu starken saisonalen Schwankungen unterliegt.

Die Befürworter dieser Hypothese übersehen allerdings, dass sie im Grunde die Bedeutung einer qualitativ guten Ernährung beschrieben haben. Dass es die Qualität und weniger die Quantität ist, die die Größe des Gehirns mitbestimmt, bestätigt eine Studie, die die Ernährung innerhalb verschiedener Habitate und die Gehirngröße verschiedener Arten bzw. Unterarten der Orang Utans (*Pongo pygmaeus pygmaeus*, *P. p. wurmii*, *P. p. morio* und *P. abelli*) verglich (Taylor und van Schaik 2007). Das mit 380 cm^3 kleinste Gehirn hat eine Unterart des *Pongo pygmaeus*, der *P. p. morio*, der in einem Habitat (Borneo) mit wiederkehrender ausgeprägter Nahrungsknappheit lebt und sich in Zeiten der Verknappung von Wurzeln und Rinde statt bevorzugt von Früchten ernährt. Der *P. abelii* (Sumatra-Orang-Utan), der in einem Habitat mit deutlich besserer und dauerhafter Verfügbarkeit von Früchten und frischen Blättern lebt, hat mit 410 cm^3 das größte Gehirnvolumen. Weniger die Fantasie entscheidet in diesem Fall, was verzehrt wird, sondern vielmehr die Verfügbarkeit und Vielfalt qualitativ höherwertiger Nahrung.

Eine Verbesserung der kognitiven Möglichkeiten im Zusammenhang mit einer Verbesserung der Qualität der Nahrungsmittel ist aber genau der Effekt, der eintrat, als der Mensch begann, die Savanne aufzusuchen und sich dort neue Nahrungsquellen und vor allem eine bisher nicht gekannte Nahrungsvielfalt zu erschließen.

10.4   Meat makes man

Der Ausspruch *meat makes man* ist fast schon ein Dogma, wenn es um den Zusammenhang zwischen Ernährung und Evolution geht. Wenn unter Fleisch wie so häufig nur Muskelfleisch verstanden und dieses als neue und wichtige Proteinquelle für den Menschen angesehen wird (z. B. im Rahmen der in letzten Jahren proagierten Theorie der Paläoernährung, die den Jäger und Sammler als bevorzugten Fleischesser sieht), so ist das nur bedingt korrekt. Die Vertreter dieser Theorie gehen davon aus, dass der Mensch in seiner Ernährung immer noch genetisch auf der Stufe des Jägers und Sammlers steht (also vor dem Beginn der Landwirtschaft 10 000 v. Chr.) und daher gesünder lebt, wenn er sich vorwiegend von fettarmem Fleisch mit viel tierischem Protein, eher weniger Kohlehydraten und weitgehend unverarbeitetem Obst und Gemüse ernährt. Wie richtig diese Annahme ist, dass wir im Stoffwechsel genetisch auf der Stufe der steinzeitlichen Jäger- und Sammlernpopulationen stehen, ist nicht gesichert. Tierisches Protein, also im Wesentlichen Muskelfleisch, ist jedoch nur ein Teil der Ernährung und Muskelfleisch reicht, wie bereits mehrfach erörtert, kaum aus, um den Menschen dauerhaft gesund zu ernähren. Soweit ist die Idee der Paläoernährung sicherlich ein interessanter Ansatz, allerdings greift er bei den heute lebenden Menschen zu kurz, da diese sich das wirkliche Angebot der Jäger und Sammler (das ganzes Tier) kaum erschließen werden.

10.4.1   Protein

Der Klimawandel und immer größer werdende Flächen von Grasland und damit Tieren, die sich davon ernährten, fallen zusammen mit dem Erscheinen des Menschen und dem immer voluminöseren Gehirn. Die Vorstellung, dass sich die Menschen vor 2 Mio. Jahren in Gruppen zusammentaten, um zu jagen, und die Menschen dadurch neben Sozialverhalten auch die Herstellung von Waffen erlernten, ist attraktiv. Der Mensch, der sich als Jäger und Sammler betätigt hat, verfügt nun plötzlich über hochwertiges Protein, indem zunehmend Fleisch auf seinem Speiseplan steht. Die scheinbar logische Korrelation – mehr Fleisch, mehr Hirn – ist naheliegend. Nur welche Rolle spielte das Protein wirklich, wenn es um das Hirnwachstum geht? Fleisch und andere tierische Nahrungsquellen, so die Argumentation, liefern, anders als stärkehaltige Nahrung wie Wurzeln oder andere Pflanzenteile, ein vollwertiges Protein in konzentrierter Form.

Zunächst einmal wird tierisches Protein als vollwertig bezeichnet, da es alle für den Menschen notwendigen Aminosäuren in ausreichender Menge enthält. Bei den pflanzlichen Proteinquellen trifft dies nur auf Leguminosen wie Bohnen zu. Tierisches Protein, was im übrigen schon lange auf dem Speisplan der Homini stand, könnte nur dann einen Vorteil gegenüber pflanzlichem gehabt haben, wenn es Bestandteile enthielte, die in Pflanzen nicht vorkommen und die für die Entwicklung des Gehirns von besonderer Bedeutung sind.

Würde, anders herum, eine Proteinversorgung aus rein pflanzlichen Quellen oder eine Versorgung, die unter dem berechneten Bedarf liegt, zu einer Entwicklungsstörung des Gehirns führen? Eine reine Proteinunterversorgung ist schwer vorstellbar. Der Mangel an Protein ist immer vergesellschaftet mit einer unzureichenden Energieversorgung. Man spricht daher auch von einer Protein-Energie-Mangelernährung als einer besonders schweren Form der Mangelernährung, die zu den Erkrankungen Kwashiorkor oder Marasmus führt (▶ Abschn. 3.6.3). Ein isolierter Proteinmangel ohne gleichzeitigen Energiemangel ist nur unter ganz besonderen Bedingungen (künstliche Ernährung, spezielle Diäten) vorstellbar.

In jedem Fall sind Kwashiorkor und Marasmus Erscheinungsbilder einer starken Unterernährung, bei der es an allem fehlt, nicht nur an Protein. Einen interessanten Aspekt haben Tierexperimente ergeben, bei denen trächtige Rattenweibchen einem kontrollierten Proteinmangel ausgesetzt wurden (Torres et al. 2010). Der Proteinmangel führte zu einer verminderten Bildung von Enzymen, die für die Herstellung von ungesättigten Fettsäuren (Docosahexaensäure, DHA) in der Leber wichtig sind. In der Folge war die Menge dieser für die Hirnentwicklung enorm wichtigen Fettsäuren im fetalen Gehirn verringert. Eine Unterversorgung mit diesen Fettsäuren hat erhebliche Konsequenzen auch für die Entwicklung des menschlichen Gehirns. Während eine Mangelernährung (zu wenig essenzielle Mikronährstoffe) bei durchaus ausreichender Energie- und Proteinversorgung zu einer Verzögerung der mentalen Entwicklung führt, ist dies bei einer Unterernährung (zu wenig Energie) nicht der Fall (Grantham Mc Gregor 1995). Energie alleine, egal ob sie aus Fett, Protein oder Kohlenhydraten stammt, scheint für die Erklärung der Hirnentwicklung demnach nicht ausreichend. Fehlt Energie, so resultiert daraus in erster Linie ein niedriges Körpergewicht, das nicht umsonst als Wasting also als »verzehrend« bezeichnet wird. »Verzehrend«, weil sich das Gehirn zur Beschaffung so lange an den Proteinreserven (Muskulatur) und auch am Fettgewebe bedient, bis fast nichts mehr übrig ist. Solange die Zufuhr an essenziellen Mikronährstoffen noch gerade ausreicht, sei es durch die Zufuhr mit der Nahrung oder aber durch den Abbau von Gewebe, wird das Gehirn auch mit den für seine Entwicklung wichtigen Stoffen versorgt. Fehlen aber einzelne Mikronährstoffe, so hat dies je nach Mikronährstoff und Zeitpunkt des Mangels Auswirkungen auf die Entwicklung des Gehirns.

Wie weit ein Proteinmangel bei unseren Vorfahren vorkommen konnte, ist schwer zu sagen. Allerdings war durch den Zuwachs von Fleisch als Nahrung eine deutliche Verbesserung der Proteinversorgung zu verzeichnen, sofern man das oft erwähnte Muskelfleisch meint. Immerhin wird mit dem Verzehr von Muskelfleisch die Entwicklung von Werkzeug (scharfe Faustkeile) begründet, das verwendet wurde, um eben dieses Muskelfleisch von den Knochen zu kratzen. Dies wiederum ist gut durch typische Kratzspuren an Tierknochen belegt.

Wenn dem *Homo* also plötzlich ausreichend Protein zur Verfügung stand, so hat dies in erster Linie dazu beigetragen, dass er Körpermasse aufbauen konnte, da Wurzeln und Früchte bei Weitem nicht dieselbe Energiemenge enthalten wie Fleisch. Durch die Steigerung des Verzehrs tierischer Nahrung war sowohl eine Zunahme an Protein, einschließlich der essenziellen

Aminosäuren, als auch eine Zunahme an Energie sichergestellt. Beides zusammen kann zur Vergrößerung des Gehirns beigetragen haben.

Von den 20 Aminosäuren, die der Mensch braucht, sind zwei (Lysin und Threonin) essenziell, da sie im Stoffwechsel irreversibel transaminiert werden. Sowohl Lysin als auch Threonin finden sich in Fleisch, während sie in Getreideprodukten kaum vorkommen. Bisher gibt es keine gesicherten Hinweise darauf, dass das Fehlen einer der beiden Aminosäuren messbare Konsequenzen für die Hirnentwicklung hat. Nun sind Aminosäuren in so vielen Stoffwechselwegen von Bedeutung, dass es, von Ausnahmen wie angeborenen Störungen der Aufnahme oder Verwertung einzelner Aminosäuren abgesehen, schwer ist, einen direkten Bezug zwischen der Hirnentwicklung und einzelnen Aminosäuren herzustellen. So werden Aminosäuren für die Synthese von Neurotransmittern (Überträger der Signale zwischen Neuronen) ebenso benötigt wie für den Aufbau von Strukturen und die Proteinsynthese im Gehirn.

Die Annahme, dass sich das Gehirn des Menschen vergrößert hat, da er in der Savanne Zugang zu mehr Protein in Form von Fleisch hatte, ist so aus mehreren Gründen als wesentliche Ursache nicht haltbar:

- Fleisch, besonders Muskelfleisch, ist eine gute Proteinquelle, aber nur eine mäßige Quelle von Mikronährstoffen (Ausnahme Eisen, Zink).
- Eine Unterversorgung mit Protein ist nur dann vorstellbar, wenn gleichzeitig eine Unterversorgung mit Energie besteht.
- Wenn dem Homininen genug Energie zur Verfügung stand, dann hat ihm die zusätzliche Portion Protein sicherlich keinen erheblichen Gewinn gebracht. Vielmehr verbraucht die Aufnahme von Protein Energie. Protein ist also als Energiequelle weniger geeignet als Fett und Kohlenhydrate.

10.4.2 Taurin

Die schwefelhaltige Verbindung Taurin (eine 2-Aminomethansulfonsäure) nimmt eine Sonderstellung ein, da sie nur zu bestimmten Zeiten essenziell ist. Taurin kann, anders als Aminosäuren, keine Peptide bilden, ist also nicht proteinogen.

Taurin ist eine schwefelhaltige Verbindung, die vom Menschen aus den beiden schwefelhaltigen Aminosäuren Methionin und Cystein gebildet werden kann. Für Erwachsene reichen offensichtlich kleine Mengen in der Nahrung. Taurin gilt daher als nicht essenziell. In Pflanzen, von einigen Nüssen und Bohnen abgesehen, kommt Taurin nur in sehr geringen Mengen vor. Die Tatsache, dass der *H. erectus* nicht nur Fleisch, sondern sicherlich auch Muscheln und Fisch verzehrt hat, hat ihm zu einer guten Taurinversorgung verholfen (◘ Tab. 10.2). Dabei bestätigt sich erneut, dass die Nähe zu Seen und damit zu Fischen, Krustentieren und Wasserschnecken usw. für die Entwicklung des *Homo* von ganz besonderer Bedeutung war.

Taurin erfüllt verschiedene Aufgaben, viele davon sind allerdings noch nicht wirklich verstanden. So reguliert es die Balance der zellulären Mineralien, die für das osmotische Gleichgewicht der Zelle von Bedeutung sind. Es hat Einfluss auf die Membranstabilität, die intrazelluläre Calciumhomöostase und wirkt als Neurotransmitter. Hierbei kann es die Signalübertragung im Gehirn sowohl fördern als auch hemmen. Besonders wichtig aber scheint Taurin für die Entwicklung des menschlichen Gehirns zu sein.

◻ Tab. 10.2 Taurinquellen in der Nahrung. (Nach: Yamori et al. 2010)	
Nahrungsquelle	**Tauringehalt (mg pro 100 g)**
Fleisch	
Rindfleisch	50
Lamm	65
Schwein	65
Huhn	40–250
Leber	250
Hühnerleber	600
Milch	30
Fisch	
Lachs	80
Regenbogenforelle	100
Makrele (Filet)	180
Makrele (ganz)	900
Rote Seebrasse	200
Gelbe Seebrasse	360
Kapelan (Lodde)	600
Meeresfrüchte	
Austern	1200
Muscheln	650
Sepia	400
Tintenfisch	550
Koreanische Garnelen	300
Krabben	500

Taurin und die Hirnentwicklung

Taurin ist für den Fetus und das Neugeborene essenziell, da sie es noch nicht aus den schwefelhaltigen Aminosäuren bilden können (das dafür notwendige Enzym ist erst einige Zeit nach der Geburt aktiv) und somit auf die Zufuhr durch die Mutter angewiesen sind. Dies bedeutet, dass die Versorgung des Fetus in erster Linie von der Versorgung der Mutter abhängt. In der menschlichen Placenta gibt es einen Transporter, der den Übergang von Taurin aus dem mütterlichen in das fetale Blut sicherstellt, das Neugeborene erhält Taurin über die Muttermilch. Bei Fetus und Neugeborenem ist die Blutkonzentration drei- bis fünfmal höher als bei der Mutter. All das spricht für eine besondere Bedeutung dieser Verbindung. Was aber, wenn die Schwangere nur schlecht mit Taurin versorgt ist? Dann, so die Untersuchungen an Schafen, sinken die Taurinblutwerte zunächst, bleiben dann aber über ca. 30 Tage stabil. Erst wenn die Mangelernährung fortgesetzt wird sinken die Werte weiter und die Versorgung des Fetus wird kritisch (Thorstensen et al. 2012). Niedrige Blutwerte beim Fetus führen zu Wachstums- und

Organentwicklungsstörungen (Lager und Powell 2012). Übertragen auf die frühen Homininen heißt das, dass eine Ernährung, die arm an Fleisch besonders aus aquatischen Quellen war, zu Engpässen in der Taurinversorgung geführt haben konnte.

Taurin und die prä- und postnatale Entwicklung

Pränatale Entwicklung   Im Gehirn von Fetus und Neugeborenem ist die Taurinkonzentration vier- bis fünfmal höher als bei erwachsenen Menschen und anderen Primaten. Die Konzentration im Hinterhauptslappen des Gehirns von Rhesusaffen ist zum Zeitpunkt der Geburt in etwa so hoch wie bei menschlichen Neugeborenen und nimmt bei beiden nach der Geburt nahezu linear ab (Sturman und Gaull 1975). Taurin hat, neben anderen Funktionen wie die Regulation des Zellvolumens, die Bildung von Gallensalzen und die Regulation der intrazellulären Calciumkonzentration, Einfluss auf die Entwicklung der Nervenzellen der Retina und die Reifung neuronaler Zellen im sich entwickelnden Gehirn (Shivaraj et al. 2012). Katzen sind als Carnivoren sehr auf die Zufuhr von Taurin angewiesen. Im Fall eines Taurinmangels bei trächtigen Tieren besitzen die Neugeborenen ein deutlich kleineres Gehirn und eine veränderte Morphologie des Kleinhirns und der Sehrinde (Sturman 1993).

Das kleinere Gehirn wird damit erklärt, dass Taurin einen Einfluss auf das Wachstum der Vorläuferzellen (Progenitorzellen) der Neuronen hat, die letztlich einen wesentlichen Teil der Hirnmasse ausmachen. Auch bei menschlichen Feten ist ein stimulierender Effekt von Taurin auf das Wachstum und die Entwicklung von Neuronen beschrieben (Chen et al. 1998). Aus Tierexperimenten ist bekannt, dass Taurin für die Entwicklung von neuronalen Vorläuferzellen, also Zellen in der Vorstufe zu Nervenzellen oder Nervenstützgewebe, zu funktionsfähigen Nervenzellen wichtig ist (Hernandez-Benitez et al. 2012). Die Zunahme solcher Zellen wird aber für die Größenzunahme des Gehirns (Cortex und Hippocampus) mit verantwortlich gemacht (Super und Uylings 2001).

Es würde zu weit führen, alle Details anzuführen, wir können jedoch festhalten, dass Taurin für die fetale Gehirnentwicklung essenziell ist. Inwieweit eine bessere Versorgung des *H. erectus* mit Taurin zur Größenentwicklung des Gehirns beigetragen hat, ist schwer zu sagen, dass diese Verbindung jedoch eine Rolle gespielt hat, ist nicht auszuschließen. Das kleinere Gehirn der Schimpansen oder auch der Australopithecinen scheint jedenfalls für seine Bedürfnisse Taurin in ausreichender Menge erhalten zu haben. Möglicherweise hat die bessere Versorgung durch tierisches Protein das Größenwachstum begünstigt. Zumindest sind die besten Quellen für Taurin genau die, die der *H. erectus* in Savanne und am Seeufer vorfand.

Postnatale Entwicklung   Muttermilch (Colostrum) enthält in den ersten fünf Tagen nach der Geburt große Mengen an Taurin, aber bereits nach 30 Tagen nimmt die Konzentration deutlich ab. Offensichtlich hat auch die Brustdrüse spezifische Transporter, die eine solch hohe Konzentration in der Milch gewährleisten. Die Tatsache, dass die Taurinkonzentration in der Muttermilch rasch sinkt, ist ein Hinweis darauf, dass die Leber des Neugeborenen nun in der Lage ist, Taurin zu bilden, oder, dass es eben nicht mehr in den großen Mengen gebraucht wird. Die kurz vor und kurz nach der Geburt noch fehlende Aktivität des Enzyms, das zur Taurinbildung aus Cystein notwendig ist, wird ganz offensichtlich durch einen aktiven Transportmechanismus für Taurin über die Blut-Hirn-Schranke kompensiert.

10.4.3 Fettsäuren

Fett kommt in fast allen Lebensmitteln in mehr oder weniger großer Menge vor. Während tierische Fette oft gesättigt sind, also keine Doppelbindungen enthalten, von den Fetten in Fischen einmal abgesehen, sind pflanzliche Fette in vielen Fällen eher ungesättigt, sie enthalten eine oder mehr Doppelbindungen. Gesättigte Fette sind vorwiegend Speicherfette und dienen als Reserven bzw. auch als Struktur- und Isoliermasse. Ungesättigte, insbesondere hochungesättigte Fette sind Membranbestandteile, können Signalfunktionen haben, im Immunsystem aktiv sein oder auch in verschiedenen Kombinationen, beispielsweise mit Phosphor als Phospholipide oder mit Zucker als Glykolipide, wichtige Strukturbausteine des Gehirns bilden.

Besondere Bedeutung kommt den Omega-3-Fettsäuren zu, die mehrere Doppelbindungen aufweisen. α-Linolensäure (ALA) hat drei Doppelbindungen (18:3 ω-3) und ist Vorstufe der noch stärker ungesättigten Eicosapentaensäure (EPA; 20:5 ω-3) und der Docosahexaensäure (DHA; 22:6 ω-3). ALA wird in Pflanzen durch Einführung von zwei Doppelbindungen in die Ölsäure (OA; 18:1 ω-3) gebildet. Tierische Zellen können dies nicht, daher ist ALA für den Menschen essenziell. Pflanzliche Zellen können im Gegensatz zu tierischen aus ALA kein DHA bilden. Mit der Nahrung (Pflanzenöle, Keimlinge, Nüsse) aufgenommene ALA kann dann in der Leber, aber auch in Muskulatur und Gehirn, zu EPA und weiter zu DHA metabolisiert werden. Die Bildung der für die Hirnentwicklung wichtigen DHA aus ALA ist jedoch sehr begrenzt (<1%). Damit ist der Mensch aber auf die Zufuhr von DHA über die Nahrung angewiesen.

DHA ist im menschlichen Gehirn die am häufigsten vorkommende Omega-3-Fettsäure (sie macht 35% aller Omega-3-Fettsäuren aus) und ist in den Membranen der Nervenzellen enthalten. Der Anteil an DHA in den Zellmembranen hängt von der Ernährung ab und geht mit zunehmendem Alter zurück. Allerdings zeigt sich keine Abhängigkeit von den Blutwerten, was an einem speziellen Speichermechanismus im Gehirn liegen könnte. Im Gehirn findet sich die DHA vor allem in der weißen, weniger in der grauen Substanz. Besondere Zellen des Gehirns, die Astrocyten, können aus ALA DHA bilden und dies an benachbarte neuronale Zellen abgeben. Hier wird es zwischen die Phospholipide der Membranen eingebaut. Dies gilt auch für die Zellen der Retina, in der die visuellen Signale transformiert und an die entsprechende Hirnregion (Sehrinde) weitergeleitet werden.

Kinder von Müttern mit geringer Zufuhr an DHA aus Lebensmitteln zeigten eine schlechtere Sehfähigkeit als Kinder von Müttern mit guter Versorgung (Makrides et al. 1995). Aber auch für die kognitive Entwicklung wird eine ausreichende DHA-Versorgung (900 mg pro Tag) in der Schwangerschaft empfohlen (Hibbeln und Davis 2009).

DHA und Hirnentwicklung

Für die Hirnentwicklung scheint die DHA eine besondere Rolle zu spielen, da sie die Neurogenese, also die Bildung von Nervenzellen, auf verschiedenen Wegen anregt. So kann die DHA Transkriptionsfaktoren aktivieren, die sich mit speziellen Rezeptoren im Zellkern verbinden und so die Expression von Genen für Proteinbausteine steuern, welche für die Neurogenese von Bedeutung sind. Diese Rezeptoren sind im Fall der DHA Vitamin-A-abhängig, das heißt, Vitamin-A-Säure (9-*cis*-Retinsäure) ist der Ligand zur Aktivierung des Rezeptors (Lengqvist et al. 2006). Damit aber hängt die Wirkung der DHA auf die Hirnentwicklung unter anderem davon ab, ob ausreichend Vitamin A zur Verfügung steht.

DHA kann als direkter und indirekter Ligand von Vitamin-A-abhängigen Rezeptoren des Zellkerns Prozesse anstoßen, die wesentlich zur embryonalen Entwicklung des zentralen Nervensystems und damit auch zu seiner späteren Funktion beitragen. Eine Vielzahl von Entwicklungsschritten des Gehirns ist mit der Aktivierung der Kernrezeptoren durch DHA oder auch Vitamin A verbunden, die sowohl die Neurogenese als auch die Organisation von neuronalen Netzwerken betreffen (Innis 2007). Damit stellt sich die Frage, welche Bedeutung die Ernährung für diese Prozesse hat und ob eine schlechte Versorgung zu einer unzureichenden Entwicklung und Funktion des Gehirns beiträgt bzw. eine besonders gute Versorgung auch mit einer günstigeren Entwicklung verbunden ist.

Ein experimentell induzierter Mangel bei Tieren führt zu Veränderungen der Größe einzelner Hirnregionen oder auch zu einer verringerten Zahl neuronaler Zellen. Inwieweit dies jedoch einen Einfluss auf die kognitiven Fähigkeiten hat, ist weitgehend unklar und umstritten. Hinsichtlich der Fragestellung, ob der Verzehr von Fisch und damit von Omega-3-Fettsäuren, besonders DHA, die Größenentwicklung des menschlichen Gehirns beeinflusst hat, sind Studien, in denen die DHA supplementiert wurde, weitaus aussagekräftiger. Die Wirkung, die man erzielt hat, ist diskret bis nicht vorhanden. Zudem zeigt die Beobachtung, dass Kinder von Vegetariern, die keinerlei Fisch verzehren, in deren Nahrung sich also auch keine bedeutende DHA-Quelle befindet, in ihrer mentalen Entwicklung im Vergleich zu den Kindern von Fischessern nicht eingeschränkt sind. Das muss aber nicht bedeuten, dass der *H. erectus* hinsichtlich der Entwicklung seines Gehirns nicht doch von einer Fischmahlzeit profitiert haben könnte. Schließlich enthielt dies ja nicht nur DHA, sondern das für die Hirnentwicklung ebenfalls wichtige Taurin.

Definition

Supplementation: Verabreichung eines Mikronährstoffs oder anderer Nahrungsstoffe als Kapsel oder Tablette, wenn die Versorgung über die sonstige Ernährung nicht ausreicht

Substitution: Ersatz eines Stoffes beispielsweise einer Fettsäure oder eines Vitamins durch einen anderen.

Beide Begriffe werden jedoch oft synonym verwendet.

Nahrungsquellen für DHA

Der *H. erectus* hatte eine relativ große Zahl von Nahrungsquellen für die wichtigen Omega-3-Fettsäuren. Dazu gehörten Fisch sowie alle Arten von Tieren, die im oder am See lebten. Der DHA-Gehalt der Süßwasserfische, wie sie sich in den Seen des ostafrikanischen Grabenbruchs wie dem Turkana-See finden, ist mit maximal 90 mg DHA pro kg nicht sonderlich hoch (Broadhurst et al. 1998). Damit ist allerdings nicht gesagt, dass dies vor 3–5 Mio. Jahren genauso war. Vielmehr war die DHA Konzentration in den Fischen starken Schwankungen unterlegen. Fische, die wie Cichlidae sich in salzhaltigerem Wasser aufhalten können haben weitaus weniger DHA (ca 80mg/100g) als die ebenfalls in dieser Zeit vorkommenden Claria, die jedoch das weniger Salzhaltige und suaerstoffreichere Flusswasser am Oberlauf der Seen vorzogen. Dies haben DHA Werte bis zu 500mg/100g (www.nutritionvalue.org). Auch kann die derzeitige empfohlene Tagesdosis für Schwangere von 500 mg DHA nicht direkt auf die unsere Vorfahren übertragen werden, für die weniger sicherlich ausreichte.

Dass der *H. erectus* Fisch verzehrte, ist unbestritten und auch durch fossile Funde belegt. Nimmt man die verschiedenen Wasserstiere wie Schnecken oder Krebse hinzu, so kann die Versorgung mit DHA durchaus in Bereichen bis 300 mg pro Tag gelegen haben, wie sie der moderne Mensch aufgrund seiner veränderten Ernährungsgewohnheiten gerade noch erreicht. Bereits der *Sahelanthropus tchadensis* und die vielen nachfolgenden Generationen, die am Seeufer gelebt haben, haben regelmäßig Fisch und Muscheln verzehrt. Es ist kaum davon auszugehen, dass der *H. erectus* seinen Fischkonsum so deutlich erhöht hat, dass die DHA-

Versorgung plötzlich und langfristig gesteigert wurde und damit ein besonderer Einfluss auf die Hirnentwicklung zu begründen ist.

Fossile Fischknochen finden sich auch weiter nördlich des Turkana-Beckens am Oberlauf des Nils aus der Zeit des frühen bis zum späten Pleistozän, also mit dem Auftreten des *H. erectus* und der Wanderung der Homininen nach Norden (Stewart 1994). Fisch enthält je nach Spezies zwar mehr oder weniger DHA, er lieferte, sofern vollständig verzehrt, wovon man ausgehen darf, auch Vitamin A und D (Leber) sowie je nach Jahreszeit und Ort auch Eisen und Zink. Nicht umsonst ist Lebertran als zwar geschmacklich gewöhnungsbedürftige, aber umso gesündere Vitaminquelle bekannt. Die gefundenen Fischfossilien sind vorwiegend drei Arten zuzuordnen: *Clarias* (Raubwelse), Cichlidiae (Buntbarsche wie *Tilapia*; vorwiegend am Nil) und *Barbus* (Barben) im südlicheren Teil Afrikas. Diese können je nach Fettgehalt für die Vitamin-D- und -B_{12}-Versorgung wichtig gewesen sein.

Als weitere Quelle für DHA kommen Hirn und auch Muskulatur erlegter Tiere hinzu. In Hirn und Muskelgewebe von Elch, Hirsch und Antilope finden sich bis zu 40 % ungesättigte Fettsäuren, davon jedoch nur ca. 1–2 % α-linolensäure und weniger als 1 % DHA (Cordain et al. 2002). Die Menge an DHA im Gehirn von afrikanischen Weidetieren wird mit ca. 800 mg pro 100 g angegeben, die von heute lebenden afrikanischen Fischen mit ca. 500 mg pro 100 g (Leonard et al. 2007).

Als der *H. erectus* begann, sich aus Afrika fortzubewegen und bei seiner Wanderung sicherlich längere Zeiten an den Meeresküsten zu verbringen, haben sich ihm dort weitere sehr reichhaltige Quellen für DHA erschlossen. Dies mag zusammen mit der zunehmenden Sozialisierung dieser frühen Jäger und Sammler für die Hirnentwicklung von Bedeutung gewesen sein.

Die plötzlich bessere Verfügbarkeit von DHA aus Lebensmitteln aquatischen aber auch nichtaquatischen Ursprungs und deren Rolle für die Hirnentwicklung ist auch aus anderen Gründen nicht unumstritten. Ganz im Sinne einer Nischenkonstruktion könnte eine Verbesserung der Versorgung auch dadurch eingetreten sein, dass einige Schwangere mehr DHA aus ALA synthetisieren oder aber DHA-Speicher anlegen konnten als andere (Carlson und Kingston 2007). Frauen, die genetisch so ausgestattet waren, dass sie mehr DHA bildeten, könnten im Zuge der natürlichen Selektion bevorteilt gewesen sein. In der Tat kann die Synthese von DHA aus ALA bei Frauen um bis zum Zehnfachen höher liegen als bei Männern und rechnerisch könnten damit bis zu 125 mg pro Tag erreicht werden. Dies entspricht in etwa dem Verzehr von 25 g fettem Fisch und liegt dennoch weit unter der heute für Schwangere empfohlenen Tagesdosis von 500 mg pro Tag. Auch die im Blut zirkulierende DHA-Menge nimmt ohne zusätzliche Aufnahme mit der Ernährung während der Schwangerschaft zu. Dieser Anstieg, so Otto et al. (2001), ist möglicherweise auf die Mobilisierung aus Speichern zurückzuführen.

Der Verzehr von Fisch begleitet den Menschen schon seit Millionen von Jahren. Er stellt keine plötzliche Entwicklung dar, die das Hirnwachstum im Speziellen angeregt hätte. Auch andere DHA-Quellen sind hier keine Besonderheit. Sicherlich ist eine ausreichende DHA-Versorgung eine wichtige Grundlage für eine normale Hirnentwicklung und -funktion. Damit alleine lässt sich das vor 2 Mio. Jahren einsetzende Hirnwachstum aber nicht begründen, denn sonst hätte diese Entwicklung weitaus früher einsetzen müssen, da Fisch schon lange Zeit vorher ein wichtiges Nahrungsmittel für die Homininen war. Allerdings hat die Tatsache, dass der *H. erectus* begann, tierische Lebensmittel in größerem Umfang zu verzehren, dazu beigetragen, dass die Versorgung mit anderen lebenswichtigen Mikronährstoffen sichergestellt wurde. In den Dimensionen der noch folgenden Jahrmillion bis zum *H. sapiens* und den vorangegangenen 6 Mio. Jahren ohne Veränderung des Gehirnvolumens kann man beim *H. erectus* von einer plötzlichen Veränderung sprechen. Neue Nahrung, die Energie, Protein und Mikronährstoffe lieferte, ihn saisonal auch unabhängiger machte, war verfügbar.

10.5   Hirnentwicklung und Nahrungsqualität

Der in die Savanne wandernde Mensch hatte bei der Bekämpfung seines Hungers gelernt, sich an Nahrung anzupassen, die ihm sicherlich zunächst nicht sehr willkommen war. Was hat dazu geführt, dass so viel Zeit verstreichen musste, ehe die Entwicklung zum *H. sapiens* einsetzte? Was löste die natürliche Selektion einer Spezies aus, deren Gehirn die Eigenschaft hatte, an Volumen zuzunehmen, und was bewirkte die Zunahme?

Kehren wir also noch einmal zum Ausgang vor ca. 2 Mio. Jahren zurück, als der *H. erectus* auftauchte und anschließend weitere Mitglieder der Gattung *Homo* mit einem immer größer werdenden Gehirn. Was hat sich in dieser Zeit verändert und könnte einen so nachhaltigen Einfluss auf die menschliche Entwicklung gehabt haben? Und warum hat sich der Einfluss auf die Homininen beschränkt und nicht auf andere Primaten ausgewirkt? Die bereits beschriebenen Ereignisse, die durch den Klimawandel ausgelöst wurden, haben zu einer Veränderung des Nahrungsangebots geführt, das in erster Linie qualitativ verbessert wurde. Nun konnte dies den Homininen insofern egal sein, als die bis dahin verfügbare Menge an qualitativ weniger attraktiven Lebensmitteln wie Wurzeln, Blättern und Früchten, die ihren Hunger stillten, in gleicher Weise zur Verfügung stand en. In erster Linie ist es der Hunger, der uns antreibt, auf Nahrungssuche zu gehen, und erst sehr viel später der Genuss bzw. Appetit. In manchen Fällen mag es auch die Neugier sein. Die Veränderungen des Angebots und die Anpassung des Geschmacks an das neue Angebot haben auch Nahrungsmittel attraktiver gemacht, die bisher nur gelegentlich auf dem Speiseplan standen. Dies kann daran gelegen haben, dass solche Nahrung schwer erreichbar war (sie rannte weg oder war unter Umständen wehrhaft) oder aber es gab gefährliche Nahrungskonkurrenten. Warum also nach etwas suchen, dessen Beschaffung weit aufwendiger ist, als einfach die vorhandene Nahrung zu verzehren? Der einfache Weg wird gewählt, wenn genug Nahrung vorhanden ist, Aufwand wird dagegen betrieben, wenn durch den Klimawandel plötzlich angestammte Futtergebiete immer weniger Nahrung anzubieten haben. Die Akzeptanz von tierischer Nahrung einerseits und die Entschlossenheit, auch mit großer Anstrengung und Gefahr für das eigene Leben nach Nahrung zu suchen bzw. zu jagen, haben zu einer dramatischen Veränderung des Nahrungsangebots und wahrscheinlich auch des Verhaltens geführt. Jetzt kam den Homininen zugute, dass sie aufrecht gehen konnten, Hände zum Greifen hatten und auch Werkzeug benutzen konnten – alles Eigenschaften, über die weder Nahrungskonkurrenten noch die gejagten Tiere verfügten. Diese besonderen Fähigkeiten, zusammen mit der Veränderung des Nahrungsspektrums, haben die seit mehreren Millionen Jahren bestehende grenzwertige Qualität der Ernährung schließlich deutlich und nachhaltig verbessert. Und genau diese Verbesserung ist für die weitere Entwicklung des Menschen ausschlaggebend.

Die Erfahrung, dass kleine wie große Tiere sättigen können und auch noch gut schmecken, hat zur Entwicklung von Sozialgemeinschaften, die das Hirnwachstum beeinflusst haben, ebenso beigetragen wie zur reizgesteuerten Entwicklung mancher Hirnregionen (visuelles, auditives System, räumliche Orientierung), um die Beute zu finden. Unser sich zum *H. sapiens* entwickelnde Vorfahre hat früh begonnen, Werkzeug zu gebrauchen, um die neue Nahrung zu bearbeiten. Er hat kochen und braten gelernt, um die Nahrung schmackhafter zu machen, und letztlich hat er sowohl Wildpflanzen als auch Wildtiere domestiziert. All das setzt Intelligenz und Anpassungsfähigkeit voraus, für die das Gehirn wiederum ausreichend groß sein musste und keinesfalls nur Energie brauchte. Es waren einige mehr oder weniger zufällige Ereignisse, die dazu geführt haben, dass der Mensch auf den Geschmack gekommen ist und sich so zum opportunistischen Omnivoren entwickelt hat. Wäre sein Nahrungsspektrum auf dem Stand geblieben, das dem *Paranthropus boisei* zur Verfügung stand, so gäbe es ihn entweder nicht mehr oder aber er würde immer noch blätterkauend in den Bäumen sitzen.

Kommen wir noch einmal auf die Bedeutung dieser Vorgänge für die natürliche Selektion zurück. Hunger oder, vereinfacht ausgedrückt, die unzureichende Energiezufuhr, hat, zumindest bei Nagern und diversen Fliegen, einen Einfluss auf die Langlebigkeit. Wird die tägliche Energiezufuhr um 20 % reduziert, so resultiert bei Nagern unter Laborbedingungen eine Zunahme des Lebensalters um 20–30 %. Gleichzeitig aber nimmt ihre Fertilität ab. Die Anpassung an ein vermindertes Energieangebot wäre daher zweifellos kein evolutionärer Vorteil. Reduziert man beim Menschen die Gesamtenergie der Ernährung um den gleichen Betrag, so dürfte der Mensch große Schwierigkeiten haben, eine qualitativ ausgewogene Kost zu verzehren. Es war die quantitative Zunahme der Qualität, die die Entwicklung vorangetrieben hat, und nicht die Zunahme an verfügbaren Kalorien, die sich auf die menschliche Entwicklung positiv ausgewirkt hat. Den Hunger zu stillen reicht alleine nicht aus. Dies zeigt sich exemplarisch an unserer heutigen Situation. Mangelernährte Schwangere haben mangelernährte Kleinkinder mit der Folge einer eingeschränkten körperlichen wie geistigen Entwicklung. Weiter gilt, dass es eine direkte Beziehung zwischen Nahrungsqualität und Lebenserwartung gibt, das heißt wie oben beschrieben: Mangelernährung in den ersten 1000 Tagen resultiert nicht nur in einer verringerten Körperlänge, sondern auch verringerten Lebenserwartung (1000-Tage-Fenster; ▶ Abschn. 3.6). Eine Optimierung der Nahrungsqualität hat also auch einen direkten Einfluss auf die Lebenserwartung, was ein weiterer Vorteil des *H. erectus* gegenüber den zu seiner Zeit lebenden Australopithecinen (*P. boisei*) war.

Der ungestillte Hunger hat aus dem friedlichen Pflanzenfresser den Omnivoren gemacht, der diese für ihn optimale Ernährungsweise zunächst unbewusst aber doch zunehmend kultiviert hat, was parallel zur Größenentwicklung des Gehirns erfolgte.

Literatur

Aiello LC, Wheeler P (1995) The expensive tissue hypothesis. Curr Anthropol 36:199–221

Alemseged Z, Bobe R (2009) Diet in early hominin species: a paleoenvironmental perspective. In Hublin JJ, Richards MP (eds) The evolution of hominin diets. Springer, Berlin

Bolborea M, Dale N (2013) Hypothalamic tanycytes: potential roles in the control of feeding and energy balance. Trends Neurosci 38:91–100

Braun DR et al (2010) Early homin diet included diverse terrestrial and aquatic animals 1.95 Ma in East Turkana, Kenya. PNAS10.1073

Broadhurst CL, Wang Y, Crawford MA et al (1998). Rift Valley lake fish and shellfish provided brain-specific nutrition for early *Homo*. Br J Nutr 79:3–21

Carlson B, Kingston JD (2007) Docosahexaenoic acid biosynthesis and dietary contingency: encephalization without aquatic constraint. Am J Hum Biol 19:585–588

Chen XC et al (1998) Effect of taurine on human fetal neuron cells: proliferation and differentiation. Adv Exp Med Biol Res 125:127–140

Cordain L et al (2002) Fatty acid analysis of wild ruminant tissues: evolutionary implications for reducing diet-related diseases. Eur J Clin Nutr 56:181–119

Fedrigo O et al (2011) A potential role for glucose transporters in the evolution of human brain size. Brain Behav Evol 78:315–326

Fogel R (1993) Economic growth, population theory and physiology: The bearing of long term processes on the making of economic policy. Nobel lecture December 9: Univ. Chicago

Gibbons A (2010) Human ancestor caught in the midst of a makeover. Science 328:413

Grantham Mc Gregor SA (1995) A review of studies of the effects of severe malnutrition on mental development. J Nutr 125:2233–2238

Haygood R et al (2007) Promotor regions of many neutral- and nutrition-related genes have experienced positive selection during human evolution. Nat Gen 39:1140–1144

Hernandez-Benitez R et al (2012) Taurine stimulates proliferation and promotes neurogenesis of mouse adult cultured neural stem/progenitor cells. Stem Cell Res 9:24–34

Hibbeln JR, Davis JM (2009) Considerations regarding neuropsychiatric nutritional requirements for intakes of omega-3 highly unsaturated fatty acids. Prostaglandins Leukot Essent Fatty Acids 81:179–186

Innis SM (2007) Dietary (n3) fatty acids and brain development. J Nutr 137:855–859

Lager S, Powell TL (2012) Regulation of nutrient transport across the placenta. J Pregnancy Article ID: 179827

Lengqvist J et al (2006) Polyunsaturated fatty acids including docosahexaeonic acid and arachidonic acid bind to the retinoid X receptor alpha ligand binding domain. Mol Cell Proteomics 3:692–703

Leonard WR et al (2003) Metabolic correlates of hominid brain evolution. Comp Biochem Physiol A 136:5–15

Leonard WR et al (2007) Effects of brain evolution on human nutrition and metabolism. Ann Rev Nutr 27:311–327

Leonard WR, Snodgrass JJ, Robertson ML (2010) Evolutionary perspectives of fat ingestion and metabolism in humans. In: Montmayeur JP, le Coutre J (eds) Fat detection: taste, texture and post ingestive effects. CRC, Boca Raton (FL)

Makrides M et al (1995) Are long chain polyunsaturated fatty acids essential nutrients in infancy? Lancet 345:1463–1468

Otto SJ et al (2001) Changes in the maternal essential fatty acid profile during early pregnancy and the relation of the profile to diet. Am J Clin Nutr 73:302–307

Peters A et al (2004) The selfish brain: competition for energy resources. Neurosci Biobehav Rev 28:143–180

Pontzer H et al (2011) Dental microwear texture analysis and diet in the Dmanisi hominins. J Hum Evol 61:683–687

Quinn RL et al (2013) Pedogenic carbonate stable isotopic evidence for wooded habitat preference of early Pleistocene tool makers in the Turkana Basin. J Hum Evol 65:65–78

Sailer LD et al (1985) Measuring the relationship between dietary quality and body size in primates. Primates 26:14–27

Shivaraj MC et al (2012) Taurine induces proliferation of neural stem cells and synapse development in the developing mouse brain. PloS ONE 7:42935

Stewart KM (1994) Early hominid utilisation of fish resources and implications for seasonality and behavior. J Hum Evol 27:229–245

Sturman JA (1993) Taurine in development. Physiol Rev 73:119–147

Sturman JA, Gaull GE (1975) Taurine in the brain and liver in the developing human and monkey. J Neurochem 25:831–835

Super H, Uylings HB (2001) The early differentiation of the neocortex: a hypothesis on neocortical evolution. Cerb Cortex 11:1101–1109

Taylor A, van Schaik CP (2007) Variation in brain size and ecology in *Pongo*. J Hum Evol 52:59–71

Thorstensen EB et al (2012) Effects of periconceptional undernutrition on maternal taurine concentrations in sheep. Brit J Nutr 107:466–472

Torres N et al (2010) Protein restriction during pregnancy affects maternal liver lipid metabolism and fetal brain lipid composition in the rat. Am J Physiol 298:E270–E277

van Woerden JT et al (2010) Effects of seasonality on brain size evolution: evidence from Strepsirrhine primates. Am Nat 176:758–767

van Woerden JT et al (2011) Large brains buffer energetic effects of seasonal habitats in Catarrhine primates. Evolution 66:191–199

van Woerden JT et al (2014) Seasonality of diet composition is related to brain size in new world monkeys. Am J Phys Anthropol 154:628–632

Yamori Y et al (2010) Taurine in health and diseases: consistent evidence from experimental and epidemiological studies. J Biomed Sci 17:S6

Mikronährstoffe und Gehirn

H. K. Biesalski, *Mikronährstoffe als Motor der Evolution*,
DOI 10.1007/978-3-642-55397-4_11, © Springer-Verlag Berlin Heidelberg 2015

Die Verhaltensforscherin Karline Janmaat (2014) hat mit ihren Kollegen vom Max-Planck-Institut für evolutionäre Anthropologie über lange Zeit Schimpansen beobachtet. Dabei fiel ihr auf, dass die Tiere offensichtlich eine besondere Fähigkeit entwickelt hatten, Feigen zu finden und rasch zu verzehren, und dafür andere Früchte liegen ließen. Das Besondere daran ist, dass Feigen nur über kurze Zeit reif verfügbar, die sonstigen Früchte dagegen weniger rar sind. Die »Jagd« auf reife Feigen ist erfolgreich, weil die Weibchen in Zeiten, in denen die Feigen reifen, ihre Nester nicht nur in der Nähe der Feigenbäume aufbauen, sondern sich bereits früh am Morgen noch bei vollständiger Dunkelheit auf den Weg zur Feigenernte machen. Die Schimpansen zeigen ein Verhalten, was darauf schließen lässt, dass sie Zeit und Ort ihres »Frühstücks« planen können. Sie verfügen über ein räumliches und zeitliches Gedächtnis und können daher bestimmen, wann und wo sie die Nahrung aufnehmen, die nur selten oder an speziellen Orten zu finden ist. Das ist eine Fähigkeit, die auch beim Menschen die Hirnentwicklung und die damit einhergehende Zunahme der kognitiven Leistungen ganz wesentlich angestoßen hat. Genau darum soll es im folgenden Kapitel gehen.

Wie bereits bei der Beschreibung der Variabilitäts-Selektions-Hypothese erörtert (▶ Abschn. 6.4.2), sind es die immer wiederkehrenden Herausforderungen durch Schwankungen der Umweltbedingungen im Habitat, die zur natürlichen Selektion einer Spezies beitragen, die an diese Veränderungen über längere Zeiträume am besten adaptiert ist. Im Fall der kognitiven Entwicklung sind es Ereignisse, die zu einer starken Beanspruchung mentaler Prozesse führen und zu einer entsprechenden Reaktion des Individuums beitragen. Auch hier ist eine schrittweise natürliche Selektion denkbar.

In ▶ Abschn. 10.3 wurde die Kognitive-Puffer-Hypothese besprochen, in die die Energiedichte der saisonal verfügbaren Lebensmittel einfließt. Verwendet man einen ähnlichen Ansatz, legt aber die Qualität, also die Mikronährstoffdichte, der Lebensmittel zugrunde, so ergibt sich ein wesentlich genaueres und deutlicheres Bild.

Auf der Basis eines Indexes für Nahrungsqualität, der die für Primaten verfügbare Ernährung berücksichtigt, wurde das Hirnvolumen des modernen Menschen mit dem anderer Primaten in Beziehung gesetzt (◘ Abb. 11.1).

Es zeigte sich, dass ein enger Zusammenhang zwischen Hirnvolumen und Nahrungsqualität besteht. Die Menge an Energie, die für das Gehirn gebraucht wird, und die Energie- und Mikronährstoffdichte der verzehrten Nahrung korrelieren direkt, so die Analyse. Das bedeutet, dass bei höherem Energiegehalt und höherer Qualität der Nahrung weniger Nahrung aufgenommen werden muss. Da die Höhe des DQ-Indexes (▶ Abschn. 10.3) sehr wesentlich durch den Anteil tierischer Lebensmittel in der Nahrung bestimmt wird, ergibt sich, dass ein niedriger Index eine qualitativ eher arme Pflanzenkost anzeigt, wie sie beispielsweise von Gorillas verzehrt wird. Qualität bedeutet nicht mehr und nicht weniger als die Mikronährstoffdichte der verzehrten Lebensmittel, und dies war für die Hirnentwicklung von ganz besonderer Bedeutung. Reicht die Nahrungsqualität aus, dann enthält die Nahrung alles in ausreichender Menge, was der Organismus zur optimalen Funktion benötigt. Im Fall des *H. erectus* war dies durch den kontinuierlichen Verzehr von Fleisch eine vorher nicht verfügbare dauerhafte Verbesserung seine Mikronährstoffversorgung.

Welche Bedeutung könnte die sichere und gute Mikronährstoffversorgung für eines der wesentlichen Merkmale der menschlichen Entwicklung, die Hirnvergrößerung, gehabt haben? Für eine adäquate Hirnentwicklung und -funktion werden wahrscheinlich alle Mikronährstoffe in unterschiedlicher Menge benötigt. Dafür spricht auch die Tatsache, dass nahezu alle Mikronährstoffe im Gehirn nachweisbar sind und für viele von ihnen (wasserlösliche Vitami-

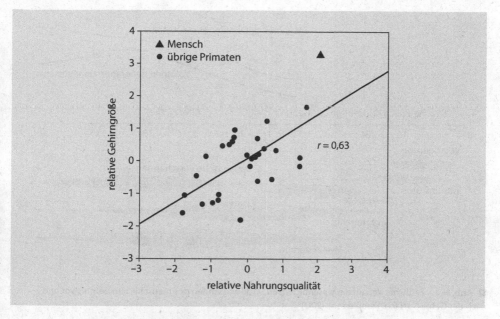

Abb. 11.1 Beziehung zwischen dem DQ-Index und dem relativen Hirnvolumen bei Primaten und beim Menschen. (Nach: Leonard et al. (2010)

ne) jeweils spezielle Transporter zur Überwindung der Blut-Hirn-Schranke vorhanden sind (Hediger et al. 2013). Je nach Zeitraum der Entwicklung werden unterschiedliche Mikronährstoffe benötigt, sodass gerade der kontinuierlich und qualitativ guten Ernährung der Mutter in der frühen Schwangerschaft eine besondere Bedeutung zukommt.

Bereits kurz nach der Konzeption beginnt die Entwicklung von Nervenzellen (Neurogenese), die nach ca. 16 Wochen zum Stillstand kommt, von der Ausnahme bestimmter Hirnareale (Hippocampus, olfaktorisches System und Hypothalamus) einmal abgesehen (■ Abb. 11.2). Die wichtigsten Veränderungen des menschlichen Gehirns treten in der 24. und 44. Schwangerschaftswoche auf und betreffen vor allem die Regionen des Cortex und die darin befindlichen Sinnesbereiche Sehen und Hören. Früh setzt die Bildung von Nervenzellen aus Stamm- und Vorläuferzellen ein, gefolgt von der Entwicklung von Stütz- und Versorgungsgewebe (Glia) und der Bildung von Nervenverbindungen (Synapsen), die die Voraussetzung für die Entwicklung der hochkomplexen Nervennetzwerke sind. Die Myelinisierung, die eine wichtige Grundlage für den Transport der Reize bzw. Informationen innerhalb des Gehirns darstellt, setzt kurz vor der Geburt ein. Störungen in der Energie- und Nährstoffversorgung haben je nach Zeitpunkt ihres Eintretens einen unterschiedlich starken Einfluss auf diese Entwicklung. Letztlich können sich moderate Einschränkungen der kognitiven Entwicklung einer Diagnose entziehen.

Definition

Myelinisierung: Ummantelung der Neuronen mit Myelin zur Beschleunigung der Reizweiterleitung

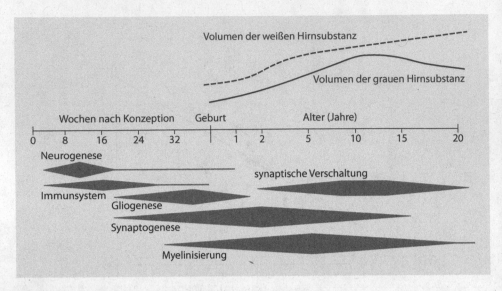

Volumen der weißen Hirnsubstanz

Volumen der grauen Hirnsubstanz

Wochen nach Konzeption   Geburt   Alter (Jahre)

0   8   16   24   32   1   2   5   10   15   20

Neurogenese

synaptische Verschaltung

Immunsystem

Gliogenese

Synaptogenese

Myelinisierung

Abb. 11.2   Zeitlicher Verlauf der wesentlichen Entwicklungsstufen des menschlichen Gehirns vor und nach der Geburt. (Nach: Semple et al. (2013)

Ein wichtiger Zeitraum der Hirnentwicklung sind die ersten Monate nach der Geburt. Das menschliche Neugeborene wird mit einem Gehirnvolumen geboren, , das etwa 25 % des Volumens eines Erwachsenengehirns entspricht. Dies wird als eine evolutionäre Konzession an den im Vergleich zu anderen Primaten geringeren Durchmesser des Beckens, wie er sich infolge des aufrechten Ganges entwickelt hat, denn ein größeres Gehirn (und damit ein größerer Kopfumfang) hätte zu Problemen bei der Geburt geführt. So besehen ist der neugeborene Mensch eine Frühgeburt und hat konsequenterweise auch die längste nachgeburtliche Betreuung aller Primaten. Makaken kommen dagegen mit 70 % des Hirnvolumens eines ausgewachsenen Affengehirns zur Welt. Das Gehirn eines vor 1,8 Mio. Jahren im Alter von knapp einem Jahr verstorbenes *H.-erectus*-Kind hatte ein geschätztes Volumen von 77–84 % des Gehirnvolumens eines ausgewachsenen *H. erectus* (Coqueugniot et al. 2004). Ein einjähriger moderner Mensch hat allerdings nur 50 % des Volumens eines Erwachsenengehirns erreicht, im Alter von zehn Jahren sind es 95 %. 75 % der menschlichen Hirnentwicklung fallen also in einen Zeitraum, in dem das Kind ständigen externen Reizen, zu denen auch die Ernährung gehört, ausgesetzt ist, die diese Entwicklung positiv aber auch negativ beeinflussen können. Später haben diese Reize nur noch Folgen für Hirnareale, die sich verändern können (neuronale Plastizität), wie Hippocampus, Hypothalamus und Bulbus olfactorius (das Riechhirn, in dem olfaktorische Signale verarbeitet werden).

─ **Definition** ──────────────────────────────

neuronale Plastizität: Fähigkeit des Gehirns, auf morphologische oder funktionelle Veränderungen zu reagieren und modifizierte Organisationsstrukturen zu entwickeln; beinhaltet die Fähigkeit des Gehirns, auf neue Anforderungen zu reagieren (Lernen) und sich an veränderte biologische Bedingungen anzupassen; vollzieht sich kontinuierlich und dynamisch

Entsprechende akustische, visuelle aber auch sensorische Reize tragen zu Lerneffekten und Prägungen bei, die, ebenso wie epigenetische Veränderungen, den späteren Phänotyp und seine kognitive Entwicklung mitbestimmen. Durch Bildung neuronaler Netzwerke werden Erfahrungen im Gedächtnis niedergelegt. Dieser als Plastizität bezeichnete Vorgang ist im kindlichen Gehirn besonders ausgeprägt. Die beim Menschen im Vergleich zu anderen Primaten lange Zeit der Brutpflege (bis zehn Jahre und mehr) begünstigt diesen Prozess.

Im Vergleich zum Gehirn anderer Primaten entspricht das Gehirn des Menschen bei der Geburt (ca. 300–350 cm^3) bereits der Größe des Gehirns eines ausgewachsenen Schimpansen. Im Unterschied zum neugeborenen Schimpansen wächst das Gehirn des menschlichen Neugeborenen allerdings deutlich langsamer und länger (Leigh 2004). Die Wachstumsraten sind deutlich größer als bei Schimpansen und spielen für die endgültige Größe des Gehirns eine bedeutendere Rolle als die Zeitspanne des Gehirnwachstums.

Ein so großes Gehirn, wie das des modernen Menschen, benötigt aber eine besonders gute Versorgung der Mutter in Schwangerschaft und Stillzeit. Eine schlechte Versorgung, besonders mit Mikronährstoffen, gefährdet die Entwicklung des Gehirns, eine gute begünstigt sie. Bezogen auf die Frage, welche Bedeutung Mikronährstoffe für Hirnentwicklung und Hirnwachstum haben, könnte dies bedeuten, dass die Ernährung der frühen Homininen mit einem Hirnvolumen von 400 cm^3 ausreichte. Mit der Verbesserung der Nahrungsqualität wurde das Wachstum des Gehirns durch die nun in großer Menge verfügbaren Mikronährstoffe begünstigt.

Betrachtet man die Rolle von einzelnen Mikronährstoffen bei den verschiedenen Vorgängen während der Hirnentwicklung, so fällt auf, dass Mikronährstoffe bei der Neurogenese, Myelinisierung und Synaptogenese von Bedeutung sind (◘ Tab. 11.1), also bei Prozessen, die Einfluss auf die Neubildung neuronaler Netzwerke haben und die auch bereits in der frühen Entwicklung von Bedeutung sind. Untersuchungen, die sich mit Defiziten an einzelnen Mikronährstoffen in der Schwangerschaft und den Folgen für die Hirnentwicklung des Kindes befassen, belegen, dass eine Unterversorgung mit Mikronährstoffen die Entwicklung je nach Ausmaß und Dauer mehr oder weniger stark beeinträchtigt.

Definition

Synaptogenese: Bildung von Synapsen (Nervenverknüpfungen)
Neurogenese: Bildung von Neuronen
neurotropher Faktor: Faktor, der das Wachstum, die Differenzierung und das Überleben von Neuronen kontrolliert

---

Die in ◘ Tab. 11.1 aufgeführten Mikronährstoffe haben einen direkten Bezug zur frühkindlichen Hirnentwicklung. Verschiedene Studien an Menschen in Gebieten, in denen eine Mangelernährung herrscht, haben die Folgen einer Unterversorgung gut untersucht. Die Auswirkung einer Mangelernährung auf die verschiedenen Entwicklungsstadien hängt vom Grad des Defizits ab, aber auch davon, inwieweit die Menschen mit nur einem oder mehreren Mikronährstoffen unterversorgt sind.

Wie kann die vor 2 Mio. Jahren einsetzende Veränderung der Nahrungssuche und der Nahrungsqualität dazu beigetragen haben, dass das Gehirn an Größe zunahm? Und wie wurde diese Zunahme genetisch verankert, wie bot sie also einen Selektionsvorteil? Die besondere Fähigkeit, bestimmte Nahrung in einem möglicherweise unbekannten Gebiet gezielt zu suchen, geht einher mit der Aufnahme wichtiger Mikronährstoffe, die wiederum die Größenentwicklung

◘ Tab. 11.1 Ausgewählte Nährstoffe, die bei der Hirnentwicklung eine Rolle spielen

Nährstoff	Vorgang, bei dem der Nährstoff von Bedeutung ist	Hirnareal
Eisen	Myelinisierung	Weiße Substanz
	Monoaminsynthese	Striatum
	Energiestoffwechsel von Neuronen und Gliazellen	Hippocampus
Jod	Myelinisierung	Cortex, Striatum
	Proliferation von Neuronen	Hippocampus
Zink	DNA-Synthese	Autonomes Nervensystem
	Neurotransmitter	Hippocampus, Cerebellum
Kupfer	Synthese von Neurotransmittern	Cerebellum
	Energiestoffwechsel	
Vitamin A	Neurogenese	Hippocampus
	Expression von Genen für	
	neurotrophe Faktoren	
Vitamin D	Neurogenese	Hippocampus
	Expression von Genen für neurotrophe Faktoren	Weiße Substanz
Omega-3-Fettsäuren	Synaptogenese	Auge
	Myelinisierung	Cortex

11

des Gehirns bzw. einzelner Areale fördern und so auch wieder die Fähigkeiten zur gezielten Nahrungssuche verbessern.

Die Veränderungen von Hirnstrukturen als Folge einer Erfahrung, wie Sinnesreize und Gedächtnis von Lauten oder visuell erfassten Gegenständen, stellen adäquate Reize dar, die die dafür wichtigen sensorischen Areale konditionieren. Solche Erfahrungen sind es, die auch noch eine ganze Reihe von Jahren nach der Geburt die Bildung spezieller Netzwerke im Gehirn induzieren und so die Erfahrung im Gedächtnis verankern. Dies setzt allerdings voraus, dass sich bestimmte Teile des Gehirns auch nach der vollständigen Entwicklung noch verändern können, um die neu erlernten Eindrücke als Vernetzung, das heißt Gedächtnis, abzulegen. Ein solcher Vorgang setzt wiederum neuronale Plastizität der dafür verantwortlichen Hirnstrukturen voraus.

11.1   Jagen und Orientierung als Auslöser für die Hirnentwicklung

Um der Frage nachzugehen, inwieweit beim *H. erectus* die neuen Lebensumstände (Savanne, Jagen) für die Entwicklung eines größeren Hirnvolumens von Bedeutung waren, ist es notwendig, noch einmal einen kurzen Blick auf die Vorgänge zu werfen, die zu Veränderungen des Phänotyps als evolutionäre Anpassung an besondere Umweltbedingungen führen. Damit die Veränderung des Phänotyps als Anpassung an Umweltbedingungen und damit an die jeweilige Nische (Habitat) einer Spezies wirksam werden kann, muss eine Reihe von Voraussetzungen erfüllt sein. Es erfolgt keine starre Adaptation an bestimmte Umweltbedingungen, sondern eine stufenweise Veränderung des Phänotyps, der sich den Veränderungen seines Habitats im Sinne einer Coevolution anpasst. Dabei kann diese Anpassung wechselseitig sein (Nischenkonstruktion). Voraussetzung für eine Nischenkonstruktion sind aber die Plastizität des Phänotyps sowie die Plastizität der Nische. Letztere wird durch Klima, Mitbewohner und auch durch die Evolution anderer Arten innerhalb des Habitats bestimmt. Plastizität bedeutet, dass ein Organismus auf die Umweltbedingungen reagieren kann und im Fall der Ernährung neue oder andere Nährstoffe Einfluss auf diese Plastizität haben, indem sie den veränderten Bedingungen angepasst wird. Das heißt, dass sich Organe und Gewebe, aber auch das Verhalten, unter dem Einfluss der Ernährung verändern können und dass diese Veränderung dann genetisch fixiert wird. Die adaptive Anpassung, die zunächst einmal nichts mit natürlicher Selektion zu tun haben muss, erlaubt es den Individuen einer Spezies, die veränderten Nischenbedingungen zu bewältigen, indem Eigenschaften entwickelt werden, die zur Verbesserung der Anpassung beitragen. Wenn innerhalb einer Population genetische Varianten vorliegen, die besonders gut auf die Nischenveränderungen reagieren, die sich damit dann auch stärker fortpflanzen, dann wird dieser Genotyp im Zuge der natürlichen Selektion im Vorteil sein und sich verbreiten. Voraussetzung für eine solche adaptive Evolution ist jedoch, dass der Organismus über eine Plastizität verfügt, die zunächst einmal nicht genetisch fixiert sein muss. Wie aber sieht es mit dem Einfluss auf das Gehirn aus? Ist auch hier eine Plastizität denkbar?

Die Nervenzellen des Gehirns, so ein Dogma der Neurobiologen bis gegen Ende des 20. Jahrhunderts, können sich, nachdem das Gehirn ausgewachsen ist, nicht neu bilden. Die Gehirnstruktur, so die Vorstellung, ist genetisch determiniert und so auch die innere Vernetzung, die die Prozesse des Lernens und des Gedächtnisses sowie viele andere Leistungen codiert. Dass dies nicht so ist, sondern dass sich neue Vernetzungen bilden können, wenn wir das Gehirn beanspruchen, lernt man zusehends durch wissenschaftliche Experimente mit bildgebenden Verfahren. Dieser auch als Bahnung bezeichnete Vorgang ist wesentliche Grundlage der Plastizität und damit für Vorgänge, die eben nicht genetisch determiniert sind, sondern auf Erfahrungswerten und Lernprozessen beruhen. Ein Teil des Gehirns, der für solche Vorgänge prädestiniert ist, ist das limbische System, und darin besonders der Hippocampus. Dieser verbindet unter anderem Nahrungssuche und Gedächtnisleistung.

11.1.1 Limbisches System und Hippocampus

Die Erweiterung der Ernährung des Menschen durch tierische Organe und Fleisch vor 2 Mio. Jahren erforderte, dass sich der jagende Mensch im Raum nicht nur orientieren musste, sondern diese räumliche Orientierung in seinem Gedächtnis ablegte. Zu wissen, wo und wann sich bestimmte Wildarten aufhalten oder wo ein gefährliches Terrain ist, war überlebenswichtig. Gleichzeitig war es für hilfreich, Sozialgemeinschaften zu bilden, die das Jagen erleichterten und die ebenfalls im Gedächtnis, in diesem Fall dem emotionalen, gespeichert wurden. Gedächtnisbildung hat viel mit der Wiederholung von Reizen zu tun und führt nach und nach zu Strukturen, deren Grundlage Netzwerke aus Nervenzellen sind. Das heißt, die Information wird in einer neuronalen Struktur gefestigt und ist so abrufbar (Gedächtnis). Ein grundsätzliches Prinzip der Hirnfunktion ist, dass die für verschiedene Reize wie Sehen, Hören, Riechen und andere zuständigen Areale durch eben die für sie spezifischen Reize trainiert werden. So ist auch die Gedächtnisleistung der räumlichen Orientierung eine Leistung, die durch stete Erfahrung erlernt und dadurch gespeichert werden kann. Dieser Prozess findet besonders im Hippocampus, einem Teil des limbischen Systems statt.

Das limbische System, das zu den archicorticalen (also phylogenetisch sehr alten) Strukturen gezählt wird, erscheint im Großhirn wie ein Saum (lat. *limbus*) und umfasst verschiedene anatomische Strukturen:

- Hippocampus (Gedächtnis, Verhalten, vegetative Funktionen)
- Gyrus cinguli (psychischer und motorischer Antrieb und Modulation vegetativer Prozesse)
- Gyrus parahippocampalis mit der Area entorhinalis (Gedächtnis, Verbindung zum Hippocampus)
- Corpus amygdaloideum (Amygdala; emotionales Lernen, Affektverhalten, Modulation vegetativer Funktionen)
- Corpus mamillare (Affektverhalten, Gedächtnis und vegetative Funktionen)

11.1.2 Nischenkonstruktion und Plastizität des Hippocampus

Das limbische System ist ein entwicklungsgeschichtlich sehr altes Hirnareal und lange Zeit wurde angenommen, dass es sich bis heute kaum verändert hat. Es ist Sitz emotionaler Reaktionen, zu denen auch solche gehören, die Kooperationen oder soziales Verhalten wie Empathie steuern. Ebenso finden im limbischen System Vorgänge statt, die das episodische Gedächtnis und die räumliche Orientierung betreffen. Das limbische System enthält demnach regulatorische Komponenten, die mit Nahrungssuche, Nahrungsverteilung und auch mit der Metabolisierung (vegetative Funktionen) zu tun haben. Wenn das limbische System eine Rolle bei der Hirnvergrößerung gespielt haben soll, dann ist dies nur vorstellbar, wenn sich eine Größenzunahme im Kontext mit einer neuen Nische als nachhaltig vorteilhaft erwiesen hat, wenn also die Nischenbedingungen, in diesem Fall die Besonderheiten der Ernährung, die adaptive Anpassung begünstigt haben. Dies ist aber nur dann der Fall, wenn die betroffenen Hirnareale über eine Plastizität verfügen, wie es für den Hippocampus zutrifft.

Der Hippocampus liegt in der Mitte des Großhirns im limbischen System und hat seinen Namen aufgrund der Ähnlichkeit seiner Form mit einem Seepferdchen. Er hat eine wesentliche Bedeutung für die Koordination von Kurzzeit- und räumlichem Gedächtnis. Die Vorstellung davon, wie ein bestimmtes Jagdgebiet aussieht oder wo immer wieder einmal besonders schöne Früchte zu finden sind, ist aus Ereignissen zusammengesetzt, die zeitlich sowie in der Form der Wahrnehmung getrennt waren und über die Koordination im Hippocampus dann doch eine klare und einheitliche Vorstellung ergeben (episodisches Gedächtnis). Dafür verfügt der Hippocampus über spezielle neuronale Zellen, die *place*-Zellen, die immer dann ein Signal abgeben (feuern), wenn sich ein Tier, das heißt sein Gehirn, räumlich bewegt. Die weitere räumliche Orientierung findet sich in einer zum Hippocampus gehörenden Struktur, dem entorhinalen Cortex, der eine wichtige Verbindung zum Neocortex darstellt. Die hier liegenden neuronalen Zellen bilden durch ihr selektives Feuern das räumliche Gedächtnis in Form von Gittern ab. Damit wird quasi eine zweidimensionale Darstellung der Umgebung erzeugt (Moser und Moser, 2008).

Für den Nachweis der neurologischen Grundlagen der Orientierung erhielten das Ehepaar May-Britt und Edvard Moser (Moser und Moser 2008) aus Norwegen und der Amerikaner John O'Keefe 2014 den Nobelpreis.

Der Hippocampus ist somit das Organ, das die Navigation ermöglicht und beispielsweise bei Vögeln und Nagern für das Auffinden von versteckter Nahrung wichtig ist. Eine Zunahme des Hippocampusvolumens ist bei Vögeln beschrieben, die ihre Nahrung versteckt haben und diese außerhalb der Wachstumssaison der Früchte oder Nüsse finden müssen (Smulders et al. 1995). Das räumliche Gedächtnis ist für viele Tiere die Grundlage, ihre Nahrung zu finden bzw. wiederzufinden. Die bei anderen Tieren, die ihre Nahrung verstecken und manchmal erst Monate später wiederfinden, beobachtete Zunahme des Hippocampusvolumens in Abhängigkeit von der Jahreszeit ist wiederholt auch bei Primaten beschrieben (van Woerden et al. 2014).

Dass dies auch für den Menschen gilt, haben Untersuchungen an Londoner Taxifahrern gezeigt. So ist der Teil des Hippocampus, der für das räumliche Gedächtnis wichtig ist, bei ihnen größer als bei gleichaltrigen Männern mit anderen Berufen (Maguire et al. 2000). Die Wissenschaftler führen dies auf das in der Großstadt nötige Gedächtnis für das Straßennetz (in London besteht es aus ca. 25.000 Straßen) zurück. Diese Kenntnis muss zur Erlangung der Lizenz erworben werden, was zwischen zwei und vier Jahre in Anspruch nimmt. Während dieser Zeit lässt sich die Zunahme des Volumens dokumentieren. Das heißt, das größere Hippocampusvolumen ist keine (vererbte) Voraussetzung dafür, in London Taxi fahren zu können, sondern es ist die Folge. Die Hippocampusvergrößerung spiegelt die Repräsentation des räumlichen Gedächtnisses einer sehr großen und komplexen Umwelt wider. Grundlage einer solchen Vergrößerung ist die Neubildung von Nervenzellen und deren Vernetzung. Neben der Bildung des neuronalen Gedächtnisses könnte auch die ständige Bewegung sowie der Stress im Londoner Verkehr zur Volumenveränderung beigetragen haben. Durch den Vergleich mit Busfahrern, die einem ähnlichen Stress unterliegen, aber bei Weitem nicht die Kenntnis der Straßennetze haben müssen, hat man dies geklärt. Tatsächlich hatten die Taxifahrer gegenüber den Busfahrern ein deutlich größeres Volumen in dem Areal des Hippocampus, in dem die räumliche Orientierung abgelegt wird (Maguire et al. 2006). Dies ist ein gutes Beispiel für eine adaptive Anpassung an sich verändernde Umweltbedingungen, die (noch) nicht genetisch fixiert ist.

Grundlage eines solchen Anpassungsprozesses ist die Plastizität, die, wie bereits erwähnt, eine wichtige Komponente der Adaptation an sich ändernde Umweltbedingungen und der Evolution ist. Bei der Neurogenese werden im Gehirn aus Stammzellen neue neuronale Zellen gebildet. Die Bildung erfolgt teilweise in benachbarten Hirnarealen, von wo aus dann die differenzierten Zellen in den Hippocampus wandern und dort integriert werden.

Die Plastizität des Hippocampus, also die Bildung neuer Nervennetze als Folge spezifischer Reize, ist für Lern- und Gedächtnisprozesse für Tiere wie für Menschen eine wichtige Voraussetzung. Diese Plastizität erleichtert die Adaptation an Umweltveränderungen und ist mit der speziellen Funktion der Hypothalamus-Hypophysen-Achse verbunden, die an der Stressregulation beteiligt ist. Verschiedene Gene, deren Expression das Hippocampusvolumen beeinflusst, stehen mit der Stressempfindlichkeit im Zusammenhang, was als Gen-Umwelt-Interaktion interpretiert wird (Rabl et al. 2014). Genvarianten (Polymorphismen) machen den Menschen stressempfindlicher, indem sie Prozesse modulieren, die die Wirkung von Serotonin, Dopamin und Neutrotrophin betreffen. In einer umfangreichen Studie an gesunden Probanden konnte eindrucksvoll gezeigt werden, dass Stress in Form negativer Lebenserfahrungen oder Ereignisse zusammen mit unterschiedlichen Polymorphismen das Hippocampusvolumen erhöht oder je nach Polymorphismus senkt (Rabl et al. 2014). Interessant ist, dass die negativen Erfahrungen teilweise Jahre zurückliegen können. Die Studie zeigt, dass Stress unterschiedlicher Art als Umweltfaktor einen Effekt auf die Neurogenese im Hippocampus und damit auf die Plastizität und das Hippocampusvolumen hat. Der Gang in die Savanne erforderte nicht nur eine bessere räumliche Orientierung, sondern auch den stärker geforderten Umgang mit aller Art von umweltbedingtem Stress, der möglicherweise mit zum Wachstum des Gehirns beigetragen hat.

Der Hippocampus kann folglich auf Veränderungen der Umwelt reagieren und diese Veränderungen auch speichern. Vereinfacht ausgedrückt zeigt die Vergrößerung des Hippocampus eine Verbesserung der Gedächtnisleistung durch Neubildung von Nervenzellen und Neubildung von Netzwerken an. Diese Netzwerke sind die Grundlage der Plastizität. Chronischer Stress sowie verschiedene Erkrankungen wie schwere Depression oder Schizophrenie führen zu einer Verringerung des Hippocampusvolumens. Eine Volumenverminderung des Hippocampus in Abhängigkeit von den Lebensbedingungen wird auch bei Kindern beschrieben. So gibt es eine inverse Beziehung zwischen Volumen und Sozialstatus (Houston et al. 2011; Jednorog et al. 2012; Noble et al. 2012). Dabei spielt Stress sicherlich ebenso eine Rolle wie Mangelernährung, die bei Familien mit niedrigem Sozialstatus sehr viel häufiger zu finden ist als bei solchen der Mittelschicht.

Die Neurogenese im Hippocampus wird auch durch Umweltreize angeregt, wie Veränderungen des Nahrungsangebots oder körperliche Bewegung. Laufen verbessert bei Tieren das Langzeitgedächtnis durch Netzwerkbildung zwischen neuronalen Zellen des Hippocampus (van Praag et al. 2005). Lernen und Gedächtnis sind Teil und auch Grundlage für die Adaptation von Tieren an kurz- oder mittelfristige Veränderungen ihrer Umwelt, zu denen Tag-Nacht-Rhythmen ebenso gehören wie die sich ändernde Verfügbarkeit von Nahrung und Wasser sowie Erfahrungen mit dem gemeinsamen Verhalten gegenüber Feinden. Mit zunehmender Anforderung an diese Gedächtnisleistungen waren nicht nur eine gesteigerte Neurogenese erforderlich, sondern auch die für diese Neurogenese wichtigen metabolischen Prozesse.

Es gibt interessante Zusammenhänge zwischen den Veränderungen der Umwelt und der Hippocampusentwicklung, die in die Zeit unserer Vorfahren passen. Nicht nur Bewegung, sondern auch eine abwechslungsreiche Umgebung, begünstigen das Wachstum von neuronalen Zellen des Hippocampus. Gleichzeitig kann eine Zunahme der Bildung von Neurotropinen, also hormonähnlichen Substanzen, die die Neurogenese anregen, und der Vernetzung der Nervenzellen beobachtet werden, die sich in einer Verbesserung des räumlichen Gedächtnisses äußert (Zainuddin und Thuret 2012). Die Jagd, die Notwendigkeit der Orientierung im Raum und die Erinnerung an gute Jagdplätze wie auch die nun erreichte Ernährungssicherheit durch eine qualitativ hochwertige Nahrung haben so in vielerlei Hinsicht zur Entwicklung des Gehirns beigetragen.

Jüngste umfangreiche vergleichende (allometrische) Analysen zwischen dem modernen Menschen und anderen Primaten haben ergeben, dass sich das Volumen des Hippocampus innerhalb des limbischen Systems im Zuge der Evolution am stärksten vergrößert hat (Barger et al. 2014). Mit dem verwendeten Analyseverfahren lässt sich abschätzen, wie sich die Größe eines Organs im Verhältnis der Größe anderer Organe, zur Körpergröße usw. verändert haben könnte. Auf der Basis solcher Voraussagen ergibt sich, dass der Hippocampus des Menschen den rechnerisch vorhergesagten Wert um mehr als 50 % übertrifft. Ebenso hat die Volumenzunahme der Amygdala und Teile des frontalen Cortex, ebenfalls ein Teil des limbischen Systems, die vorhergesagten Werte übertroffen (37 %, 11 %). Von den corticalen Strukturen des limbischen Systems (Großhirn) wurden die vorausgesagten Werte dagegen nicht übertroffen. Die Autoren der Studie nehmen an, dass sich die überproportionale Vergrößerung des Hippocampus und der Amygdala erst in jüngerer Zeit, also nach der Trennung der Entwicklungslinien von Mensch und Schimpanse, ergeben hat. Die Amygdala ist zusammen mit Teilen des frontalen Cortex Teil des sozialen Gehirns, in dem Gruppenverhalten reguliert wird, wie es beim Jagen oder dem Teilen der Nahrung besonders wichtig ist. Der Hippocampus mit seinen besonderen Steuerungsaufgaben wie dem episodischen Gedächtnis und der Orientierung im Raum ergänzt die Funktionen der Amygdala und des frontalen Cortex, wenn es um Nahrungssuche und Ernährung in der Gruppe geht, in idealer Weise. Man nimmt an, dass diese Entwicklung und ihre Ursachen dazu beigetragen haben, dass sich die übergeordneten Hirnareale des Neocortex weiterentwickelt haben.

Das menschliche Gehirn zeichnet sich durch drei wesentliche Veränderungen gegenüber dem Gehirn der uns nahestehenden Menschenaffen aus:

- die Volumenzunahme, die zu 80 % den Neocortex, also unser Großhirn, betrifft
- die überproportionale Volumenzunahme einzelner Teile des Neocortex, die vor allem während der Hirnentwicklung nach der Geburt wachsen
- die Anzahl der corticalen Funktionsbereiche, die beim Schimpansen etwa 20, beim Menschen jedoch 200 beträgt. Besonders der präfrontale Cortex (an der Stirnseite des Gehirns) hat am stärksten zugelegt. Dieser hat eine enge Verbindung zu Systemen, die für Emotion und räumliche Orientierung wichtig sind (limbisches System). Der präfrontale Cortex setzt Handlungen um, die sich unter anderem aus den Informationen des limbischen Systems ergeben.

Das limbische System kann zusammen mit dem Hippocampus durchaus die Bildung neuer Netzwerke, die für ein spezielles soziales Verhalten und Empathie stehen und im Necortex abgelegt sind, stimuliert haben. Die schrittweisen und koordinierten Veränderungen der limbischen Strukturen haben zur adaptiven Modulation von Verhaltensweisen beigetragen, die als wesentlich für die kognitive Entwicklung des Menschen angesehen werden. Dies wiederum kann zu einer schrittweisen Volumenzunahme des Neocortex geführt haben.

Im Hippocampus sind auch Vorgänge lokalisiert, die mit Angst und dem Umgang mit angsteinflößenden Situationen zu tun haben. Passingham und Wise (2012) schlussfolgern, dass die Entwicklung des präfrontalen Cortex bei Menschenaffen dazu beigetragen hat, dass sich Jagdverhalten und Effizienz des Jagens verbessert haben.

Die Entwicklung des menschlichen Gehirns geht einher mit der vom Hunger getriebenen Suche nach neuen Ressourcen in weniger vertrauten Gebieten. Diese Suche hat das Nahrungsspektrum erweitert und zur Optimierung der Nahrungsqualität mit Auswirkungen auf das Hirnwachstum beigetragen. Irgendetwas muss die adaptive Entwicklung, also die Vergrößerung des Hippocampus, angestoßen haben. Es war die Kombination aus neuen Herausforderungen bei der Nahrungssuche und die damit verbundene nachhaltige Verbesserung der Versorgung mit Mikronährstoffen.

11.2   Mikronährstoffe und Entwicklung des Gehirns

Die Arbeitsgruppe um S. Cunnane bennent drei Nährstoffe als „brain sensitive" und macht sie für die Größenentwicklung des menschlichen Gehirns verantwortlich: Eisen, Jod und DHA. Alle drei so die Autoren in einem kürzlich erschienenen Artikel (Cunnane et al., 2014) kommen reichlich in Fischen vor, was belegen würde, dass die Volumenentwicklung des menschlichen Gehirns als Folge des Fischverzehrs im Bereich der grossen Seen erklärt werden kann. Fisch, der alle genannten brain-sensitiven Nährstoffe reichlich enthielt, war aber, wie bereits erörtert keinesfalls dauerhaft und reichlich vorhanden. Vielmehr waren es eine Reihe weiterer wichtiger Mikronährstoffe, die Einfluss auf die Hirnentwicklung haben, wie sich leicht daraus ableiten lässt, was passiert, wenn diese in entscheidenden Phasen der Entwicklung fehlen. Eine Unterversorgung mit Mikronährstoffen hat Konsequenzen für die Entwicklung verschiedener Hirnareale. Dies gilt für den heute lebenden Menschen mit seinem im Vergleich zu seinen frühen Verwandten (den Australopithecinen) deutlich höheren Mikronährstoffbedarf. Das heißt, für die Australopithecinen reichten die Vitamine, die ihnen zum Leben und Überleben zur Verfügung standen, aus. Eine weitere Hirnentwicklung war unter diesen Umständen jedoch nicht möglich, da von den dafür notwendigen Mikronährstoffen zu wenig in der Nahrung enthalten war. Durch die nachhaltige Veränderung des vom *H. erectus* verzehrten Nahrungsspektrums (vorwiegend tierisch) sind vor allem die folgenden Mikronährstoffe sehr viel reichlicher vorhanden als in Zeiten einer eher pflanzlich ausgerichteten Kost: Eisen, Zink, Vitamin A, Vitamin D und Jod. Neben Eisen und Jod sind es also weitere Mikronährstoffe, die für die Hirnentwicklung von besonderer Bedeutung sind. Dies sind aber genau die jenigen, deren Menge zur Versorgung unsere Vorfahren immer wieder einmal kritisch werden konnte. Unabhängig davon, wie sich sein Habitat unter den Bedingungen der Klimaschwankungen veränderte, der zunehmende Verzehr von tierischer Nahrung aller Art machte den Menschen von der saisonal schwankenden Verfügbarkeit der Mikronährstoffe unabhängig.

Alle im Folgenden beschriebenen Effekte von Mikronährstoffen auf die Gehirnentwicklung beziehen sich auf das Gehirn des heute lebenden *H. sapiens*. Für den *H. erectus*, dessen Gehirn noch deutlich kleiner war, reichten wahrscheinlich zunächst auch weniger Mikronährstoffe. Erst die kontinuierliche Verbesserung der Versorgung mit den einzelnen Mikronährstoffen hat die Größenzunahme begünstigt und letztlich nachhaltig werden lassen. Wenn im Folgenden fast nur von der Bedeutung der Mikronährstoffe für den Hippocampus die Rede ist, so beruht dies darauf, dass die Wirkung von Mikronährstoffen in diesem Hirnareal im Gegensatz zu anderen Hirnarealen am besten belegt ist. In der entwicklungsgeschichtlich jüngeren Großhirnrinde, die einen wesentlichen Anteil der Volumenvergrößerung ausmacht, finden sich nur wenig Hinweise auf ein Zusammenspiel von Wachstum und Mikronährstoffversorgung. Die Besonderheit des Hippocampus für die menschliche Entwicklung (das heißt für die beim *H. erectus* einsetzende Hirnvergrößerung), liegt auch darin begründet, dass dieser Teil des Gehirns mit steigender Bedeutung für den Menschen (komplexere Anforderungen an die Orientierung und das Gedächtnis) mit vielen anderen Arealen des Gehirns zunehmend vernetzt werden musste. Die Verarbeitung dieser wachsenden Menge an Informationen, das Ablegen in unterschiedliche neuronale Netzwerke (Langzeitgedächtnis) sowie deren Umsetzung in entsprechende Handlungen (Verhalten bei der Jagd, das Aufspüren der Beute) waren nur möglich, wenn auch der Cortex, also das Großhirn, an Volumen zunahm.

11.2.1   Eisen

Eine ganz entscheidende Rolle für die Hirnentwicklung spielt Eisen. Für das Gehirn des heutigen *H. sapiens* ist die kritischste Phase der Versorgung während der vorgeburtlichen Entwicklung und der kindlichen Wachstumsphase bis gegen Ende des zweiten Lebensjahrs. Eisenmangel in der Schwangerschaft führt zu kognitiven und oft irreversiblen Entwicklungsstörungen des Kindes (Tamura et al. 2002). Es ist also anzunehmen, dass eine gute Eisenversorgung die kognitive Entwicklung günstig beeinflusst.

Die Australopithecinen dürften mit Eisen im Vergleich zum *H. erectus* eher marginal versorgt gewesen sein. Die Eisenaufnahme der Australopithecinen betrug geschätzt 3–5 mg aus pflanzlicher Kost (mittlerer Gehalt 0,1–3,0 mg pro 100 mg) mit einer Bioverfügbarkeit von 10–30 % und einer Aufnahme von 5 mg aus tierischer Kost (einschließlich Insekten) mit einer Bioverfügbarkeit von 50–70 %. Je nachdem, wie hoch der Anteil von Nahrung pflanzlicher bzw. tierischer Herkunft und wie unterschiedlich die Verfügbarkeit war, konnten diese Werte stark schwanken. Die Zufuhr hat aber allem Anschein nach ausgereicht, um den Bedarf zu decken und auch eine normale Entwicklung des deutlich kleineren Gehirns zu sichern.

Der heute lebende Mensch benötigt pro Tag etwa 10 mg Eisen, um die Körperfunktionen wie den Sauerstofftransport der roten Blutkörperchen zu gewährleisten. Fehlt Eisen oder wird es nur unzureichend angeboten, so droht eine Anämie. Weltweit leiden laut Schätzungen 1,5–2 Mrd. Menschen darunter. Eine Eisenmangelanämie begünstigt Infektionen. In der Schwangerschaft bedeutet sie eine deutlich höhere Gefahr für die Mutter, die Geburt nicht zu überleben. Auch sind Frühgeburten häufiger und damit auch die frühkindliche Sterblichkeit. Allgemein führt der Eisenmangel zu einer Schwächung der Abwehrkräfte und der physischen Leistungsfähigkeit. Eine der wesentlichen Ursachen für diese Erkrankung besteht darin, dass Eisen aus pflanzlichen Lebensmitteln, besonders aus stärkehaltigen Lebensmitteln (Reis, Mais, Weizen), von denen sich nahezu ein Drittel der Menschheit vorwiegend ernährt (sie machen bis zu 80 % der täglichen Energieaufnahme aus), nur sehr schlecht aufgenommen wird. Im Gegensatz zu dem in diesen Nahrungsmitteln vorhandenen Nicht-Häm-Eisen wird das Häm-Eisen (also das an das Häm-Protein gebundene Eisen) aus tierischen Lebensmitteln bis zu zehnmal besser aufgenommen.

Besonders kritisch ist, wenn die Eisenversorgung während der vorgeburtlichen Entwicklung nicht ausreicht, eine Phase, in der deutlich mehr Eisen benötigt wird als sonst. In einem solchen Fall gelingt es dem sich entwickelnden Kind in der kurzen Zeit der Schwangerschaft nicht, ausreichende Eisenspeicher anzulegen. Dies kann Folgen für die Entwicklung des Neugeborenen und insbesondere für die Hirnentwicklung haben. Fehlt Eisen, so ist die Myelinisierung von Neuronen verschiedener Hirnareale gestört (Algarin 2003). Tierexperimentelle Studien (zusammengefasst von Fuglestad et al. 2010) zeigen deutliche Einflüsse eines Eisenmangels auf den Energiestoffwechsel, die Myelinisierung und die Signalübertragung im Hippocampus.

Gegen Ende der fetalen Entwicklung und auch kurz nach der Geburt benötigt der Hippocampus wegen des starken Wachstums besonders viel Energie und die Eisenaufnahme durch dieses Gehirnareal nimmt stark zu. Die Folgen einer zu diesem Zeitpunkt unzureichenden Eisenversorgung zeigen sich in Störungen der räumlichen Orientierung und im Gedächtnis. Mithilfe des Morris-Wasserlabyrinth-Tests (*Morris water maze test*) kann die Funktion des Hippocampus geprüft werden. Bei diesem Test werden Ratten in einem runden Wasserbecken ausgesetzt und darauf trainiert, mithilfe von Markierungspunkten am Rand des Beckens und ihrer räumlichen Orientierung eine sich unter der Wasseroberfläche befindende Plattform wiederzufinden. In einer Vielzahl von Experimenten wurde gezeigt, dass sich Tiere mit Eisenmangel schlechter an die Position der Plattform erinnern; ihre Hippocampusleistung ist also beeinträchtigt (Radlowski und Johnson 2013). Pränataler Eisenmangel bei Ratten führte zu Störungen der synaptischen Plastizität (also der Bildung von Gedächtnisnetzwerken), die auch durch postnatale Eisengabe nicht zu beheben waren (Jorgenson et al. 2005).

Auch der menschliche Hippocampus ist besonders in der späten fetalen Phase und in der frühen Neugeborenenzeit auf eine ausreichende Eisenzufuhr angewiesen (◨ Abb. 11.3). Bei Kindern im Alter zwischen neun und 15 Monaten, deren Mütter in der Schwangerschaft einen Eisenmangel hatten, finden sich im Vergleich zu Kindern gut versorgter Mütter verzögerte Reizantworten des Hippocampus (Burden et al. 2007). Ebenso wurden Störungen kognitiver, sozialer und emotionaler Fähigkeiten dieser Kinder beschrieben (Lozoff und Georgieff 2006). Einen direkten Zusammenhang zwischen der Eisenversorgung der Mutter und der Hippocampusfunktion des Kindes ergaben Untersuchungen zur Fähigkeit, zwischen der Stimme der Mutter und der einer anderen weiblichen Person differenzieren zu können. Kinder von Müttern mit schlechter Eisenversorgung konnten dies im Gegensatz zu den Kindern von gut versorgten Müttern weitaus schlechter (Siddappa et al. 2004).

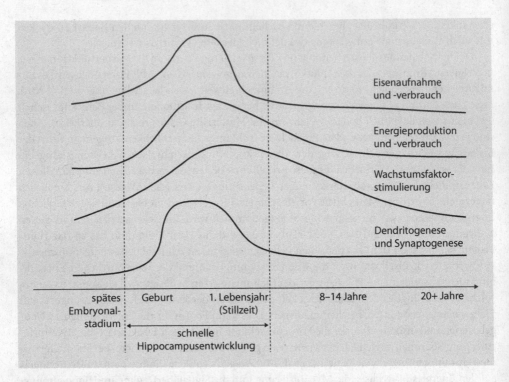

Abb. 11.3 Hippocampusentwicklung und Eisenversorgung. Dargestellt sind der Eisenhaushalt, der Energiehaushalt, die Stimulation von Wachstumsfaktoren wie auch die Bildung von neuronalen Netzwerken im Hippocampus in Abhängigkeit vom Lebensalter. Besonders kritisch für die Hippocampusentwicklung ist demnach die Zeit kurz vor der Geburt und bis zum Ende des ersten Lebensjahrs. (Nach: Georgieff (2011)

Eisenmangel in der Schwangerschaft kann die Expression von Genen verändern, die für die Hippocampusentwicklung und die Plastizität von Bedeutung sind (Carlson et al. 2007). Genau diese Gene sind für die Energieversorgung und für die kontinuierliche Neurogenese im Hippocampus verantwortlich und unterliegen teilweise auch der Kontrolle durch andere Mikronährstoffe (siehe unten).

Eine besondere Rolle spielt Eisen bei der Myelinisierung der sich entwickelnden Nervenbahnen im Gehirn (Georgieff 2011). Ist die Myelinisierung unter Eisenmangel nicht ausreichend oder verlangsamt, so können sich insbesondere die schnell wachsenden und viel Energie verbrauchenden Teile des Gehirns wie der Hippocampus und der präfrontale Cortex nicht adäquat entwickeln. Besonders dann, wenn der Hippocampus postnatal rasch wächst, wird mehr Energie gebraucht. Fehlt Eisen, so ist die Energieversorgung unzureichend. Dies geht aus Studien hervor, die beschrieben haben, dass in Hirnarealen mit hohem Energiebedarf (z. B. dem Hippocampus) und intensivem Stoffwechsel eine schlechte Eisenversorgung den Stoffwechselumsatz und die Umwandlung der in den Makronährstoffen enthaltenen Energie in energiereiche Verbindungen (ATP) verringert (de Ungria et al. 2000). Dies führt zu lang anhaltenden Konsequenzen für Lernen und Gedächtnis. Der Zusammenhang zwischen Eisenmangel und Energieversorgung zeigt, dass die Verbesserung der Eisenversorgung die optimale Nutzung der verfügbaren Energie für das wachsende Gehirn erst möglich gemacht hat.

Ein Protein, das ebenfalls in eisenabhängigen Prozessen eine Signalfunktion einnimmt, ist mTOR (*mammalian target of rapamycin*). mTOR kann durch Aktivierung und Deaktivierung über verschiedene Signalwege zelluläres

Wachstum und Verfügbarkeit von Energie und Nährstoffen regeln. Nimmt die Energiezufuhr ab, so können Stoffwechselwege, die viel Energie verbrauchen, herunterreguliert werden und umgekehrt (Wullschleger et al. 2006). mTOR regelt die Proteinsynthese und beeinflusst die neuronale Differenzierung im sich entwickelnden Gehirn. Fehlt Eisen, so unterdrückt dies die Funktion von mTOR.

Wie ◘ Abb. 11.3 zu entnehmen ist, ist der Zeitraum der raschen Hippocampusentwicklung mit einer höheren Eisenaufnahme und einem höheren Energieumsatz assoziiert. Auch die Bildung von neuronalen Netzwerken ist gesteigert. Die Strukturen, die im Hippocampus die Grundlage der Lern- und Gedächtnisprozesse bilden, reifen zwischen dem dritten und 18. Lebensmonat, also einer Zeit, in der das Neugeborene völlig von der Mutter abhängig ist.

Eisen ist aber nicht nur für Myelinisierung und Neurogenese verantwortlich, sondern wird auch für die Synthese von Neurotransmittern wie Noradrenalin, Serotonin und Dopamin gebraucht. An Tieren durchgeführte Experimente belegen den Zusammenhang zwischen der Dopaminsynthese im Gehirn und der Versorgung mit Eisen (Beard 2003). Die Erkenntnisse lassen wie wie folgt zusammenfassen:

- Es besteht eine reziproke Korrelation zwischen der Fähigkeit, eine neue Umgebung zu erfassen, und der Konzentration an Eisen und Dopamin im Gehirn.
- Es besteht eine reziproke Korrelation zwischen dem Angstverhalten, gemessen an der Latenzzeit bis ein sicherer Ort aufgesucht wird, und der Konzentration an Eisen und Dopamin im Gehirn.
- Eisenmangel bewirkt bei trächtigen Ratten eine geringere Bereitschaft zur Bewegung und Erfassung der Umwelt.

Kehrt man die oben erwähnten Schlussfolgerungen um, so würde das bedeuten, dass eine bessere Versorgung mit Eisen die Orientierung im Raum und dem Umgang mit Gefahr positiv beeinflusst – eine Situation, die für den in die Savanne wandernden *H. erectus* sicherlich von besonderer Bedeutung war.

Molekularer Mechanismus der Wirkung von Eisen und Gedächtnis (Fretham et al. 2011)

Eisen hat im Hippocampus vielfältige Funktionen und folglich resultieren bei einem Mangel auch verschiedene Störungen.

Eisen spielt eine wichtige Rolle als Cofaktor verschiedener Enzyme, die für die Umwandlung der Energie aus Makronährstoffen in ATP (oxidative Phosphorylierung) als eigentlichem Energiespeicher von Bedeutung sind. Fehlt Eisen, so ist die Energieversorgung des Hippocampus gestört.

Eisenmangel zum Zeitpunkt der Geburt bis zum zehnten Tag danach verringert unter anderem die Bildung der Cytochrom-c-Oxidase mit der Konsequenz einer reduzierten metabolischen Aktivität des Hippocampus.

Eisen ist direkt mit dem Sauerstofftransport verbunden und reguliert in der Zelle unter anderem den sauerstoffabhängigen Faktor HIF-1α (*hypoxia inducible factor* 1α). Dieser Faktor steuert im Zellkern die Expression verschiedener Proteine, die für die Neurogenese und verschiedene Stoffwechselreaktionen (Eisenhomöostase, Glucosetransport und Mitochondrienfunktion u. a.) von Bedeutung sind. HIF-1α wird verstärkt gebildet, wenn die Zellen zu wenig Sauerstoff erhalten, und durch ein Enzym (die Prolyl-Hydroxylase) rasch wieder abgebaut. Das Enzym benötigt Eisen für seine Funktion. Ist Eisen nicht ausreichend vorhanden, so wird HIF-1α nicht abgebaut und es resultieren Störungen des Stoffwechsels und der Neurogenese im Hippocampus mit der Konsequenz einer eingeschränkten Gedächtnisleistung.

Es gibt eine Reihe weiterer Störungen im Hippocampus, die durch Eisenmangel verursacht werden. Wesentlich ist dabei, dass diese zusammen mit den oben erwähnten Störungen zu einer Einschränkung der Neurogenese (Myelinisierung) aber auch der Signalübertragung (dopaminvermittelte Signalübertragung) und damit zu einer Störung der Gedächtnisbildung beitragen. Je nach Zeitpunkt des Eisenmangels (vor bzw. kurz nach der Geburt oder später) können solche Störungen dauerhaft oder auch nur vorübergehend sein (Perez et al. 2005).

Wegen der im Hippocampus lebenslang stattfindenden Neurogenese spielen die Plastizität und damit die Versorgung mit Eisen und anderen Mikronährstoffen während des gesamten Lebens eine große Rolle.

Eine geringe, für das kleine Gehirn der Australopithecinen ausreichende Eisenversorgung war aber sicherlich vorhanden. Der *H. erectus* dürfte immer dann wenig Eisen aufgenommen haben, wenn die Nahrung aus Pflanzen, einschließlich der USOs, und gelegentlich Kleintieren oder Fisch bestanden hat. Die Versorgung des *H. erectus* wurde im Laufe der Zeit zunehmend besser. Der Verzehr tierischer Lebensmittel, besonders von Innereien, lieferte so viel Eisen, wie für das schrittweise wachsende Gehirn dauerhaft optimal war. Ohne eine deutliche Verbesserung der Eisenversorgung hätten sich möglicherweise auch seine kognitiven Leistungen nicht in dem Maß weiterentwickeln können, wie es tatsächlich stattgefunden hat. Hier kann auch wieder die Variabilitäts-Selektions-Hypothese als Erklärung dienen: Die immer wieder wechselnde Menge an Eisen hat die natürliche Selektion der Individuen begünstigt, die ein größeres Hippocampusvolumen mit einer besseren Eisenversorgung verbanden.

11.2.2 Jod

Neben Eisen spielt Jod eine besondere Rolle für die Hirnentwicklung und war in den Zeiten der Australopithecinen sicherlich immer wieder knapp. Die Versorgung der Homininen dürfte stark geschwankt haben, mit Ausnahme der Populationen, die am Meer lebten und sich von Seefischen oder auch Algen ernährten. Beste Jodquelle waren Kleintiere, wenn auch deren Schilddrüse verzehrt wurde, bzw. Fisch und Algen aus den Binnenseen, die geringe Mengen Jod enthalten.

Jodmangel ist, wie der Mangel an Eisen, weltweit verbreitet und auch in Industrienationen anzutreffen. Bis zu einem Drittel der Weltbevölkerung ist davon betroffen. In der Schwangerschaft wird für die Entwicklung des Kindes sehr viel Jod benötigt. Fehlt es, kommt es zu Fehlentwicklungen, dem Kretinismus (▶ Abschn. 3.7.2). Der Kretinismus zeichnet sich durch eine starke Einschränkung der Hirnleistung aus und ist oft mit Taubheit und Sprachstörungen verbunden. Jodmangel führt zu einem sehr niedrigen Thyroxinspiegel im fetalen Gehirn. Thyroxin ist das Schilddrüsenhormon, das Jod bindet und im Gehirn die Stoffwechselaktivität, den Glucosetransport von den Astrocyten zu den Nervenzellen und die Myelinisierung reguliert. Folglich muss es nicht verwundern, dass ein fetaler Jodmangel zu irreversiblen Schädigungen des Gehirns führt (Wi et al. 2013). Die Gabe von Schilddrüsenhormonen führt bei Ratten zu einer deutlichen Verbesserung der räumlichen Orientierung als typisches Zeichen einer Hippocampusaktivität (Smith et al. 2002).

Jodmangel führt im sich entwickelnden Gehirn überall dort zu Veränderungen, wo sich Kernrezeptoren für das Schilddrüsenhormon befinden. Dies betrifft nicht nur die Großhirnrinde und das Innenohr, sondern auch den Hippocampus. Die Substanz Neurogranin, die nur im Gehirn gebildet wird, ist unter anderem für die Bildung neuronaler Netzwerke wichtig, die wiederum Grundlage von Lernen und Gedächtnis sind. Bei Jodmangel ist die Bildung von Neurogranin vermindert (Iniguez et al. 1996). Die Folge ist ein negativer Effekt auf die Neurogenese und damit die Langzeitpotenzierung (LTP) (Iniguez et al. 1996; Martinez Galan et al. 1997).

Definition

Langzeitpotenzierung (LTP): Der Begriff beschreibt einen Vorgang, der mit dem Lernen, das heißt mit der Bildung eines Gedächtnisses von erlebten Reizen, zu tun hat. Dies gilt auch für das Gedächtnis zu wissen, wo man sich gerade aufhält. Dieser Vorgang findet insbesondere im Hippocampus statt. Bei der Gedächtnisbildung werden neue Verschaltungen zwischen Nervenzellen erzeugt (synaptische Plastizität) und eine längerfristige Vernetzung angelegt.

Jodmangel der Mutter in der Schwangerschaft führt beim Fetus zu einer Unterversorgung mit dem Schilddrüsenhormon und daher zu einer Unterfunktion der Schilddrüse. Beides verursacht irreversible Entwicklungsstörungen des Gehirns, da Jod für Prozesse der Neurogenese, der Myelinisierung und der Synaptogenese benötigt wird. Die Dichte an Nervenfasern nimmt ab und die Netzwerkbildung (Plastizität) ist vermindert. Das Ausmaß der kognitiven Einschränkungen bei Kindern von Müttern mit Jodmangel hängt vom Grad des Jodmangels ab (Azizi et al. 1993). Auch der Zeitpunkt des Jodmangels ist entscheidend. Tritt er erst nach der Geburt auf, so sind die kognitiven Einschränkungen oft nicht so ausgeprägt, wie bei einem fetalen Jodmangel (Vermiglio et al. 1990).

Die Schilddrüsenhormone haben einen direkten Einfluss auf die Bildung von Proteinen, die die Signalübertragung in die Zellen regeln bzw. vermitteln (CREB, ERK1, ERK2). Dazu gehören auch Signale, die die Bildung neuronaler Netzwerke begünstigen. Eine Unterbindung der ERK-Funktion im Hippocampus hat eine Störung der räumlichen Orientierung und der LTP zur Folge (Alzoubi und Alkadhi KA 2007; Opazo et al. 2008).
Als Marker für die Bildung neuer neuronaler Zellen gilt Doublecortin, ein Protein, das für sich differenzierende und wandernde neuronale Zellen typisch ist. Das Protein NCAM (neural cell adhesion molecule) ist für die Adhäsion neuronaler Zellen und damit für die Plastizität von besonderer Bedeutung. Bei Jodmangel während der Hirnentwicklung von Ratten werden eine Schädigung von Nervenfasern im Hippocampus sowie eine verminderte Konzentration von Doublecortin und eine verstärkte Bildung von NCAM beobachtet (Gong et al. 2010).

Die besondere Empfindlichkeit der fetalen Hirnentwicklung bei einer Unterversorgung mit Jod, die sich nicht nur in der Hirnfunktion manifestiert, sondern auch in der Gesamtgröße des Gehirns zeigt, belegt, dass Jod eine wichtige Rolle in der Hirnentwicklung des wandernden *H. erectus* gespielt hat. Dabei bleibt die Frage offen, ob die Verbesserung der Jodversorgung erst nach Kontakt des *H. erectus* mit Meerestieren und Algen erfolgte oder bereits in einer Zeit, in der er noch die Savanne besiedelte.

Bereits eine geringe Verbesserung der Jodversorgung hat positive Konsequenzen für die Hirnentwicklung und die kognitiven Fähigkeiten von Kindern, wie Studien an Menschen mit milder Schilddrüsenunterfunktion gezeigt haben (Trumpff et al. 2013; Zoeller und Rouvet 2004).

11.2.3 Zink

Eine schlechte Versorgung mit Zink betrifft bis zu 40 % der Weltbevölkerung (Ahmed et al. 2012). Ursache ist wie bei Eisen eine schlechte Bioverfügbarkeit aus pflanzlichen Lebensmitteln und die häufig fehlende Quelle – Fleisch. Zinkmangel während der Schwangerschaft führt bei den Kindern zu einer eingeschränkten psychomotorischen Entwicklung (Fuglestad et al. 2010). Zink ist wie Eisen für die Entwicklung des Gehirns von großer Bedeutung. Auch hierbei ist es wieder der Hippocampus, der auf eine gute Versorgung mit Zink angewiesen ist (Bhatnagar und Taneja 2001). Der Hippocampus ist eine der Regionen des Gehirns mit der höchsten Zinkkonzentration. Bei einem Mangel sinkt die Konzentration im Hippocampus, während die anderer Hirnregionen wie Amygdala und Hypothalamus davon nicht betroffen sind (Takeda et al. 2001). Dies mag daran liegen, dass der Zinkverbrauch im Hippocampus deutlich höher ist als in anderen Regionen.

Bei Ratten verursacht Zinkmangel, wie auch Eisen- oder Jodmangel, eine Verminderung des Hirnvolumens (besonders des Kleinhirns; Ashworth und Antipas 2001). Ein moderater Zinkmangel bei Rhesusaffen bewirkt typische Verhaltensänderungen, die auf eine Störung der Neurogenese im Hippocampus schließen lassen (Fuglestad et al. 2010). Ein moderater Zinkmangel bei trächtigen Ratten hat bereits Störungen der räumlichen Orientierung bei den Neugeborenen zur Folge (Jiang et al. 2011; Yu et al. 2013). Eine Supplementierung von Zink konnte sowohl die durch den Mangel ausgelösten morphologischen Veränderungen im Hippocampus verhindern als auch die kognitiven Störungen. Werden Zink und Eisen bei Frauen mit Zink- und Eisenmangel in der Schwangerschaft supplementiert, so resultiert im Vergleich zu nicht zusätzlich mit Zink versorgten Schwangeren eine Verbesserung der kognitiven Entwicklung der Kinder (Black et al. 2004). In einer ägyptischen Kleinstadt mit einer dort seit Längerem bekannten, leichten Mangelernährung der Bevölkerung hat man eine Gruppe schwangerer Frauen über eine Zeitraum bis zum sechsten Lebensmonat ihrer Neugeborenen beobachtet (Kirksey et al. 1994). Eine gute Zinkversorgung im zweiten und dritten Trimenon war mit einem besseren Lern- und Gedächtnisleistungen bei den Kindern verbunden.

Zinkmangel führt zur Störung der Stammzelldifferenzierung neuronaler Zellen und hat damit Einfluss auf die Plastizität des Hippocampus (Corniola et al. 2008). Zinkmangel führt zur Herunterregulierung von Genen, die zur Proliferation neuronaler Zellen notwendig sind, und zur Aktivierung von antiproliferativen Genen. Auch die Expression von Genen, die eine Rolle bei der Differenzierung neuronaler Zellen spielen, ist unter Zinkmangel herunterreguliert. Die durch Vitamin A in Form seiner aktiven Metaboliten 9-*cis*-Retinsäure bzw. all-*trans*-Retinsäure induzierte Neurogenese im Hippocampus und die Bildung von Vitamin-A-Kernrezeptoren (Gower-Winter et al. 2013) ist bei Zinkmangel gehemmt. Kommen Zink- und Vitamin-A-Mangel während der Hirnentwicklung zusammen vor, so kann dies eine nicht unerhebliche Wirkung auf die Reifung des Gehirns haben. Mangelbedingte Störungen der Plastizität beschränken sich nicht nur auf die frühen Entwicklungsphasen, sondern können während des gesamten Lebens auftreten.

11.2.4 Vitamin-A

Vitamin A, genauer einer seiner aktiven Metaboliten, die 9-*cis*-Retinsäure (RA), hat im embryonalen Gehirn zwei wesentliche Funktionen: die Induktion der Neurogenese und die Kontrolle

der neuronalen Vernetzung (Maden 2007). Ein weiteres Hirnareal, in dem Neurogenese stattfindet und das ebenfalls stark durch Vitamin A reguliert wird, ist der Hypothalamus. In diesem
läuft eine Anzahl von Prozessen ab, die Hunger und Sättigung wie auch die Glucoseversorgung
des Gehirns kontrollieren und damit in direkter Verbindung zur Nahrungsaufnahme stehen.

Die Vitamin-A-Konzentration in verschiedenen Arealen des Gehirns, besonders im Hippocampus, ist sehr hoch (Werner und DeLuca 2002). Der Hippocampus ist auch das Hirnareal mit der höchsten Dichte an Vitamin-A-Kernrezeptoren (Fragoso et al. 2012). Von diesen
Kernrezeptoren kennt man inzwischen 24, deren Ligand all-*trans*-Retinsäure ist (RAR, *retinoic
acid receptor*) und vier, bei deren Ligand es sich um 9-*cis*-Retinsäure handelt (RXR, *retinoic
acid x receptor*; X, da man den Liganden lange Zeit nicht kannte). 9-*cis*-Retinsäure ist für die
Neurogenese, die Bildung von Axonen (Nervenverbindungen) ebenso wie für die Vernetzung
von Neuronen von Bedeutung, das heißt, dass auch Vitamin A an der Entwicklung und Plastizität des Gehirns einen wichtigen Anteil hat. Eine Vielzahl von Tierstudien hat gezeigt, dass
Vitamin-A-Mangel zu Einschränkung der Neurogenese sowie von Gedächtnisleistungen führt
(Shearer 2012). Besonders betroffen scheint dabei die räumliche Orientierung zu sein, was
ein deutlicher Hinweis auf eine Störung in der Neurogenese des Hippocampus ist (Hou et al.
2014a). Vitamin-A-Mangel resultiert in einer Funktionsminderung des RA-Signalwegs und
führt so zur reduzierten Synthese von RA-abhängigen Signalproteinen, die die Neurogenese
und die Plastizität im Hippocampus steuern (Etchamendy et al. 2003).

Die Gedächtnisbildung im Hippocampus durch die Langzeitpotenzierung (LTP) oder die
Unterdrückung von Inhalten durch Langzeitunterdrückung sind Leistungen, die auch durch
Vitamin A gesteuert werden (McCaffery et al. 2006). Wird die Vitamin-A-Wirkung über den
Kernrezeptor bei Mäusen gestört, dann ist die LTP verringert und die Zahl der Synapsen, also
bereits angelegte Gedächtnisleistungen, wird reduziert. Als Konsequenz zeigte sich bei den
betroffenen Tieren ein schlechteres Sozialverhalten (Sozialerkennung) und eine schwächere
räumliche Gedächtnisleistung (Nomoto et al. 2012). Dieser Einfluss von Vitamin A auf die
Synapsenbildung und damit auf wichtige Gedächtnisfunktionen scheint auch in anderen Hirnregionen zu bestehen (Shearer et al.2012).

Im Tierexperiment konnte gezeigt werden, dass ein Vitamin-A-Mangel im Hippocampus die Expression von Signalproteinen reduziert, die mit Aufmerksamkeit und Orientierung
in Verbindung stehen (Golini et al. 2012). Interessant für die Frage der Hirnentwicklung ist
die Beobachtung, dass die durch den Vitamin-A-Mangel hervorgerufenen Einschränkungen
von Gedächtnisleistungen durch die Gabe von Vitamin A wieder hergestellt werden können
(Bonnet et al. 2008). Der Einfluss von Vitamin A auf die Neurogenese und die Plastizität zeigt
sich ganz besonders auch bei Untersuchungen an älteren Tieren. Hier hat eine Vielzahl von
Experimenten ergeben, dass die Gabe von Vitamin A eine Verbesserung der Plastizität des
Hippocampus und der Gedächtnisleistungen bewirkt (Bonhomme et al. 2014; Touyarot et al.
2013). Erst die Plastizität eines neuronalen Systems erlaubt es, dass sich Individuen an eine sich
immer wieder verändernde Umwelt anpassen können. Wenn unter anderem Vitamin A die
Plastizität bewirkt, so kann dies in Zeiten, in denen die Savanne erobert wurde, ein wesentlicher Vorteil gewesen sein. Zum einen war genug Vitamin-A-haltige Nahrung (tierische Leber)
vorhanden, zum anderen war die Verbesserung der Plastizität ein Vorteil bei der Jagd.

Dabei ist mit Blick auf die Hirnentwicklung der frühen Menschen von Bedeutung, dass
gerade die Gene, die von Vitamin A über die Kernrezeptoren angeschaltet werden, eine starke
Wirkung auf Neurogenese und Plastizität haben. Steht kein oder wenig Vitamin A zur Verfügung, so kommt es zur Verminderung der Zahl an Vitamin-A-Kernrezeptoren und damit
zum Rückgang von Neurogenese und Plastizität. Wird der Vitamin-A-Mangel behoben, steigt

die Zahl der Kernrezeptoren wieder (Etchamendy et al. 2003; Husson et al. 2004). Wenn eine schlechtere Vitamin-A-Versorgung eine geringere Zahl an Vitamin-A-Kernrezeptoren zur Folge hat, so sind damit Gene, die das räumliche Gedächtnis regulieren, weniger aktiv, als bei einer dauerhaft besseren Versorgung. Bei der Vergrößerung des Gehirnvolumens kommen zwei Dinge zusammen: die bessere Verfügbarkeit von Vitamin A (und nicht nur dieses Mikronährstoffs) und die zunehmende Notwendigkeit, sich in den neu besiedelten Savannengebieten zurechtzufinden. Letztlich ist dies der Reiz, der die Entwicklung der dafür notwendigen Hirnstrukturen begünstigt. Interessanterweise wirkt ein Vitamin-A-Mangel bei Ratten nicht nur auf das Gedächtnis und die räumliche Orientierung, sondern er beeinflusst auch das gesamte Hirnvolumen, besonders aber das des Hippocampus (Ghenimi et al. 2009).

Die Hirnentwicklung steht in engem Zusammenhang mit Erfahrungen, besonders solchen, die mit Sinnesreizen zu tun haben. So wird das visuelle System durch visuelle Reize, das auditive durch entsprechende hörbare Reize trainiert, was zu Vernetzungen von Neuronen und damit zum Gedächtnis für solche Reize führt. Am besten lassen sich solche Entwicklungen an Singvögeln untersuchen. So können junge Zebrafinken Melodien, die ihnen vorgespielt werden, speichern und später wiedergeben. Dabei lassen sich Analogien zum Spracherwerb bei Kleinkindern feststellen. Mit 9-*cis*-Retinsäure supplementierte Tiere waren fähig, sich komplexere Melodien zu merken, als nicht behandelte (Olson und Mello 2010). Das im Gehirn vorhandene Gesangsareal kann also offensichtlich durch zusätzliches Vitamin A beeinflusst werden. Wird die Wirkung der 9-*cis*-Retinsäure im Gehirn unterbrochen, so geht das Erlernte verloren bzw. der Lerneffekt bleibt aus (Olson und Mello 2010).

Der Vitamin-A-Status kann auch epigenetische Effekte haben, wie Untersuchungen an Ratten gezeigt haben (Hou et al. 2014b). Gene, die direkt mit Vorgängen von Erinnerung und Gedächtnis im Hippocampus in Verbindung stehen, waren bei Ratten unter Vitamin-A-Mangel abgeschaltet und konnten durch Zufuhr von Vitamin A wieder angeschaltet werden. Dies ist möglich, da Vitamin A in die Regulation der Ablesbarkeit von Genen durch Histonacetylierung eingreift, und erklärt den häufig beobachteten Zusammenhang zwischen Vitamin-A-Mangel und der Einschränkung von räumlichem Gedächtnis und der Fähigkeit zu lernen.

In der Entwicklungsgeschichte des Menschen war Vitamin A als präformiertes Vitamin A (also nicht als Provitamin) immer ein knapper Mikronährstoff. Die Konversion von Provitamin A zu Vitamin A liegt in einem Bereich von 12:1 bis 24:1, das heißt, es musste eine große Menge an Provitamin A aufgenommen werden (12–24 mg), um eine ausreichende Vitamin-A-Versorgung zu sichern. Zum Vergleich: Die gemischte Kost eines Bundesbürgers enthält im Mittel 1,5 mg Provitamin A pro Tag. Die kritische Versorgung mit Vitamin A änderte sich erst, als der *H. erectus* begann, gezielt zu jagen und die Leber der erlegten Tiere zu verzehren, die nicht nur Eisen und Vitamin A sondern auch das sonst so knappe Vitamin D enthält.

11.2.5 Vitamin-D

Vitamin D spielt neben seiner Wirkung auf den Calcium- und Knochenstoffwechsel auch eine wichtige Rolle für das Immunsystem, bei Wachstum und Differenzierung von Zellen sowie der Entwicklung und Funktion des zentralen Nervensystems. Bei den Nahrungsquellen für Vitamin D muss grundsätzlich unterschieden werden zwischen den tierischen Lebensmitteln (vor allem Fisch, aber auch Unterhautfettgewebe von Fleischfressern), die Vitamin D_3 (Cholecalciferol) liefern, und dem aus Pilzen stammenden Vitamin D_2. Beide können in die aktive Form $1,25(OH)_2D_2$ und $1,25(OH)_2D_3$ (Calcitriol) umgewandelt werden. Dabei wirken die aus

Pilzen und Hefen stammenden Vitamin-D-Verbindungen schwächer als die aus tierischen Quellen. Die Bildung des aktiven Metaboliten geschieht in einem ersten Schritt in der Leber (25-Hydroxylierung) und dann vorwiegend in der Niere (1-Hydroxylierung), aber, wie seit einigen Jahren bekannt, auch in vielen anderen Zellen und Geweben, nur nicht im Gehirn. Die eigentliche Wirkung von Vitamin D erfolgt dann über den Kernrezeptor VDR (Vitamin-D-Rezeptor) zusammen mit dem Kernrezeptor RXR (*retinoic acid x receptor*) von Vitamin A (9-*cis*-Retinsäure). Aber nicht nur mit den Vitamin-A-Kernrezeptoren, sondern auch mit den Rezeptoren von Testosteron, Östrogen, Corticosteroiden und Schilddrüsenhormonen, geht der VDR eine Verbindung ein. Somit kann dessen Ligand, $1,25(OH)_2D_3$, eine Vielzahl aufeinander abgestimmter Prozesse steuern. Immerhin finden sich im Genom 2700 Bindungsstellen für den VDR, was die besondere Bedeutung von Vitamin D unterstreicht.

Im menschlichen Gehirn wird das Enzym, das zur Aktivierung von Vitamin D zu $1,25(OH)_2D_3$ führt, exprimiert. Diese 1α-Hydroxylase hydroxyliert das 25(OH)D an Position 1 und erzeugt somit den aktiven Metaboliten $1,25(OH)_2D_3$. Dieser ist besonders deutlich im limbischen System (präfrontaler Cortex, Gyrus cinguli) und in den verschiedenen Regionen des Hippocampus nachweisbar (Eyles et al. 2005). Gleiches gilt für den VDR. Als Ligand des VDR bewirkt $1,25(OH)_2D_3$ eine Aktivierung verschiedener neurotropher Faktoren, die die Reifung und das Wachstum von Nervenzellen des Gehirns anregen. Während der fetalen Entwicklung ist die aktive Form des Vitamin D an der Bildung von Nervenzellen aus Vorläuferzellen beteiligt. Ein Vitamin-D-Mangel in der Schwangerschaft kann daher Konsequenzen für die Entwicklung des fetalen Gehirns haben, da wichtige Schritte der Steuerung der Zellteilung und Differenzierung als auch der Gewebebildung je nach Ausmaß des Mangels in der Schwangerschaft mehr oder weniger gestört sind.

Ein Vitamin-D-Mangel verändert das Wachstum des fetalen Gehirns. So zeigen die Gehirne von neugeborenen Ratten unter Vitamin-D-Mangel Auffälligkeiten wie eine dünnere Großhirnrinde und vergrößerte Ventrikel (Harms et al. 2011). Untersuchungen zu den Folgen eines Vitamin-D-Mangels in der Schwangerschaft ergaben eine direkte Korrelation zwischen dem Mangel und dem Auftreten von Sprachstörungen bei Kindern zwischen dem fünften und zehnten Lebensjahr (Whitehouse et al. 2012). Sprache und Sprachverarbeitung bzw. sprachliches Erinnerungsvermögen liegen besonders im Hippocampus.

Vitamin-D-Defizite sind weltweit verbreitet und betreffen bei Weitem nicht nur die im Norden lebenden hellhäutigen Menschen, sondern zunehmend auch Menschen in Afrika. Bis zu 60 % der schwangeren Frauen sowohl heller als auch dunkler Hautfarbe sind von einem Vitamin-D-Defizit betroffen (Bodnar et al. 2007). Ob die Beobachtung, dass ein Vitamin-D-Mangel in der Schwangerschaft zu einer eingeschränkten mentalen und psychomotorischen Entwicklung des Kindes führt (Morales et al. 2012), alleine auf das Vitamin-D-Defizit zurückzuführen ist, ist bisher mangels weiterer Daten offen. Während der fetalen Entwicklung nimmt die Dichte an VDR im Gehirn zu. $1,25(OH)_2D_3$ als Ligand des VDR kontrolliert ähnlich wie Vitamin A Gene, die für die Neurogenese und die Plastizität verantwortlich sind (McCann und Ames 2008). Dazu gehören spezielle Nervenwachstumsfaktoren (*nerve growth factor*, NGF) und auch solche, die für die Bildung von Neurotransmittern verantwortlich sind wie Dopamin bzw. die das Wachstum und die Differenzierung von Nervenzellen regeln (Groves et al. 2014). Wie Vitamin A hat Vitamin D Einfluss auf die Plastizität und damit die Anpassungsfähigkeit des Gehirns an Umweltreize. Ein Vitamin-D-Defizit während der fetalen Entwicklung hat einen negativen Einfluss auf die Expression der Gene, die für die Vernetzung der Nervenzellen (Synapsenbildung; Eyles et al. 2007) und damit für die LTP verantwortlich sind (Salami et al. 2012). Dabei ist der Einfluss von Vitamin D auf die LTP auch bei ausgewachsenen Tieren nachweisbar, wie entsprechende Experimente zeigen. So hängt die Induktion der LTP bei ausgewachsenen Ratten von einer optimalen Dosis an Vitamin D ab (Salami et al. 2012).

Bei Ratten, die zur Erforschung der Alzheimer-Demenz eingesetzt werden, ergab die Supplementierung mit Vitamin D eine deutliche Verbesserung der bei diesen Tieren eingeschränkten LTP (Taghizadeh et al. 2014). Besonders der Hippocampus als Ort des Lernens und des Gedächtnisses und vor allem der räumlichen Orientierung ist bei dieser Erkrankung stark betroffen. Vor dem Hintergrund verwundert es nicht, dass eine schlechte Vitamin-D-Versorgung, wie sie gerade bei alten Menschen wegen der nur noch sehr geringen Synthese in der Haut häufig anzutreffen ist, zu kognitiven Störungen beiträgt und das Risiko, an Alzheimer zu erkranken, erhöht (Balion et al. 2012). Letzteres war sicherlich nicht das Problem des *H. erectus* und der folgenden Generationen an Homininen. Allerdings zeigt dies, dass eine Störung der Neurogenese oder eine verringerte Neurogenese aufgrund einer Vitamin-D-Unterversorgung den Vorgang des Lernens und der LTP einschränkt und dieser Prozess umgekehrt mit besserer Versorgung optimiert werden kann.

Die Ausbreitung der Savannengebiete und das damit verbundene häufigere Auftauchen der Homininen in die Savanne haben sicherlich zu einer besseren Vitamin-D-Versorgung geführt, als zu den Zeiten, in denen der Wald als Habitat vorgezogen wurde. Dies hat dazu beigetragen, dass das Potenzial des Hippocampus optimaler genutzt werden konnte. Weitere nennenswerte Vitamin-D-Quellen außer Sonnenlicht standen allerdings nicht zur Verfügung. Erst mit der Wanderung ans Meer und dem Verzehr von Meerestieren und Fischen kam nicht nur eine neue Vitamin-D-Quelle hinzu, sondern auch eine Quelle für das ebenso wichtige Element Jod.

11

Jod, Vitamin A und Vitamin D: wichtige Partner bei Hirnreifung und -plastizität

Vitamin A und D wirken wie Hormone, indem sie in ihrer aktiven Form – all-*trans*- bzw. 9-*cis*-Retinsäure und 1,25(OH)$_2$D$_{3\_}$ an den jeweiligen Kernrezeptor (VDR für 1,25(OH)$_2$D$_3$; RAR für all-*trans*- und 9-*cis*-Retinsäure; RXR für 9-*cis*-Retinsäure) binden. Von Bedeutung ist, dass das durch die Liganden aktivierte Ablesen des Gens in den meisten Fällen erst dann erfolgt, wenn sich VDR und RXR bzw. RAR am Gen zu einem Heterodimer verbinden.

VDR und RAR/RXR gehören zur Superfamilie der Steroid-Thyroid-Hormonrezeptoren. Daher erstaunt es nicht, wenn die Wirkung des einen Hormons die eines anderen beeinflusst. So bewirkt ein Vitamin-A-Mangel eine stärkere Synthese von Glucocorticoiden (GC; Steroidhormone), die wiederum besonders im Hippocampus, der über die höchste Dichte an GC-Rezeptoren verfügt, zur Modulation von Gedächtnisprozessen beiträgt (Joels und Krugers 2007). Es ist möglicherweise eine Frage der Feinabstimmung zwischen den Vitamin-A- und den GC-Rezeptoren, welcher von beiden für die Entwicklung des Gedächtnisses im Zuge des größer werdenden Gehirns von Bedeutung war. Da Stress einen Anstieg der Glucocorticoidkonzentration im Blut und so auch im Hippocampus bewirkt und daher zu Einschränkungen der Plastizität und Gedächtnisfähigkeit führen kann, könnte Vitamin A für die Reduktion solcher negativer Effekte wichtig sein. Auch dies könnte bei der Hirnentwicklung eine wichtige Rolle gespielt haben, indem die Verbesserung der Vitamin-A-Zufuhr solche stressbedingten Effekte auf das kognitive System verringerte. Stress kann die räumliche wie die emotionale Gedächtnisleistung verringern und auch die Wiedererlangung vergessener, aber im Gedächtnis abgelegter Inhalte hemmen (Sand und Pinelo-Nva 2007). Für eine Bedeutung einer ausreichenden Versorgung mit Vitamin A bei diesen Prozessen sprechen vor allem jüngste Ergebnisse von Untersuchungen an Mäusen, die zeigen, dass Vitamin A den stressinduzierten Cortisolspiegel im Hippocampus senkt und die Gedächtnisleistung im Vergleich zu den nicht mit Vitamin A supplementierten Mäusen verbessert (Bonhomme et al. 2014).

Die Angelegenheit wird noch komplexer, wenn man berücksichtigt, dass sich die Kernrezeptoren von Vitamin D und A auch mit denen der Schilddrüsenhormone verbinden können. Vermag also einer der drei Liganden (Vitamin D, A, jodaktiviertes Schilddrüsenhormon) seinen Kernrezeptor nicht zu aktivieren, weil entweder zu wenig davon da ist oder die Bindungsstellen defekt sind, so kann dies für die Entwicklung des Gehirns Konsequenzen haben. Besonders die schwankende und oft marginale Versorgung mit diesen Mikronährstoffen, die den Australopithecinen noch keine Probleme bereitete, gefährdete die Hirnentwicklung. Für den *H. erectus* bedeutete das, dass er erst mit dem regelmäßigen Verzehr von Fleisch und Fisch auf der sicheren Seite der Versorgung war, besonders, als sein Gehirn anfing, sich über Generationen hinweg zu vergrößern und damit der Bedarf an eben diesen natürlichen Liganden anstieg. So zeigt sich bei Mäusen unter Vitamin-A-Mangel nicht nur eine Verringerung der Zahl an Vitamin-A-Kernrezeptoren im Hippocampus, sondern auch der Zahl an Schilddrüsenhormonrezeptoren (*thyroid hormone receptor*, TR). Durch die Verringerung der Zahl an Kernrezeptoren werden wichtige Proteinbausteine, die für die Neurogenese und Plastizität mitverantwortlich gemacht werden (darunter Neurogenin), nicht mehr in ausreichender Menge gebildet. Wird nun Schilddrüsenhormon supplementiert, so führt dies nicht nur zu einer Zunahme der Zahl an TR, sondern auch der Vitamin-A-Kernrezeptoren RAR und RXR. Wird dagegen Vitamin A alleine supplementiert, so verändert sich die Anzahl der TR nicht, wohl aber die von RAR/RXR (Husson et al. 2003). Kommt eine Unterversorgung mit Zink dazu, kann dies zu einer verringerten Synthese des wichtigen RXR beitragen. Dabei kann die Auswirkung eines Zinkmangels auf Hirnreifung bzw. Plastizität wie beschrieben durch einen gleichzeitigen Eisenmangel noch verstärkt werden.

Dieses Zusammenspiel zeigt auch, dass es mit der Verbesserung der Versorgung eines Mikronährstoffs alleine nicht getan ist. Das Spektrum aller Mikronährstoffe ist es, das über die Hirnentwicklung entscheidet. Wie genau das Verhältnis zwischen ihnen sein muss, ist im Detail nicht bekannt. Auffällig ist jedoch, dass eine Mangelernährung bei Kindern sich nicht nur durch Kleinwuchs, sondern auch durch eine kognitive Einschränkung bemerkbar macht, die besonders den Hippocampus betrifft.

11.2.6 Cholin-, Vitamin-B$_{12}$- und Folsäure

Auch Vitamin B$_{12}$ zählte bei unseren Vorfahren zu den Vitaminen, deren Versorgung kritisch war, solange keine tierischen Lebensmittel verzehrt wurden. Ähnliches gilt für Folsäure, obgleich diese in vielen grünen Pflanzen vorkommt. Ihre Bioverfügbarkeit aus Pflanzen ist jedoch im Vergleich zur Folsäure aus tierischen Lebensmitteln deutlich schlechter. Cholin ist durchaus auch in Pflanzen, beispielsweise in Keimlingen oder grünen Blättern, zu finden. Die beste Quelle aber ist Leber, gefolgt von Eiern und Fisch. Bereits mit 100 g Leber kann der tägliche Bedarf gut gedeckt werden.

Cholin, Vitamin B$_{12}$ und Folsäure sind neben der Aminosäure Methionin wichtige Überträger von Methylgruppen. Damit sind sie wichtige Verbindungen in einem Prozess, der als Epigenetik bezeichnet wird. Folsäure und Vitamin B$_{12}$ können Methylgruppen auf andere Verbindungen, so auch auf den DNA-Baustein Cytosin übertragen.

Jede epigenetische Veränderung, beispielsweise die Methylierung von Cytosin, bezieht sich auf eine bestimmte DNA-Sequenz. Durch eine solche Veränderung kann zum Beispiel das Ablesen des betreffenden DNA-Abschnitts modifiziert werden. Eine schlechte Versorgung mit Methylgruppenüberträgern kann somit einen Einfluss auf den Phänotyp haben. Dies gilt ganz besonders für die fetale Entwicklung, da hier das Genom noch weitaus empfindlicher auf Methylierungs- und Demethylierungsvorgänge reagiert.

Epigenetische Veränderungen

Epigenetische Veränderungen sind Modifikationen der Aktivität von Genen, die nicht in der Nucleotidsequenz der DNA selbst codiert sind. Diese Veränderungen können sowohl an Tochterzellen als auch an die Nachkommen vererbt werden. So kann durch Methylierung das Ablesen eines DNA-Stranges verhindert oder durch Demethylierung ermöglicht werden. Epigenetische Veränderungen können beispielweise durch Umwelteinflüsse oder die Ernährung hervorgerufen werden und spielen daher auch für die Hirnentwicklung eine wichtige Rolle. Sie können im Gehirn eine Reihe von Vorgängen beeinflussen, die besonders im Hippocampus mit Neurogenese, LTP und Gedächtnisleistungen im Zusammenhang stehen. Die Methylierung eines Genabschnitts findet in der Stammzelle statt und wird auf die Tochterzellen übertragen, die sie wiederum an ihre Tochterzellen weitergibt, was zur Vererbung epigentische Veränderungen beitragen kann.

Tierexperimentelle Studien an neugeborenen Ratten haben ergeben, dass eine schlechte Versorgung der Mutter mit Folsäure bzw. Vitamin B_{12} zu Verringerung der Methylierung von DNA-Abschnitten im Hippocampus der Neugeborenen beiträgt und damit die Gedächtnisleistungen beeinflusst. Die pränatale Supplementierung mit Docosahexaensäure bei Tieren mit Vitamin-B_{12}-Mangel konnte die Hypomethylierung bei den Neugeborenen kompensieren (Sable et al. 2013). Eine Unterversorgung mit Cholin in der Schwangerschaft führt zu Beeinträchtigung der Neurogenese und zu Störungen der Gedächtnisfunktion bei Mäusen (Craciunesco et al. 2010; Mehedint et al. 2010). Bei Experimenten mit trächtigen Ratten, bei denen Cholin supplementiert wurde, führte dies zu einer dauerhaften Verbesserung des räumlichen Gedächtnisses der Jungtiere (Meck et al. 2003).

Eine Unterversorgung mit Methylgruppendonatoren kann einen Einfluss auf die fetale Hirnentwicklung haben. Dies betrifft besonders im Hippocampus Prozesse der Neurogenese und Plastizität mit Einfluss auf die LTP. Die gute Versorgung mit Vitamin B_{12} und Folsäure trägt dazu bei, dass durch die im Stoffwechsel erfolgte Bildung von S-Adenosylmethionin der für epigenetische Mechanismen entscheidende Metabolit für Transmethylierungsreaktionen bereitgestellt wird. Eine schlechte Versorgung mit Vitamin B_{12} und auch Folsäure macht sich durch einen Anstieg des Homocysteinspiegels im Blut wie auch im Hippocampus bemerkbar. Dies wird mit den dabei im Tierexperiment beobachteten Störungen der Neurogenese und der Einschränkung des Lernens und die räumlichen Verbindung in Zusammenhang gebracht (Gueant et al. 2013).

11.2.7   Vitamin-C

Obgleich die Versorgung mit Vitamin C, nach allem was wir über die Ernährung des *H. erectus* wissen, nicht sehr problematisch gewesen sein wird, kann sie saisonal stark geschwankt haben.

Inwieweit der *H. erectus* auf seiner Wanderung durch die Savanne immer ausreichend mit Vitamin C versorgt war, ist schwer zu sagen. Allerdings hat sich ihm mit dem Verzehr von Tieren neben den Vitamin-C-reichen Früchten und manchen Wurzeln eine neue Quelle erschlossen. Augenlinse, Nebenniere und auch Leber und Milz können beträchtliche Mengen an Vitamin C enthalten (10–40 mg pro 100 g). Die Versorgung mit diesem Vitamin, das ebenfalls für die Hippocampusentwicklung wichtig ist, war sichergestellt.

Bei Meerschweinchen, die wie der Mensch selbst kein Vitamin C synthetisieren können, führt der postnatale Vitamin-C-Mangel zu deutlichen Einschränkungen des räumlichen Gedächtnisses und des Lernens (Tveden-Nyborg et al. 2009). Die Gabe einer unzureichenden Menge Vitamin C (100 mg pro kg Körpergewicht) im Vergleich zu einer ausreichenden (900 mg pro kg Körpergewicht) an trächtige Meerschweinchen führte bei den Neugeborenen der Vitamin-C-reduzierten Mütter zu sichtbaren Veränderungen des Hippocampus (Tveden-Nyborg et al. 2012). Das Volumen war infolge der reduzierten Neurogenese um 10–15 % kleiner und konnte durch postnatale Supplementierung von Vitamin C nicht verändert werden. Dies deutet darauf hin, dass eine Unterversorgung mit Vitamin C, bei der klassische Zeichen des Vitamin-C-Mangels noch nicht auftreten, bereits Auswirkungen auf die Hirnentwicklung mit funktionellen Konsequenzen haben kann. Da die Vitamin-C-Versorgung des Fetus ganz vom Plasmaspiegel der Mutter abhängt, können Schwankungen in der Versorgung, wie sie saisonal auftreten, zu Verbesserung aber auch Verschlechterung der Hippocampusentwicklung beitragen.

11.3 Fazit

Es wurde den Rahmen des Buches sprengen, auf alle Interaktionen der oben genannten Substanzen einzugehen. Nach Erkenntnissen, die in jüngster Zeit gewonnen wurden, sollten sie in ihrer Wirkung auf die Hirnentwicklung gemeinsam betrachtet werden. Im Zusammenhang mit der Fragestellung, inwieweit Mikronährstoffe die Hirnvergrößerung (zusammen mit vielen anderen Prozessen) gefördert haben, fällt auf, dass zu einem Zeitpunkt, als mit dem *H. erectus* der erste Vertreter der Gattung *Homo* auftrat, genau diesem ein erweitertes Nahrungsspektrum mit besonders reichhaltiger Mikronährstoffversorgung zur Verfügung stand. Gezieltes Jagen trainierte das räumliche Gedächtnis sowie soziale Gemeinschaften (emotionales Gedächtnis). Beides sind die adäquaten Reize für die Hippocampusentwicklung, die hier wie auch bei anderen Hirnarealen zu einer Zunahme der Nervenzellen und Vernetzungen beitragen. So sollte es nicht wundern, dass es bei Menschenaffen eine positive Beziehung zwischen Gruppengröße und Hirngröße gibt (Aiello und Dunbar 1993; Dunbar 1998).

Theorien zum sich vergrößernden Gehirn, die der Frage nachgehen, wie die Natur es gewährleistet hat, dass wir dieses große Hirn »ertragen«, beschreiben Folgen und Anpassungsvorgänge und nicht Ursachen für diese Entwicklung. So sind die besondere Thermoregulation des Gehirns zur Vermeidung von Überhitzung oder die besondere Energieversorgung mit Glucose bzw. die Reduktion des Energieverbrauchs anderer Organe Folge bzw. Konsequenz der Vergrößerung und keinesfalls Ursache. Das Volumen konnte sich vergrößern, wenn sich die oben genannten Anpassungen entwickelten bzw. durch genetische Prädisposition einen evolutionären Vorteil ergaben.

Bezogen auf die Qualität der Ernährung des *H. erectus* und seiner Nachfolger steht die dauerhafte Steigerung der Qualität im Vordergrund. So liefert der Verzehr von mindestens 50 g Leber neben anderen Verbindungen Mengen an Vitamin B$_{12}$, Folsäure, Vitamin A, Vitamin E,

■ **Tab. 11.2**   Hormone, die sowohl für die Nahrungsaufnahme als auch für die Funktion und Plastizität des Hippocampus von Bedeutung sind

Hormon	Bezug zur Ernährung	Bedeutung im Hippocampus
Adiponectin	Reguliert Nahrungsaufnahme steigert Fettspeicherung	Stimuliert Neurogenese über spezifische Adiponectinrezeptoren (Di Zhang et al. 2010)
Ghrelin	Steuert Bildung von Wachstumshormonen und Nahrungsaufnahme Beteiligt an der Regulation des Körpergewichts und der Glucoseverwertung	Stimuliert Neurogenese durch Steigerung der Proliferation von neuronalen Vorläuferzellen über spezielle Signalwege (Chung et al. 2013) Steigert Plastizität und Gedächtnis (Endan et al. 2013)
Leptin	Reguliert Hungergefühl in Bezug zur Füllung der Fettspeicher	Steigert Neurogenese über spezifischen Leptinrezeptor, vor allem, wenn diese durch Stress gehemmt war

Cholin, Eisen und Zink, die den Tagesbedarf mehr als decken. Das sich vergrößernde Gehirn hat nicht nur die große Energiemenge, sondern auch die Mikronährstoffe erhalten, die es zur Entwicklung und zur Erfüllung seiner stetig wachsenden Aufgaben benötigte. Dass besonders der Hippocampus auf Mikronährstoffe anspricht, mag einerseits daran liegen, dass in ihm lebenslang Neurogenese stattfindet (d.h. die Vorgänge können über lange Zeit beobachtet werden), andererseits aber auch darin, dass dieses Hirnareal direkt mit der Nahrungsbeschaffung (Jagen) zu tun hat. Und so erstaunt es nicht, dass die Hormone, die mit Nahrungsaufnahme, Energiestoffwechsel und Nährstoffverteilung zu tun haben, Rezeptoren im Hippocampus aufweisen und auch Einfluss auf die Neurogenese und Plastizität haben.

Damit haben vor allem die Hormone, die für die Versorgung mit Energie aber auch für die Regulation der Nahrungsaufnahme verantwortlich sind (■ Tab. 11.2), einen direkten Bezug zu dem Hirnareal, das in Verbindung mit der Suche nach Nahrung und ihrer Wahrnehmung (Gedächtnis) außerhalb der bekannten Sinneswahrnehmungen (Geschmack und Geruch) steht.

Zu den Besonderheiten, die die Neurogenese und besonders die Hippocampusentwicklung fördern, gehören solche, die das räumliche Gedächtnis bei der Nahrungssuche und die damit mögliche Versorgung mit wichtigen Mikronährstoffen ebenso betreffen, wie die für diese Suche nötige körperliche Bewegung. Damit aber kommen zahlreiche Faktoren zusammen, die in direktem Bezug zur menschlichen Entwicklung stehen: die Orientierung bei der Nahrungssuche, die ständige Bewegung auf dieser Suche und die Zunahme an Nahrungsqualität durch eine hohe Mikronährstoffdichte. Von den Mikronährstoffen waren besonders solche von Bedeutung, die an der Steuerung der Neurogenese beteiligt sind und damit die Plastizität als Grundlage für die erfolgreiche Nahrungssuche steigern. Die Verbesserung der räumlichen Orientierung zusammen mit der Optimierung der Nahrungsqualität konnten dann auch das Sozialverhalten und den Werkzeuggebrauch beeinflussen und letztlich die konsekutive Größenzunahme des gesamten Gehirns ermöglichen. Dies war unzweifelhaft ein wesentlicher Vorteil gegenüber solchen Mitbewohnern des Habitats, einschließlich der Menschenaffen, deren Suche im Wesentlichen nach den Kriterien von Hunger und Sättigung erfolgte.

Eine geringe Nahrungsqualität, im Besonderen eine geringe Zufuhr an den vorab erörterten Mikronährstoffen, wirkt sich ungünstig auf die Reifung des Gehirns und seine Plastizität aus. Je größer das wachsende Gehirn, desto mehr dieser Mikronährstoffe wurden dauerhaft benötigt. Zur Zeit der Australopithecinen und des frühen *H. erectus* mögen die geringen und stark wechselnden Mengen an Mikronährstoffen für ein kleines Gehirn mit geringerer Lern- und Gedächtnisleistung ausgereicht haben. Mit der durch Umweltreize sowie der Veränderung der Nahrungsqualität erfolgten Zunahme des Hirnvolumens musste jedoch auch eine dauerhaft bessere Versorgung mit Mikronährstoffen einhergehen.

Die Veränderungen der Umwelt haben den *H. erectus* gezwungen, sich andere Nahrungsquellen zu erschließen. Dies hat nicht nur zu einer Adaptation des Geschmacks an die neue Nahrung geführt, sondern auch zu einer deutlichen Verbesserung der Nahrungsqualität. Zusammen mit der Herausforderung, in der neuen Nische zu überleben und die Nahrungssuche effizient zu gestalten (Jagen, Werkzeuggebrauch, Orientierung) kam es zu einer Größenzunahme des Hippocampus und limbischen Systems. Mit Zunahme der Möglichkeiten durch die Verbesserung der Gedächtnisleistungen im Hippocampus war eine Anpassung corticaler Strukturen an die nun vielfältig erweiterten Möglichkeiten des Gehirns erforderlich.

Unterschiede zwischen der Gehirngröße des *H. erectus* und der verschiedener anderer Homininen, die zur gleichen Zeit gelebt haben, wie der *H. heidelbergensis*, können durch unterschiedliche Nahrungsqualität in verschiedenen Habitaten erklärt werden. Allen gemeinsam dürfte jedoch die gute Versorgung mit Mikronährstoffen gewesen sein.

Dass sowohl die Entwicklung sozialer Gruppen, wie sie sich für das Jagen als sinnvoll erwiesen haben, als auch die Optimierung der Ernährung zu einer Größenzunahme des Hippocampus beigetragen haben, müsste im Umkehrschluss bedeuten, dass fehlende soziale Bindungen und/oder Mangelernährung das Wachstum des Hippocampus hemmen. Genau dies scheint der Fall zu sein. Soziale Vernachlässigung, also eine fehlende kognitive Stimulation, ebenso wie Mangelernährung in der Schwangerschaft und der frühen Kindheit führen zu einem verringerten Hippocampusvolumen (Hanson et al. 2011; Jednorog et al. 2012). In verschiedenen Studien konnte eindrucksvoll belegt werden, dass der soziale Status signifikant mit dem Volumen von Hippocampus und Amygdala korreliert, nicht jedoch mit dem Volumen des Cortex (Noble et al. 2012).

Die Folgen der Volumenminderung sind Störungen der Sprachwahrnehmung und -bildung ohne Einschränkung des Wortschatzes und Störungen des Langzeitgedächtnisses. Volumenveränderungen im Gehirn können entweder auf einer reduzierten Bildung einzelner Zelltypen oder auf einer unzureichenden Migration neuronaler Zellen in ihre Funktionsareale beruhen. Auch eine gestörte Bildung von wichtigen Bausteinen (z. B. Proteine, Nucleinsäuren) kann eine Volumenveränderung hervorrufen. Neben der Mangelernährung, die in Familien mit niedrigem sozialem Status weitaus häufiger anzutreffen sind als in der Mittelschicht, können zahlreiche weitere Faktoren eine Rolle spielen, die bereits in der frühen Schwangerschaft oder in der peri- und frühen postnatalen Periode wirken. Mangelernährung hat im Gehirn einen direkten Einfluss auf die Zellzahl, die Neurogenese und die Migration neuronaler Zellen und trägt damit zur Volumenminderung bei (Nyaradi et al. 2013).

Damit kommen alle die Faktoren zusammen, die gemeinsam Einfluss auf Größe und Funktion des Hippocampus und gleichzeitig eine Verbindung zum Neocortex haben: soziale Kompetenz, die die Nahrungssuche und Auswahl von Nahrung durch das nun größere Gedächtnis verbessert und damit auch die Qualität der Ernährung, ebenso wie emotionale und soziale Bindungen bei der gemeinsamen Suche nach Nahrung und ihrer Verteilung. Für die zunehmenden kognitiven Fähigkeiten war die dauerhafte Versorgung mit den wichtigen Mikronährstoffen entscheidend, wie entscheidend, das zeigte sich, als Nischen auftraten, in denen der eine oder andere Mikronährstoff nicht mehr vorhanden war.

Literatur

Ahmed T, Hossain M, Sanin K (2012) Global burden of maternal and child undernutrition and micronutrient deficiencies. Ann Nutr Metab 61:8–17

Aiello LC, Dunbar RIM (1993) Neocortex size, group size, and the evolution of language. Curr Anthropol 34:184–193

Algarin C (2003) Iron deficiency anemia in infancy: long lasting effects on auditory- and visual system functioning. Pediatr Res 53:217–221

Alzoubi KH, Alkadhi KA (2007) A critical role of CREB in the impairment of late phase LTP by adult onset hypothyroidism. Exp Neurol 203:63–71

Ashworth CJ, Antipas C (2001) Micronutrient programming of development through gestation. Reproduction 122:527–535

Azizi F, Sarshar A, Nafarabadi M et al (1993) Impairment of neuromotor and cognitive development in iodine-deficient schoolchildren with normal physical growth. Acta Endocrinol 129:497

Balion C et al (2012) Vitamin D, cognition and dementia. Neurology 79:1397–1405

Barger N et al (2014) Evidence for evolutionary specialization in human limbic structures. Front Hum Neurosci 8:277

Beard J (2003) Iron deficiency alters brain development and function. J Nutr 133:1468–1472

Bhatnagar S, Taneja S (2001) Zinc and cognitive development. Br J Nutr 85:139–145

Black MM, Baqui AH, Zaman K et al (2004) Iron and zinc supplementation promote motor development and exploratory behavior among Bangladeshi infants. Am J Clin Nutr 80:903–910

Bodnar LM, Simhan HN, Powers RW et al (2007) High prevalence of vitamin D insufficiency in black and white pregnant women residing in the northern United States and their neonates. J Nutr Feb 137(2):447–452

Bonhomme D et al (2014) Retinoic acid modulates intrahippocampal levels of corticosterone in middle aged mice: consequences on hippocampal plasticity and contextual memory. Front Neurosci 6:6. doi:10.3389/fnagi.2014.00006

Bonnet E et al (2008) Retinoci acid restores hippocampal neurogenesis and reverses spatial memory deficit in vitamin A deprived rats. Plos One 3(10):e3487

Burden MJ, Westerlund BA, Armony-Sivan R et al (2007) An event related potential study of attention and recognition memory in infants with iron-deficient anemia. Pediatrics 120:336–342

Carlson ES, Stead JD, Neal CR, Petryk A, Georgieff MK (2007) Perinatal iron deficiency results in altered developmental expression of genes mediating energy metabolism and neuronal morphogenesis in hippocampus. Hippocampus 17(8):679–691

Chung H et al (2013) Multiple signalling pathways mediate ghrelin induced proliferation of hippocampal neural stem cells. J Endocrinol 218:49–59

Coqueugniot H et al (2004) Early brain growth in *Homo erectus* and implications for cognitive ability. Nature 431:299–302

Corniola RS et al (2008) Zinc deficiency impairs neuronal precursor cell proliferation and induces apoptosis via p53 mediated mechanisms. Brain Res 1237:52–61

Craciunesco CN et al (2010) Dietary choline reserves some but not all effects of folate deficiency on neurogenesis and apoptosis in fetal mouse brain. J Nutr 140:1162–1166

Cunnane SC, Crawford MA (2014) Energetic and nutritional on infant brain development: Implications for brain expansion during human evolution. J. Hum. Evol 71: 88–98

Zhang D et al (2010) Adiponectin stimulates proliferation of adult hippocampal neural stem/progenitor cells. J Biol Chem 286:44913–44920

Dunbar RIM (1998) The social brain hypothesis. Evol Anthropol 6:178–190

Endan L et al (2013) Ghrelin directly stimulates adult hippocampal neurogenesis: implications for learning and memory. Endocrine J 60:781–789

Etchamendy N et al (2003) Vitamin A deficiency and relational memory deficit in adult mice: relationship with changes in brain retinoid signalling. Behav Brain Res 145:37–49

Eyles DW et al (2005) Distribution of Vitamin D Receptor and 1-α-hydroxylase in human brain. J Chem Neuroanat 29:21–30

Eyles D et al (2007) Developmental vitamin D deficiency alters the expression of genes encoding mitochondrial, cytoskeletal and synaptic proteins in the adult rat brain. J Steroid Biochem Mol Biol 103:538–545

Fragoso YD et al (2012) High expression of retinoic acid receptors and synthetic enzymes in the human hippocampus. Brain Struct Funct 271:473–483

Fretham SJB et al (2011) The role of iron in learning and memory. Adv Nutr 2:112–121

Fuglestad A, Ramel SE, Georgieff MK (2010) Micronutrient needs of the developing brain: priorities and assessment. In: Packer L et al (eds) Micronutrients and brain health. Taylor and Francis, Boca Raton

Georgieff MK (2011) Long-term brain and behavioral consequences of early iron deficiency. Nutr Rev 69:43–48

Ghenimi N et al (2009) Vitamin A deficiency in rats induces anatomic and metabolic changes comparable with those of neurodegenerative disorders. J Nutr 139:1–7

Golini RS et al (2012) Daily patterns of clock and cognition related factors are modified in the hippocampus of vitamin A-deficient rats. Hippocampus 22:1720–1732

Gong J et al (2010) Developmental iodine deficiency and hypothyroidism impair neural development in rat hippocampus: involvement of doublecortin and NCAM-180. Neuroscience 11:50–59

Gower-Winter SD et al (2013) Zinc deficiency regulates hippocampal gene expression and impairs neuronal differentiation. Nutr Neurosci 16:174–182

Groves N et al (2014) Vitamin D as a neurosteroid affecting the developing and adult brain. Ann Rev Nutr 34:117–141

Gueant JL et al (2013) Molecular and cellular effects of vitamin B12 in brain, myocardium and liver through its role as a co-factor of methionine synthetase. Biochimie 95:1033–1040

Hanson J et al (2011) Association between income and the Hippocampus. Plos One 6:e18712

Harms LR et al (2011) Vitamin D and the brain. Clin Endcrinol Metabol 25:657–669

Hediger MA et al (2013) The ABCs of membrane transporters in health and disease. Ann Rev Nutr 34:217–244

Hou N et al (2014a) Vitamin A deficiency impairs spatial learning and memory. Mol Neurobiol 24:236–244

Hou N et al (2014b) Vitamin A deficiency impairs spatial learning and memory: the mechanism of abnormal CBP-dependent histone acetylation regulated by retinoic acid receptor alpha. Mol Neurobiol 21:17–24

Houston JL, Chandra A, Wolfe B, Pollak SD (2011) Association between income and the hippocampus. Plos One 6:19712

Husson M et al (2003) Trijodthyronin administration reverses vitamin A-deficiency related hypoexpression of retinoic acid and trijodthyronine nuclear receptors and of neurogranin In the rat brain. Br J Nutr 90:191–198

Husson M et al (2004) Expression of neurogranin and neuromodulin is affected in the striatum of vitamin A deprived rats. Br Res Mol Br Res 123:7–17

Iniguez MA et al (1996) Cell-specific effect of thyroid hormone on RC3/neurogranin expression in rat brain. Endocrinology 137:1032–1041

Janmaat KRL et al (2014) Wild chimpanzees plan their breakfast time, type and location. PNAS Early Edition 1–6

Jednorog K, Altarelli I, Monzalvo K et al (2012) The influence of socioeconomic status on childrens brainstructure. Plos One 7:42486

Jiang YG et al (2011) Depressed hippocampal MEK/ERK phosphorylation correlates with impaired cognitive and synaptic function in zinc deficient rats. Nutr Neurosci 14:45–50

Joels M, Krugers H (2007) LTP after stress: up or down? Neural Plast 2007:93202

Jorgenson LA et al (2005) Fetal iron deficiency disrupts the maturation of synaptic function and efficacy in area CA1 of the developing rat hippocampus. Hippocampus 15:1094–1102

Kirksey A et al (1994) Relation of maternal zinc nutriture to pregnancy outcome and infant development in an Egyptian village. Am J Clin Nutr 60:782–791

Leigh SR (2004) Brain growth, life history, and cognition in primate and human evolution. Am J Primatol 62:139–164

Leonard WR, Snodgrass JJ, Robertson ML (2010) Evolutionary perspectives of fat ingestion and metabolism in humans. In: Montmayeur JP, Coutre J le (eds) Fat detection: taste, texture and post ingestive effects. CRC, Boca Raton

Lozoff B, Georgieff MK (2006) Iron deficiency and brain development. Semin Pediatr Neurol 13:158–165

Maden M (2007) Retinoic acid in the development, regeneration and maintenance of the nervous system. Nat Rev Neurosci 8:755–765

Maguire EA et al (2000) Navigation related structural change in the hippocampi of taxi drivers. PNAS 97:4398–4403

Maguire EA et al (2006) London Taxi drivers and bus drivers: a structural MRI and neuropsychological analysis. Hippocampus 16:1091–1101

Martinez Galan JR et al (1997) Early effects of iodine deficiency on radial glial cells of the hippocampus of the rat fetus. A model of neurological cretinism. J Clin Invest 99:2701–2706

McCaffery P et al (2006) Retinoic acid signalling and function in the adult hippocampus. J Neurobiol 66:780–791

McCann J, Ames BN (2008) Is there convincing biological and behavioral evidence linking vitamin D to brain function. FASEB J 22:982–1001

Meck WH et al (2003) Metabolic imprinting of choline by its availability during gestation: implications for memory and attentional processing during the lifespan. Neurosci Biobehav Rev 27:385–399

Mehedint MG et al (2010) Maternal dietary choline deficiency alters angiogenesis in fetal mouse hippocampus. PNAS 107:12834–12839

Morales E et al (2012) Circulating 25-hydroxyvitamin D3 in pregnancy and infant neuropsychological development. Pediatrics 13:913–920

Moser EI, Moser M (2008) A metric for space. Hippocampus 18:1142–1156

Noble KG, Houston SM, Kan E, Sowell ER (2012) Neural correlates of socio-economic status in the developing human brain. Dev Sci 15:71–78

Nomoto M et al (2012) Dysfunction of RAR/RXR signalling pathway in the forebrain impairs hippocampal memory and synaptic plasticity. Mol Brain 5:8. doi:10.1186/1756-6606-5-8

Nyaradi A et al (2013) The role of nutrition in childrens neurocognitive development, from pregnancy through childhood. Front Hum Neurosci 7:123–131

Olson CR, Mello CV (2010) Significance of vitamin A to brain function, behavior and learning. Mol Nutr Food Res 54:489–495

Opazo MC et al (2008) Maternal hypothyroxinemia impairs spatial learning and synaptic nature and function in the offspring. Endocrinol 149:5097–5106

Passingham RE, Wise SP (2012) The neurobiology of the prefrontal cortex. Oxford University Press, Oxford

Perez EM et al (2005) Mother-infant interactions and infant development are altered by maternal iron deficiency anemia. Am J Clin Nutr 291:1704–1709

van Praag et al (2005) Exercise enhances learning and hippocampal neurogenesis in aged mice. J Neurosci 25:8680–8685

Rabl U et al (2014) Additive gene-environment effects on hippocampal structure in healthy humans. J Neurosci 34:9917–9926

Radlowski EC, Johnson RW (2013) Perinatal iron deficiency and neurocognitive development. Front Hum Neurosci 7:585

Sable P et al (2013) Maternal micronutrients and global methylation patterns in the offspring. Nutr Neurosci 27:83–91

Salami M et al (2012) Hippocampal long term potentiation in rats under different regimens of vitamin D: an in vivo study. Neurosci Lett 509:56–59

Sand C, Pinelo-Nva M (2007) Stress and memory: behavioral effects and neurobiological mechanisms. Neural Plast 2007:78970

Semple BD et al (2013) Brain development in rodents and humans: identifying benchmarks of maturation and vulnerability to injury across species. Progr Neurobiol 30:1–16

Shearer KD et al (2012) A vitamin for the brain. Trends Neurosci 35:733–741

Siddappa AM et al (2004) Iron deficiency alters auditory recognition memory in newborn infants of diabetic mothers. Ped Res 55:1034–1041

Smith JW et al (2002) Thyroid hormones, brain function and cognition: a brief review. Neurosci Biobehav Rev 26:45–60

Smulders RT et al (1995) Seasonal variation in hippocampal volume in a food storing bird, the black-cap chick adee. J Neurobiol 27:15–25

Taghizadeh M et al (2014) Vitamin D supplementation restores suppressed synaptic plasticity in Alzheimer⊠s disease. Nutr Neurosci 17:172–177

Takeda A et al (2001) Zinc homoeostasis in the brain of adult rats fed zinc-deficient diet. J. Nutr 123:41–48

Tamura T et al (2002) Cord serum ferritin concentrations and mental and psychomotor development of children at 5 years of age. J Pediatr 14:165–172

Touyarot K et al (2013) A mid-life vitamin A supplementation prevents age related spatial memory deficits and hippocampal neurogenesis alterations through CRABP-I. Plos One 8(8):e72101. doi:10.1371/journal.pone.0072101

Trumpff C et al (2013) Mild iodine deficiency in pregnancy in Europe and its consequences for cognitive and psychomotor development of children. Rev J Trace Elem Med Biol 27:174–183

Tveden-Nyborg P et al (2009) Vitamin C-deficiency in the early postnatal life impairs spatial memory and reduces the number of hippocampal neurons in guinea pigs. Am J Clin Nutr 90:540–546

Tveden-Nyborg P et al (2012) Maternal vitamin C deficiency during pregnancy persistently impairs hippocampal neurogenesis in offsprings of guinea pigs. Plos One 7(10):e48488. doi:10.1371/journal.pone.0048488

de Ungria M et al (2000) Perinatal iron deficiency decreases cytochrome c oxidase in selective regions of neonatal rat brain. Pediatr Res 48:169–176

Vermiglio F, Sidoti M, Finocchiaro MD et al (1990) Defective neuromotor and cognitive ability in iodine-deficient schoolchildren of an endemic goiter region in Sicily. J Clin Endocrinol Metab 70:379

Werner EA, DeLuca HF (2002) Retinoic acid is detected at relatively high levels in the CNS of adult rats. Am J Physiol Endocrin Metab 282:672–678

Whitehouse AJ et al (2012) Maternal serum vitamin D levels during pregnancy and offspring neurocognitive development. Pediatrics 129:485–493

Wi W, Wang Y, Dong J et al (2013) Developmental hypothyroxinemia induced by maternal mild iodine deficiency delays hippocampal axonal growth in the rat offspring. J Neuroendocrinol 25:852–862

van Woerden JT et al (2014) Seasonality of diet composition is related to brain size in new world monkeys. Am J Phys Anthropol 154:628–632

Wullschleger S et al (2006) TOR signalling in growth and metabolism. Cell 124:471–484

Yu X et al (2013) Effects of maternal mild zinc deficiency and zinc supplementation in offspring on spatial memory and hippocampal neuronal ultrastructural changes. Nutrition 29:457–461

Zainuddin M, Thuret S (2012) Nutrition, adult hippocampal neurogenesis and mental health. Br Med Bull 103:89–114

Zoeller RT, Rouvet J (2004) Timing of thyroid hormone action in the developing brain: clinical observations and experimental findings. J Neuroendocrinol 16:809–818

Evolution des Menschen als Beispiel einer gelungenen Nischenkonstruktion

H. K. Biesalski, *Mikronährstoffe als Motor der Evolution,*
DOI 10.1007/978-3-642-55397-4_12, © Springer-Verlag Berlin Heidelberg 2015

Evolution ist ein dynamischer Prozess. Ob sie über plötzliche Veränderungen, gefolgt von einer lange andauernden Phase der Stabilität verläuft (Theorie des Punktualismus, Abschn. 1.1) oder langsam, quasi schleichend, und gleichmäßig (Theorie des Gradualismus, Abschn. 1.1) hängt, bezogen auf die Ernährung, davon ab, inwieweit eine Veränderung des Mikronährstoffgehalts der Nahrung oder des Bedarfs das Überleben bedroht bzw. zu einem Rückgang der Nachkommen führt. Die Veränderungen aus jüngerer Zeit (<2 Mio. Jahre), die als Reaktion auf eine Nischenbildung zu verstehen sind, zeigen, wie schnell eine Anpassung an eine neue Nische erfolgen kann – innerhalb weniger Generationen.

Innerhalb des neu besiedelten Habitats, der Savanne, war das Nahrungsangebot zweifellos vielfältiger und das sich dadurch vergrößernde Gehirn war nun auf diese bessere Versorgung angewiesen. Damit bestand aber auch das Risiko, im Habitat auf Regionen zu treffen, in denen einzelne Mikronährstoffe knapp werden oder vollkommen fehlen würden. Hierdurch entstanden selektive Nischen, denen sich der Mensch, wollte er überleben, anpassen musste. Dass dies immer noch geschieht und die Evolution ständig neue Adaptationen ermöglicht, zeigen Nischen und Nischenkonstruktionen, die erst vor wenigen Tausend Jahren entstanden sind.

12.1   Die Pigmentierung der Haut

Betrachten wir unseren Vorfahren, den *H. erectus*, wie er mit dem sich wandelnden Klima zurechtkam. Vor 2 Mio. Jahren dürfte er noch behaart gewesen sein und sein Leben außerhalb der Zeiten, in denen er Futter suchte, soweit möglich im Schutz des Waldes verbracht haben. Die Waldflächen nahmen jedoch ab. Daher musste er sich länger und häufiger früchtesammelnd oder nach USOs grabend in der Sonne aufhalten. Da war ein dichtes Haarkleid eher unangenehm und die Wärmeregulation des Körpers wurde auf eine harte Probe gestellt. Folglich, so die Annahme, gingen immer mehr Haare verloren. Als der *H. erectus* vor ca. 1,6 Mio. Jahren aber nicht mehr nur für recht kurze Zeit in der Savanne nach Nahrung suchte, sondern längere Zeit aktiv durch weitgehend schattenlose Gegend rannte, um zu jagen, ging sein Fell wegen der schädlichen Folgen der Überwärmung für die Hirn- und Organfunktion noch weiter zurück und schließlich entwickelten sich auch Schweißdrüsen. Das kaum noch vorhandene Fell und der von den Drüsen produzierte Schweiß schützten nun wirksam vor einer Überhitzung. Der Verlust des Haarkleids hatte jedoch einen Nachteil. Die blasse Haut, wie wir sie auch von heute lebenden Schimpansen kennen, die unter ihrem Fell nicht dunkel pigmentiert sind, war zunehmend der Sonne ausgesetzt. Solange sich der *H. erectus* immer wieder in die Wälder zurückzog, mag der Verlust des Haarkleids ohne Konsequenzen geblieben sein, doch diese Zeiten waren vorbei.

Wir hören nahezu täglich, dass die intensive Sonnenbestrahlung der Haut zur Entwicklung von Hautkrebs beitragen kann. Das beste Mittel dagegen scheint Sonnenschutz in Form von speziellen Cremes oder aber auch Bekleidung zu sein. Beides hatte der *Homo* nicht. Er war wieder einmal in einer Nische angekommen, deren Umweltbedingungen er durch das Tragen von Kleidung oder den Aufenthalt in schattigen Wäldern würde kompensieren müssen, oder aber genetische Variabilität und natürliche Selektion würden im Zuge der Evolution eine Lösung für das Problem der schädlichen Sonneneinstrahlung auf die Haut bereitstellen. In der Tat lagerten sich zusehend mehr Pigmente in die Haut ein, wodurch ein wirksamer Sonnenschutz entstand. Wann und wie ist diese Pigmentierung eingetreten?

Die Pigmentierung der Haut ist, so ergeben die Berechnungen der Genetiker, vor etwa 1,2 Mio. Jahren erstmals nachweisbar (Rogers et al. 2004). Die Bildung von Melanin, das natürliche dunkle Pigment der Haut, wird durch das melanocytenstimulierende Hormon (MSH; auch Melanocortin), das beispielsweise an den Melanocortin-1-Rezeptor (MC1R) in der Membran der Melanocyten bindet, aktiviert.

Worin aber besteht der Vorteil der dunklen Pigmentierung, die eine natürliche Selektion dieses Phänotyps begünstigt haben könnte? Hier werden mehrere Theorien teilweise sehr kontrovers diskutiert. Die dunkle Haut, also die verstärkte Bildung von Melanin, schützt

- vor dem Eindringen von Krankheitserregern (Barrierefunktion),
- vor Verbrennung,
- vor DNA-Schäden durch reaktive Sauerstoffverbindungen, wie sie durch UV-Licht gebildet werden können, und damit vor Hautkrebs,
- die in den Kapillaren zirkulierende Folsäure vor Oxidation.

Gegen eine dunkle Haut spricht die Tatsache, dass Melanin die Synthese von Vitamin D aus seiner Vorstufe (7-Dehydrocholesterin) in der Haut verringert. Nun ist dies bei der intensiven UV-B-Bestrahlung in Afrika von geringerer Bedeutung und spielte erst mit der Wanderung nach Norden eine Rolle.

Möglicherweise haben alle genannten Faktoren mehr oder weniger stark zur natürlichen Selektion des pigmentierten Typs beigetragen. Welcher es genau war, darüber streiten sich die Experten (Elias und Williams 2013). Sicherlich spielt die Barrierefunktion der Haut eine wichtige Rolle. Allerdings wird diese durch eine Vielzahl von unterschiedlichen Faktoren reguliert, einschließlich verschiedener Mikronährstoffe, sodass die Anwesenheit des Pigments Melanin alleine kaum einen wirksamen Selektionsdruck bedeutet haben kann. Gegen einen Selektionsdruck zur Bildung einer schützenden Barriere vor eindringenden Mikroorganismen spricht, dass Vitamin D, das unter UV-B-Licht in der Haut gebildet wird, genau für diesen Schutz eine besondere Bedeutung hat. Vitamin D und UV-B-Licht induzieren die Bildung des antimikrobiellen Peptids Cathelicidin, das besonders gegen Entzündungen der Haut wirkt und auch zur Stärkung des angeborenen Immunsystems beiträgt (Reinholz et al. 2012). Gleichzeitig stärkt Cathelicidin die Hautbarriere, indem es die Bildung von starken Zell-Zell-Verbindungen induziert (Akiyama et al. 2014). Da die Vitamin-D-Synthese in der dunkler pigmentierten Haut geringer ist als in heller Haut und die Störung der Immunfunktion der Haut wohl keinen starken Selektionsdruck erzeugt, ist diese Theorie also eher unwahrscheinlich.

Melaninsynthese

Das Pigment Melanin wird in speziellen Zellen der Haut, den Melanocyten, gebildet. Die Melaninsynthese beginnt mit der Synthese des Enzyms Tyrosinase, das über das endoplasmatische Reticulum und den Golgi Apparat in Vesikel gelangt. Dort wird die Tyrosinase durch UV-Licht aktiviert. Sie katalysiert die gesamte Reaktionsfolge der Oxidation der Aminosäure Tyrosin, die ebenfalls in den Vesikeln angereichert wird, zu Melanin. Nach weiteren Reifungsprozessen werden die nun als reife Melanosomen bezeichneten Vesikel mit dem in ihnen enthaltenen Melanin über Mikrotubuli zu den die Melanocyten umgebenden Keratinocyten transportiert, die die Melanosomen aufnehmen und im Cytoplasma einlagern. Melanin bildet eine »Kappe« über dem Zellkern und schützt so die DNA vor Oxidation durch UV-Licht.

Zweifellos ist das Risiko einer durch UV-Licht ausgelösten lokalen Reaktion (Sonnenbrand) bei pigmentierter Haut geringer, als bei nichtpigmentierter Haut. Nun steht der Sonnenbrand, der zur Hautalterung beiträgt, sicherlich nicht ganz oben auf der Liste der Selektionsfaktoren. Er hängt aber erwiesenermaßen mit Ereignissen zusammen, die zur Schädigung der DNA in den Hautzellen beitragen können. Durch UV-Licht und Sauerstoff können freie Radikale entstehen, die nicht nur Proteinbausteine oder Membranen schädigen, sondern auch zur Oxidation der DNA beitragen. Sofern diese chemischen Veränderungen nicht durch spezielle Reparaturmechanismen der Zellen rückgängig gemacht werden, was in den meisten Fällen geschieht, können daraus Mutationen resultieren, die die Entstehung von Hautkrebs begünstigen. Melanin kann nicht nur das schädliche UV-Licht absorbieren, es hat auch selbst, wie andere Verbindungen in der Haut (z. B. Provitamin A), eine antioxidative Wirkung. Inwieweit diese Wirkung zu einer natürlichen Selektion führen kann, erscheint wiederum sehr fraglich. Hautkrebs, so die Argumentation, ist eine Erkrankung des mittleren bis höheren Alters, in dem die für die natürliche Selektion wichtige Weitergabe des Erbguts durch Reproduktion zur Erhaltung der Art keine große Bedeutung mehr hat. Dagegen spricht allerdings, dass bei afrikanischen Albinos Hautkrebs bereits im jugendlichen Alter auftritt (Asuquo et al. 2009; Yakuba und Mabogunje 1993).

Bleibt noch der Schutz der Folsäure vor Oxidation als Selektionsfaktor für die Hautpigmentierung. Folsäure zirkuliert in den Kapillaren der Haut und ist sehr oxidationsempfindlich. Bereits 1978 wurde erstmals auf diesen Zusammenhang hingewiesen (Brand und Eaton 1978). Bei Patienten, die zur Behandlung einer Hauterkrankung über einen Zeitraum von drei Monaten dreimal pro Woche eine Phototherapie erhalten hatten, nahm die Folsäurekonzentration im Blut im Vergleich zu der unbehandelter Patienten um 50 % ab. Die Verringerung des Folsäurespiegels im Blut nach Bestrahlung der Haut *in vivo* oder auch nur von Hautzellen in Zellkulturen ist vielfach gezeigt worden. Widersprüchliche Resultate gibt es in Bezug auf unterschiedliche Wellenlängen und Expositionszeiten (Elias und Williams 2013). Der im Blut zirkulierende aktive Metabolit, die Methyltetrahydrofolsäure (Methyl-THF), wird nicht nur direkt durch UV-Licht geschädigt, sondern auch durch UV-induzierte reaktive Sauerstoffverbindungen (ROS) und die katalytische Wirkung von Porphyrinen und Flavinen (Off et al. 2005). Allerdings können die experimentellen Bedingungen der heutigen Zeit kaum der Situation des *H. erectus* oder des *H. ergaster* gerecht werden, wenn diese über Stunden sammelnd oder jagend und ohne Kleidung durch die Savanne liefen. Hinzu kommt, dass die Homininen dem UV-Licht in Äquatornähe über viele Monate hinweg etliche Stunden am Tag ausgesetzt waren, und nicht, wie bei den verschiedenen Experimenten, über einige Stunden oder Tage.

Folsäure und deren methylierte Form, die Methyl-THF, werden durch UV-B-Licht in einem Bereich zwischen 280 und 320 nm oxidiert. Folsäure, nicht jedoch Methyl-THF, kann allerdings auch noch durch UV-A-Licht (320–400 nm) oxidiert werden. Dies ist insofern von Bedeutung, als UV-A-Licht deutlich tiefer in die Haut eindringen kann als UV-B-Licht. Neben der direkten Oxidation durch UV-Licht wird auch noch eine folsäurezerstörende Wirkung der ROS beschrieben (Wondrak et al. 2003). Das Kollagen der Haut kann, durch UV-A-Licht angeregt, Verbindungen bilden, die zu ROS und damit zur Oxidation von DNA und wichtigen Membranbestandteilen von Hautzellen und eben auch zur Oxidation von Folsäure führen. Gleichzeitig können diese ROS auch tieferliegende Zellen erreichen und hier wiederum nicht nur die DNA schädigen, sondern auch die Folsäure oxidieren. Folglich könnte die Pigmentierung tatsächlich einen Selektionsvorteil bedeutet haben, nämlich wenn die Folsäureoxidation durch die Melanineinlagerung in die Haut verhindert wird und dadurch Überleben und Reproduktion begünstigt werden. Und genau dies ist der Fall.

Folsäure hat im Stoffwechsel vielfältige Funktionen. Sie ist nicht nur Überträger von Methylgruppen, sondern ist auch wichtig für die Reparatur geschädigter DNA, was besonders bei sich rasch teilenden Zellen von Bedeutung ist. Folsäure ist in mehrfacher Hinsicht für die Fertilität, die Fortpflanzung und die Entwicklung eines Kindes von Bedeutung. Eine unzureichende Folsäureversorgung (sei es durch die Ernährung oder Stoffwechselbesonderheiten) in der Schwangerschaft hat Folgen für die Entwicklung des Kindes. Hier ist in erster Linie der Neuralrohrdefekt zu nennen (*neural tube defect*, NTD), bei dem der normalerweise in der Schwangerschaft sehr früh (Tag 21–28) einsetzende Verschluss des Neuralrohrs, in dem sich später das Rückenmark befindet, nicht vollständig ist. Folsäure wird in dieser Zeit besonders gebraucht, da bei diesem Prozess eine sehr rasche Zellteilung stattfindet und der Turnover der Folsäure entsprechend hoch ist. Neuralrohrdefekte gehören zu den häufigsten Missbildungen von Neugeborenen (ein bis zwölf Neugeborene von 1000 weisen einen solchen Defekt auf). Eine adäquate Versorgung mit Folsäure reduziert das Risiko für einen NTD um bis zu 70 % (Group MVSR 1991). Die Supplementierung mit Folsäure als auch die Anreicherung von Mehl hat zu einem deutlichen Rückgang dieser Defekte geführt. Eine gute bis sehr gute Folsäureversorgung wird aber erst erzielt, wenn die entsprechenden Quellen in der Nahrung vorhanden sind. Zwar ist in vielen pflanzlichen Lebensmitteln Folsäure enthalten, diese ist jedoch wegen ihrer besonderen Form, aus der sie im Darm erst »befreit« werden muss, schlecht bioverfügbar. Nur 5–20 % der im Darm befindlichen Menge werden resorbiert. Anders sieht dies wieder einmal bei tierischen Lebensmitteln aus. Hier liegt die reine Folsäure vor, die deutlich besser aufgenommen wird als die in Pflanzen vorkommende (bis zu 60 % treten aus dem Darm ins Blut über).

Durch die deutliche Zunahme tierischer Nahrungsmittel im späten Pleistozän steht dem *H. erectus* gut bioverfügbare Folsäure in ausreichender Mengen zur Verfügung. Zu diesem Zeitpunkt beginnt er aber, sein Haarkleid zu verlieren, und die Pigmentierung der Haut nimmt zu. Der *H. erectus* und seine Nachkommen haben ihr angestammtes afrikanisches Habitat verlassen und sich nach Norden bewegt. Über die Zeit nahm die Zahl der Stunden, die die Sonne täglich auf die Haut brannte, ab und je nachdem, wo sich die Homininen niederließen, wurde ihre Haut von tief dunkel schrittweise heller (Asien) bis eben ganz hell und nahezu unpigmentiert (Nordeuropa). War der Folsäureschutz wegen der abnehmenden UV-Intensität nicht mehr so wichtig, oder was war passiert?

12.1.1 Depigmentierung der Haut

Dass die Pigmentierung der Haut in Abhängigkeit vom Lebensraum des Menschen mit zunehmender nördlicher Breite und abnehmender UV-Strahlung der Sonne geringer wird, ist unbestritten. Gestritten wird jedoch immer wieder über das Warum. Man darf davon ausgehen, dass der Mensch, als er den europäischen Kontinent betrat, eine stärker pigmentierte Haut hatte, als die heute dort lebenden Menschen. Dies gilt für den *H. sapiens* ebenso wie für den Neandertaler. Wegen der stark abnehmenden UV-Intensität in nördlichen Breiten stellt sich die Frage, ob eine ausreichende Vitamin-D-Synthese in der pigmentierten Haut überhaupt noch möglich war. Aus heutiger Sicht kann man dies klar verneinen. Immerhin ist eine deutliche Unterversorgung mit Vitamin D trotz weitgehend depigmentierter Haut auf der gesamten Nordhalbkugel nachgewiesen und auch in Afrika, besonders im Osten, mehren sich die Anzeichen, dass die Vitamin-D-Synthese der Haut kaum ausreicht, um den kalkulierten Bedarf zu decken. Dies hat unter anderem auch mit der oft vollständigen Bedeckung des Körpers mit

Kleidung zu tun. Das heißt nicht, dass die Betroffenen in der Kindheit alle Rachitis und als Erwachsene Osteomalazie hätten. Diese Unterversorgung gibt sich erst spät durch das Auftreten verschiedener anderer Erkrankungen zu erkennen. Dazu gehören ein erhöhtes Risiko, an verschiedenen Krebsformen zu erkranken, vor allem Dickdarmkrebs, aber auch degenerative Erkrankungen wie Alzheimer oder Multiple Sklerose werden mit einer schlechten Vitamin-D-Versorgung in Verbindung gebracht. Dies sind allerdings Krankheitsbilder des höheren Alters und daher für eine natürliche Selektion eines weißen Hauttyps mit einer besseren Vitamin-D-Synthese nicht von Bedeutung. Ebenso kann das immer wieder vorgetragene Argument, dass eine pigmentierte Haut vor einer durch UV-Licht ausgelösten Hypervitaminose D schützt, entkräftet werden. Steigt die Vitamin-D-Synthese in der Haut über ein bestimmtes Maß, werden Metaboliten gebildet, die unwirksam sind. Eine Hypervitaminose ist also ausgeschlossen.

Warum könnte der Besitzer einer eher schwach pigmentierten Haut trotz des Hautkrebsrisikos im Vorteil gewesen sein? Das Mehr an Vitamin D, das Weniger an Folsäure? Wobei Letzteres sicherlich kein Vorteil war. Viel Vitamin D könnte auch dem stark pigmentierten Menschen zur Verfügung gestanden haben, sofern er Zugang zu fettem Seefisch als Nahrung hatte. Ein Selektionsdruck durch Vitamin-D-Mangel hat also nicht bestanden. Wie aber sieht es mit dem immer wieder kontrovers diskutierten Risiko für Hautkrebs aus? War eine effizientere Vitamin-D-Synthese trotz eines höheren Hautkrebsrisikos wichtiger, das bei hellhäutigen Nordamerikanern immerhin 20-fach höher ist als bei dunkelhäutigen Afrikanern und immer noch fünffach über dem eines Spaniers liegt?

Bei der Beantwortung dieser Fragen hilft die moderne molekulare Genetik. Das Gen *SLC45A2* (*solute carrier family 45 member 2*) codiert ein membranassoziiertes Transportprotein (MATP), das mit der Hautpigmentierung in Verbindung steht. Das Protein spielt offenbar eine Rolle beim Transport der Tyrosinase in die Melanosomen und bei der Aufrechterhaltung des melanosomalen pH-Wertes. Eine Mutation im *SLC45A2*-Gen führt zum Oculocutanen Albinismus 4 (OCA4), einer Form des Albinismus und Ursache der hellen Hautfarbe von Asiaten und Europäern. Es stellte sich heraus, dass die Tyrosinaseaktivität in den Melanosomen mit mutiertem MATP wesentlich geringer ist, als die Aktivität in Melanosomen des Wildtyps, wobei die Syntheserate der Tyrosinase selbst nicht beeinträchtigt ist.

Vom *SLC45A2*-Gen sind zahlreiche Polymorphismen (Allele) beschrieben worden. Zwei Allele sind *374L* und *374F*. *374L* findet sich bei Afrikanern, begünstigt einen nur schwach sauren pH-Wert in den Melanosomen und damit eine starke Pigmentierung. *374F* ist vorwiegend bei Europäern zu finden und bedingt einen stark sauren pH-Wert, der die Tyrosinaseaktivität und damit die Melaninsynthese negativ beeinflusst. Europäer haben daher eine hellere Pigmentierung. Genanalysen haben ergeben, dass die Variante *374L* bei Europäern mit stärker pigmentierter Haut, schwarzen Haaren und schwarzer Augenfarbe und einem geringeren Risiko, an einem malignen Melanom (schwarzer Hautkrebs) zu erkranken, assoziiert ist. Hellhäutige Europäer tragen *374F* und haben ein höheres Melanomrisiko (Lopez et al. 2014). Die Autoren interpretieren ihre Daten dahingehend, dass die Sicherung einer ausreichenden Vitamin-D-Synthese den stärkeren Selektionsdruck erzeugte als eine starke Pigmentierung. In einer weiteren Studie wurden 15 verschiedene Polymorphismen und ihr Einfluss auf die Pigmentierung und das Risiko für Hautkrebs geprüft. Allerdings konnte eine Beziehung zwischen Pigmentierung und dem Hautkrebsrisiko nicht gefunden werden, was wiederum gegen die Hypothese spricht, dass die Hautpigmentierung eine positive Selektion zum Schutz vor Hautkrebs darstellt (Nan et al. 2009).

Was aber ist an Vitamin D so wichtig, dass die Synthese mehr Bedeutung hat als eine lebensbedrohliche Erkrankung wie der Hautkrebs bzw. die Oxidation der Folsäure oder die mögliche Schwächung der Hautbarriere? Welche Folgen hätte es gehabt, wenn die Vitamin-D-Synthese bei den stark pigmentierten Auswanderern aus Afrika in nördlicheren Breiten dauerhaft eingeschränkt gewesen wäre? Immerhin haben nach jüngsten Schätzungen etwa 1 Mrd. Menschen einen mehr oder weniger ausgeprägten Vitamin-D-Mangel (Holick 2007). Diese leben im Wesentlichen in nördlichen Breitengraden mit geringer Intensität der UV-Strahlung. Einhergehend mit der verringerten Intensität beobachtet man eine Zunahme an verschiedenen Krebserkrankungen (Dickdarm , Prostata-und Brustkrebs u. a.; Grant 2002). Übt Krebs also doch einen wesentlichen Selektionsdruck aus? Man könnte nun wählen zwischen Skylla und Charybdis – UV-B-Strahlen dringen tiefer in die depigmentierte Haut vor, das bedeutet eine erhöhte Vitamin-D-Synthese und folglich weniger Krebserkrankungen verschiedener Organe, dafür aber ein höheres Risiko für Hautkrebs. Allerdings sind die oben erwähnten Krebserkrankungen typische Entwicklungen in einem Alter, in dem keine Fortpflanzung mehr stattfindet. Also hätte dies wenig Einfluss auf die natürliche Selektion gehabt.

Was nutzt eine noch so sinnvoll erscheinende Veränderung, wenn sich diese in der betroffenen Population nicht durchsetzen kann, wenn sich ein Individuum mit diesem Merkmal sich nicht ausreichend reproduziert? Genau dies ist ein oft übersehener Aspekt einer ausreichenden Vitamin-D-Versorgung. Vitamin D ist für die männliche wie weibliche Fertilität von besonders großer Bedeutung. Ein Vitamin-D-Mangel hat sowohl bei Männern wie Frauen einen ungünstigen Einfluss auf die Fertilität. Die Unterversorgung mit diesem Vitamin führt auf verschiedenen Wegen zu männlicher Infertilität: Durch den negativen Effekt auf die Testosteronsynthese beeinflusst ein Vitamin-D-Mangel die Spermatogenese, die Qualität und die Motilität der Spermien negativ und begünstigt krankhafte Veränderungen der Hoden (Hypogonadismus; Lerchbaum und Obermeyer-Pietsch 2001). Bei Männern mit eingeschränkter Spermatogenese oder Veränderungen im Zellaufbau der Hoden wurden ein erniedrigter Vitamin-D-Blutspiegel aber auch eine deutlich verringerte Expression des CYP2R1-Proteins in den Hodenzellen beschrieben, das verantwortlich ist für die Bildung der 25-Hydroxylase und damit auch für die Bildung des aktiven Metaboliten von Vitamin D (Foresta et al. 2011). Die weibliche Fertilität wird durch Vitamin-D-Unterversorgung ebenfalls beeinträchtigt. Vitamin D ist als Ligand über seinen Kernrezeptor und das Zusammenspiel mit den anderen Hormonrezeptoren an der Synthese verschiedener weiblicher Sexualhormone (Progesteron, Östrogen) beteiligt, wie auch an der Bildung des für die Einnistung des befruchteten Eies unentbehrlichen Endometriums (Bagot et al. 2000; Parikh et al. 2010).

Insgesamt ist die Depigmentierung der Haut für die Fortpflanzung der Art in sonnenschwachen Gebieten ein wichtiger Vorteil mit hohem Selektionsdruck gewesen, da sowohl die Folsäure- als auch die Vitamin-D-Versorgung verbessert wurden.

12.1.2 Vitamin D und Tuberkulose

Es gibt aber noch eine andere oder zusätzliche Erklärung für den Selektionsdruck, der Individuen mit einer schwächeren Pigmentierung in nördlichen Breiten begünstigt hat.

Mit dem Beginn der Auswanderung des Menschen von Afrika nach Europa und Asien tauchte eine Erkrankung auf, die heute noch – und dies in zunehmendem Maße – das Leben der Menschen bedroht: die Tuberkulose. Etwa 10 Mio. Infizierte und fast 2 Mio. daran Verstorbene verdeutlichen die Brisanz dieser Erkrankung, die vorwiegend bei Menschen auftritt, die in Armut leben und sich folglich auch schlechter ernähren, als wohlhabendere Menschen (WHO 2010). Milliarden Menschen, so die vorsichtige Schätzung, tragen das verantwortliche

Mycobacterium tuberculosis latent, also ohne Krankheitszeichen, in sich (Barry et al. 2009). Die Krankheit bricht erst dann aus, wenn die Betroffenen eine schwere Störung des Immunsystems erleiden wie AIDS oder sich sehr einseitig ernähren. Solange dies nicht der Fall ist, ruht das Bakterium in manchen Fällen für Jahre und Jahrzehnte in seinem Wirt und ist auch nicht übertragbar.

Hier zeigt sich eine spannende Coevolution zwischen Bakterium und Wirt, also zwischen Mensch und *M. tuberculosis*. Diese besteht darin, dass verschiedenen Formen des Bakteriums, die im *M.-tuberculosis*-Komplex (MTBC) zusammengefasst werden, bei unterschiedlichen Populationen in verschiedenen geografischen Breiten zu finden sind und sich offensichtlich auch bevorzugt unter diesen Individuen ausbreiten (Gagneux 2012). Worin aber könnte der gegenseitige Vorteil gelegen haben, was liefert *M. tuberculosis*, was der Mensch nicht schon hatte?

Eine kühne Hypothese zu dieser Coevolution wurde kürzlich aufgestellt. Sie besagt, dass *M. tuberculosis* den menschlichen Organismus mit Niacin (Vitamin B$_3$) versorgt, das vor allem im Energiestoffwechsel nicht nur der Muskulatur, sondern ganz besonders auch in dem des Gehirns, eine Rolle spielt und so vor Engpässen schützt (Williams und Dunbar 2014). Zwar ist dies ein interessanter Ansatz, der zeigt, dass wir auch von uns besiedelnden Bakterien Vitamine erhalten, unklar bleibt aber, welchen Anteil dies an der Versorgung hat und ob diese nicht auch sehr viel besser und reichhaltiger auf anderem Wege hätte erfolgen können. Niacin kommt vorwiegend in Leber und auch in Fisch vor, außerdem in allen Arten von Pflanzensamen (Getreidekeimen), die es in der äußeren Schicht (Aleuronschicht) enthalten. In Muskelfleisch dagegen findet sich relativ wenig Niacin. Es ist somit keine gute Quelle, wie von den Vertretern der erwähnten Hypothese angegeben wird.

Definition

Pellagra Erkrankung durch Niacinmangel; assoziiert mit der Störung der kognitiven Entwicklung (eingeschränkte Rechen-, Lese- und Schreibkompetenz) und später zunehmender Demenz; Lese- und Schreibkompetenz sind aber eng mit der Entwicklung eines wichtigen Hirnteils verbunden, dem Hippocampus

---

Pflanzen, besonders Getreidekörner, enthalten Niacin in der äußeren Schicht ihres Samens – eine Erklärung dafür, warum der Verzehr von poliertem Reis in Asien zum verstärkten Auftreten von Pellagra (Niacinmangel) führte.

Einen wesentlichen Teil des benötigten Niacins kann der menschliche Körper aus Tryptophan bilden (60 mg Tryptophan können zu 1 mg Niacin umgebaut werden; das entspricht ca. 10 % des täglichen Bedarfs). Da Tryptophan in pflanzlichem Protein bis zu 1 % ausmacht, in tierischem auch mehr, wäre bei einer täglichen Aufnahme von 80 g Protein der Bedarf gedeckt. Zweifellos spielt Niacin für die körperliche wie auch die kognitive Entwicklung eine wichtige Rolle.

Doch zurück zu *M. tuberculosis* und der Depigmentierung der Haut. *M. tuberculosis*, das den Menschen infiziert, stammt nicht, wie häufig vermutet, von Rindern und hat sich auch nicht mit dem Beginn der Weidewirtschaft 10.000 vor Christus übertragen – die Genome von *M. bovis* und *M. tuberculosis* unterscheiden sich deutlich. Gegen eine solche Abstammung spricht auch ein sensationeller Fund eines 500.000 Jahre alten Schädelfragments in der Türkei, das dem *H. erectus* zugeordnet wird (Kappelmann et al. 2008). Mit modernen Verfahren konnten an der Innenseite des Fragments für das Krankheitsbild typische Veränderungen nachgewiesen werden, wie sie für die Leptomeningitis tuberculosa (Entzündung der Hirnhäute) typisch sind. Ähnliches hat man an afrikanischen Schädelfragmenten aus dieser oder auch jüngerer Zeit nicht beobachten können. Das legt nahe, dass die nordwärts wandernden Homininen das Bakterium bereits mitbrachten, aber erst die Bedingungen, wie sie am Fundort in der Westtürkei (38. Breitengrad) herrschten, die Entwicklung der Krankheit begünstigt haben. Einer dieser Umweltfaktoren war die gegenüber der afrikanischen Heimat deutlich geringere UV-Strahlung, aber auch die wechselnden klimatischen Bedingungen und die dichte Bewaldung an Flüssen und Seen in diesem Gebiet. Und damit kommt wieder das Vitamin D ins Spiel.

Es ist durchaus naheliegend anzunehmen, dass die Vitamin-D-Synthese in der Haut bedingt durch die veränderte Umwelt zurückging und so die vielen wichtigen Funktionen dieses Vitamins nicht mehr ausreichend erfüllt wurden. Von diesen Funktionen ist die Rolle des Vitamin D im adaptiven Immunsystem besonders hervorzuheben. Die aktive Form von Vitamin D_3 induziert die Bildung des Cathelicidin, das bakterizid auf *M. tuberculosis* wirkt (Liu et al. 2006). Dies geschieht über einen speziellen Rezeptor (den *toll-like receptor*, TLR) der Makrophagen (Fresszellen), über den Pathogene erfasst und Abwehrmaßnahmen eingeleitet werden können. Binden also Oberflächenstrukturen von fremden Pathogenen an den TLR und wird dieser dadurch stimuliert, so erfolgt die Aktivierung eines Enzyms, der 1α-Hydroxylase, das die Bildung des aktiven Metaboliten von Vitamin D, $1,25(OH)_2D_3$, aus seiner Vorstufe $25(OH)D_3$ katalysiert. Über den TLR wird auch die Expression des Vitamin-D-Rezeptors (VDR) induziert. Das $1,25(OH)_2D_3$ ist der Ligand des VDR und induziert über die Bindung an den Rezeptor die Expression des Cathelicidin-Gens.

Die Korrelation zwischen Hautpigmentierung und dem Auftreten der Tuberkulose zeigt sich exemplarisch an Afroamerikanern, die nicht nur einen niedrigeren Vitamin-D-Blutspiegel haben, sondern auch deutlich öfter an Tuberkulose erkranken, da das Cathelicidin-Gen bei ihnen weniger stark aktiviert wird (Stead et al. 1990). Dies deckt sich mit Untersuchungen am Menschen, die zeigen, dass eine Vitamin-D-Supplementierung zu einer Steigerung der Expression von TLR2 auf der Oberfläche von Abwehrzellen des Blutes (den polymorphkernigen Monocyten) führt, der unterhalb eines bestimmten Vitamin-D-Spiegels im Blut nicht exprimiert wird (Ojaimi et al. 2013).

Die Depigmentierung war folglich ein Selektionsvorteil, der nicht nur den Schutz vor Tuberkulose betraf, sondern auch einen günstigen Effekt auf viele weitere Funktionen hatte.

Folgen der indirekten »Repigmentierung«

Lange vor der Entdeckung von Vitamin D haben empirische Beobachtungen bereits einen Zusammenhang zwischen Sonnenbestrahlung, Vitamin D und Tuberkulose nahegelegt. Zum einen traten Rachitis und Tuberkulose oft vergesellschaftet auf, nicht nur, weil Armut die Entwicklung der Tuberkulose aufgrund schlechter Ernährung und ungünstiger hygienischer Verhältnisse begünstigte, sondern weil Kinder aus armen Familien im beginnenden Industriezeitalter wenig Möglichkeiten hatten, in der Sonne zu spielen. Die Städte waren eng gebaut, sodass keine Sonne zwischen die Häuser gelangte, und der Smog (z. B. in London) durch die Industrialisierung und die intensive Holzverbrennung verdeckte den Himmel selbst an wolkenlosen Tagen. Bis zu 50 % der Kinder in den Großstädten litten an Rachitis und nicht wenige auch an gleichzeitig Tuberkulose. Entsprechend hoch war die Sterblichkeit. Setzte man die Kinder dem Sonnenlicht oder künstlichem UV-Licht (Höhensonne) aus, so verbesserte sich nicht nur die Rachitis, sondern die Tuberkulose ließ sich auch erfolgreicher behandeln. Und so schrieb 1915 Konrad Biesalski als Gründer und Leiter einer der ersten orthopädischen Kliniken in Berlin (Oskar-Helene-Heim):

> Ist keine natürliche Sonne vorhanden, so sucht man sie durch künstliche Höhensonne (Quecksilberquarzlampe) zu ersetzen. Man kann schon jetzt sagen, daß unsere Erfolge in der Freiluft- und Sonnenbehandlung der Tuberkulose und englischen Krankheit nicht hinter den Erfolgen im Hochgebirge zurückstehen werden. (Osten 2004)

12.2   Die Folsäurenische

Der im Blut zirkulierende aktive Metabolit der Folsäure, die Methyltetrahydrofolsäure (Methyl-THF), wird direkt durch UV-Licht geschädigt (Abschn. 12.1). Eine Depigmentierung der Haut sollte daher zu einer verstärkten Oxidation von Methyl-THF führen. Wie hat die Natur auf diesen »Webfehler« reagiert? Es ist anzunehmen, dass im Zuge der natürlichen Selektion insbesondere die Individuen besonders im Vorteil waren, die das Methyl-THF vor oxidativen Schäden bewahren konnten, ohne die Vitamin-D-Synthese einzuschränken, wie es beim Schutz durch Hautpigmentierung der Fall ist. In der Tat gibt es einen Polymorphismus, der hier günstig sein könnte – der Polymorphismus der β-Carotin-Oxygenase (BCO), der kürzlich beschrieben wurde (Leung et al. 2009). Dieser Polymorphismus, so die Berechnung der Autoren, der bei bis zu 40 % der hellhäutigen Menschen nicht, aber bei stark pigmentierten Afrikanern vorkommt, reduziert die Konversion des mit der Nahrung aufgenommenen β-Carotins zu Vitamin A um bis zu 80 %. Die Blutkonzentration des β-Carotins ist bei den Betroffenen deutlich höher als bei den Nicht-Betroffenen (Ferrucci et al. 2009). Das so in großer Menge vorhandene β-Carotin wird in der Haut gespeichert. Jeder kennt das »Karottenbaby«, das als Folge einer intensiven Fütterung mit Karottenbrei und -saft nach einiger Zeit eine leichte Orangefärbung zeigt. Zwischen der Menge an mit dem Blut zirkulierenden β-Carotin und der Konzentration dieses Provitamins in der Haut besteht offensichtlich eine direkte Beziehung. Metaboliten des β-Carotins, wie sie in der Haut vorkommen (*cis*-Isomere) und die ihr Absorptionsmaximum im UV-A-Bereich haben, könnten damit einen Beitrag zum Schutz der Folsäure vor Oxidation leisten.

Offensichtlich ist die Folsäure als Lieferant für Methylverbindungen, aber auch als Mikronährstoff mit Bedeutung für die Fortpflanzung ganz besonders wichtig, da das Auftreten von Nischen zu gezielten »Gegenmaßnahmen«, das heißt Nischenkonstruktionen führt. Die Pigmentierung der Haut durch Melanin sowie die Anreicherung von β-Carotin in der Haut als mögliche Kompensation der Depigmentierung wurden bereits besprochen. Es gibt aber noch weitere Anpassungen, die den Verlust von Folsäure verhindern. Diese belegen, dass eine Veränderung der Ernährung, die zur Nischenbildung führt und so die Weiterentwicklung der Spezies zunächst einmal gefährdet, kompensiert wird. So weisen jüngste Analysen von unterschiedlichen Populationen, die in verschiedenen Ökoregionen (definiert durch Klima, Nahrung, Vegetation und Bodenqualität) heimisch sind, eine auffällige Häufung von SNPs nach, die einen Bezug zum Folsäure- bzw. Kohlenhydratstoffwechsel aufweisen (Hancock et al. 2010). Bei Bauern, die in trockenen Regionen mit nährstoffarmen Böden leben und sich bevorzugt von Wurzeln und Knollen ernähren, begünstigen die Polymorphismen die Stärkeverdauung und unterstützen die Wirkung der Folsäure im Stoffwechsel, wodurch die geringere Zufuhr aus den an Folsäure armen Wurzeln und Knollen kompensiert wird.

Eine genetische Variation, die unter anderem die Verfügbarkeit der Methyl-THF im Organismus beeinflusst, betrifft die Arylamin-*N*-Acetyltransferase, von der es zwei Isoenzyme,

NAT1 und NAT2, gibt. Dieses Enzym ist bekannt als ein Regulator der Arzneimittelmetabolisierung, hat aber auch im Stoffwechsel einer Reihe von Nährstoffen eine Bedeutung. Es ist an der Acetylierung und damit auch Entgiftung von verschiedenen Stoffen beteiligt – einer davon ist p-Aminobenzoglutamat, ein Abbauprodukt der Folsäure. Von NAT2, das im Gegensatz zu NAT1 nur in Darm und Leber vorkommt, gibt drei genetische Varianten, die sich in der Geschwindigkeit der Acetylierungsreaktion unterscheiden: Es gibt daher langsame, intermediäre und schnelle Acetylierer. Diese Unterschiede stehen in einem wichtigen Zusammenhang mit der Ernährung und hier wiederum mit der Folsäure. Untersuchungen an zwölf verschiedenen indigenen Populationen in unterschiedlichen geografischen Regionen (Afrika, Mittelmeer, Nordeuropa, Ostasien) haben nun Erstaunliches ergeben: Schnelle Acetylierer finden sich vorwiegend bei Jäger-Sammler-Populationen, während sie bei Hirten seltener und bei Bauern kaum noch beobachtet werden (Luca et al. 2008). Die Autoren der Studie ziehen folgende Schlussfolgerungen:

— Nimmt die Folsäurezufuhr mit der Nahrung ab, weil verstärkt vegetabile Nahrung verzehrt wird, so führt eine schnelle Acetylierung zu einem übermäßigen Verlust an Folsäure und damit rascher zu einem Defizit.

— Der schnell acetylierende Phänotyp wirkt sich nicht auf die Verfügbarkeit von Methyl-THF, das heißt auf die Bereitstellung für den Stoffwechsel aus, solange ausreichend (gut bioverfügbare) Folsäure in der Nahrung vorhanden ist. Genau dies ist bei Jägern und Sammlern der Fall.

— Der langsame und möglicherweise intermediäre Phänotyp hat bei niedrigem Folsäureangebot den Vorteil, dass die Methyl-THF im Körper langsamer abgebaut wird und damit auch für die fetale Entwicklung zur Verfügung steht. Dies würde die natürliche Selektion dieses Typs bei einer folsäurearmen Ernährung begünstigen.

Diese genetische Variabilität zeigt exemplarisch, wie in einer Population in einem bestimmten Habitat diejenigen, die einen bestimmten Mikronährstoff langsam im Körper abbauen (wie langsame Acetylierer es tun), zumindest keinen Nachteil haben, solange das Angebot an dem Mikronährstoff gesichert ist, es aber dann vorteilhaft für sie wird, wenn der Gehalt des Mikronährstoffs in der Nahrung knapp wird. Dies kann zur natürlichen Selektion dieses Typs innerhalb seiner Folsäurenische führen. Bei schnellen Acetylierern kann der Wechsel der Nische von einer guten in eine weniger gute Folsäureversorgung (z. B. durch eine vegane Diät) allerdings fatale Konsequenzen haben.

12.3 Die Milchnische

Die Coevolution von milchlieferndem Rind und milchvertragendem Menschen ist ein wichtiges Beispiel für die Geschwindigkeit, mit der neue Nischen erobert werden können. Die Migration des Menschen in den europäischen Raum hat zu einem neuen Selektionsdruck hinsichtlich der Anpassung an eine geringere UV-Bestrahlung der Haut, ein kälteres Klima und neue Nahrungsnischen geführt. Durch diese Anpassung haben sich Skelett und Immunsystem innerhalb kurzer Zeit nachhaltig verändert.

Mit dem Beginn der Landwirtschaft 10.000 Jahre v. Chr. erschien Milch als neues Lebensmittel auf dem Speiseplan des Menschen. Bei den meisten Menschen geht die Fähigkeit, die in der Milch vorhandene Lactose (Milchzucker) zu verdauen, gegen Ende des Säuglingsalters verloren, da die Expression des dafür verantwortlichen Enzyms herunterreguliert wird. Dies ist ein durchaus sinnvoller Vorgang, da das gestillte Kind nur so zu einer anderen Nahrung »gezwungen« werden kann. Trinkt es dennoch Muttermilch, so wird es an Bauchschmerzen und Übelkeit leiden, eine Erfahrung, die sicherlich dafür sorgt, dass der Versuch nicht allzu oft wiederholt wird.

Das Lactase-Gen, das heißt seine Persistenz, ist ein typisches Beispiel für eine erfolgreiche positive Selektion bei Europäern, nicht aber bei Afrikanern. Die ersten Mutationen, die die Lactoseverträglichkeit auch über das Säuglingsalter hinaus betreffen, tauchten in Europa 8000–9000 Jahre v. Chr. auf, in Afrika 2700–6000, im mittleren Osten etwa 4000 Jahre und auf dem Balkan und in Zentraleuropa etwa 7500 Jahre v. Chr. (Gerbault et al. 2011; Itan et al. 2009).

Diese Nischenkonstruktion ist eine klassische Gen-Kultur-Coevolution. Mit der Domestizierung von Rindern und der Verwertung der Milch kommt es zur Selektion der Mitglieder der Spezies, die eine Lactasepersistenz aufweisen. Zu der Zeit, als Erwachsene erstmals Milch in größeren Mengen zu sich nahmen, dürfte der Anteil an Menschen, die diese Milch auch vertrugen, höchstens 1–2 % betragen haben. Da Milch ein guter Lieferant nicht nur von Calcium, sondern auch von Protein ist, und damit die Unsicherheit innerhalb des Nahrungsangebots hinsichtlich der Versorgung reduziert werden konnte, kam es zur natürlichen Selektion von Individuen, bei denen die Produktion des Enzyms nicht heruntergeregelt wurde. Die Häufigkeit der Lactosetoleranz liegt in Schweden und Dänemark bei 90 % und nimmt zum Süden hin auf etwa 50 % bei der spanischen und französischen Bevölkerung ab.

Die Adaptation an den Milchverzehr hat in einem relativ kurzen Zeitraum stattgefunden. Zusammen mit der Verbesserung der Vitamin-D-Synthese durch die Depigmentierung der Haut war eine ausreichende Calciumzufuhr für den Aufbau eines stabilen Skelettsystems gesichert. Neben Calcium enthält Kuhmilch je nach Fütterungsbedingungen nicht unerhebliche Mengen an Vitamin B_2 und B_{12}, sodass man mit der Aufnahme von 500 ml Milch bis zu 75 % der heute empfohlenen Tagesdosis für beide Vitamine zu sich nehmen kann.

12.4   Der *H. neanderthalensis:* Opfer einer missglückten Nischenkonstruktion?

Mit der Entwicklung oder besser Selektion des opportunistischen Omnivoren war die Grundlage für die Entwicklung des modernen Menschen gelegt. Im Folgenden soll die Periode nach der beginnenden Auswanderung aus Afrika daher nur noch kurz zusammengefasst werden.

Auf seiner Wanderung ist der Mensch einer ihm bis dahin unbekannten Nahrung wie Großtiere, kälteadaptierte, am Rande der Gletscher lebende Tiere, marine Lebewesen und einer völlig neuen Flora begegnet. Indem er den Herden und dem saisonalen Nahrungsangebot der vorhandenen Flora folgte, gelangte er nach Asien und Europa. Je nach Habitat hat das einen mehr oder weniger raschen Einfluss auf seine weitere Entwicklung.

Das wichtigste Entwicklungsmerkmal des Menschen, das ihn befähigte, sich nicht nur durch natürliche Selektion an eine sich verändernde Umwelt und damit auch Ernährungssituation anzupassen, ist sein Gehirn. Der größte Sprung in der Volumenentwicklung des menschlichen Gehirns hin zu seiner jetzigen Größe erfolgte vor 0,8–0,2 Mio. Jahren. Erste größere Volumina traten bereits vor 2 Mio. Jahren auf, wobei es auch Schwankungen gab. Diese könnten durchaus auch darauf zurückzuführen sein, dass das Nahrungsangebot eben nicht überall identisch war und es so »dem Zufall« überlassen blieb, ob ein Gehirn wachsen konnte oder eben nicht. Erst mit der regelmäßigen Jagd und dem dauerhaftem Verzehr von tierischer Nahrung vor ca. 1,2 Mio. Jahren begann sich die Hirngröße zu stabilisieren. Die Extreme lieferten nach oben der *H. neanderthalensis* mit dem größten Hirnvolumen von bis zu 1600 cm³ und nach unten der *H. floresiensis* mit 400 cm³. Sie belegen, dass das Hirnvolumen nicht absolut fixiert war und ist, sondern sowohl durch genetische wie auch nutritive Faktoren zu- und auch abnehmen kann.

Vor 600.000 Jahren tauchte der *H. heidelbergensis* auf, der Ähnlichkeiten mit dem *H. erectus* aufweist. In Atapuerca, in der Nähe von Burgos (Spanien), findet sich eine der größten Fundstätten an fossilen Menschenknochen, die ein Alter von bis zu 0,8 Mio. Jahren haben. Der als *H. antecessor* bezeichnete Hominine, der in einer Höhle bei Atapuerca gefunden wurde, besitzt Ähnlichkeit mit dem *H. erectus* und dem *H. heidelbergensis* und hat doch wieder auch eigene Merkmale. Ob er als Vorläufer des *H. heidelbergensis* eine eigene Linie bildet, ist noch heftig umstritten. Auf jeden Fall muss er sich in seiner Höhle wohlgefühlt haben, denn die Spuren, die man von ihm findet, reichen über einen sehr langen Zeitraum. Vor 0,3 Mio. Jahren tauchte dann der *H. neanderthalensis* erstmals auf, um vor ca. 40.000 Jahren in den nördlichen Breiten offensichtlich spurlos zu verschwinden. Die Entwicklungslinien des Neandertalers und des modernen Menschen (*H. sapiens*) haben sich vor 0,8–0,4 Mio. Jahren getrennt. Dies ist, wie Genomanalysen zeigen, auf dem Weg unserer Ahnen von Afrika nach Europa und andere Regionen geschehen (Hublin 2009). Fossilien wie auch Spuren des *H. neanderthalensis* im Genom des *H. sapiens* finden sich in Asien, im Mittelmeerraum und in Europa, nicht jedoch in Nordafrika. So, wie der *H. neanderthalensis* vor ca. 0,3 Mio. Jahren aufgetaucht ist, so verschwindet er vor 40.000 Jahren wieder. Ist er ein unter anderem Opfer einer missglückten oder fehlenden Nischenkonstruktion geworden?

12.4.1 Die Nahrung des *H. neanderthalensis*

Der *H. erectus* gilt als der Vorfahre des *H. heidelbergensis*, aus dem vor etwa 0,3 Mio. Jahren möglicherweise der Neandertaler hervorging. Aber auch der in Spanien gefundene *H. antecessor* könnte der Vorfahre des *H. neanderthalensis* gewesen sein. Der Lebensraum des Neandertalers war jedenfalls geprägt von kurzen Warm- und langen Kaltphasen und war für ihn nahezu paradiesisch. Als geschickter Jäger hatte er eine große Auswahl an Tieren, die ihm ausreichend Fleisch und auch Mikronährstoffe lieferten. Auf der Grundlage von Isotopenanalysen lässt sich mit einiger Wahrscheinlichkeit sagen, was verzehrt wurde und von welcher Quelle es stammte. Es besteht großer Konsens darin, dass die Proteinquellen des Neandertalers vorwiegend tierischen Ursprungs waren. Fossilien von Pferden, Mammuts, Bisons und Ochsen belegen den reichhaltig gedeckten Tisch. Hatte man ein solches Tier erlegt, so konnte sich die ganze Gruppe daran satt essen und warum sollte dann pflanzliche Kost, von einigen süßen Früchten einmal abgesehen, eine Rolle spielen? Funde von Fischgräten belegen, dass zeitweise auch Lachs und Schellfisch verzehrt wurden. Auf der Basis umfangreicher Untersuchungen konnten Flora und Fauna vor 1,8 Mio. Jahren bis vor 11.500 Jahren, also zu Lebzeiten des Neandertalers, bestimmt werden, was einen guten Einblick in die Nahrungsressourcen erlaubt, die dem *H. neanderthalensis* zur Verfügung standen (Hardy 2010). Demnach ist er in Nordeuropa vorwiegend auf große Pflanzenfresser (Elefanten) getroffen, während in Südfrankreich, Spanien und Italien eine höhere Diversität vor allem mittelgroßer Tiere (Hirsch, Gemse, Ziegen aber auch Pferde, Bison, Rhinozerosse und Elefanten) bestand.

12.4.2 Die optimale Nische als Sackgasse

Die letzten Spuren des *H. neanderthalensis* finden sich vor etwa 40.000 Jahren, also in einer Zeit, in der es deutlich wärmer war als während der neu eintretenden Eiszeit 20.000 Jahre später. So wie der kleinwüchsige *H. floresiensis* mit seinem kleinen Gehirn als Anpassung an eine Mangelernährung ein Beispiel für eine gelungene Nischenkonstruktion gelten kann, so ist der hochgewachsene *H. neanderthalensis* mit seinem großen Gehirn als Anpassung an eine »Überernährung«, dessen Hirnvolumen mindestens dem des *H. sapiens* entsprach, möglicherweise das Gegenteil: ein Beispiel für eine misslungene Nischenkonstruktion. Nur der Neandertaler, nicht aber der moderne Mensch, zeigt über die Zeit eine Zunahme von Körpermasse und Gehirnvolumen (Pearce et al. 2013). Dies mag die Folge der besonderen Quantität und Qualität seiner Nahrung gewesen sein. Gleichzeitig führte die Anpassung an eine hohe Energiezufuhr und hohe Nahrungsqualität auch zu einer Abhängigkeit. Eine nachlassende Quantität und Qualität der Nahrung konnten kaum kompensiert werden, besonders dann, wenn sich die Veränderungen innerhalb eines kurzen Zeitraums vonstattengingen.

12.4.3 Das Aussterben des *H. neanderthalensis*

Über die Ursachen des Aussterbens *H. neanderthalensis* gibt es viele Theorien. Als Großtiere wie Mammuts durch die klimatischen Veränderungen nach Osten wanderten, verlor der *H. neanderthalensis* eine wichtige nährstoffreiche Nahrungsquelle. Der *H. sapiens* hat im Gegensatz zum *H. neanderthalensis* ganz offensichtlich auch viele marine Lebewesen verzehrt und ihm stand ein breiteres Nahrungsspektrum zur Verfügung, wie die Isotopenanalyse zeigt (Richards et al. 2001). Der Verzehr von Fisch hatte schon immer mehrere Vorteile: Mit ihm wurden konzentriertes Protein, Vitamine, Jod und wichtige Fettsäuren bei eher geringem Energieaufwand für die Jagd zugeführt. Der *H. neanderthalensis* dagegen, der, so die Analysen, offensichtlich nur wenig Nahrung aus dem Meer zu sich nahm, musste einen erheblichen Aufwand betreiben, um seinen nachgewiesenermaßen höheren Energiebedarf zu decken. Möglicherweise ist ihm das zunehmend weniger gelungen, sodass die quantitative wie auch qualitative Mangelernährung nicht nur seine Fertilität reduzierte, sondern auch das eigene Überleben und das seiner Kinder bedrohte.

Vor 60.000–25.000 Jahren gab es sich häufig abwechselnde Warm- und Kaltphasen und damit verbunden eine stark schwankende Intensität der UV-Strahlung. Erst vor etwa 20.000 Jahren wurde das Klima stabiler – von dem Zeitraum vor 12.000–10.000 Jahren einmal abgesehen. Eine Ursache für das Verschwinden des *H. neanderthalensis* könnten in der dramatischen Verringerung der Zahl der von ihm bevorzugt bejagten Großtiere, aber auch der Weidetiere vor 50.000 Jahren liegen. Der Neandertaler ist den Tieren eine ganze Weile ostwärts gefolgt, die Menge an verfügbaren Beutetieren wurde jedoch immer geringer. Untersuchungen von Überresten von Exkrementen, die man in Höhlen in Spanien gefunden hat, belegen, dass vor 50.000 Jahren, anders als in der Zeit davor, pflanzliche Nahrung eine wichtige Rolle spielte (Sistiaga et al. 2014).

Die Energiemenge die für eine dauerhafte Existenz notwendig gewesen wäre, war mit zunehmender pflanzlicher Kost nicht zu erreichen, selbst wenn der *H. neanderthalensis*, wie Analysen ergaben, auch Kleintiere und Vögel verzehrt hat. Der *H. neanderthalensis* war eine energetische Überernährung gewohnt, die sowohl sein energiehungriges Gehirn als auch den massigen Körper versorgte. Hinzu kommt, dass bei der Jagd durch die Verringerung der Zahl an Beutetieren das Verhältnis von Energieverbrauch zu Energiegewinn größer wurde. Die Energiemangelnische war aber sicherlich auch mit einer abnehmenden Menge an Mikronährstoffen verbunden. Dies ganz besonders, wenn sich der *H. neanderthalensis* hungrig auf sättigende Knollen und Wurzeln stürzte. Gegen eine nachhaltige Veränderung des Ernährungsmusters hin zu mehr vegetabilen Anteilen spricht auch der immer dünner werdende Zahnschmelz des Neandertalers (Guatelli-Steinberg et al. 2004). Zudem reichte die Zeit für eine genetische Adaptation an eine geringere Energiezufuhr nicht aus.

Bis der *H. sapiens* den Lebensraum des *H. neanderthalensis* besiedelte, könnte die abnehmende Zahl an Beutetieren der relativ kleinen lokalen Population des Neandertalers zum Leben ausgereicht haben. Mit dem Auftreten des *H. sapiens* jedoch änderte sich dies. Beide konkurrierten um die gleiche Nahrung, wie Isotopenanalysen belegen (Fabre et al. 2011). Für zwei Spezies reichte das Angebot auf Dauer nicht mehr aus. Ein weiterer Nachteil für den *H. neanderthalensis*: Der *H. sapiens* war nicht nur der bessere Jäger, sondern benötigte aufgrund seiner Statur auch weniger Energie. Durch sein vielfältigeres Ernährungsmuster war er den sich verändernden Habitaten besser angepasst und nicht vorwiegend auf Jagen und Fleischverzehr angewiesen. Diese Form der Mischkost hat gegenüber einer sehr fleischlastigen Nahrung einen weiteren Vorteil. Durch das Plus an Kohlenhydraten in der Mischkost wird im Vergleich zur reinen Proteinnahrung mehr Insulin ausgeschüttet. Damit aber ist die anabole Wirkung des Insulins, also der Aufbau von Fett und Muskulatur, günstiger, als bei eher niedrigem Insulinspiegel.

Gleichzeitig könnte dem *H. neanderthalensis* etwas anderes zum Verhängnis geworden sein. Zum Zeitpunkt seines Verschwindens war die Intensität der UV-Strahlung besonders niedrig, wie man Untersuchungen von Bohrkernen aus Grönlandeis entnehmen kann (Finkel und Nishiizumi 1997). Grund für sein Verschwinden könnte demnach auch eine Vitamin-D-Unterversorgung gewesen sein. Dies wäre besonders bei dunkler Haut, wie sie der Neandertaler wahrscheinlich gehabt hat, eine Erklärung (Lalueza-Fox 2007). Gegen das immer wieder angeführte Argument, dass die Fossilien des Neandertalers dann Zeichen einer Rachitis hätten zeigen müssen, sprechen Beobachtungen, dass Menschen mit dunkler Hautpigmentierung eine genetisch höhere Knochendichte aufweisen. Dies konnte durch verschiedene molekulargenetische Analysen wiederholt bestätigt werden (Bonilla et al. 2004). Auch der Hinweis auf das sehr viel kräftigere Skelett des Neandertalers im Vergleich zu dem des *H. sapiens* als Zeichen einer guten Vitamin-D-Versorgung führt in die falsche Richtung. Nicht die Menge an Vitamin D entscheidet über die Knochendichte, sondern die Menge an Calcium und die genetische Disposition. Vitamin D reguliert zwar die Calciumkonzentration im Blut, aber weit weniger den Einbau des Calciums in die Knochen. Dieser Einbau wird erst dann kritisch, wenn die Calciumzufuhr gering ist. Sinkt der Vitamin-D-Spiegel im Blut auf einen sehr niedrigen Wert, dann wird die Aufnahme von Calcium aus der Nahrung gesteigert, die Ausscheidung gebremst und der Knochen versorgt. Solange aber ausreichend Calcium in der Nahrung ist, ist der Vitamin-D-Status von untergeordneter Bedeutung für die Knochendichte. Eine unzureichende Calciumversorgung war für den Neandertaler, der bestimmt den einen oder anderen Knochen mitverzehrte, sicherlich kein Problem.

Der Neandertaler hätte bei Vitamin-D-Mangel demnach weniger Mangelzeichen an den Knochen als vielmehr an seinem Immunsystem und Vitamin-D-abhängigen Geweben entwickelt. Fehlten ihm aber auch andere wichtige Mikronährstoffe, so hat dies sicherlich sein

Überleben und seine Reproduktion beeinflusst. Kürzlich wurden in einer umfangreichen vergleichenden Analyse der Genome von *H. neanderthalensis* und *H. sapiens* Hinweise darauf gefunden, dass der männliche Neandertaler gegen Ende seiner Zeit genetisch bedingt unfruchtbar gewesen sein könnte (Sankararaman et al. 2014).

Nun hat es in der Zeit bis zum Auftreten des *H. sapiens* vor etwa 40.000 Jahren, der den Neandertaler »ablöste«, bestimmt noch eine Vielzahl von Veränderungen des Ernährungsangebots in den unterschiedlichsten Nischen gegeben. Diese haben zu positiven wie negativen Entwicklungen oder vielleicht auch zum Aussterben der einen oder anderen Gruppe beigetragen. Zu der Zeit, als der *H. sapiens* auf dem europäischen Kontinent auftauchte, traf er auf ein wechselvolles, eher kühles Klima, mit weiten Grassteppen und wechselnder Fauna. Hier hat er als angepasster Omnivore 30.000 Jahre lang gut gelebt, bis er etwa 10.000 Jahre v. Chr., zeitgleich mit dem Anstieg der Temperatur, begann, sich sesshaft zu machen. Und genau dies war die zweite große Umstellung der Ernährung, die ebenfalls nicht ohne Konsequenzen blieb, und wie beim ersten Mal war es der Hunger, der die Kreativität des Menschen erforderte, um eine Lösung zu finden: die Etablierung der Landwirtschaft. Wechselndes Klima, Veränderungen von Flora und Fauna (Rückzug der Großsäugetiere), Zeiten mit Trockenheit oder Überflutungen, all das hat beim *H. sapiens* zu einer wesentlichen Erkenntnis geführt: Er musste sich von Hungerzeiten unabhängiger machen. Er musste Wege finden, Nahrungsreserven anzulegen. Und hier muss er die Erfahrung gemacht haben, dass solche Reserven am leichtesten durch die Lagerung von Getreide und weniger von Obst oder gar Fleisch angelegt werden können.

Erst ab der Zeit etwa 10.000–5000 Jahre v. Chr. gibt es gesicherte Hinweise darauf, dass der Mensch in der Lage war, neben Fleisch (durch Trocknen) auch andere, insbesondere vegetabile Lebensmittel zu konservieren. Diese Fähigkeit etablierte sich erst mit der Einführung der Landwirtschaft an unterschiedlichen Stellen auf der Welt und sie führte dazu, dass mehr pflanzliche Nahrung verzehrt wurde. Der Mensch lernte, das Vieh, dem er bisher nachgelaufen war, in seiner Nähe zu halten, und das Getreide, dessen Körner er hin und wieder konsumiert hatte, zu lagern, zu verarbeiten und bei Bedarf zu verzehren. Er hatte im Wesentlichen gelernt, den Hunger in den Griff zu bekommen, der ihn gerade bei wechselndem Klima immer wieder gequält hat. Seine Haut war zunehmend depigmentiert und damit die Vitamin-D-Versorgung verbessert, und mit der Zeit lernte er auch, seine Rinder zu melken und die Milch zu trinken. Damit aber begann ein völlig neuer Abschnitt, der geradewegs zu der Situation führt, die wir heute beklagen und die wir, anders als zu Beginn der Entwicklung des Menschen, gezielt bekämpfen könnten: den Mikronährstoffmangel breiter Bevölkerungsschichten vor allem in armen Ländern, deren wesentlicher »Sattmacher« Getreide ist.

Die Vielseitigkeit an Lebensmitteln als Basis der guten Versorgung mit Mikronährstoffen hatte ganz wesentlich zur Menschheitsentwicklung beigetragen und tut dies sehr wahrscheinlich bis heute. Dies sollten wir nicht vergessen, wenn es um die Versorgung der Menschen geht, denen mit reinem Hungerstillen nicht geholfen ist. Es ist die Vielfalt an Nahrungsmitteln, an die sich der Mensch als Jäger und Sammler angepasst hat, und seine Vielseitigkeit, die es ihm erlaubt haben, neue Nischen zu besiedeln, indem der flexible *Homo* durch das Angebot einer Vielfalt genetischer Varianten der Evolution durch natürliche Selektion die Adaptation ermöglicht.

Aber vielleicht sind wir ja auch gerade wieder auf dem Weg in eine neue Nische und eine ungeahnte Nischenkonstruktion.

Literatur

Akiyama T et al (2014) The human cathelicidin LL-37 host defense peptide upregulates tight junction-related proteins and increases human epidermal keratinocyte barrier function. J Innat Immun 36:112–119

Asuquo ME et al (2009) Skin cancer amongst Nigerian albinos. Int J Dermatol 48:636–638

Bagot CN et al (2000) Alteration of maternal HOXA 10 expression by in vivo gene transfection affects implantation. Gene Ther 7:1378–1384

Barry CE et al (2009) The spectrum of latent tuberculosis: rethinking the biology and intervention strategies. Nat Rev Microbiol 7:845–855

Bonilla C et al (2004) Ancestral proportions and their association with skin pigmentation and bone mineral density in puertorican women from New York city. Hum Genet 115:57–68

Brand RF, Eaton JW (1978) Skin color and nutrient photolysis: an evolutionary hypothesis. Science 317:32–35

Elias PM, Williams ML (2013) Re-appraisal of current theories for the development and loss of epidermal pigmentations in hominins and modern humans. J Hum Evol 64:687–692

Fabre V et al (2011) Neanderthals vs modern humans. Evidence for resource competition from isotopic modelling. Int J Evol Biol 15:689315

Ferrucci L et al (2009) Common variation in the b-carotene 15,15'-monooxygenase 1 gene affect circulating levels of carotenoids: a genome wide association study. Am J Hum Gen 84:123–133

Finkel RC, Nishiizumi K (1997) Beryllium 10 concentration in the Greenland ice sheet project 2 ice scorefrom 30 to 40 ka. J Geophys Res 102:26699–27706

Foresta C et al (2011) Bone mineral density and testicular failure: evidence for a role of vitamin D 25-Hydroxylase in human testis. J Clin Endocrinol Metab 96:646–652

Gagneux S (2012) Host-pathogen coevolution in human tuberculosis. Phil Trans R Soc B 367:850–859

Gerbault P et al (2011) Evolution of lactase persistence: an example of human niche construction. Phil Trans R Soc B 366:863–877

Grant WB (2002) An estimate of premature cancer mortality in the U.S. due to inadequate doses of solar ultraviolet B-radiation. Cancer 94:1867–1875

Group MVSR (1991) Prevention of neural tube defects: results of the Medical Research Council vitamin study. Lancet 338:131–137

Guatelli-Steinberg D, Larsen CS, Hutchinson DL (2004) Prevalence and the duration of linear enamel hypoplasia: a comparative study of Neandertals and Inuit foragers. J Hum Evol 47(1–2):65–84

Hancock A et al (2010) Human adaptations to diet, subsistence, and ecoregion are due to subtle shifts in allele frequency. PNAS 107:8924–8930

Hardy BL (2010) Climatic variability and plant food distribution in Pleistocene Europe: indication for Neandertal diet and subsistence. Quat Sci Rev 29:662–679

Holick MF (2007) Vitamin D-deficiency. N Engl J Med 357:266–281

Hublin JJ (2009) The origin of Neandertals. PNAS 106:16022–16027

Itan Y et al (2009) The origins of lactase persistence in Europe. PLOS Comp Biol 5(8):e1000491

Kappelmann J et al (2008) First *Homo erectus* from Turkey and implications for migrations into temperate Eurasia. Am J Phys Anthropol 135:110–116

Lalueza-Fox C (2007) A melanocortin 1 receptor allele suggests varying pigmentation among Neanderthals. Science 318:1453–1455

Lerchbaum E, Obermeyer-Pietsch B (2001) Vitamin D and fertility: a systematic review. Eur J Endocrinol 166:765–778

Leung WC, Hessel S, Meplan C et al (2009) Two common single nucleotide polymorphisms in the gene encoding beta-carotene 15,15'-monooxygenase alter beta-carotene metabolism in female volunteers. FASEB J 23:1041–1053

Liu T et al (2006) Toll-like receptor triggering of a vitamin D-mediated human antimicrobial response. Science 311:1770–1773

Lopez S et al (2014) The interplay between natural selection and susceptibility to melanoma allele 374F of SLC45A2 gene in a south European population. Plos One 9(8):e104367

Luca F et al (2008) Multiple advantageous amino acid variants in the NAT2 gene in human populations. Plos One 3(9):e3136

Nan H et al (2009) Genetic variants in skin pigmentation genes, pigmentary phenotypes and risk of skin cancer in Caucasians. Int J Cancer 125:909–917

Off MK et al (2005) Ultraviolett photodegradation of folic acid. J Photochem Photobiol B 80:47–55

Ojaimi S et al (2013) Vitamin D deficiency impacts on expression of toll-like receptor-2 and cytokine profile: a pilot study. J Transl Med 11:176–183

Osten H (2004) Die Modellanstalt Über den Aufbau einer »modernen Krüppelfürsorge« 1905–1933. Reihe Wissenschaft 79 Mabuse, Frankfurt a. M.

Parikh G et al (2010) Vitamin D regulates steroidogenesis and insulin like growth factor binding protein (IGFBP-1) production in human ovarian cells. Horm Metab Res 42:486–497

Pearce E et al (2013) New insights into differences in brain organization between Neandertals and anatomically modern humans. Proc Biol Sci 13:280–291

Reinholz M et al (2012) Cathelicidin LL37: an antimicrobial peptide with a role in inflammatory skin disease. Ann Dermatol 24:126–135

Richards MP et al (2001) Stable iosotopic evidence for increasing dietary breadth in the European mid-upper Paleolithic. PNAS 98:6528–6532

Rogers AR et al (2004) Genetic variation at the MC1R locus and the time since loss of human body hair. Curr Anthropol 45:106–110

Sankararaman S et al (2014) The genomic landscape of Neanderthal ancestry in present-day humans. Nature 507:354–357

Sistiaga A et al (2014) The Neandertal meal: a new perspective using faecal biomarkers. Plos One 9(6):e101045

Stead WW et al (1990) Racial differences in susceptibility to infection from *Mycobacterium tuberculosis* N Engl J Med 322:422–427

WHO (2010) Global tuberculosis control – surveillance, planning, financing. WHO, Genf

Williams A, Dunbar RI (2014) Big brains, meat, tuberculosis and the nicotinamide switches: co-evolutionary relationshipds with modern repercussions on longevity and disease. Med Hypotheses 83:79–87

Wondrak GT et al (2003) Proteins of the extracellular matrix are sensitizers of photo-oxidative stress in human skin cells. J Invest Dermatol 121:578–586

Yakuba A, Mabogunje OA (1993) Skin cancer in African albinos. Acta Oncol 32:612–612

12

Serviceteil

H. K. Biesalski, *Mikronährstoffe als Motor der Evolution*,
DOI 10.1007/978-3-642-55397-4, © Springer-Verlag Berlin Heidelberg 2015

Stichwortverzeichnis

Printed in the United States
By Bookmasters